동물의 감정은
왜 중요한가

✴

THE EMOTIONAL LIVES OF ANIMALS
(Revised Edition)
: A Leading Scientist Explores Animal Joy, Sorrow, and Empathy
— And Why They Matter By Marc Bekoff

동물의 감정은 왜 중요한가

The Emotional Lives of Animals

마크 베코프 지음

제인 구달 서문 | 김민경 옮김

두시의나무

이 책에 대한 찬사

사람을 동물이라고 말하면 화를 내는 사람들이 많다. 그러면 우리가 식물이라도 된다는 말인가? 사람과 짐승이라고 구분해서 말하면 화를 덜 낸다. 우리가 뭔가 다른 동물보다는 우월한 존재처럼 보이기 때문이다. 확실히 지적인 측면에서는 우리가 뛰어난 것 같다. 달에도 다녀오고 스마트폰도 만들어 쓰는 것을 보면 말이다. 그런데 생명 본질의 측면에서 우리가 과연 다른 동물들과 다를까? 먹이 활동을 하고 번식하고 새끼를 키우는 모습은 크게 다르지 않다. 인간이 동물을 하찮게 여기는 까닭은 동물과 대화하지 못하기 때문이다. 동물과 감정을 나누지 못하기 때문이다. 마크 베코프의 《동물의 감정은 왜 중요한가》는 동물을 이해하는 측면뿐만 아니라 우리 자신을 이해하는 데도 매우 큰 도움을 주는 책이다. 책을 읽고 자신감 있게 말한다. "나는 동물이다!"

이정모 전 국립과천과학관장

인간이 동물을 아는 일은 불완전할 수밖에 없다. 이 사실을 마음 깊이 새기며 동물의 목소리를 들으려고 성실하게 애쓰는 이를 나는 존경한다. 마크 베코프가 바로 그런 학자다. 그는 과학 연구 결과를 인용하면서도 그간 논외의 대상이었던 동물들의 놀라운 일화를 진지하게 곁들인다. 동물을 바라보는 과학, 철학, 경험적 사유가 최신의 관점으로 담겼다. 과학과 동물권 사이에 가교를 놓으며 2000년대 이후 과학자, 인문사회학자, 동물권 활동가에게 크나큰 영향을 준 이 책이 더욱 완벽한 모습으로 개정되어 반갑기 그지없다. 왜 우리가 동물과 한배를 탔고, 왜 그들의 권리를 존중해야 하는지를 가장 과학적이면서도 비판적인 방식으로 보여준다. 당분간 몇 안 되는 동물권 고전과 어깨를 겨룰 것이다. 우리는 인간과 동물이 함께 사는 '주폴리스zoopolis'를 향한 명쾌한 지도를 얻게 됐다.

남종영 환경저널리스트, 《동물권력》 저자

이 책은 상황의 심각성을 대다수가 이해하지 못할 때가 너무나 많은 어려운 환경 속에서도 동물들의 삶의 질을 개선하려고 고군분투하는 이들에게 훌륭한 도구가 되어줄 것이다. 나는 훗날에라도 동물을 대하는 방식을 다시 생각해보도록 이 책이 더 많은 사람을 설득하기를 바랄 뿐이다.

제인 구달(서문에서) 영장류학자이자 환경운동가, 《희망의 이유》 저자

수상 경력이 있는 과학자 마크 베코프는 이 대단한 책에서 멋들어진 비인간 동물의 감정적 삶에 대해 우리가 이미 알고 있는 지식을 철저하게 재검토한다. 그리고 왜 우리가 그들을 대신해서 우리의 지식을 활용해야 하는지를 역설한다. 바야흐로 돌파구를 찾을 시기가 됐다. 다른 동물들이 무엇을 느끼는지, 인간에게 무엇을 원하고 요구하는지

우리는 알 수 없다는 진부하고 잘못된 기존의 주장을 끊어내야 한다. 지난 수십 년간 우리는 그들 본연의 모습을 간과하고 자신들을 존중하고 온정을 베풀어달라는 그들의 청을 무시함으로써 무수히 많은 동물을 잃은 사실을 알고 있다.

사이 몽고메리 박물학자이자 탐험가, 《문어의 영혼》 저자

20세기 과학의 가장 큰 실책은 비인간 동물의 감정 및 사고 능력을 부정한 것이었다. 마크 베코프는 섬세하고도 엄격한 방식으로 비인간 동물이 단순한 정신적 삶이 아닌, 풍부한 감정을 통한 정신적 삶을 영위한다는 점을 우리에게 상기시켜준다. 그런 그들의 삶을 인정하는 것은 중요할 뿐만 아니라 보기에도 즐거운 일이다. 이 책은 비인간 동물과 함께 살아가거나 그들 가까이에서 살아가는 사람들, 즉 우리 모두의 책장에 반드시 두어야 할 책이다.

알렉산드라 호로비츠 인지과학자, 《개의 마음을 읽는 법》 저자

동물들의 마음과 정신으로 들어가는 탁월한 작품이다. 저자는 과학적 발견과 개별 동물들이 겪는 고통, 슬픔, 불안, 감흥, 신뢰, 즐거움, 사랑 등 무수히 많은 감정에 관한 이야기들을 예술적으로 엮어내어 동물의 감정적 삶을 생동감 있게 묘사한다. 이 책을 읽고 나면 당신은 달라져 있을 것이다.

제시카 피어스 생명윤리학자, 《마지막 산책》 저자

2007년 당시 저자의 관점은 논란을 일으킬 여지가 있었기에 이 책의 초판을 출간한 것은 용감한 행동이었다. 또한 책에서 엮어낸 풍성한

정보 덕에 극히 중요한 책이기도 했다. 그 후로 초판에 실린 베코프의 주장들은 대체로 입증됐는데, 이번 개정판은 보다 중요한 의미가 있다. 왜냐하면 초판 이후 지금까지 변화를 이끌어내는 데 기여해온 방대한 정보를 담아 우리가 쉽게 접근할 수 있게 해주기 때문이다.

데일 제이미슨 CEAP(환경 및 동물 보호 센터) 대표, 뉴욕 대학교 교수

초판에 대한 찬사

마크 베코프는 비인간 동물이 지닌 감정의 풍부함과 다채로움을 능숙한 솜씨로 보여준다. 그리고 자신의 발견이 시사하는 윤리적 결론을 이끌어내기를 주저하지 않는다. 동물을 아끼는 많은 이들이 이 책을 읽기를 바라며, 그렇지 않은 사람들은 특히 더 많이 읽기를 바란다.

피터 싱어 프린스턴 대학교 생명윤리학 교수, 《동물 해방》 저자

나는 우리가 다른 이들의 행복에 관심을 기울이는 만큼 우리 자신의 행복감도 커질 거라고 굳게 믿는다. 그런 의미에서 마크 베코프의 이 책을 환영한다.

달라이 라마 성하

다윈 양반, 좀 비켜봐요. 감동할 준비 하시고요. 이 책에서 세계적인 과학자 마크 베코프는 우리의 감정이 우리의 동물 조상들이 전해준 선물이라고 강력하게 주장한다. 우리에게는 이 책 자체도 또 하나의 선물로, 이 책을 통해 동물들의 열정적인 삶을 탐구하고 감상할 기회

를 누리게 될 것이다.

마티 베커 〈굿모닝 아메리카〉 전속 출연 수의사

세계적으로 저명한 동물행동학자가 펴낸 이 책은 사려 깊고 많은 것을 시사하는 학술적인 저작이다.

이안 던바 APDT(반려견 훈련사 협회) 창립자, 《애견 훈련 비포 애프터》 저자

마크 베코프는 동물에 대해 참된 이야기를 할 수 있는 보기 드문 과학자다. 왜냐하면 자신도 동물 세계의 일원임을 인식하고 있기 때문이다. 이 경이로운 책을 읽어보자.

메리 미즐리 철학자, 《윤리적 영장류The Ethical Primate》 저자

즐겁게 읽고 함께 나눌 만한 대단히 훌륭하고 감동적이며 중요한 책이다.

잉그리드 뉴커크 PETA(동물을 인도적으로 사랑하는 사람들) 공동 창립자

마크 베코프는 명확하고 설득력 있는 언어로 많은 사람이 이미 느끼고 있는 것을 합리적으로 변호한다. 즉 동물들도 우리와 마찬가지로 슬픔, 기쁨, 분노, 쾌락을 느낄 수 있다는 사실이다. 저자는 동물의 감정이 진화적 사실에 부합할 뿐만 아니라, 진화상 필요에 의해 발달했다는 점을 증명한다. 이 책에서 섬세하게 규명해낸 내용을 읽고 나면 과학은 더 이상 예전 같지 않을 것이다.

데이비드 로텐버그 뉴저지 공과대학교 철학 및 음악 교수, 《자연의 예술가들》 저자

독자에게 힘을 주고 희망을 전하는 작품이다. 이 책은 인간이 동물에게 가하는 잔혹함으로 인해 절망의 늪에 빠지게 하는 대신, 헤쳐 나갈 길을 찾을 수 있도록 빛을 향해 이끌어준다.

영국 포획동물보호협회

과학, 경험담, 자전적 이야기를 의미 있게 엮어낸 작품으로, 보기 드문 아름다움과 통찰을 담고 있다. 저자는 동료 학자들과 의견 충돌을 일으킬 때도 많았지만 다행히 자신만의 길을 개척하기로 결심했고, 그 과정에서 우리에게 인도적인 책무로의 여정에 동참하기를 권한다.

베스트 프렌즈

마크 베코프의 책은 독자들과 수많은 생명체 사이의 관계에 미치는 광범위한 영향을 보여주며, 심오한 내용은 많은 생각이 들게 하면서 감동적이기까지 하다.

「**퍼블리셔스 위클리**Publishers Weekly」 별점 리뷰

매력적이면서 도전적인 내용을 담았고 쉽게 읽을 수 있는 책이다.

「**북리스트**Booklist」

이 책은 영혼과 과학이 한데 어우러지도록 채색해서 개인과 사회의 가치를 현실 그대로 그려낸 초상화지만, 눈물을 글썽이게 하는 신파는 아니다. 저자의 생기 넘치는 솔직함과 믿음직한 신뢰감이 엿보이는 이 책은 모든 사람이 반드시 읽어야 한다.

「**시티도그 매거진**CityDog Magazine」

시사하는 바가 많은 이 책은 당신의 인생을 바꿀 가능성이 매우 높다.

「**애니멀즈 보이스**Animals' Voice」

열정적이면서 사려 깊은 책이다.

「**BBC 와일드라이프**BBC Wildlife」

베코프는 감동적인 일화와 과학적인 증거를 통해 동물도 감정이 있으며 풍부한 감정을 누리며 살아간다는 자신의 주장을 뒷받침한다.

「**도그 팬시**Dog Fancy」

동물의 감정에 관심이 있는 사람이라면 누구나 이 책을 갖고 싶을 것이다. 저자는 과학 및 윤리 분야에서의 혁명적인 성공에 기여한 전문가로서 독보적인 권위를 가지고 이야기한다. 이 혁명적인 성공은 우리가 지속시킬 수만 있다면 인권 증진 및 환경주의 운동과 더불어 현대의 탁월한 업적 가운데 하나로 남을 것이다.

「**바크**The BARk」

제인 구달의 아흔 번째 생일을 기념하며,

모든 비인간 동물과 그들에게 최상의 삶을 제공하기 위해

지치지 않고 노력하는 모든 훌륭한 이에게 이 책을 바친다.

그들에게는 최대한 많은 도움이 필요하다.

- 이 책은 *The Emotional Lives of Animals*의 2024년 전면 개정판을 번역한 것이다.
- 본문의 볼드체는 원서에 이탤릭체로 강조된 부분을 바꾼 것이다.
- 역자 주는 괄호 안에 '옮긴이'라고 별도로 표시했다.
- 언급된 도서 중 국내에 번역된 경우에는 번역서 제목으로 옮기고, 번역되지 않은 경우 처음에만 원제를 병기했다.

차례

제인 구달의 서문

나는 2007년에 무척 기쁜 마음으로 이 중요한 책의 초판에 실릴 서문을 썼다. 이 책은 동물의 감정이라는 주제를 다루는데, 이 주제는 내가 늘 주장해왔듯이 비인간 동물과 그들이 인간과 맺는 관계를 제대로 이해하는 데 결정적인 역할을 하기 때문이다. 이 책의 초판이 세상에 나온 지 17년이 지난 지금, 다양한 동물의 인지적, 감정적, 도덕적 삶에 관해 우리가 알게 된 새로운 내용을 덧붙이는 마크의 작업을 보게 되어 참으로 기쁘다.

우리는 그동안 큰 성과를 거두어왔다. 동물의 감정에 대한 사람들의 인식이 훨씬 더 향상됐고, 학계의 연구 결과뿐만 아니라 일반 대중의 관찰을 통해 새롭게 얻은 정보의 규모는 놀랄 만한 수준이다. 그리고 동물의 지능이 한때 과학적으로 알려졌던 것보다 훨씬 더 높은 수준이며 인간이 지구상에서 지적이고 지각 능력을 지닌 유일한 존재가 아니라는 사실을 이해하는 사람이 예전보다 훨씬 더 많아졌다. 이 점을 이해하게 되면 동물을 그저 '사물'로 다루기가 점점 어려워진다. 그러므로 대신 우리는 동물을 그 자체의 모습으로 존중하고, 동물이 고통과 두려움을 느낄 수 있는 방식으로 그들의 삶에 개입하기 전에 한 번 더 생각해봐야 할 것이다.

그런 예가 2012년에 저명한 과학자들이 모여 서명한 '의식에 관한 케임브리지 선언Cambridge Declaration on Consciousness'으로, 선언문에는 다음 내용이 포함됐다. "동물의 의식 상태가 신경해부학적, 신경화학적, 신경생리학적 현상을 기반으로 형성되며 이와 더불어 동물이 의도된 행동 양식을 표현하는 능력을 지녔다는 증거가 축적되고 있다. 이로써 인간이 의식을 발현하는 신경학적 기질을 보유한 유일한 종이 아니라는 사실이 밝혀졌다. 모든 포유류 및 조류를 비롯한 동물들, 그리고 문어를 비롯한 많은 생명체도 그런 신경학적 기질을 보유한다." 비록 선언문에 포함되지는 않았지만 어류와 무척추동물 또한 지각 능력과 의식을 지녔음을 뒷받침하는 증거도 점차 늘어나고 있다. 고도의 지능을 보유한 문어에게는 인간과 매우 다른 형태의 '두뇌'가 있는데, 일부 학자들은 문어의 뇌가 여덟 개의 다리 각각에 존재해서 독립적으로 기능할 수 있다고 여긴다. 심지어 문어는 악몽 같은 나쁜 꿈을 꿀 수도 있는 것으로 보인다.[1]

지난 십 년간 세계 여러 국가와 도시, 마을은 공식적으로 야생동물, 반려동물, 가축을 비롯한 동물들이 지각 능력을 갖춘 존재임을 선언했다. 또한 온정적 보전compassionate conservation이라는 분야가 생겨나서 전 세계적으로 급격한 성장세를 보이고 있다. 2022년 11월, 제인 구달 연구소Jane Goodall Institute는 고래류 포획에 관한 성명을 발표해서 "전 세계적으로 즉각 고래류의 포획, 사육, 번식을 영구적으로 금지할 것"을 촉구했다.

나는 평생 많은 동물과 교감해왔다. 어린 시절에는 항상 온갖 동물에 매료되어, 동물들을 관찰하면서 배우고 사랑을 주었다. 내가 열

살 때 만난 믹스견 러스티는 굉장히 총명했고 우리는 오랫동안 함께 지내며 무척 특별한 사이가 됐다. 나는 러스티 외에도 많은 동물을 키웠다. 고양이 세 마리를 연달아 키웠고, 기니피그 두 마리(목줄을 채워 산책을 나가기도 했다), 골든햄스터(녀석은 소파를 제집처럼 여겼다), 카나리아와 작은 앵무새(둘 다 집 안에서 풀어놓고 키웠다), 구조된 거북이 두 마리도 있었다. 우리 가족은 이 모든 동물과 함께 살며 마음을 나누었다. 그들과 함께하면서 나는 동물들, 적어도 두뇌가 적당히 발달한 동물들은 명확하고 뚜렷하게 구별되는 개성과 어느 정도 이성적으로 사고할 수 있는 머리, 그리고 무엇보다도 감정을 지닌 존재라는 것을 배울 수 있었다.

1960년에는 탄자니아의 곰베 국립공원에서 침팬지에 대해 배울 굉장한 기회를 얻었다. 과학적 연구 기법이라고는 전혀 모른 채 어릴 때 늘 했던 대로 내가 본 모든 광경을 녹화하고 수첩에 기록했다. 내게 인내심이 있어서 다행이었다. 처음 4개월 동안 침팬지들은 너무 갑작스레 어디선가 나타난 하얀 피부의 기이한 유인원을 볼 때마다 그저 도망치기에 바빴다. 처음으로 나에 대한 두려움을 극복한 침팬지에게 나는 데이비드 그레이비어드David Greybeard라는 이름을 붙여주었다. 데이비드는 미간이 넓고 커다란 눈을 가진 놀랄 만큼 잘생긴 성체 수컷이었다. 그는 상냥하지만 단호한 성격으로 나중에 알고 보니 무리에서 진정한 리더 역할을 맡고 있었는데, 서열이 높거나 장악력이 있어서가 아니라 이 산 저 산을 오가는 그를 다른 침팬지들이 졸졸 따라다녔기 때문이었다.

데이비드가 나의 존재를 차분하게 받아들이면서, 무리의 다른 녀석들도 결국 내가 그렇게 무서운 생물이 아니라는 사실을 깨닫게 됐다. 당시 많은 녀석이 내게 공격적인 태도로 평소에 표범이나 커다란 뱀을 향해 보이는 일종의 위협적인 행동을 보이기도 했다. 하지만 마침내 다들 긴장을 풀고 나를 점차 신뢰하면서 내가 그들의 세상으로 들어서도록—다만 언제나 그들의 조건에 맞게—허락해주었다. 나는 침팬지마다 가진 다채롭고 뚜렷한 개성을 파악하게 됐다. 데이비드와 가까운 친구 골리앗은 나중에야 비로소 알게 됐지만 무리의 우두머리 수컷이었다. 플로는 서열이 높고 적극적인 성격에 대가족을 거느렸다. 성격이 소심한 암컷 올리, 엄마와는 성격이 딴판인 딸 길카, 짜증을 잘 내는 JB, 의도치 않게 광대 노릇을 하던 조미오를 비롯해 나는 무리의 모든 구성원을 알게 됐다.

그로부터 일 년 후, 루이스 리키 박사님이 내가 케임브리지 대학교의 행동학 박사 과정에 들어가도록 자리를 마련해주었다. 케임브리지에서 나는 과학적 방법이 부실하다는 이유로, 침팬지들에게 번호를 매기지 않고 이름을 붙인다는 이유로, 침팬지들에게 개성을 '부여'한다는 이유로, 침팬지들에게 마음과 감정이 있다고 주장한다는 이유로 비난을 받았다. 그들은 엄중한 목소리로 그런 자질은 오직 인류라는 동물에게만 존재한다고 말했다. 이런 관점은 당시 많은 철학자와 신학자의 관점이기도 했다. 나는 학자라면 연구 '대상'에게 연민을 갖지 않아야 한다는 충고를 들은 적도 있다. 객관적이어야 할 과학자가 감정적으로 연구 대상을 대하면 객관적인 태도를 취하는 것이 불가능하다는 뜻이었다. 그 주장은 당연히 옳지 않다.

「네이처」에 나의 첫 연구 논문을 제출했을 때, 편집자는 내가 동물을 가리켜 '그he'나 '그녀she'라고 쓴 부분에 모조리 줄을 긋고 '그것it'으로 대체해버렸다. 동물은 성별마저 박탈당한 것이었을까? 나는 편집본의 '**그것**'을 전부 줄을 그어 지우고 다시 '**그**'와 '**그녀**'로 바꾼 후 밑줄까지 쳤다. 논문은 그대로 게재됐다.

러스티가 내 삶에 들어온 것이 얼마나 다행인지 모른다. 러스티를 비롯해 나와 함께 지냈던 모든 동물은 내게 지구상에서 우리 인간만이 개성과 정신과 감정을 지닌 건 아니라는 사실을 분명하게 가르쳐주었다. 나는 비인간 동물의 행동은 대체로 그저 환경이나 사회로부터 오는 자극에 대한 반응일 뿐이며 동물의 모든 행동은 선천적으로 결정되어 있다는 주장을 받아들일 수 없었다. 그런 주장은 내가 오랜 세월 러스티와 함께 살아온 경험과 침팬지들과 겪은 새로운 경험으로 알게 된 모든 지식에 완전히 어긋나는 것이었다.

다행히 나의 논문을 지도했던 로버트 하인드 교수는 현명한 분이었다. 그는 철저한 과학적 사고를 바탕으로 모호한 주장을 허용하지 않는 것으로 유명했다. 하지만 자신이 연구하던 붉은털원숭이 모두에게 이름을 지어주었고 글을 쓸 때도 거리낌 없이 원숭이들을 그, 그녀라고 칭했다. 연구할 때는 자신의 상식을 드러내되, 다만 그 획기적인 주장을 행동학적으로 표현해서 지나치게 적대적인 과학 비평으로부터 스스로를 보호할 수 있어야 한다고 가르쳐준 사람이 바로 하인드 교수였다. 예를 들어 나는 "피피는 행복했다"라고 표현하지 않아야 했다. 그 사실을 증명할 수 없기 때문이다. 하지만 이렇게 표현할 수는 있었다. "피피는 이런저런 방식으로 행동했다. 만일 피피가 인간이었다면 우리는 그녀가 행복했다고 말할 수 있을 것이다." 곰베 국립공원에서 2주를 보낸 후 달라진 하인드의 관점은 흥미롭다.

나의 스승인 고故 루이스 리키 교수가 침팬지 연구자로 나를 선택한 이유는 내가 그때까지 대학 교육을 받은 적이 없어서이기도 하다. 그의 관심을 끈 것은 야생 동물에 대해 배우려는 나의 열정도 있었지만 내게 정규 학위가 없다는 사실 자체였다. 리키 교수는 당시 동물행동학자들이 보이던 환원주의적 사고에 물들지 않은 관찰자가 필요했다. 게다가 그는 인내심이 필요한 현장 연구에는 여성이 좀 더 적합할 수 있다고 보았다.

1960년대 후반이 되자 더욱더 많은 생물학자가 현장으로 나가 늑대, 유인원, 원숭이, 코끼리, 고래, 돌고래 등 온갖 동물을 대상으로 한 장기적인 연구를 시작했다. 격리 상태의 돼지, 쥐, 까마귀, 앵무새에 대한 연구와 함께 여러 연구를 한 결과, 동물의 행동은 당시 서구 학계에서 인정되던 것보다 훨씬 더 복잡한 양상을 띤다는 사실이 명확히 드러났다. 또한 이 우주에서 인간은 혼자가 아니라는 사실을 보여주는 설득력 있는 증거들이 점차 많아졌다. 우리는 사랑과 증오를, 기쁨과 슬픔을, 공포와 절망을 겪을 수 있는 유일한 생명체가 아닌 것이다. 인간이 고통과 정신적, 육체적 시련을 겪는 유일한 동물이 아닌 것은 확실하다. 즉 인간 세계와 동물의 왕국 사이를 뚜렷하게 구분할 기준선은 없다. 흐릿하게나마 존재하던 선은 점점 더 자취를 감추고 있다.

그러나 불행히도 학계와 일반 대중 전반에서 수없이 많은 이들이 여전히 동물은 그저 환경의 자극에 따른 본능적인 반응을 통해 움직이는 물체일 뿐이라고 진심으로 믿고 있다. 그리고 그런 부류의 사람들은 의식적으로든 무의식적으로든 그들의 신념을 바로잡으려는 우리와의 대화를 거부하는 경우가 다반사다. 결국, 감정을 느끼지 못하는 물체에게 불쾌한 행위—고통스러운 실험의 대상으로 사용하기, 공장식 축사에 가둔 채 사육하기, 덫을 놓아 사냥해서 도살하기 혹은 그저 착취하기—를 하는 것이 사고 및 지각 능력을 갖춘 존재에게 하는 것보다는 편할 것이다.

원숭이, 개, 돼지가 느끼는 두려움은 인간이 느끼는 두려움과 매우 유사한 경험일 가능성이 높다. 특히 어린 동물은 인간이든 그 외의 동물이든 유사한 행동 양식을 얼마든지 보여준다. 배부르고 안정된 상태에서 활발하게 뛰어놀고 빙그르르 돌기도 하고 쿵쿵 뛰는가 하면 한 바퀴 구르기도 한다. 이런 행동들이 표현하는 느낌은 너무나 행복해서 삶의 기쁨으로 가득 찬 아이들과 매우 닮아 있다고밖에 볼 수 없다. 한편 나는 어미를 잃은 새끼 침팬지들을 관찰한 적이 있는데, 그 아이들은 슬픔에 빠진 인간 어린아이가 보이는 우울 증세와 유사한 행동, 즉 웅크린 자세, 몸을 앞뒤로 흔들기, 멍하니 초점 잃은 눈빛, 주변 일에 대한 무관심 등을 보였다. 인간 어린아이가 슬픔으로 고통을 느낄 수 있다면 새끼 침팬지도 마찬가지일 수 있다. 간혹 어미를 잃은 침팬지가 슬픔을 견디지 못하는 경우에는 곰베에서 플린트와 크리스털이 그랬듯이 죽음에 이를 수도 있다.

동물이 인간에게 매우 유익한 영향을 줄 수 있다는 사실도 점점 더 명백해지고 있으며, 이제는 훌륭한 과학적 근거까지 마련되어 있다. 동물은 긴장 완화에 매우 도움이 되고 치유 능력 또한 탁월하다. 동물은 고혈압을 완화하거나 교도소 죄수의 반사회적 행동을 줄이거나 언어 장애가 있는 아이들을 돕는 데 중요한 역할을 한다고 알려져 있다. 또한 외롭거나 자신이 쓸모없는 존재라고 느끼며 우울증에 걸린 독거노인도 고양이나 개와 함께 지내며 애정을 주면서 치유될 수 있다. 이는 단지 동물이 부드럽고 따뜻한 털을 가졌기 때문만은 아니다. 인간에게 공감하고 인간이 원하는 것을 이해하며 사랑을 주는 치유 능력을 지녔기 때문이다. 다시 말해, 이들은 단순히 자극과 반응에 의해 행동이 촉발되는 물체보다 훨씬 더 가치 있는 존재다. 기계로 봉제 인형을 아무리 정교하게 제작해서 마치 살아 있는 것처럼 보이게 만든다고 해도, 인형은 결코 살아 숨 쉬고 느끼고 사랑할 줄 아는 동물을 대신하지 못할 것이다.

더 많은 사람이 동물의 진정한 본성을 이해하게 될수록, 우리는 수백만의 동물들을 부적절하게 대하는 방식을 더 빨리 바꿔낼 수 있을 것이다. 사실 일반인들 대다수는 의학 연구 실험실에서 어떤 일이 일어나는지 모르고 있다. 그리고 수십억에 이르는 동물들을 악취로 가득하고 불결하고 믿기지 않을 만큼 비좁은 공간에서 사육하는 공장식 축산의 잔혹성에 대해서도 모르며 알고 싶어 하지도 않는다. 사람들은 서커스나 다른 여러 형태의 오락거리를 위해 동물을 훈련시킬 때도 어떤 잔혹한 일들이 벌어지는지 이해하지 못한다. 불행히도 일부 과학자들이 인간 외의 존재는 단순히 사물에 불과하다는 잘못된 관점을 계속 옹호하는 한, 그들의 주장은 이런 비인간적인 행동을 허용하는 데 쓰일 것이다.

바로 이런 이유로 마크가 이번 개정판을 낸 것이 나로서는 무척 즐거운 일이다. 이 책은 그동안 매우 중요한 역할을 해왔고 널리 읽혔다. 마크는 학자로서의 경력 기간 중 대부분을 공개적으로 동료 학자들의 혹독한 비판을 받아왔음에도 흔들림 없이 동물의 개성 및 감정을 연구해 나가며 글을 써왔다. 그동안 동물에게 다양한 감정이 존재한다는 과학적 증거들이 축적됐고, 마크는 이 책에서 자신이 그간 면밀히 관찰하며 내린 결론을 토대로 그 증거들을 풍성하게 묘사하며 한데 엮어냈다. 그는 책의 전반에 걸쳐 이런 연구 성과 자체를 인정할 때가 왔음을 역설한다. 또한 침팬지, 코끼리, 개와 같은 동물들이 과연 행복, 질투, 슬픔, 절망, 분노를 경험할 수 있는지 묻는 것은 사실상 시간 낭비라고 말한다. 이들 동물과 의미 있는 시간을 보내거나 함께 살아가는 사람들이 보기에는 굳이 증명할 필요도 없는 사실이기 때문이다. 이 자명한 사실을 계속해서 증명하려 애쓰는 대신, 동물이라는 존재가 인간과 마찬가지로 감정을 표현한다는 사실을 인정하고 이제는 이 책에서처럼 또 다른 질문을 제기할 때가 됐다. 애초에 감정이 발달하게 된 이유는 무엇일까? 그리고 감정은 어떤 유용한 목적에 활용될까? 나는 우리가 오히려 회의론자들에게 동물에게 감정이 '없음'을 증명하라고 요구하면서 맞서야 한다고 생각한다.

이 책의 초판은 우리와 이 땅을 함께 나누는 동물들을 향한 우리의 태도를 바꾸려는 목소리가 커지고 있을 때 강렬한 목소리를 보탰었다. 이제 이번 개정판으로 저자는 역시나 신중한 과학적 방법론에 자신의 직관 및 상식을 더해 당시 우리가 알고 있던 사실에 새로운 내용을 다시금 보태게 됐다. 이 책은 상황의 심각성을 대다수가 이해하지 못할 때가 너무나 많은 어려운 환경 속에서도 동물들의 삶의 질을 개선하려고 고군분투하는 이들에게 훌륭한 도구가 되어줄 것이다. 나는 훗날에라도 동물을 대하는 방식을 다시 생각해보도록 이 책이 더 많은 사람을 설득하기를 바랄 뿐이다.

제인 구달(1934~): 대영 제국 훈장 서훈자, UN 평화대사, 제인 구달 연구소 창립자.

동물의 감정이라는 선물

> 우리는 우리 자신을 특별한 존재라 여기고 싶어 한다. 그러나 인간과 동물의 차이가 무엇이건, 감정의 영역에서 특별한 차이를 발견할 것 같지는 않다.
>
> _프란스 드 발(영장류학자)[1]

이 책의 초판이 출간된 이후로 인지동물행동학cognitive ethology—동물의 마음을 연구하는 학문—분야는 말 그대로 폭발적인 진전을 이뤄왔다. 그리고 오늘날에는 동물의 인지적, 감정적, 도덕적 삶에 관한 흥미로운 연구 결과가 하루가 멀다고 나오는 추세다. 초판에서 나는 "지금부터 20년 후면 우리의 이해와 해석이 지금보다 더욱 다채롭고 정확해질 것이며 지금과는 다른 양상을 보일지도 모른다. 사실 어떤 연구 분야든 마찬가지다"라고 썼었다. 당시 내가 개정판을 쓰게 될 줄은 미처 몰랐지만, 17년이 지난 지금 돌이켜보면 나의 예견은 정확했다. 정말 그대로 이루어진 것이다. 그리고 나는 이 책의 내용을 보완해서 새로운 내용을 독자들과 나눌 기회를 얻게 되어 무척 기쁘고 신난다.

당시 이런 내용도 썼었다. "동물의 감정적 삶에 관해서라면, 과학은 그저 사람들이 이미 일상적으로 경험하고 있는 것을 따라잡으려 애쓸 뿐이다." 이 점은 현재도 마찬가지다. 나는 늘 최신 연구 동향을 파악하려고 노력한다. 나는 동물의 감정적 삶에 관해 최대한 많이 배우고, 배운 내용을 사람들과 나누는 데 진심으로 흥미를 느끼기 때문이다(나의 연구 활동 중 일부를 「사이콜로지 투데이」의 '동물의 감정Animal Emotions'이라는 블로그를 통해 공유하고 있다).[2] 다만 이 분야의 넘쳐나는 최신 정보를 죄다 섭렵하기란 거의 불가능에 가깝다 보니 두 손 두 발 다 들고 좌절할 때가 많지만 한편으로는 흐뭇하다. 그도 그럴 것이 새로운 정보를 보다 보면 내가 거의 20년 전에 썼던 내용이 사실로 확인되고 이를 더욱 보강해주는 내용이 많이 나왔기 때문이다. 정말이지 바람직한 일이 아닐 수 없다.

50년 이상의 세월을 과학자로서 동물들이 지닌 열정과 야수성에 따른 이점을 연구하면서 나 스스로 확실히 행운아라 여기게 됐다. 나는 내가 하는 일을 무척 좋아할뿐더러 동물에 대해 배우는 것도 즐겁고 나와 동료들이 발견한 사실을 다른 이들과 나누는 것도 즐겁다. 이 기념물은 어느 때보다도 동물의 감정과 그 감정이 중요한 이유에 대해 더욱 개정되고 확장된 내용을 다룬다. 부디 독자들도 즐거이 읽어주기를 바라 마지않는다.

동물을 바라보는 시선의 변화

인지동물행동학의 다양한 연구 분야 중에서도 동물의 감정에 관한 연구 분야는 지난 20여 년간 커다란 변화를 겪어왔다. 가장 큰 변화 중

하나는 동물의 지각 능력에 대한 인식이 더 광범위하게 퍼졌다는 것으로, 나는 이 점이 특히나 흥미롭고도 만족스럽다. 생태계 전체에서 '핵심종'의 존재가 중요한 이유는 핵심종을 기반으로 해당 생태계에 의존하는 많은 종이 제각각 바람직한 형태로 살아갈 수 있기 때문이다. 같은 식으로 본다면, 동물의 지각 능력이 많은 종의 개별 동물들을 결속시키고 지탱하는 '핵심 개념'이라 할 수 있다. 엄밀히 말하자면 '지각 능력의 생물 다양성'이라 하겠다.

놀랄 만큼 다양한 범위의 동물을 대상으로 한 비교 연구로 새롭게 얻은 데이터는 동물의 감정과 관련해 나를 비롯한 많은 학자가 오랫동안 주장해온 내용을 온전히 뒷받침한다. 물론 이 책의 중심 주제는 여전히 초판의 주제와 동일하다. 즉 이 책은 동물의 감정에 관한 연구를 통해 우리가 파악한 내용 및 그 내용을 습득한 과정을 설명하고, 이 지식을 활용해서 동물의 삶을 개선할 방안을 모색하는 것을 목표로 한다. 다만 그만큼 중요하지는 않아도 동물의 감정 자체에 대한 회의적인 시각 또한 짚고 넘어가야 할 것이다.

내가 처음 이 주제로 연구를 시작한 50년 전쯤에는 학자들이 개나 고양이, 침팬지를 비롯한 여러 동물들—대체로 포유류—에게 감정이 **있는지** 알아보기 위해 오랜 시간 연구했지만 거의 모두가 회의적인 결론을 내렸다. 감정은 현미경으로 들여다볼 수 있는 대상이 아니었기 때문에 연구 성과가 거의 없었다. 내가 즐겨 쓰는 대로 표현하자면, 내가 당시 학자들의 개가 아니어서 어찌나 다행인지! 또 한 가지 다행스러운 점은 오늘날에는 동물의 감정이 존재하는지 여부를 증명하는 일이 대체로 동물에게 감정이 없다고 주장하는 이들의 몫이라는 것이다. 나와 동료들은 동물의 내면에 대해 글을 쓸 때, **행복, 슬**

픔, 시기심, 죄책감, 연민, 공감 따위의 자극적인 표현을 더 이상 쓰지 않아도 된다. 여러 과학 저널이나 대중 매체에서 쥐가 느끼는 기쁨이나 코끼리가 느끼는 슬픔을 다루기도 하는데, 이제는 그 정도 내용에 아무도 눈 하나 깜박하지 않는다. 그리고 더욱더 많은 과학적 성과가 나오면서 이제 학자들은 동물을 언급할 때 이름도 없이 거리감을 주는 번호를 붙이는 대신 각자의 이름을 지어주게 됐다. 이것은 야생 침팬지들에 대해서 획기적인 연구를 진행해온 제인 구달이 개척한 방식이다.

나는 늘 동물의 감정을 고려하지 않는 것은 과학의 정신에 위배된다고 주장해왔다.[3] 동물이 어떤 감정을 느끼는지 명확하게 아는 것, 즉 개별 동물이 겪는 사적인 내면의 경험을 확인하는 것은 불가능하다. 우리는 타인이 겪는 사적인 내면의 경험 역시 알 수 없지만, 그렇다고 해서 인간 세상에서 공통적으로 공유되는 인지 가능한 감정들의 존재 자체를 부정하지는 않는다. 영장류학자 프란스 드 발은 2019년에 쓴 "개가 느끼는 죄책감은 개의 행동으로 드러난다"라는 제목의 칼럼에서 이 문제를 다루었다.[4] "오랫동안 과학계는 동물에게 내면의 삶이 존재하지 않는다고 단정 지으며 동물을 자극에 반응하는 기계로만 묘사했다. 이런 관점은 우리가 습관적으로 '의인화 부정anthropodenial', 즉 우리 인간 역시 동물의 일종이라는 사실을 부정하는 시각을 유지하는 데 기여했다."

나는 그의 의견에 전적으로 동의한다. 최근에 발표되고 있는 동물의 감정에 관한 방대한 연구 결과들을 근거로, 우리는 많은 동물이 다채롭고도 깊이 있는 감정적 삶을 살아간다는 사실을 더 이상 부정할 수 없게 됐다. 더 나아가 우리는 동물을 대신해서 동물이 지닌 감정에 관해 우리가 알고 있는 지식을 활용할 수 있어야 한다. 하지만 드 발은 우리가 동물의 감정 상태를 진정으로 안다고 여기는 것은 지나친 믿음이라는 의견을 피력한 적이 있으며, 예전에 신경과학자 야크 판크세프는 우리가 실제로 동물의 감정을 얼마나 파악하고 있는지에 대해 심각하게 의문을 제기하기도 했다. 다만 판크세프는 한때 드 발에게 이렇게 말했다. "동물에게 감정이 있다는 확고한 증거가 있습니다. (중략) 그런 지식을 근거로 몇 가지 가설을 제시하는 게 왜 문제가 되는 겁니까?" 후에 드 발은 다음과 같은 글을 남겼다.[5] "이제는 나 역시 판크세프가 옳았다고 생각한다. 그래서 나는 앞으로 그의 견해를 세상에 알리고 왜 그가 평생 싸워야만 했는지를 설명하는 데 힘쓸 것이다."

오랫동안 나는 동물의 감정에 관한 이런 '지식을 근거로 한 추측'들이—사실 방대한 지식을 근거로 한 추측이다—의인화 부정을 반영한 것이 아니라, 아직은 증명되지 않았지만 언젠가는 비교 과학 연구를 통해 강력한 근거를 갖게 되리란 사실을 반영한 것이라고 주장해왔다. 그리고 실제로 그렇게 됐으며 우리는 이번 책에서 관련 사례를 많이 접하게 될 것이다.

동물의 지각 능력을 인식하는 문제에 중요한 변화가 일어난 시점은 2012년에 발표된 '의식에 관한 케임브리지 선언'이었다. 다양한 분야의 저명한 과학자들이 모여 선언문의 초안을 마련하고 서명을 했다. 과학자들은 실질적으로 많은 수의 동물이 의식을 지닌다는 사실을 인정할 때가 됐음을 강조했다. 이 선언을 통해 과학자들은 진화에 따라 의식이 발달했는지 **여부**가 아닌, 의식이 발달하게 된 **이유**를 밝히는 게 진정한 과제라고 지적했다.[6]

동물이 지닌 의식과 지각 능력은 상상 속에서만 존재하는 것이 아니다. 견고한 과학 지식에 약간의 상식만 더한다면, 우리는 인간이 자신과 주변, 그리고 타인에게 발생하는 상황을 인지할 수 있는 유일한 동물이 아니라는 사실을 명확하게 알 수 있다. 한편 동물이 지각할 수 있는 존재임을 인정하는 공식적인 선언을 자체적으로 채택한 국가나 도시도 점차 늘고 있다. 미국은 아직 선언을 채택한 국가 명단에 이름을 올리지 않았지만, 현재 이 선언을 채택한 국가는 그리스, 네덜란드, 뉴질랜드, 덴마크, 독일, 라트비아, 루마니아, 룩셈부르크, 리투아니아, 몰타, 벨기에, 불가리아, 사이프러스, 스웨덴, 스위스, 스페인, 슬로바키아, 슬로베니아, 아일랜드, 에스토니아, 영국, 오스트리아, 이탈리아, 체코, 칠레, 크로아티아, 포르투갈, 폴란드, 프랑스, 핀란드, 헝가리, 호주다.

다음은 2021년 12월 스페인의 한 언론이 보도한 기사 내용이다.[7] "지난 목요일 스페인 하원에서 새로운 법안이 통과됨에 따라, 이제 스페인에서는 법적으로 동물을 '물건'으로 취급할 수 없게 됐다. 앞으로 동물은 '지각 능력을 지닌 존재'로 여겨질 것이며, 이에 따라 동물은 무생물이 아닌 새로운 법적 지위를 부여받게 될 것이다. 또한 동물의 포획, 유기, 학대가 법적으로 금지되며, 동물의 소유주가 이혼이나 별거를 하는 경우 동물은 그들의 복지와 안전이 고려되지 않은 채 소유주 중 1인으로부터 분리될 수 없다." 한편 2022년 4월 에콰도르는 세계 최초로 개별 야생 동물에게 생존권을 포함한 법적 권리를 부여했다.[8]

지각 능력에 대하여

느끼는 능력 및 그 느낌이 중요한 이유

이 책에서 내가 제안하려는 내용과 설명하고 입증하려는 내용을 아주 간략하게 소개하겠다.

- 지각은 단순히 느낄 수 있는 능력을 의미한다.
- 비인간 동물이 가진 지각 능력을 인식하고 인정하는 것은 더 이상 급진적인 관점이 아니다. 여러 연구에 따라 다양한 종의 동물이 기쁨, 슬픔, 비통함 등 폭넓은 범위의 감정을 느낀다는 사실이 명확하게 입증됐기 때문이다.
- 중요한 건 생명체의 진화 과정에서 지각과 감정이 발달한 **이유**이지, 감정이 일부 동물에게만 선별적으로 발달했는지 **여부**가 아니다.
- 동물의 지각을 의심하는 사람들은 더 이상 이 능력을 전면적으로 부정할 만큼의 신뢰성 있는 근거를 제시하지 못한다.
- 지각에 관해 우리가 알아내야 할 것들이 여전히 무척 많다. 과학 연구는 예상치 못한 종들에게도 지각이 존재함을 보이는 증거를 끊임없이 발견해내어 우리를 놀라게 하고 있다. 연구 결과에 따르면 물고기나 양서류, 파충류, 곤충, 갑각류도 여기에 해당하며, 심지어 식물도 지각을 보유할 가능성이 있다.
- 다시 말해, 지각에 관한 연구를 거듭할수록 지각을 보유한 생물종을 더 많이 발견하게 된다. 다만 이 능력이 어떤 형태로 발생하며 어떤 방식으로 경험되는지는 밝혀지지 않았다.
- 어떤 생물종이 지각할 수 있다는 사실이 밝혀졌다면, 우리는 해당 생

물종 및 각 개체를 어떻게 대할지 결정할 때 그 지식을 활용해야 한다.

- 동물을 대하는 방식을 판단할 때, 지각 능력의 정도를 따지는 것은 실질적으로 의미 없는 일이다. 개별 동물이 받는 고통은 그 여하와 관계없이 그저 고통일 뿐이다. 종마다 개체마다 정도의 차이는 있겠지만, 그것이 특정 동물이 받는 고통이 다소 덜한 편이라거나 다른 개체가 받는 고통만큼 고려할 필요가 없음을 의미하지는 않는다.
- 오늘날 우리에게 주어진 가장 큰 도전 과제는 동물의 지각 및 감정에 관한 우리의 지식과 우리가 동물을 대하는 방식을 일치시키는 것이다. 동물이 받는 고통의 원인이 우리 인간일 때 그 사실을 받아들이기가 고통스럽다. 하지만 우리가 변화하는 것만이 유일한 해결책이다. 현재 우리 사회가 설정한 동물 복지 표준은 극도로 시대에 뒤떨어졌고 부적절한 수준이다.

느낄 수 있는 동물은 앞발을 들어보세요

실질적으로 동물의 감정을 무시하는 학문은 나쁜 생물학이라는 결론에 이른다. 진화생물학, 인지동물행동학, 사회신경과학 분야의 연구 결과는 수많은 다양한 동물이 복합적인 감정을 가지며 살아가고 있다는 관점을 뒷받침한다. 감정은 진화에 따른 선물이다. 수많은 종은 환경에 대한 적응 수단으로 감정을 진화시켜왔으며, 감정을 통해 동물들 간에 사회적 유대감이 형성되어 서로 결속된다. 또한 감정은 동물들이 우호 관계나 애정 관계, 경쟁 관계에 따라 다양한 종류의 사회적 상호 작용을 촉진하고 조절하게 하며, 매우 다양한 장소에서 거기에 맞는 다양한 행동 패턴을 활용해 순응적이면서도 유연하게 자신을 보호할 수 있도록 해준다.

현재 찰스 다윈이 제시한 진화적 연속성에 관한 개념—생물종의 차이는 유형 자체보다 정도의 차이에서 비롯된다는 개념—이 널리 받아들여지고 있는데, 이 또한 동물의 감정, 공감, 도덕적 행동이 실재함을 강력히 설파한다. 실제로 진화적 연속성 개념은 서로 다른 종들의 '진화 시점을 연결'함으로써 각 개체의 감정과 욕구를 포함한 진화된 특성들 사이에 유사성이 있음을 강조한다. 우리가 동물의 감정과 공감에 대해 지금까지 밝혀낸 사실은 서로 다른 종의 생활 방식, 즉 동물의 사회적 상호 작용 및 관계가 얼마나 복합적인지에 관해 기존에 우리가 알던 사실과 부합한다. 감정과 공감, 옳고 그름을 판단하는 능력은 생존을 위한 핵심 요소다. 이런 능력들이 없으면 인간과 동물은 모두 멸종할 수밖에 없다. 그만큼 중요한 문제다.

더군다나 인류를 비롯한 모든 포유류는 감정을 느끼는 데 중요한 신경해부학적 구조 및 신경화학적 경로를 공통적으로 가진다. 예를 들어 혹등고래, 참고래, 범고래, 향유고래의 뇌에는 인간의 뇌와 동일한 위치에 방추 세포가 존재한다는 사실이 밝혀졌다. 한때 방추 세포는 인간과 유인원에게만 존재하며, 사회 조직에서 교감 능력, 직관력 및 신속한 직감적 반응 능력을 보이는 데 필요한 감정을 처리할 때 중요한 역할을 한다고 여겨졌다. 실제로 고래의 뇌에는 인간의 뇌보다 더 많은 수의 방추 세포가 존재한다.

그런데 많은 동물이(모든 동물은 아닐 수 있지만) 지각 능력을 보유한다고 가정하더라도, 지각할 수 있는 동물들이 느끼는 것이 모두 같을까? 아직은 알 수 없다. 그리고 앞으로도 정확하게 알지 못할 수 있다. 그럼에도 관련 연구를 통해 우리는 계속해서 그 유사성과 관련된 사례를 찾아내고 있다. 다만 우리가 여러 종 가운데 유사성을 찾아내더라도 우리 인간을 동물의 능력을 측정하는 잣대로 삼지 않는 것이 중요하다고 본다. 핵심은 동물을 우리 인간과 비교하는 것이 아니라 있는 그대로 이해하는 데 있다. 이 책에 실린 일화들을 통해 우리는 쥐들이 공감 능력을 지녔고 재미를 추구하는 동물이라는 사실을 알게 될 것이다. 그 밖에도 여러 동물에 대해, 예컨대 쾌락을 추구하는 이구아나, 유머 감각이 있는 말, 사랑을 나누는 고래, 짝을 잃고 슬픔에 잠긴 당나귀, 짜증 내는 개코원숭이, 지각 능력을 지닌 물고기, 그리고 외상 후 스트레스 장애 증상을 보이는 코끼리 등 많은 일화를 소개할 것이다. 최근의 연구를 통해 코끼리들이 서로 떨어진 지 거의 12년이 지난 후에도 서로의 변 냄새를 맡음으로써 그들이 가족이었다는 사실을 기억할 수 있을 것이라는 가설이 제시됐다.[9] 만일 그게 정말이라면, 코끼리가 오래전에 겪은 정신적 충격을 기억하지 못할 이유도 없을 것이다.

동물들은 다른 동물의 감정 또한 분명하게 인식한다. 즉 동물은 심리학에서 소위 감성 지능EQ이라 일컫는, 자신의 감정 및 타 개체의 감정을 이해하는 능력을 갖고 있다.[10] 오랜 세월을 함께한 짝을 향한 사랑과 헌신을 보여주는 일화들이 계속해서 등장하고 있다. 많은 흥미로운 일화 중 2023년에 발견된 두 구조견의 이야기를 잠시 소개하겠다.[11] 수컷인 하트와 암컷 소울은 미주리주 세인트루이스 인근의 고속도로 갓길에서 발견됐다. 하트는 차에 치여 쓰러진 소울의 곁을 떠나려 하지 않았다. 당시 현장에 있었던 수의사는 하트가 사랑하는 짝에게 작별 인사를 할 수 있도록 서두르지 않았다. 그 광경을 본 사람들은 그야말로 '진정한 사랑'을 목격했다고 회고했다. 이들의 러브스토리를 온전히 읽으려면 손수건이라도 미리 챙기길 권한다. 나중에 나는 코끼리 베이빌의 이야기를 소개할 텐데, 베이빌은 다른 코끼리 무리가 공감 능력을 발휘하며 돌봐준 덕분에 살아남을 수 있었다.

우리는 일반적으로 오랜 기간 친밀한 정을 나누는 정서적 관계가 같은 종의 동물 사이에서 형성된다고 생각지만, 때로는 매우 다른 종의 동물 간에 유별난 관계가 맺어지기도 한다. 심지어 원래 포식자와 피식자 관계인 동물 사이에서도 말이다! 일본 도쿄의 무쓰고로 오코쿠 동물원의 난쟁이 햄스터 고항과 쥐잡이뱀 아오짱이 그런 관계였다. 이렇듯 가능할 것 같지 않은 우정을 나누는 동물들을 우리는 '별난 커플'이라 부른다.[12] 영국 콘월 앞바다에서는 병코돌고래와 바다표범이 어울려 노는 모습이 포착되기도 했다. 그중에서도 가장 특이한 관계를 꼽으라면? 아마도 미주리주 밸리파크의 세계조류보호소에 살고 있는 신기한 수컷 독수리 머피일 것이다. 머피는 돌 하나에 유별난 애착을 느낀 나머지 마치 곧 아빠라도 될 것처럼 그 돌을 소중하게 품으며 지냈다.

많은 종은 감성 지능을 보여주는 데 그치지 않고, 우리가 인간 세상에서도 훌륭하다고 여길 만한 미덕, 즉 공감, 연민, 도덕성, 심지어 이타심까지 보여주는 행동을 할 때가 있다. 동물의 이런 자질이 실제로 존재한다는 사실을 입증하기란 어려운 일이다. 하지만 인간이나 다른 동물의 목숨을 구하는 동물에 대한 목격담은 꾸준히 쌓이고 있다.[13] 제프 캠벨의 《구조견 데이지Daisy to the Rescue》, 벨린다 레시오의 《구조에 나선 동물들When Animals Rescue》과 같은 책에서는 수십 가지의 실제 에피소드를 소개한다. 그중 몇 가지만 언급하자면, 상어로부터 인간을 구한 돌고래와 고래 무리, 납치된 소녀를 구해준 사자, 한 소년을 구하려고 퓨마와 맞서 싸운 골든레트리버, 새끼 고릴라와 나이든 고릴라를 해치려는 밀렵꾼의 덫을 다 함께 힘을 모아 해체해버린 고릴라들, 새끼 코뿔소를 구조하려 한 코끼리가 있고, 그 밖에도 이런 목격담은 얼마든지 있다. 우리는 동물들을 구해야 한다고 목소리를 내곤 하는데, 그렇다면 오히려 동물이 다른 이들을 구해야 하는 상황을 인식하는 경우라면 어떤가?

그리고 당연한 말이지만 인간과 동물 사이에도 유대감이 형성될 수 있다. 나는 강의를 시작할 때 이런 질문을 던지곤 했다. "여러분 중에 개들에게 감정이 없다고, 그러니까 개들은 기쁨이나 슬픔을 경험할 수 없다고 생각하는 사람이 있나요?" 학술 강연에서조차 몇몇이 꼭 이 질문에 손을 들었다. 누가 볼까 주위를 흘끔거리며 손을 슬며시 반쯤 들어 올리는 사람들이 한둘씩 보였다. 나는 다시 물었다. "여러분 중 개들에게 감정이 있다고 생각하는 사람은 얼마나 되죠?" 그러면 거의 모든 손이 일제히 올라오고, 저마다 미소 지으며 격하게 고개를 끄덕임으로써 나의 말에 동의를 표했다. 제인 구달이 자신의 반려견 러스티를 묘사한 것처럼, 개와 함께 살아가다 보면 동물도 감정이 있다는 사실을 체험을 통해 직접 알게 된다. 깊이 생각해보지 않아도 알 수 있는 문제다. 우리는 반려동물의 행동을 관찰하고 우리 인간에게도 존재하는 기본적 감정과의 유사성을 토대로 동물의 감정을 그려낼 수 있으며, 그렇게 알아낸 사실은 매우 신뢰할 만한 것이다.

실질적으로 우리는 개의 감정 상태를 직접 체감할 수 있으며, 개 역시 우리의 감정을 파악할 수 있다. 이런 비언어적 감정 교류는 상상

속의 일이 아니라 실재한다. 프란스 드 발이 《동물의 감정에 관한 생각》에서 지적했듯이, 만일 동물이 말을 할 수 없다는 이유만으로 우리가 동물의 지각 능력마저 부정한다면, 이는 갓난아기와 언어 장애가 있는 인간을 포함해 '언어를 사용하지 못하는 모든 생명체'에게도 적용되어야 할 것이다.[14] 드 발은 이렇게 주장한다. "우리가 언어에 부여하는 중요성은 터무니없을 정도로 과장되어 있다. 이로 인해 말로 표현되지 않는 고통이나 의식 상태와 관련해서 불가지론적 관점이 한 세기 넘게 이어졌다."

인간과 동물 사이의 유대감은 반려견이나 사육하는 가축과의 관계에서만 특별히 형성되는 것도 아니다. 이런 인식과 이해는 인간과 지각 능력을 지닌 모든 동물 간에 형성될 수 있을 뿐만 아니라, 더 나아가 자연 세계에서도 찾아볼 수 있다. 시첼로 음바타와 브리지트 피트의 회고록 《검은 사자Black Lion》에 이 점이 극적으로 묘사되어 있다. 줄루족(주로 남아프리카 공화국에 거주하는 아프리카 토착 원주민—옮긴이) 야생 가이드인 음바타는 자신이 목격한 야생의 삶을 그려내고, 사람들이 야생과 자연을 그저 머리로만이 아닌 마음으로 바라보도록 도와주는 자신의 역할을 설명한다.

한 가지 더 덧붙이자면, 상상의 비약이 꼭 부적절한 것만은 아니다. 지금으로부터 8년 전인 2016년, 랠프 네이더(미국의 변호사로 소비자 보호 및 환경 운동에 앞장서고 있으며 특히 대기업 저격수로 유명하다—옮긴이)는 내게 자신의 소설 《인간을 질투한 동물 이야기Animal Envy》의 추천사를 부탁했다. 나는 이 부탁을 받고 매우 놀라 처음에는 저자가 동명이인인 줄 알았다. 그런 책을 내가 아는 그 환경운동가 랠프 네이더가 썼을 리 없다고 생각한 것이다. 하지만 내 예상은 틀렸다. 그리고 나는 그 책의 내용이 굉장히 독창적이고 선견지명이 있으며 진취적이라는 것을 알게 됐다. 네이더의 이야기는 우리가 흔히 궁금해하는 주제를 풀어낸다. 만약에 지구상의 모든 동물이 같은 언어를 사용하게 된다면, 우리는 동물들이 스스로에 대해 어떤 생각을 하는지, 또 우리 인간을 어떻게 생각하는지 직접 들어볼 수 있을까? 이야기는 서로 다른 종의 동물들이 소통하고 인간과의 대화도 가능하게 하는 앱이 개발되면서 시작된다. 그 앱을 이용해 개최된 '위대한 대화의 장'이라는 세계 집회에서 일어난 일을 상상해본 것이다. 네이더는 동물들의 인지적, 감정적 삶에 관한 연구를 토대로 그럴싸한 이야기를 풀어낸다. 만일 지구상에 있는 모든 동물이 함께 대화할 수 있는 능력을 갖게 된다면—그리고 인간이 동물들의 이야기에 귀를 기울인다면—동물들은 과연 어떤 행동을 보이고 무슨 이야기를 들려줄까? 그리고 우리는 여기서 무엇을 배우게 될까?

1970년대의 연구에서 고릴라 코코에게 인간의 수화를 가르치는 데 성공한 이래로, 우리는 동물과 대화하는 방법을 개발하고자 했다. 그리고 오늘날 일부 과학자들이 AI가 동물과의 의사소통에 돌파구를 마련할 가능성이 있다고 봄에 따라, 어쩌면 네이더의 소설은 더 이상 '지어낸 이야기'가 아니게 될지도 모른다.[15]

그렇기는 하지만 사실 우리 인간과 동물은 이미 의사소통을 하고 있다. 다만 서로의 감정 표현을 통해 간접적으로 대화할 뿐이다. 그리고 때로는 동물의 행동을 통해서도 인간과 동물의 관계가 어떤 상태인지에 대해 꽤 많은 것을 알 수 있다. 동물은 행동만을 통해서 폭력을 자제해달라고 간청하거나 아량을 베풀어 함께 지내게 해달라고 호소하기도 한다. 동물들은 고통과 아픔에서 벗어나 살아가고 싶어 하며, 그렇게 살아가려고 온갖 종류의 행동 패턴과 더불어 육체적으로도 환경에 적응할 수 있게 진화해왔다. 우리가 이 점을 알아낼 목적으로 굳이 동물이 인간의 언어를 사용하게 할 필요는 없다. 우리는 이미 감정이라는 공통의 언어를 사용하고 있기 때문이다.

이 세상과 동물을 돌보는 일

동물에게 감정이 있다는 사실을 인식하는 것이 중요한 이유는 동물이 느끼는 감정 자체가 중요하기 때문이다. 동물의 감정은 동물에게 중요한 문제이며, 우리도 이를 중요하게 여겨야 한다. 동물은 지각 능력을 지닌 존재로, 일상적으로 발생하는 다채로운 일을 경험할 수 있다. 그래서 우리는 동물과 소통할 때 이 점을 존중해야 한다. 우리와 함께 생활하고 우리가 돌보고 아끼는 '반려'동물뿐만 아니라, 농장에서 사육되고 도살되어 우리에게 식량과 의복을 제공하는 수많은 가축에 대해서도 마찬가지다. 그리고 제한된 지구 공간을 나누어 쓰기 위해 끊임없이 힘겨운 싸움을 벌이는 야생 동물도 잊어서는 안 될 것이다.

굳이 언급할 필요도 없지만, 인간과 동물의 관계는 언제나 복합적이면서 모호하고 도전적이면서 때로는 좌절감을 느끼게 한다. 그래서 우리는 동물과 소통하는 방식을 끊임없이 재평가해야 한다. 이런 재평가 과정에서는 답을 찾기 어려운 질문이 제기되기도 할 것이고, 우리가 하는 행동이 동물에 대한 우리의 이해와 믿음에 부합하는지 검증할 필요도 있을 것이다. 그래서 나는 동물 실험을 하는 연구자들이나 공장식 축산업자들을 만나면 이렇게 묻곤 한다. "당신의 반려견도 그런 식으로 대하겠습니까?" 이 질문에 펄쩍 뛰는 사람들도 있지만 이건 매우 중요한 질문이다. 우리가 평소에 생쥐, 원숭이, 돼지, 소, 코끼리, 침팬지 또는 심지어 주인 없는 고양이나 개를 대하는 방식과 반려동물을 대하는 방식이 다르다면, 우리는 그 이유를 자문해 볼 필요가 있다.

나는 글을 쓰면서 우리와 동물 사이에 존재하는 '공감 간극 효과 empathy gap'를 자주 언급한다. 오늘날 인류의 가장 큰 도전 과제 중 하나는 동물과 이 세상, 그리고 우리 자신을 위해 이 간극을 극복하는 것이다. 몇 년 전에 받은 한 질문을 계기로 이 문제는 내 머릿속에 선명하게 새겨졌다. 당시 한 강연에서 만난 열세 살 중학생 모니카가 내게 이렇게 물었다. 우리 인간이 동물이나 다른 인간을 대하는 방식, 그리고 인간이 초래한 그 모든 환경 파괴를 보면 결국 인간이 '실패한 포유류'라는 생각이 들지 않느냐는 것이었다. 나는 그 아이의 질문에 충격을 받았고 그 질문이 줄곧 뇌리를 떠나지 않았다.

우리는 인간이 동물보다 우월하다고 생각할 때가 많다. 인간이 더 영리하다고 믿기 때문이다. 그러나 그런 자만심 때문에 동물을 멸시하거나 동물에게 해를 끼치는 인간의 행동을 정당화하는 경우가 너무나 많다. 우리가 우리의 세상을 보살피는 문제에 있어서 소위 우월하다고 알려진 인간의 지성이 방해 요인이 될 때가 많다. 존경받는 나의 동료 학자인 저스틴 그레그는《니체가 일각돌고래라면》이라는 책에서 이를 자업자득이라고 표현했다. 인간의 정신이란 매우 흥미롭고 많은 면에서 독보적이기는 하지만, 결국 인간 및 다른 생명체들의 궁극적인 생존 문제에 관해서라면 인간의 그런 특성은 축복이라기보다 저주에 가까운 것일지도 모른다. 개인적으로는 비인간 종에서 보다 우월한 형태의 지적 능력이 발견되어 인간의 지성이 상대적으로 열등한 진화적 적응으로 평가될 여지가 아직 있었으면 한다.[16]

하지만 우리는 해야 할 일이 무척 많다. 스페인의 상황을 보자. 스페인에서는 2021년 비인간 동물도 '지각할 수 있는 존재'라 선언함에 따라 동물이 보호받는 것이 당연해졌지만 여전히 투우는 사라지지 않고 있다. 2023년 스페인의 한 업체는 문어 양식 사업을 시작하겠다고 나섰다.[17] 그렇게 되면 매년 100만 마리의 문어가 잔인한 방식으로 냉동될 것이다. 같은 해 스페인에서 열린 한 수렵 박람회에서는 54개 캠핑 장비 업체가 북극곰, 사자, 아프리카코끼리, 기린, 코뿔소, 표범을 대상으로 트로피 헌팅(오락 목적의 사냥으로, 사냥한 동물을 트로피처럼 박제하는 데서 나온 표현—옮긴이) 패키지여행 상품을 내놓았다.[18] 스페인의 대다수 시민은 국제 보호종을 대상으로 한 트로피 헌팅에 반대한다. 하지만 이 사례들은 동물의 지각 능력에 관한 선언으로 사회적 변화를 이끌어내는 일이 얼마나 어려운지를 보여준다. 우리가 태도를 달리하지 않는다면 그런 선언이 진정 무슨 의미가 있겠는가.

한편 미국의 여러 정부 기관이 노골적으로 드러내는 위선도 생각해보자. 미연방 정부의 동물복지법Animal Welfare Act은 쥐, 생쥐, 조류, 어류, 곤충을 대상 동물에서 제외할 목적으로 아예 **동물**이라는 단어를 새로 정의했다. 이렇게 제외된 종들은 다른 동물에게는 부여되는 법적 보호 장치도 없이 계속 학대받고 죽임을 당하게 됐다. 이와 유사하게 미국의 토지 관리국Bureau of Land Management과 어류 및 야생 동물국US Fish and Wildlife Service은 서로 공존하는 환경을 조성하는 것이 목표라고 주장하면서도 수없이 많은 종을 '유해 동물'로 간주해 정기적으로 도살한다. 이런 시각은 **공존**의 의미를 왜곡한 것일 뿐이다.

인식이 '존엄'과 '존중'으로 이어지고, 서서히 '보호'도 이끌어낸다

이 모든 상황을 무릅쓰고 동물이 지각이 있는 존재라고 선언하는 행위는 우리를 옳은 방향으로 나아가게 한다. 동물의 지각 능력에 대한 대중의 인식이 달라지면 사람들은 동물을 존중하고, 품격 있는 자세로 친절과 연민을 담아 동물을 대하게 된다. 동물은 이런 대우를 받을 자격이 얼마든지 있다. 또한 개인적으로 만족스러운 점은 학술지와 대중 매체 모두에서 비인간 동물을 언급할 때 **존엄**이라는 단어를 사용하는 데 더욱 주목한다는 사실이다.[19] 그리고 더욱더 많은 동물이 지각과 의식을 지닌 생명체 집단의 정식 멤버로 인정받을수록, 이런 점은 사람들을 독려할 수 있다. 동물을 지각이 있는 존재로 선언하는 것이 동물들 자신에게도 진정 의미 있는 일이 되도록 계속해서 긴장의 끈을 놓지 말라고 말이다. 그 움직임의 한 예가 현재 전 세계적으로 확산되고 있는 '자연권Rights of Nature' 운동이다. 자연권 옹호론자들은 동물 및 생태계를 포함한 자연과 인류의 착취적인 관계를 강, 숲, 그리고 모든 생명체의 존재를 존중하는 법적 동반자의 관계로 바꿔 나갈 방안을 모색하고 있다. 동물이 지각할 수 있는 존재라는 인식이 확고히 자리 잡게 되기까지는 더 오랜 시간이 걸릴 수도 있다. 하지만 나는 "그런 권리들이 존재하기에 이 세상은 아직 살아갈 만하다"라는 과학 저술가 그레이엄 로튼의 말에 동의한다.[20]

환경 보전 및 재야생화rewilding를 위한 전 세계적인 노력에 따라 인간과 동물의 관계에 대한 우리의 전반적인 관점 또한 성숙해지고 있으며, 그런 관점의 변화는 인류동물학, 동물 연구, 보전 행동, 보전 심리학 분야에도 영향을 미치고 있다. 학계의 연구 결과에 따르면, 중요 종의 특정 집단을 보호하면 결국 전체 생태계를 보호하게 되고, 더

나아가 전 지구적인 탄소 감축 목표를 충족시키는 데도 도움이 되는 것으로 밝혀졌다.[21]

개체의 중요성과 온정적 보전

동물을 보호하려면 당연히 동물의 감정적 삶과 모든 개체 각자의 중요성을 이해하고 존중할 줄 알아야 한다. 그 때문에 온정적 보전이라는 분야가 지속적으로 성장하게 됐다. 온정적 보전 방식은 모든 동물의 각 **개체**의 삶이 그 자체로 가치 있는 선물이라고 여기므로, 이런 패러다임의 전환으로 모든 동물이 수혜를 입을 수 있다. 온정적 보전은 그 동물이 포획된 상태인지, 반려동물인지, 아니면 야생 동물인지와 상관없이 각 **개체**에게 무엇이 최선인지를 고려하는 방식이다. 모든 동물 개체는 원래 예정된 삶을 살아가면서 타고난 행동과 성향을 스스럼없이 표출하고 필요한 것을 얻을 수 있어야 한다. 가령 어떤 지역에서 자유롭게 살아가던 늑대를 서식 환경이 좋지 못하다고 위험에 처할 수 있는 다른 지역으로 옮기는 것은 그들의 감정적 삶에 대한 폭력이다. 동물들은 그저 인간만을 위해 존재하면서 인간이 바라는 대로 살아야 하는 존재가 아니다.

비인간 종이 지닌 의식 및 인지 능력에 대한 사람들의 인식이 증가함에 따라, 특정 종을 대상으로 개체적 특질을 법적으로 부여하려는 시도도 이루어지고 있다. 이런 시도는 특히 지성을 갖춘 것으로 파악되는 유인원, 코끼리, 고래와 같은 동물을 대상으로 한다. 다만 나는 각 동물의 감정, 느낌, 성향에 주목한다면 이런 시도가 더욱 설득력을 갖추리라고 본다. 지난 20여 년 동안 전반적으로 동물의 감정 및 인간과 동물의 관계 개선에 대해 훨씬 더 많은 관심이 생겨났고, 인간과 동물 사이에 불가피한 충돌이 발생했을 때도 살생을 피하는 해결책이 마련되어 실행에 옮겨지는 모습을 보면서 나는 무척 유쾌한 기분이 들었다.

개인적으로 나는 우리와 동물 사이에 존재하는 공감 간극 효과를 해결하고 동물들과의 연대감을 조성하는 데 개만큼 훌륭한 존재가 없다는 생각을 늘 해왔다.[22] 다만 반려동물의 삶에서도 여러 문제가 발생할 수 있고 그 동물의 입장에서도 스트레스가 많을 수 있다(많은 반려동물이 우리와 함께 살아가기 위해 값비싼 대가를 치른다). 하지만 반려동물은 우리가 다른 동물뿐만 아니라 인간에 대해서도 공감 능력을 키우는 일에, 그리고 모든 생명체를 결속시키는 일에 좋은 역할을 할 수 있다. 우리는 개를 비롯한 반려동물과 생활하면서 동물의 지각 능력에 관한 증거를 주로 가장 생생하고 직접적인 방식으로 체험한다. 그런 체험 덕분에 우리는 동물이 가능한 한 최상의 삶을 살 수 있도록 노력하게 된다. 그리고 이에 따라 우리 인간을 포함한 모든 동물이 더 많은 자유와 정의를 누리는 삶이 실현될 수 있다. 더욱 많은 신뢰와 공감과 연민의 자세로 자유와 정의를 실현하는 것이 모든 동물과 이 경이로운 지구를 물려받게 될 미래 세대를 위해 우리가 할 수 있는 최선임을 어느 누가 부정할 수 있을까?

우리 인간은 어떤 선택을 하든 세상에 영향을 미치는 막강한 힘을 가졌다. 인간의 지배력이 점차 확장되는 이 세상에서 우리는 일상적으로 수없이 많은 동물의 지각 능력을 묵살하고 말살하고 있다. 그러나 우리는 인간만이 감정 및 지각 능력을 갖춘 유일한 생명체가 아니라는 사실 또한 인지하고 있기에, 우리와 다른 존재를 대할 때 존중과 감사와 온정과 사랑을 담은 태도를 보여야 하는 막중한 책임과 의

무를 진다. 우리가 동물을 상대로 할 수 있는 것과 하지 않아야 할 것을 판단하는 경우, 그 사안이 무엇이든 함께 토론하고 동물을 대신해 행동에 옮기는 과정에서 동물의 감정을 가장 우선적으로 고려해야 한다. 인간은 늘 동물을 위해 더 많은 것을 해낼 역량이 있다. 따라서 앞으로도 이 책은 우리의 미래를 향한 희망의 책으로서 우리가 동물과의 소통을 위해 상상력을 발휘할 것을 당부한다.

감정은 우리의 조상에게 물려받은 선물이다. 인간이든 비인간 동물이든 누구에게나 이 선물이 주어졌다는 사실을 잊어서는 안 될 것이다.

용어에 관한 첨언

내용에 깊이 들어가기에 앞서, 용어에 관한 중요한 문제를 언급하고 싶다. 동물의 감정에 대해 논할 때 우리는 인간 역시 동물이라는 사실을 망각하곤 한다. 그렇다고 해서 일반적으로 동물이라 불리는 존재를 칭할 때 매번 '비인간 동물'이라는 용어를 사용하기가 번거롭다. 따라서 이 책에서 내가 '동물'이라는 단어를 사용할 때 실제로 의도한 표현은 인간 역시 동물이라는 점을 상기시키는 '비인간 동물'임을 알아주었으면 한다. 이런 언어의 간결함 때문에 실제 의미가 망각되지 않기를 바란다. 그리고 대명사에 대해 언급하자면, 나는 동물을 언급할 때 늘 인간화해서 표현하므로 동물을 절대 지시 대명사인 '그것'이라 칭하지 않는다. 동물은 주체적인 존재이기에 주격 대명사를 사용한다. 언어 사용에 관해서는 6장의 "진솔한 대화와 재야생화의 언어"를 참조하길 바란다.

1장

동물의 감정은 왜 중요한가

✴

: 동물의 감정을 보여주는 명백한 사례들

이 땅에서 우리와 더불어 살아가는 생명체에 대한 온갖 학대의 근원은 인간 중심의 세계관, 즉 지구상에서 인류만이 중요한 가치를 지닌 종이라는 가당찮은 믿음에서 비롯된다.

_브라이언 메이 경(퀸의 멤버이자 세이브 미 트러스트Save Me Trust의 창립 멤버)[1]

2006년 9월, "문제에 대한 마음The Heart of the Matter"이라는 제목 아래 동물 복지에 관한 회의가 열렸다. 과학자들이 드디어 '**마음heart**'이라는 단어를 사용하는 것을 보며 당시 나는 무척 흡족했다. 오늘날에는 이 단어가 훨씬 흔하게 사용된다. 연구자들은 마음과 사랑에 관해 글을 쓰기도 하는데, 그런 연구는 신선하면서도 매우 중요한 일이다. 동물에 대해 특별한 감정을 갖는 과학자의 태도는 단순히 용인되는 정도가 아니라 오히려 과학 연구의 질을 향상시킨다. 동물에게는 감정이 없다고 생각하거나 동물 자체가 중요하지 않은 존재라 여긴다면 동물의 감정을 연구할 이유가 없다.

나는 동물의 감정을 연구하고 있으며 이 일을 무척 좋아한다. 지금껏 다양한 동물—코요테, 늑대, 개, 아델리펭귄, 아처피시, 서부 콩새, 스텔러어치—을 연구하면서, 이들 동물의 사회적 행동, 사회적 조직, 사회적 발달에서부터 의사소통, 놀이, 방어 행동, 공격성, 부모 행동, 도덕성에 이르는 온갖 주제를 다루며 다양한 범주의 문제들과 씨름해왔다. 내게 동물이 감정을 느낀다는 증거는 논쟁의 여지가 없고 부인할 수도 없는 것이다. 그리고 현재로서는 동물행동학, 인지동물행동학, 진화생물학, 신경생물학 분야의 광범위한 연구를 통해 이 관점이 폭넓게 뒷받침되고 있다. 그러나 대다수 사람에게는 이 명백한 사실을 확인하는 데 굳이 과학을 적용할 필요가 없다. 많은 동물이 누구에게나 감정을 자유롭게 드러내므로 우리는 동물을 관찰하고 소리를 듣고 때로는 냄새를 맡으며 그들의 감정 상태를 파악할 수 있다. 간단히 말하자면 오늘날의 과학은 우리가 동물의 겉모습을 관찰함으로써 그들 각자의 머리와 가슴 속에서 일어나는 많은 일을 알아낼 수 있음을 분명히 보여준다.[2] 이건 중요한 문제다. 면밀한 과학 연구가 우리가 직관적으로 이해하는 것들을 검증해주기 때문이다. 우리는 수없이 많은 종의 다양한 동물이 감정을 느끼며, 우리 인간에게 우리의 감정이 중요한 것처럼 동물에게도 그 자신의 감정이 중요한 문제라는 사실을 직관적으로 이해한다.

이 장에서는 감정이란 무엇인지, 감정으로 동물의 마음과 관련된 어떤 것을 알 수 있는지, 그런 감정은 우리에게 어떤 영향을 미치는지를 알아보고, 궁극적으로 그 지식을 어떻게 활용할지에 중점을 두었다. 사실 이 책을 쓴 것은 바로 이런 문제 때문이다. 즉 동물에게도 감정이 존재한다는 것, 인간이 동물의 감정을 이해하는 일을 중요시해야 한다는 것, 그리고 인간이 동물을 대하는 방식에 인간의 지식이 영향을 미쳐야 한다는 것을 보여주려 한다.

나는 동물이 지닌 감정을 논할 때 주로 동물의 행동에 관한 데이터와 사람들의 경험담에 초점을 맞추고 사회신경과학 분야의 최신 연구 내용을 결부시키는 방식을 사용한다. 일반 상식과 과학적 데이터가 한데 결합되어—나는 이를 '과학적 상식'이라 부른다—동물이 지닌 야성적인 열정의 강력한 사례를 도출해낼 수 있음을 보여주려는 것이다. 그런데 동물에게도 감정이 존재하며 그것이 중요한 문제라는 점을 일단 우리가 인정했다면, 그다음 순서는 무엇일까? 그러면 우리는 이제 윤리적인 문제를 생각해봐야 한다. 우리가 어떤 방식으로 동물을 활용하고 남용하고 대하는지를 전반적으로 주의 깊게 살펴본 후, 그 방식이 우리가 알게 된 지식과 우리의 신념에 부합하는지 확인해야 할 것이다. 나는 언제든지 과학은 윤리의 영향을 받아야 한다는 확고한 견해를 갖고 있다. 우리가 보유한 지식, 우리의 행동, 우리가 느끼는 연민이 항상 어우러지도록 최선을 다해야 한다. 항상 이것이 문제에 대한 마음이다.

새들의 장례식

새들에게 경의를 표하다

몇 년 전에 콜로라도주 볼더 인근에서 친구 로드와 자전거를 타고 가다가 우연히 아주 흥미로운 행동을 보이는 까치 무리를 보게 됐다. 까치는 조류 중에서도 매우 높은 지능을 보이는 까마귓과에 속한다. 도로변에는 까치 한 마리가 차에 치였는지 죽어 있었다. 그런데 죽은 까치의 주위에 다른 까치 네 마리가 모여 있었다. 네 마리 중 한 녀석이 죽은 까치에게 가까이 다가가 부리로 살며시 쪼는가 싶더니 다시 물러섰다. 그 모습은 코끼리가 죽은 코끼리의 몸을 코로 어루만지는 행동과 비슷했다. 나머지 까치들도 같은 행동을 보였다. 그런 다음 한 녀석이 어디론가 날아가더니 풀잎을 물고 돌아와 죽은 까치 옆에 내려놓았다. 다른 까치들도 이어서 같은 행동을 했다. 그러고는 네 마리 모두 죽은 까치 곁에 몇 초간 머무르더니 이윽고 한 마리씩 떠나갔다. 로드는 새들이 의도된 행동을 할 수 있다는 사실에 큰 충격을 받고는, 까치가 원래 이렇게 행동하는 새인지 내게 물었다. 나는 나 역시 이런 광경은 처음 본다고 대답했다. 그때까지만 해도 나는 애도를 표하는 까치에 관한 글을 접한 적이 없었다. 그러나 그런 까치의 행동을 목격한 우리 둘은 이렇게 결론지을 수밖에 없었다. 그 녀석들은 세상을 떠난 친구에게 까치들만의 방식으로 작별 인사를 했다고.

내가 이 놀라운 새들의 장례식을 글로 쓰자, 사람들은 내게 까치, 참새를 비롯한 여러 종의 새들이 로드와 내가 목격한 것과 동일한 행동을 보였다는 이야기들을 보내왔다. 존 마즐러프와 토니 앤젤의 멋진 책 《까마귀의 선물Gifts of the Crow》에는 이런 내용이 나온다.[3] "까마귀와 레이븐(큰까마귀)은 보통 동종의 새가 죽으면 그 주위에 모여든다. 그러나 죽은 새의 몸을 건드리는 경우는 드물다." 존은 위드비 오듀본 협회(미국 워싱턴주 위드비 섬의 야생 동물 보호 단체. 오듀본 협회는 미 전역에 걸쳐 조류를 비롯한 야생 동물을 보호하는 단체다—옮긴이)의 회장이었던 빈센트 헤이글이 들려준 까마귀 장례식의 일화를 보내주었다. 그 내용은 우리가 목격한 까치의 행동과 매우 유사했다. 내용은 이러했다.

> 어릴 때 저는 방과 후에 친구네 집에서 친구 어머니가 간식을 챙겨주시길 기다리며 주방에 있었어요. 갑자기 어머니가 얼른 창밖을 보라고 하시더군요. 우리가 내다봤더니 창밖 몇 미터 떨어진 곳에 까마귀 한 마리가 죽어 있었어요. 그런데 열두 마리쯤 되는 다른 까마귀들이

종종걸음으로 죽은 까마귀 주위로 모여들고 있는 거예요. 1~2분쯤 지나서 그중 한 녀석이 잠시 어디론가 날아갔다가 작은 나뭇가지나 마른 풀잎 같은 걸 입에 물고 돌아와서는 죽은 까마귀의 몸 위로 떨어뜨리고 다시 날아갔어요. 그러자 다른 까마귀들도 차례로 자리를 떴다가 한 번에 한 마리씩 돌아와 나뭇가지나 풀잎을 죽은 까마귀의 몸 위로 떨어뜨리고 다시 날아가더군요. 그렇게 죽은 까마귀가 나뭇가지 같은 걸로 덮인 채 홀로 있는 동안 모든 까마귀가 같은 행동을 했어요. 그 모든 일이 일어나는 데 아마 4~5분 정도 걸렸을 거예요.

다음은 하산 자심이 보내준 또 하나의 감동적인 이야기다.[4]

오두막의 창밖에서 무슨 소리가 들려서 내다보았더니, 여새 한 마리가 창문에 부딪혀 바닥에 떨어져 있었어요. 그 새의 짝이 근처에 있더군요. 떨어진 새는 죽은 게 분명했고요. 잠시 다른 일을 하다가 다시 내다보았더니, 짝을 잃은 녀석이 죽은 짝 가까이 내려와 서로 머리를 맞댄 채 눈을 감고 나란히 누워 있었어요. 죽은 짝과 영혼의 세계로 함께 떠난 거죠. 그토록 슬프면서도 아름다운 순간을 목격한 것이 제겐 정말이지 특별한 경험이었어요. 동물에게 감정이 존재하고 동물이 사랑의 감정을 느낀다는 사실을 믿지 않는 사람들에게는 이 순간이야말로 그것이 사실임을 보여주는 명백한 증거가 될 것입니다. 자연에서 우리가 배울 점이 정말 너무나 많습니다.

이런 광경을 목격하게 될 때면 우리는 의문이 들 수밖에 없다. 이 새들은 자신이 어떤 행동을 할지 생각하는 걸까? 이 녀석들은 세상을 떠난 친구나 짝에게 새들만의 방식으로 예를 갖추는 걸까? 아니면 단지 계획된 행동인 것처럼 보였던 걸까? 그저 생각 없이 움직이는 자동 인형인 걸까? 물론 우리는 각 새들의 머리와 가슴 속에서 어떤 일이 일어나는지 알 수 없다. 다만 유사한 사례들이 축적되어왔고 지금까지 연구된 내용도 고려해본다면, 나는 이 질문들에 대해 기꺼이 이렇게 답할 수 있다. 그렇다. 그렇다. 아니다. 아니다.

두꺼운 피부 속 따스한 마음

코끼리 베이빌 이야기

동물의 내면 생활을 명확하게 드러내는 동물의 행동에 관한 사례가 더 있다. 수년 전에 나는 케냐와 탄자니아를 여행하면서 코끼리의 세계에 눈을 뜨게 됐다. 코끼리는 내가 가까이에서 본 동물 중 가장 멋진 녀석이었다. 대규모의 야생 코끼리 무리를 관찰하면서 그들의 위풍당당한 존재감과 더불어 그들의 의식과 감정을 **느낄** 수 있었다. 이런 직접적인 경험은 나의 두뇌와 심장과 온몸에 파문을 일으켰다. 그 코끼리들은 동물원의 인위적인 환경 속에 갇혀 혼자 살거나 자연에 어긋난 무리에서 사는 포획된 코끼리들과는 완전히 달랐다. 아프리카에서 코끼리들과 마주했던 영적이면서도 변혁적인 경험은 내게 깊은 영감을 주었고, 그 후로 나는 이 장엄한 생명체를 보호하려는 모든 노력에 깊이 감사하는 마음을 갖게 됐다.[5]

우리 일행은 케냐 북부의 삼부루 보호구역에서 그곳에 서식하는 야생 코끼리 무리를 관찰하던 중, 베이빌이라고 불리는 한 녀석이 매우 느리게 걷고 있는 것을 발견했다. 베이빌은 장애가 있어서 무리의 다른 코끼리들처럼 빠르게 움직일 수 없었다. 하지만 다른 코끼리들은 베이빌이 뒤처지게 내버려두지 않고 기다려주었다. 당시 우리를 안내하던 코끼리 전문가 이언 더글러스 해밀턴에게 이 광경에 대해 물으니, 그는 이 코끼리들이 지난 몇 년간 늘 저렇게 지내왔다고 일러주었다. 코끼리들은 한동안 걷다가 가던 길을 멈추고 뒤돌아서 베이빌이 어디까지 왔는지 확인했다. 그들은 베이빌의 상태에 맞춰서 그대로 기다리거나 다시 걸음을 옮겼다. 이언의 말에 따르면 이따금 무리의 암컷 우두머리가 베이빌에게 직접 먹이를 가져다주기도 했다.

코끼리들은 어째서 그런 행동을 했을까? 베이빌은 다른 코끼리들을 위해 할 수 있는 일이 없었기에 코끼리들이 베이빌을 도와야 할 이유나 거기서 얻는 실질적인 이득은 없어 보였다. 우리가 유일하게 확실히 결론 내릴 수 있었던 것은, 코끼리들이 베이빌을 돌보며 베이빌이 무리에 남을 수 있도록 자신들의 행동을 조정했다는 것이었다.

우정과 공감의 효과는 크다. 그리고 베이빌과 친구들의 사례가 특수한 경우도 아니다. 2006년 10월에 인도 동부의 작은 마을에서 코끼리 한 마리가 도랑에 빠져 죽었는데, 그 때문에 열네 마리의 코끼리 떼가 사라진 친구를 찾아 헤매느라 마을을 온통 헤집은 사건이 있었다.[6] 죽은 코끼리는 열일곱 살 난 암컷 코끼리로 마을 주민들이 이미 매장해준 후였지만, 코끼리 떼가 사흘 이상을 미친 듯이 마을을 샅샅이 뒤지며 다닌 탓에 수천 명의 사람들이 마을에서 대피할 수밖에 없었다.

감정이란 무엇인가

'감정이란 무엇인가'라는 질문에 답하기는 쉽지 않다. 사람들은 대개 상대방의 감정이 드러나는 것을 보면 그 감정을 파악할 수 있지만, 그것의 정의를 내리기란 어렵다는 것을 알게 된다. 감정은 신체적인 걸까, 정신적인 걸까, 아니면 둘 다에 해당할까? 과학자인 나로서는 감정이 행동의 관리 및 통제를 돕는 심리적인 현상이라고 말하는 편이 안전할 것이다. 즉 감정은 우리가 느끼는 바를 드러내 행동에 옮기게 하는 현상이다. 보통 신체적 반응에 대한 '감정적 응답emotional response'과 생각에서 비롯되는 '느낌feeling'을 구분한다. 감정적 응답은 신체가 특정 외부 자극에 반응하는 것을 보여준다. 가령 우리는 자동차가 나를 향해 돌진하는 것을 보면 공포감을 느낀다. 이에 따라 심장 박동이 빨라지고 혈압 및 체온이 상승한다. 그러나 사실 돌진하는 자동차를 보고 반응함으로써 나타나는 생리적 변화에 따라 뇌가 반응하기 전까지는 공포를 느낄 수 없다.

반면에 느낌은 오로지 개인의 두뇌에서만 발생하는 심리적인 현상이다. 외부 사건이 분노나 슬픔과 같은 어떤 감정을 유발할 수 있다. 그러나 좀 더 생각해보면 그 감정과 다르게 느껴야겠다고 결정할 수 있다. 우리는 우리의 감정을 해석할 여지가 있는 것이다. 느낌은 다양한 기분으로 표현된다. 또한 우리가 다양한 사회적 상황에서 타인과 소통하는 데 관여하고 영향을 미친다.

심리학자 레이철 앨린은 이렇게 표현했다.[7] "감정은 신체에서 발생하는 감각에서 비롯된다. 느낌은 그 감정의 영향을 받지만 우리의 심리적인 사고로부터 형성된다. (중략) 감정은 신체의 감각으로 촉발된 실시간 데이터인 반면, 느낌은 보다 편향될 수 있고 그릇된 정신적 이해도에 따라 달라질 여지가 있다." 감정과 느낌은 워낙 밀접하게 연관된 개념이어서 많은 사람이 이 둘을 구별하지 않는다. 그래서 나는 두 개념을 혼용해도 상관없다고 본다.

찰스 다윈은 최초로 동물의 감정을 체계적으로 연구한 과학자로, 보편적 감정을 여섯 가지—분노, 행복, 슬픔, 혐오, 공포, 놀람—로 구분했다.[8] 다윈은 이 주요 감정들을 통해 우리가 다양한 상황에 빠르게 대처하고 복잡한 사회의 구성원으로 살아갈 수 있다고 보았다. 이후 다윈의 목록에 또 다른 감정들이 추가됐다. 작가이자 비평가인 스튜어트 월튼은《인간 감정의 자연사A Natural History of Human Emotions》에서 다윈의 핵심 목록에 질투, 경멸, 수치심, 난처함을 추가했고, 신경과학자 안토니오 다마지오는《데카르트의 오류》에서 사회적 감정에는 연민, 죄책감, 자부심, 시기, 감탄, 분개라는 감정도 포함된다고 주장했다. 이들 중 누구도 사랑을 언급하지 않은 점이 흥미롭다.

이런 감정들이 존재한다면, 그중 어떤 것을 동물이 경험할 수 있을까? 그리고 동물은 인간이 갖지 못한 감정을 경험할까? 이는 무척 흥미로운 질문들이다. 오랜 기간 코끼리를 연구해온 동물행동학자 조이스 풀은 다음과 같이 언급했다.[9] "나는 코끼리가 인간이 느끼지 못하는 감정을 느끼며, 반대의 경우도 마찬가지라고 확신한다. 한편 인간과 코끼리가 많은 종류의 감정을 공통적으로도 경험한다고 본다." 나 역시 인간과 동물이 각자 고유한 감정적 경험을 할 가능성이 있다는 주장에 동의하지만, 그런 감정을 익숙한 단어를 사용하지 않고 표현하는 방법은 아직 모른다. 나는 가령 침팬지의 기쁨, 개의 기쁨, 고양이의 기쁨이 각각 존재하며 다른 긍정적 또는 부정적 감정도 마찬가지라고 늘 주장해왔다. 또한 **기쁨, 슬픔, 질투**와 같은 개념의 근원에는 공통적인 요소가 충분하므로, 다른 종의 각 개체가 경험하는 바를 묘사할 때 이런 단어를 사용하는 것이 타당하다고 생각한다. 같은 종이라도 개체마다 경험하는 감정이 다를 것이다. 그러나 이를테면 상대방이 느끼는 기쁨이나 슬픔과 내가 느끼는 기쁨이나 슬픔에 차이가 있다고 해서, 내가 느낀 것을 상대방은 느낄 수 없다거나 그 반대의 경우가 성립한다는 의미는 아니다.

조이스 풀이 주장한 대로 인간은 결코 이해하지 못할 동물만의 감정이 존재하더라도, 우리 인간이 이해할 수 있는 동물의 감정 또한 많다. 인간이든 동물이든 열심히 놀거나 좋아하는 누군가를 다시 만나면 행복하지 않은가? 늑대들이 서로 만났을 때 꼬리를 앞뒤로 살랑거리거나 빙빙 돌리고, 낑낑대며 껑충 뛰어오르는 모습은 행복한 감정을 드러내는 것이 아닌가? 코끼리는 친구를 다시 만나면 환영의 몸짓으로 귀를 펄럭이며 돌아다니고 '그르렁거리는 인사법'으로 알려진 소리를 내는데, 이 역시 행복함의 표현이 아니겠는가? 마찬가지로, 동물은 가까운 친구를 잃었을 때 슬픔을 느끼지 않는가? 동물은 자신이 속한 무리에서 배척되거나 친구가 죽은 후에 기운 없이 식음을 전폐하고 심지어 그 자신도 죽음에 이르는 상황을 맞기도 하는데, 이런 상황에서 그들이 표현하는 그 감정에 슬픔이라는 단어 말고 어떤 이름을 붙일 수 있을까? 종에 따라 차이가 있더라도 틀림없이 모든 종은 핵심적인 감정을 유사한 형태로 가진다.

일차적 감정과 이차적 감정

학계에서는 대개 일차적 감정(기본 감정) 및 이차적 감정(부수적 감정)이라는 두 가지 다른 유형의 감정을 인정한다. 일차적 감정은 기본적으로 타고나는 감정으로 간주된다. 일반화되고 신속한 반사적(자동적 또는 선천적) 공포, 위험해 보이는 자극에 대한 투쟁—도피 반응이 일차적 감정에 해당한다. 이런 감정에는 의식적인 사고가 필요하지 않으며, 다윈이 제시한 여섯 가지 보편적 감정, 즉 분노, 행복, 슬픔, 혐오, 공포, 놀람이 여기에 포함된다. 동물들이 위험해 보이는 사물을 인지하기도 전에 거의 무의식적으로 그것을 피하는 것이 일차적 공포 반응이다. 일반적으로 '위험'을 알리는 선천적 신호인 크고 요란한 소리, 특정 냄새, 머리 위로 날아가는 물체와 같은 자극은 자동적인 회피 반응을 일으킨다. 위험한 자극을 마주했을 때 오류가 발생할 여지는 아예 없거나 있더라도 극히 희박해야 한다. 그래서 각 개체의 생존에 필수적인 선천적 반응 능력이 자연선택에 따라 나타나게 됐다.

일차적 감정은 두뇌의 진화 초기에 발달한 변연계(특히 편도체)에서 관장하는데, 변연계는 두뇌의 '감정적인' 영역으로 1952년 폴 맥린이 명명했다. 변연계 내부의 물리적 구조가 동일하고 감정 회로가 유사한 종들이 다수 존재하며, 이런 물리적 구조와 감정 회로를 통해 일차적 감정의 신경학적 기질이 형성된다. 맥린이 제시한 삼중 구조 뇌(또는 삼위일체 뇌) 이론에 따르면, 두개골 내부에 들어찬 우리의 두뇌는 진화 순서에 따라 세 부분—어류, 양서류, 파충류, 조류, 포유류에게 있는 파충류의 뇌(원시적 뇌), 모든 포유류에게 있는 변연계(고대 포유류의 뇌), 영장류와 인간 같은 소수의 포유류에게 있는 대뇌 신피질

('이성적인' 신포유류의 뇌)—으로 구분된다. 각 부분은 서로 연결되어 있으나 자체적인 기능을 갖는다. 변연계는 많은 감정이 발생하는 주요 영역으로 알려져 있는데, 현재 진행 중인 연구는 모든 감정이 반드시 두뇌의 한 부분에서만 발생하는 것이 아니라 적어도 둘 이상의 체계가 감정과 연관된 기능을 할 수 있음을 보여준다. 또한 일차적 감정과 관련된 화학적, 신경생물학적 체계가 인간과 동물의 뇌에 유사한 형태로 존재한다는 연구 결과도 있다.

이차적 감정은 이보다 복잡한 감정으로, 대뇌피질에 위치한 더 고차원적인 뇌의 중추와 연관된다. 공포와 분노의 핵심 감정이 포함될 수 있고 후회, 갈망, 질투 등이 포함되면서 더 미묘한 감정으로 나타날 수 있다. 이차적 감정은 자동으로 일어나는 반응이 아니라 뇌에서 처리되는 감정으로, 각 개체는 이 감정을 어떻게 다룰지 생각하는 과정을 거치면서 특정 상황에서 최선의 행동을 결정한다. 그러므로 맥락이 핵심이다. 즉 이빨을 드러내거나 으르렁대는 행동은 서로 다른 상황에서 서로 다른 의미를 지니며, 울부짖거나 킁킁대는 행동도 마찬가지다. 따라서 동물의 행동을 관찰할 때는 동물이 동일한 행동을 보이더라도 맥락이나 상황에 따라, 또는 누가 관련됐고 어떤 공간에 있는지에 따라 각각 다른 감정을 표현할 수 있다는 점을 감안해야 한다. 동물을 이해할 때 그들을 주의 깊게 관찰해서 모든 가능성을 고려하는 일이 얼마나 중요한지는 아무리 강조해도 지나치지 않다.

예를 들어 의식적 사고 및 이차적 감정은 일차적 감정을 일으키는 상황에서 우리가 어떻게 반응하는지에 영향을 미칠 수 있다. 우리는 낯선 물체가 머리 위로 날아가면 공포심에 몸을 웅크릴 수 있다. 하지만 그것이 단지 그림자일 뿐이라는 사실을 깨달으면 잔뜩 웅크

렸던 몸을 재빨리 일으키고는 멋쩍게 어깨를 으쓱하며 아무 일도 없었다는 듯 행동할 것이다. 우리는 경험을 통해 감정이란 복잡한 것일 뿐만 아니라 쉽사리 다른 감정으로 전환되기도 한다는 사실을 알고 있다.

자신의 감정을 잘 생각해봄으로써 우리는 특정 상황에서 보일 만한 다양한 행동 중 어떤 행동이 가장 적절할지 평가하게 되고, 이에 따라 변화하는 상황에서 유연한 반응을 보일 수 있다. 누군가가 나를 성가시게 한다면 그 자리를 피하는 편이 적절하겠지만, 때로는 상대방이 누구인지, 어떤 종류의 결과를 내가 두려워하는지에 따라 그 행동이 사회적 상황을 더욱 악화시킬 수 있다. 많은 종류의 감정적 반응은 무의식적으로, 즉 생각을 거치지 않고 생성되지만, 우리는 행동하기 전에 먼저 생각하는 법을 배운다. 사고하는 행위는 우리가 느낀 바와 그것에 따른 행동을 연결 짓는다. 따라서 사고를 거치면 가변적이고 융통성 있는 행동을 할 수 있어서 사회적 상황에 맞게 늘 옳은 행동을 할 수 있는 것이다. 이처럼 어떤 생명체에게서 발견되는 감정의 증거는 의식 및 자각 능력을 밝히는 데도 중요한 역할을 한다.

기분을 숨기지 않는 개

동물들이 보여주는 공감과 연민

개에게 그토록 많은 친구가 있는 이유는 개가 혀가 아닌 꼬리를 놀리기 때문이다.

_익명인

이런 광경을 본 적이 있을 것이다. 내 친구들이 키우는 개인 매디, 지크, 미키는 친구들이 집을 비울 때면 보통 우리 집에서 같이 어울려 놀곤 했다. 세 녀석은 도착하는 순간부터 거칠게 뛰어다니는데, 숨을 헐떡이다가 짖어대다가 프로펠러처럼 빙글빙글 돌아 공중으로 몸을 들어 올리기라도 할 듯 꼬리를 흔들어댔다. 녀석들은 누구와도 놀 준비가 되어 있었고, 자신의 꼬리를 붙잡으려고 제자리를 도는가 하면, 눈앞의 사람이든 물건이든 죄다 넘어뜨리며 미친 듯이 뛰다가도 문득 약 올리듯 멈춰 섰다가 다시 냅다 달려가곤 했다. 누가 봐도 이 개들은 그야말로 신나는 시간을 보내는 중이다! 가끔은 우리 집으로 향하는 차 안에서부터 어디로 가는지 눈치채고 그때부터 이미 '미쳐버리기' 시작할 때도 있었다. 녀석들은 오늘 하루 마크네 집에서 신나게 놀 수 있을 것이란 사실을 알았던 것이다.

개를 키우는 사람이라면 개가 갑자기 아무 이유 없이 광란의 질주를 하는 모습을 대부분 익히 보았을 것이다.[10] 이런 행동은 광란의 무작위 활동 기간FRAP, frenetic random activity period이라고 불리는데, 비단 ADHD를 앓는 개들만 보이는 행동이 아니라 개들은 이 행동을 정말 즐긴다. 행동 자체가 보상이며 목적인 셈이다. 동물들은 그저 별 이유 없이 재미있고 기분이 좋아지기에 놀 때가 많다.

개의 놀이를 진지하게 연구해보면 동물에게 감정이 존재함을 보여주기 위한 모든 '증거'를 수집할 수 있다. 개는 자신의 기분을 숨기지 않기 때문이다. 노벨상을 받은 동물행동학자 콘라트 로렌츠는 개가 산책을 하고 싶을 때 어떻게 감정을 공공연히 드러내는지에 주목해서 매우 단순하고 흔한 예시를 제시했다. 다음은 그의 저서 《개 그리고 동물과의 대화》에 소개된 이야기다.[11] "개의 주인은 대수롭지 않은 말투로 개의 이름을 언급하지 않은 채 '산책을 나갈 때 데려갈까 말까?'라고 말한다. 그 즉시 개는 꼬리를 흔들고 흥분해서 법석을 떨기 시작한다. (중략) 만일 주인이 '아무래도 데려가지 않는 편이 좋겠어'라고 말하면, 기대에 차 쫑긋 솟았던 귀는 슬프게 축 처질 것이다. (중략) '집에 두고 가야겠군'이라는 주인의 마지막 선언에 개는 낙심한 채 발길을 돌려 다시 자리에 주저앉는다." 나는 우리 집에 오는 개들을 관찰하며 이런 광경을 수도 없이 보았다. 그래서 늘 개들에게 모호한 메시지를 보내지 않으려고 무척 조심한다. 녀석들이 머릿속에서 끊임없이 상상하는 것을 망칠 수야 없지 않은가.

다행스러운 점은, 동물이 기쁨, 슬픔, 분노, 고통을 느끼는 것'처럼' 행동할 뿐이라는 멸시적이고 회의적인 관점이 사실상 소멸된 상태라는 것이다. 현재 활동 중인 학자들 중 내가 아는 모두가 자신의 반려동물에게 감정을 부여하며 자유롭게 의인화한다. 실험실에서는 어떨지 몰라도 집이나 사적인 장소에서는 그렇다. 그런데 동물의 의인화는 학자로서 부끄러워할 것이 아니다. 알렉산드라 호로비츠와 내가 주장한 바이기도 하고[12] 앞으로 5장에서 설명하겠지만 의인화는 학자로서 그저 자연스러운 행위다. 의인화는 진화된 지각 전략이다. 즉 우리는 자연선택에 따라 동물을 그런 방식으로 보도록 발달했다. 단 한 가지 진정으로 달라진 점이라면 이제는 많은 과학자가 대체로 동물도 인간처럼 다양한 범주의 감정을 지닌다는 것을 사실로 받아들이게 된 것이다. 사람들이 대개 오래전부터 인지하고 있던 사실을 비로소 따라잡은 것이다.

학자들이 일차적 감정의 보편성을 받아들이는 한 가지 예는 인간의 정신 질환을 치료할 신약을 개발하고 테스트할 목적으로 동물을 사용하는 것이다.[13] 생쥐는 슬픔과 내향성 관련 실험에 적합한 모델로 여겨진다. 생쥐가 괴롭힘을 당하거나 다른 생쥐에 의해 지속적으로 지배당하는 경험을 하면 내향적인 성향을 보이게 된다. 그리고 이렇게 우울증에 걸린 생쥐는 인간이 항우울제로 사용하는 프로작 같은 약물에 반응한다. 또한 자살의 위험에 놓인 생쥐, 그러니까 톡소플라즈마증(기생충에 의한 감염성 질환으로 종숙주가 고양이다—옮긴이)에 감염되어 고양이에게 위험한 매력을 느끼게 된 생쥐는 정신 질환 치료제를 투여해서 성공적으로 치료할 수 있다. 조현병 증상을 완화하는 할로페리돌haloperidol을 해당 생쥐에게 투여하면 고양이에 대한 우호성이 상당히 줄어든다. 수의학자 니콜라스 도드먼은 문제가 있는 개와 고양이에 대해 인간에게 사용하는 것과 유사한 약물을 투여하며 행동 훈련을 병행하는 방법을 제안한다. 만일 동물이 이런 약물에 인간과 같은 반응을 보인다면 그들의 감정에는 인간과 유사한 신경학적 기반이 있을 가능성이 매우 높으며, 따라서 아마도 인간과 유사한 감정을 느낄 것이다.

동물들에게서 관찰되는 공감 능력이나 연민은 중요한 이차적 감정으로, 다른 이들을 위한 이타적인 배려의 행동을 보여준다. 베이빌과 그를 돌보던 친구들을 떠올려보자. 내가 알래스카주 호머에 있었을 때, 지역 신문에서 회색곰에 대한 유사한 이야기를 읽은 적이 있다.[14] 러시안강Russian River 인근에서 회색곰 어미가 사살된 후 고아가 된 새끼 곰 두 마리는 항상 서로에게 꼭 붙어 있었다. 암컷 새끼 곰은 상처 입은 수컷 새끼 곰 곁을 지켰다. 수컷 곰은 기운이 없어서 아주 천천히 헤엄쳤고 먹이를 구하려면 도움이 필요했다. 그들의 행동을 지켜본 사람은 이렇게 말했다. "암컷 곰이 물가로 나와 물고기를 잡아서는 수컷 곰에게 가져가서 먹였어요." 어린 암컷은 동생을 돌보고 있는 것이 분명했고, 암컷의 도움은 수컷이 살아남는 데 결정적인 역할을 했다.

인도 테즈푸르에서 목격된 백 마리 붉은털원숭이 무리의 일화도 있다.[15] 새끼 원숭이가 차에 치이자 원숭이 무리가 오가던 차들을 멈춰 세운 것이다. 뒷발이 으스러져 움직이지 못하고 도로 위에 쓰러진 새끼 원숭이 주위를 다른 원숭이들이 에워쌌고 모든 차를 멈춰 세웠다. 정부 관계자의 보고에 따르면, 당시 원숭이들은 격앙된 모습을 보였다. 인근의 상점 주인은 이렇게 말했다. "정말 감정을 자극하는 광경이었어요. (중략) 몇 마리는 다친 원숭이의 발을 주물러주고 있었어요. 마침내 모두들 다친 원숭이를 데리고 떠났죠."

한 고전적인 실험에 따르면, 굶주린 붉은털원숭이는 자신이 먹이를 먹으면 다른 원숭이가 전기 충격을 받게 되는 것을 보고 먹이를 먹지 않으려고 했다.[16] 그리고 생쥐의 공감 능력에 관해 비교적 최근에 진행된 연구가 있는데 이 실험에서는 한 쌍의 성체 생쥐 중 한 마리나 두 마리 모두에게 아세트산을 주입해서 고통으로 몸부림치게 했다.[17] 설치류가 타 개체의 고통을 느끼는 능력을 갖추었는지 알아보기 위한 실험이었다. 실험 결과, 괴로워하는 다른 생쥐를 본 생쥐는 자극에 더욱 민감하게 반응했고, 아세트산을 주입받은 생쥐는 다른 생쥐가 고통에 몸부림치는 것을 보고 더욱 심하게 몸부림친다는 사실이 밝혀졌다. 생쥐는 사회적으로 교류할 때 보통 후각을 사용하는 동물임에도, 이 생쥐들은 시각적 단서를 사용해 공감 반응을 생성했다. 또 다른 두 실험에서는 쥐가 덫에 걸린 다른 쥐를 풀어주기도 했고, 다른 쥐가 물에 빠져 죽어가는 모습을 보고는 초콜릿을 먹다가 그만두는 모습까지 보였다.[18] 이런 실험을 통해 우리는 쥐를 비롯한 많은 동물이 공감 능력을 지닌다는 사실을 알 수 있을뿐더러, 쥐들이 보이는 공감 반응은 인간의 공감 능력에 작용되는 것과 동일한 뇌 기전의 영향을 받는다는 사실도 밝혀냈다.

물론 이 실험들은 우려를 자아낸다. 과학자들이 이런 결론에 이르기 위해 동물에게 그토록 부당한 고통을 가할 필요가 정말 있었을까? 동물이 공감과 연민을 느낄 수 있음을 증명하려고 잔인함을 택한 우리 인간을 어떻게 설명할 수 있을까? 사실 쥐와 생쥐 같은 실험용 동물들이 동물복지법으로 보호받았더라면 이런 실험들은 애초에 허가되지 않았을 수도 있다. 17년 전 이 책을 쓰면서 나는 지금쯤이면 잘 확립된 과학을 기반으로 연구 방식을 규제하는 법률이 개정될 거라 기대했었다. 6장에서 논의하겠지만, 나는 아직도 기대하는 중이다.

나는 설치류를 비롯한 다양한 종의 동물이 지닌 공감 능력에 대해 수없이 많은 일화를 줄곧 들어왔다. 동물과 함께 살아가는 사람들에게는 이에 관한 과학적 발견이 그리 놀라운 일이 아니다. 인디애나 코요테 구조 센터의 직원이었던 시앤 램버트가 내게 들려준 이야기다. 어느 무더운 여름날 아침, 새끼 쥐 두 마리가 차고에 있던 제법 깊은 개수대에 빠졌다. 두 녀석은 개수대에서 빠져나오려고 안간힘을 썼지만 가파르고 미끄러운 벽면을 기어오를 수가 없었다. 한 녀석은 그나마 덜 지친 기색이었다. 시앤은 뚜껑에 물을 따라 개수대 안에 놓아주었다. 그러자 둘 중 덜 지친 녀석이 곧바로 물을 마시려고 다가왔다. 녀석은 물을 마시러 가다가 음식 조각을 발견하고는 그 조각을 기운 빠진 녀석에게 가져갔다. 그러고는 음식 조각을 조금씩 옮기면서 먹이를 먹으려는 친구를 물이 있는 쪽으로 유도했다. 마침내 두 녀석 모두 물이 담긴 뚜껑에 이르렀고, 목을 축인 후 기운을 차린 두 녀석은 시앤이 개수대 안에 놓아둔 판자를 타고 빠져나올 수 있었다.

2023년 9월에 보도된 한 기사 내용은 동물이 다른 종에게 공감과 연민을 보여준 훌륭한 사례다.[19] 인도의 사비트리 강가에서 떠돌이 개가 한 무리의 야생 개들에게 쫓기다가 강물에 뛰어들었다. 그때 거대한 늪지의 악어 세 마리가 분명히 제 발로 굴러들어온 먹잇감을 쉽게 즐길 수 있었을 텐데도 주둥이로 개를 물 밖으로 밀어 올려 구해주었다.

궁극적인 요지는, 동물의 감정과 인간의 감정이, 혹은 서로 다른 종들이 지닌 감정이 서로 완전히 같은 종류가 아니라고 해서—같다거나 같아야 한다고 생각할 이유는 없다—동물이 느끼지 못하는 것은 아니라는 점이다. 사실 동물이 겪는 다채로운 감정적 삶으로 보아 그들이 상당한 수준의 의식적 사고를 할 가능성도 배제할 수 없다.

동물의 감정은 투명하다

> 현대의 철학자들과 과학자들이 동물에게 마음이 있다는 견해를 기피하는 태도는 일차적으로 그들의 철학과 과학에 관한 문제이지 동물의 문제가 아니다.
>
> _데일 제이미슨(CEAP 대표)[20]

동물들이 컹컹 짖고, 긴 울음소리를 내고, 가르랑거리고, 낑낑대고, 꿀꿀거리고, 웃어대고, 꽥꽥거릴 때 그 소리는 동물들에게 나름의 의미가 있다. 따라서 우리가 동물의 감정을 알고 싶다면 그들이 전하려는 의미를 알아야 한다. 린 샤프가 쓴 훌륭한 책《우리와 같은 생명체?Creatures Like Us?》에서는 우리 인간에게 자신의 관심과 흥미가 무엇인지가 중요하듯이 동물들에게도 그들의 관심과 흥미가 중요한 문제라고 지적한다. 동물들은 꼬리로 자신의 기분을 알려주며, 다양한 형태의 자세, 걸음걸이, 표정, 소리, 체취로도 마찬가지다. 나는 내게도 꼬리와 움직일 수 있는 귀가 달려서 개나 다른 동물들과 더 효과적으로 소통할 수 있었으면 좋겠다고 생각할 때가 있다. 동물들은 꼬리와 귀로 우리에게 자신이 생각하고 느끼는 것에 대한 많은 정보를 주기 때문이다. 거칠게 흔들어대거나 다리 사이로 축 늘어뜨린 꼬리를 관찰하면서 우리는 그들만의 감각의 세계로 들어가게 된다.

동물들이 무엇을 알고 있는지—어느 정도의 자각 능력을 갖추었는지—는 광범위한 주제이며 종종 열띤 논쟁을 일으킨다. 과학적 증거가 축적됨에 따라 동물이 실로 꽤 많은 것을 알고 있다는 사실이 밝혀지고 있다. 그러나 서로 다른 종 사이에는 의사소통이 어려우므로 동물들이 정확히 얼마나 많이 알고 있는지 파악하는 것조차 거의 불가능할 수 있다. 동물이 지닌 감정과 지각 능력에 관해 내가 설정한 기준은 꽤 단순하다. 우리는 절대 동물이 품고 있는 비밀을 모두 알아낼 수 없을 테지만 동물이 어떤 감정적 경험을 했는지는 투명하게 드러난다. 다시 말해, 우리는 수많은 동물이 풍부한 감정을 느끼고 있음을 알고 있다. 그중에서도 공감과 같은 감정은 특정 수준의 의식적 사고 능력을 필요로 한다. 많은 동물이 유머 감각을 드러내기도 한다. 침팬지나 돌고래, 코끼리, 까치, 물고기(만타가오리, 놀래기를 포함해서)와 같은 소수의 동물은 거울 실험mirror test을 통과했는데, 이는 그들에게 일종의 자기 인식 능력이 있음을 보여준다.[21] 또한 경외심을 보여주는 동물도 있으며, 어떤 동물들은 심지어 '옳고 그름'을 가리는 도덕적 판단까지도 가능하다.

물론 동물 간에도 차이는 있다. 우리는 사회적, 생태적, 신체적 요인에 따른 다양한 변화를 기대할 것이다. 하지만 극단적인 차이가 있음에도 불구하고 여러 동물종 사이에는 강력한 유사성이 존재한다. 이를 측정하는 한 가지 공통적인 잣대는 '뇌의 상대적 크기'(몸 전체 중 뇌의 비율)인데, 실제로 거의 모든 학자가 인정하는 사실은 여러 종을 비교할 때 뇌의 상대적 크기에 따라 천적 회피 방식이나 먹이 획득 전략과 같은 행동 양상에서 다양한 차이를 보인다는 것이다. 다만 이런 형태의 차이가 무엇을 의미하는지는 대개 미스터리로 남아 있다. 그러나 그 차이가 뇌의 크기가 상대적으로 작은 동물은 감정적으로 다채로운 삶을 누릴 수 없음을 의미한다는 증거는 없다. 왜냐하면 인간의 뇌에서 진화상 초기에 형성된 부분인 변연계(아몬드 모양의 구조인 편도체를 포함해서)는 감정 형성에 중요한 역할을 하는데, 동물의 뇌에도 이 부분이 존재하기 때문이다. 따라서 뇌의 상대적 크기로만 판단하기에는 오해의 소지가 있다. 우리는 인간과 동물에게 공통적으로 나타나는 것에 주목해야 하며 우리가 동물과 얼마만큼 공통 요소를 갖는지는 그리 중요하지 않다. 생쥐, 개, 코끼리, 조류와 인간의 뇌는 크기 면에서 상당한 차이가 있지만, 이 모든 종은 기쁨을 느끼고 공감을 표현할 수 있다.

호주의 생물학자 기젤라 카플란은 무리와 어울려 놀이에 참여하는 새들이 그렇지 않은 새들에 비해 뇌의 크기가 큰 경향이 있다는 사실을 알아냈다.[22] 새들이 기분 좋아지는 놀이를 즐긴다고 가정하지 않을 이유가 없다. 그렇지 않고서는 왜 그런 행동을 하겠는가. 심지어 무리와 어울리지 않고 단독으로 놀이를 하는 새들의 뇌 역시 아예 놀이를 하지 않는 새들보다 뇌의 크기가 컸다. 한편 뇌의 크기가 큰 새가 수명이 더욱 긴 경향을 보이기도 한다.

안타깝게도 유명한 책에서조차 동물이 지닌 인지적, 감정적, 공감적 능력에 대해 입증되지도 않은 일반화를 거친 잘못된 정보를 제시할 때가 많다. 예컨대 하버드 대학교의 심리학자 대니얼 길버트의 베스트셀러 《행복에 걸려 비틀거리다》에는 "**인간은 미래에 대해 생각할 줄 아는 유일한 동물이다.** (중략) 이는 인간성의 본질적인 의미를 규정하는 특징이다"라는 구절이 나온다(볼드체 부분은 원문에서 강조한 내용이다).[23] 내가 아는 한, 동물의 감정에 회의적인 견해를 보이는 학자라도 감히 이런 잘못된 주장을 하려 들지는 않을 것이다. 많은 종의 동물 개체들이 미래에 대해 생각할 줄 안다는 사실을 보여주는 데이터는 그야말로 방대하다. 멕시코 어치, 붉은여우, 늑대는 나중에 되찾을 생각으로 먹이를 숨겨두곤 하며, 서열이 낮은 침팬지나 늑대는 높은 서열의 개체가 있는 자리에서는 좋아하는 먹잇감이라도 못 본 체하다가 나중에 몰래 되돌아와서 찾아 먹는 모습을 보인다.

또 다른 사례는 독일의 신경과학자 게랄트 휘터의 《온정적인 뇌Compassionate Brain》에 나오는 내용으로, 휘터는 공감 능력이야말로 다른 모든 생물의 신경계로부터 인간의 뇌를 구별 짓는 능력이라고 주장한다.[24] 그러나 반드시 그런 것만은 아니라는 과학적 증거가 명백히 존재한다. 이런 인간 중심주의 혹은 인간 우월주의에 따른 오만함은 용납될 수 없으며, 이런 생각은 동물에게도 해를 끼친다. 동물의 정신에 관한 연구 분야에서 어떤 성과가 나타나고 있는지 여전히 모르고 있는 사람들도 있고, 그래서 감정이나 지적 능력을 지닌 동물은 그저 공상과학에서나 쓸 법한 소재라고 치부하기도 한다. 그러나 자신이 다른 모든 동물의 우위에 있다고 여기는 인간들을 권좌에서 몰아내기란 더 이상 어려운 일이 아니다.

결국 진실은 단순하다. 개는 개들만의 형태로, 그리고 많은 다른 동물들도 저마다의 형태로 감정적이고 인지적인 경험을 풍부하게 누릴 수 있다. 동물행동학 및 사회신경과학 분야의 연구 결과에 따르면, 인류만이 어떤 형태로든 특정한 감정적, 심리적 능력을 독점하고 있지 않다. 물론 동물들은 우리에게 직접 말해주지 않는다. 그들은 표정, 눈빛, 귀와 꼬리의 움직임으로 대화를 나눈다. 어떤 동물은 냄새로 소통하는데, 그 체취는 달콤한 향기부터 자극적인 냄새까지 다양하게 나타난다. 동물들은 또한 수없이 많은 종류의 행동 패턴, 즉 자세, 몸짓, 걸음걸이 등을 활용해서 자신이 느끼고 생각하는 바를 전달한다. 이런 모든 방식을 통해 동물은 자신을 표현한다. 그런데 과연 우리는 듣고 있을까?

지각 능력자 클럽에 오신 걸 환영합니다

곤충, 갑각류, 식물

동물의 지각 능력 및 감정에 대해 생각하다 보면, 이런 궁금증이 생길 수밖에 없다. 곤충은 어떨까? 곤충은 어떤 경험을 하며 살아갈까? 모기는 감정이 있을까? 개미는? 벌은? 딱정벌레는? 물고기나 새우, 게는? 그렇다면 **식물**은 어떨까?

더 많은 연구가 이루어질수록, 우리는 더 놀라운 사실을 많이 발견하게 되고 지각 능력자 클럽의 문을 두드리는 반가운 생명체도 많아지게 된다. 물론 다들 무엇보다 이런 궁금증을 가질 것이다. 그러기에는 곤충의 뇌는 너무나 조그맣지 않은가? 곤충에게는 포유류나 다른 동물과 같은 신경 기관이 없으며, 즉각 감정을 파악할 만한 표정이나 다른 신체적 행동을 거의 보이지 않기에 우리로서는 이를 알아내기 쉽지 않다. 그러나 학자들은 우리가 전혀 예상치 못한 종들에게서도 그들의 지각 능력을 파악할 방안을 찾아내고 있다.

벌들은 활기를 잃고, 고통을 느끼고, 낙관적이거나 비관적인 행동을 보일 수 있다고 알려져 있다. 벌에게는 매우 작지만 깜짝 놀랄 만한 능력을 지닌 뇌가 있으며 벌이 지각 능력을 갖춘 것도 확실하다.[25] 2022년에 발표된 "곤충도 고통을 느낄 수 있는가? 신경학 및 행동학적 근거에 대한 논평"에서 마틸다 기번스의 연구팀은 파리, 모기, 바퀴벌레, 흰개미가 고통을 느낀다는 강력한 증거가 존재하며, 딱정벌레, 나비, 나방이 고통을 느낄 수 있음을 보이는 상당한 증거 또한 찾아냈음을 상세하게 밝혔다.[26] 이 논평에서 중요한 점은, 연구에 포함된 곤충 모두가 고통을 느끼는 능력을 평가하는 데 사용된 기준을 모두 충족했다는 사실이다.

이렇게 밝혀진 놀라운 사실은 대단히 흥미롭다. 게다가 이 데이터들은 곤충의 관리, 영농, 연구에 필수적으로 활용되어야 하며, 우리가 지각 능력의 생물 다양성이 얼마나 광범위한지를 이해하는 데 도움이 된다. 생물학자 메건 배렛을 비롯한 학자들은 식물의 수분 과정에서 매개체인 곤충을 혹사시키는 방식을 사용하는 것을 깊이 우려하고 있다. 그래서 이런 곤충에 초점을 둔 보전 노력에 엄격한 동물 복지 기준이 적용되어야 한다고 주장한다.[27] 가령 이들 곤충의 개체수를 표본 조사할 때 사용되는 샘플링 방식은 곤충에게 해로운 방식임에도 여전히 활용되고 있으며 꽃가루를 옮기는 매개 곤충의 안전 문제는 윤리적으로 중대할 수 있다고 지적한다. 나 역시 그들의 주장에 동의하며, 각 개체에게 주의를 기울이는 일은 온정적 보전의 목표, 즉 모든 개체의 삶이 중요하며 윤리적으로도 중대한 사안이라는 관점에도 부합한다.

기번스 연구팀의 곤충에 관한 연구는 조너선 버치의 연구팀이 발표한 중요한 논문 〈두족류 및 십각류의 지각 능력을 보여주는 증거에 관한 보고서〉를 기반으로 진행됐다.[28] 이 논문은 두족류(오징어, 문어)와 십각류(새우, 랍스터, 가재, 게)의 지각 능력을 평가하기 위해 여덟 가지 기준을 설정하고 이에 해당하는 증거를 찾아내는 연구를 수행했다. 다음은 그 여덟 가지 기준 항목이다(내가 약간 수정했다).

1. 유해 자극에 민감한 수용기(통각 수용기)를 가졌는가
2. 뇌에 다양한 감각원으로부터 정보를 취합할 수 있는 통합 영역이 존재하는가
3. 통각 수용기와 뇌의 통합 영역을 연결하는 신경 경로가 존재하는가
4. 유해 자극에 대한 행동 반응이 화학 물질에 의해 조절되는가. 이때 화학 물질은 다음 방식 중 어떤 방식에서든 신경계에 영향을 미친다.
   (1) 내인성 신경전달체계를 통해 위협이나 실제 유해 자극에 대한 대상 동물의 반응을 조절하는 방식
   (2) 국소 마취, 진통 완화, 불안 완화 또는 항우울 효과를 내는 성분을 통해 위협이나 실제 유해 자극에 대한 대상 동물의 반응을 조절하

는 방식

5. 동기적 균형motivational trade-off(다양한 선택 사이에서 잠재적인 득실을 고려해 가장 이익이 되는 결정을 하는 행동—옮긴이)에 따라 행동할 수 있고, 유해하거나 위협적인 자극에 따른 불이익 및 이에 따른 보상 기회의 가치를 비교, 검토해서 상황에 맞는 의사결정을 할 수 있는가(이때 동물의 의사결정은 평가 가능한 가치 척도를 수반해서 다양한 정보를 취합할 수 있을 만큼 유연하게 이루어져야 한다.)
6. 부상당한 위치나 유해 자극의 위치를 가리키는 행위일 수 있는 자기보호 행동(상처 부위 건드리기, 경계 태세, 그루밍, 문지르기)을 상황에 맞게 할 수 있는가
7. 연상 학습 능력이 있어서 다음 중 한 가지 혹은 두 가지를 수행하는가

   (1) 중립 자극(처음에는 아무런 반응을 이끌어내지 못하는 자극—옮긴이)을 유해 자극과 연관시키기

   (2) 강화 학습을 통해 유해 자극을 피하는 새로운 방법을 찾아내기
8. 상처를 입었을 때 진통 완화 또는 마취 성분이 있는 물질의 가치를 평가해서 다음 중 한 가지 또는 그 이상의 방식을 수행하는가

   (1) 진통 완화 또는 마취 성분이 있는 물질을 스스로 투여하는 법을 학습하기

   (2) 진통 완화 또는 마취 성분에 접근할 수 있는 장소를 선호하도록 학습하기

   (3) 이런 물질을 획득하는 것을 먹이와 같은 다른 욕구보다 더 우선시하기

이 연구는 문어, 오징어, 새우, 게, 랍스터, 앵무조개와 같은 특

정 종에 집중했고, 다음과 같이 결론지었다. "우리는 모든 두족류 및 십각류를 영국 동물복지법의 목적에 부합하는 지각 능력을 지닌 동물로 간주할 것을 권고한다. 해당 종들은 2006년 동물복지법의 목적에 부합하는 '동물'에 속해야 하며, 동물의 지각 능력에 관한 미래의 법률 제정의 범위 내에도 포함되어야 할 것이다."

물고기가 고통과 공포를 경험한다는 사실을 과학자들이 인지한 지는 꽤 오래됐다. 세계적으로 저명한 과학자 이안 던컨은 2006년 리우데자네이루에서 세계동물보호협회WSPA의 주관으로 개최된 학회에서 자신의 연구를 기반으로 이 점에 대해 발표했다.[29] 물고기들은 교활한 행동에 속임수를 쓰는가 하면 세대를 거쳐 전승되는 행동 습성을 보이기도 한다. 어류 전문가 빅토리아 브레이스웨이트는 2010년에 쓴 고전《물고기도 고통을 느낄까?Do Fish Feel Pain?》에서 다음과 같은 결론을 내렸다.[30] "내가 그간 주장해온 바는, 물고기가 통증을 느끼고 고통을 받는다는 증거가 조류나 포유류에 대한 것만큼이나 많으며, 인간 신생아와 조산아가 느끼는 통증에 대한 증거보다도 많다는 것이다."

우리는 동물에게 지각 능력이 있음을 알기에, 동물을 바라보는 시각과 그들을 대변하고 대하는 방식을 바꿔 나가야만 한다. 초소형 뇌를 지닌 파리, 모기, 나방, 그리고 오징어와 게가 고통을 느낀다는 강력한 증거가 나오리라 누군들 예상했겠는가. 그런 증거들은 실로 존재하며, 관련 연구의 세부 내용은 그 범위와 깊이에서 미래에 다른 많은 동물을 대상으로 이어질 비교 연구를 위한 훌륭한 사례가 된다. 나는 이런 연구들이 지각 능력의 생물 다양성에 관해 앞으로 어떤 결과를 도출해낼지 기대가 되며, 장차 더 많은 '놀라운 사실들'이 드러날 것이라고 확신한다.

예를 들면, **식물의 각 개체와 전체 식물군의 경우는 어떨까?** 최근 들어 식물의 지능, 감정, 지각 능력을 연구하는 진지하고 열정적인 과학자들과 함께 식물에 대한 관심이 높아지고 있다. 일부 학자들은 식물 또한 고통을 느끼며, 스트레스를 받거나 상처를 입는 경우에는 심지어 '우는' 행동을 할 가능성도 있다고 제안한다.[31] 많은 사람이 동물에게 위안받고 기분이 나아진다는 사실을 보여주는 증거가 얼마든지 있는 것처럼 식물에 대해서도 마찬가지다.[32] 내가 식물 연구를 '동물적' 시각으로 바라볼 때 흥미롭다고 여기는 부분은, 현재 논의되고 있는 많은 사안이 수십 년 전에 우리가 동물에 관해 겪었던 논쟁들을 그대로 반영하고 있다는 점이다. 당시 사람들은 **동물**이 과연 의식을 지니고 감정적이며 지각 능력이 있는지 의문을 품었고, 학자들이 이를 어떻게 '증명'해낼 것인지가 관심사였다. 또한 동물의 정신에 대한 관심이 점차 늘면서 연구 과정에서 학자들이 보였던 특징과 유사하게, 식물을 연구하는 학자들 역시 식물에게도 지능과 감정이 있는지 **여부**를 묻던 것에서 이제는 식물에게 그런 능력이 발달한 **이유**를 묻는 단계로 나아가고 있다.[33]

수십 년에 걸쳐 동물의 감정을 연구해오면서 나는 그동안 동물의 지각 능력을 향한 편협하고 경멸적이던 시각이 급격하게 달라지는 경우를 봐왔다. 한때 비인간 동물에게도 진정으로 마음이라는 것이 있는지를 묻던 사람들이 이제는 대다수 동물은 아니더라도 많은 종의 동물에게 마음이 존재한다는 사실을 수긍한다. 나는 이와 유사하게 식물에 대해서도 앞으로 더욱 열린 태도를 보일 것이라 확신한다. 관련 연구를 통해 '증거'가 제시되면서, 지각할 수 있는 능력은 희소성이 있거나 인간에게만 독점적인 것이 아니라 삶 자체의 본질을 규정하는 측면이라는 사실을 사람들이 깨달을 것이기 때문이다. '지각 능력의 생물 다양성'에 대해 배울 기회를 차단한다면 식물의 분류학상의 다양성에 대해 배울 기회 역시 놓칠 수밖에 없을 것이다.

감정은 공감의 원천이자 사회적 접착제

동물의 감정이 중요한 이유는 여러 가지가 있는데, 그중에서도 우리 인간의 삶에 동물의 도움이 필요하기 때문이다. 동물은 많은 사람이 너무나 자연스럽게 이끌리게 하는 감정을 지니는데, 인간과 동물 사이에 공통 언어가 없는 상황에서 감정은 어쩌면 우리가 가장 효과적으로 서로 다른 종과 소통할 수단이 될 것이다. 우리는 감정을 공유할 수 있으며 느낌이라는 언어를 이해할 수 있다. 그리고 바로 그 덕분에 우리는 다른 많은 존재와 지속적으로 깊은 사회적 유대를 형성한다. 감정은 서로를 끈끈하게 결속시키는 공감 능력의 원천이다. 감정을 통해 동물과 인간은 사회적 상호 작용을 촉진하고 조절한다. 관상용 돌이나 봉제 인형, 로봇 장난감 따위로는 그런 효과가 생겨날 수 없다.

인간과 동물이 감정을 나누고 서로 간에 끈끈한 유대감을 형성한 결과, 미국에서는 반려동물 관련 산업의 규모가 수십억 달러 수준으로 성장했다.[34] 2022년 조사에 따르면 미국 가구의 약 70퍼센트가 적어도 한 종의 반려동물을 보유했고, 그중 약 7,000만 가구는 개를, 약

4,500만 가구는 고양이를 키웠다.[35] 특히 반려동물의 다양성 측면에 관한 전 세계적인 실태를 살펴보면 가히 놀라운 수준이다. 설치류, 조류, 어류, 양서류, 파충류, 곤충, 거미, 무척추동물 등 그 외에도 많은 종의 반려동물이 존재한다. 미국에서는 약 20퍼센트 가구가 새를 키우고 있으며, 해마다 판매되는 관상어는 6억 마리에 달한다. 미국과 영국에서는 반려동물의 수가 늘어나는 추세다.

수의사 마티 베커가 쓴《마음을 나누는 동물 이야기》는 반려동물이 어떻게 많은 사람을 건강하고 행복하게 할 수 있는지 보여준다. 동물들은 요양원에서, 병원에서, 학교에서 사람들의 외로움을 달래준다. 전인적 치료를 하는 수의사 앨런 쇼엔은《닮은꼴 영혼》에서 반려동물과의 관계를 통해 스트레스가 완화되는 방식을 14개 항목으로 구체화했다. 이 목록에는 혈압 저하, 아동 및 청소년의 자존감 고취, 심장 질환 환자의 생존율 증가, 노인들의 삶의 질 개선 등이 포함된다. 반려동물의 존재는 아이들이 인정 어린 태도를 키우는 데 도움이 되기도 하고, 보호 시설의 아동에게는 정서적 안정감을 제공하며, 노인들이 가벼운 질환으로 의사를 찾는 횟수를 줄여주고, 청소년기 이전의 아동이 외로움을 덜 느끼게도 해준다. 미셸 리베라의《호스피스 병동의 사냥개Hospice Hounds》라는 책에는 죽음을 앞둔 환자들에게 개와 고양이가 어떻게 도움을 주는지에 관한 수많은 이야기가 실려 있다.

한 연구에 따르면 친근한 성격의 강아지가 심장 질환 환자를 방문하면 치료에 좋은 영향을 준다는 사실이 밝혀졌다.[36] 캘리포니아 대학교 로스앤젤레스 캠퍼스UCLA에서는 입원 중인 심장 질환 환자 76명을 대상으로 무작위 연구를 진행했는데, 어떤 종의 개든 환자가 개와 함께 시간을 보낸 후 불안 지수가 평균적으로 24퍼센트 감소하는 결과가 나타났다. 환자들은 12분 동안 침대에 누워 있는 개를 쓰다듬고 귀를 긁어준 것이 전부였다. UCLA 메디컬 센터의 임상 간호사 케이티 콜은 이렇게 언급했다. "이 연구는 원하는 환자에 한해 개와의 단기적 접촉만으로도 환자가 생리학적, 심리사회학적 효과를 누린다는 사실을 보여준다."

이와 유사한 사례로, 내가 사는 콜로라도주에서는 지역의 동물 보호소에서 안락사당할 처지에 놓인 개들을 덴버 여자 교도소로 보내 재소자들과 함께 지내게 한다. 재소자들은 개를 산책시키고 털 관리와 뒤처리를 맡는데 이는 굉장히 가치 있는 경험으로, 재소자와 교도관뿐만 아니라 개들 역시 혜택을 받게 된다. 내가 알던 한 재소자는 출소 후 개 훈련 사업을 시작하기도 했다.

다만 동물이 반드시 온 세상 모든 인간의 질병에 만병통치약이 되는 것은 아니다.[37] 나는 동물이 언제나 인간에게 도움이 되는 존재는 아니라는 점을 온전히 인식하고 있다. 우리는 과학 연구나 개인적 경험담 및 상식을 통해, 개나 고양이 같은 동물을 키울 때 더 많은 스트레스와 불안감을 느끼는 사람들도 있으며, 반려동물의 존재가 반드시 '더 쉬운' 삶을 보장하지만은 않는다는 사실을 알고 있다. 심리학자 할 헤르조그는 이 문제에 관한 21건의 연구 내용을 분석했고, 그중 대다수는 반려동물을 키우는 사람들이 반려동물이 없는 사람들에 비해 외로움을 덜 느낀다는 결론으로 이어지지 않는다는 사실을 발견했다. 실제로 2015년 이후 실시된 8건의 연구 중 단 한 건의 연구에서만 반려동물이 반려인의 외로움을 감소시킨다는 강력한 증거를 발견할 수 있었다. 또한 반려동물이 항상 우울증을 완화하는 데 매우 큰 효과를 보이는 것도 아니다.

그렇지만 나는 주위 사람들이 자기 삶에 대한 개인적 결정을 내리려 할 때 이런 조언을 해주곤 한다. 연구 결과나 다른 사람의 말은 신경 쓸 것 없이 언제든지 인간과 동물 모두에게 최선이 될 만한 선택을 하라고 말이다. 누군가와 함께 사는 것은 상호적 관계를 맺는 것이기에 **모두에게** 좋은 방법이 아니라면, 즉 모두가 이득을 볼 수 있는 상황이 아니라면 책임질 일을 하지 않는 것이 최선이다. 반려동물은 누군가에게는 위안과 행복을 가져다주지만 그렇지 않은 경우도 있다. 그러므로 당신의 삶과 당신의 마음이 일러주는 대로 따르되, 동물에게 필요하고 동물이 원하는 바를 염두에 두어야 할 것이다.

야생 동물과 인간의 만남, 혹은 서로 다른 동물 간에 형성된 관계와 관련된 경험담들 또한 정서적 유대가 얼마나 강력한 힘을 발휘하는지 보여준다. 육식 동물 중에서도 사자는 굉장히 멋진 모습을 한 강한 포식자다. 하지만 그들 역시 전혀 예상치 못한 방식으로 연민, 호감, 공감이라는 감정을 보여준다. 에티오피아에서는 열두 살 난 소녀가 납치됐다가 사자 세 마리의 도움으로 무사히 구조된 적이 있다.[38] 당시 현장에 있었던 윈디무 웨다조 경사는 이렇게 말했다. "사자들은 사람들이 소녀를 발견할 때까지 줄곧 소녀 곁을 지키고 있다가 우리가 나타나자 마치 선물을 주듯 그대로 그 자리를 떠나 숲으로 돌아갔습니다." 에티오피아 농촌진흥청의 야생 전문가 스튜어트 윌리엄스는 어린 소녀가 납치로 인한 트라우마로 겁에 질려 운 덕분에 목숨을 구했을 가능성이 있다고 언급했다. "어린 소녀의 흐느끼는 소리가 새끼 사자의 울음소리로 오인됐을 수 있습니다. 그런 것이라면 사자들이 소녀를 잡아먹지 않은 이유가 설명됩니다. 소녀가 울고 있지 않았다면 아마 사자에게 잡아먹혔을 겁니다." 그 사건의 결과, 네

명의 납치범 중 세 명이 체포됐다.

이 같은 많은 경험담 중에는 뉴질랜드에서 인간을 도와준 돌고래 이야기도 있다.[39] 바다에서 수영하던 사람들은 돌고래 떼가 마치 보호해주듯 원을 그리며 주위를 맴돈 덕분에 백상아리의 공격을 피할 수 있었다. 일행 중 한 명이었던 롭 하우즈는 그 상황을 이렇게 설명했다. "돌고래들이 우리를 한쪽으로 몰기 시작하더니 우리 주위로 바짝 붙어 원을 그리며 맴돌면서 우리 네 명 모두를 한가운데로 몰아넣었어요." 이런 이야기는 우리에게 동물이 지니는 공감 능력이 우리의 안위는 물론이고 생존에도 직접적이고 즉각적인 영향을 줄 수 있음을 보여준다.

동물이 애써 인간을 보호하려고 한다는 이야기가 기이하게 들릴지도 모르겠으나, 아직 이야기의 절반도 채 하지 않았다. 동물이 맺는 관계 중에는 실제로 일어날 법하지 않아서 정말 믿기 힘든 이야기도 있다.[40] 케냐 북부의 삼부루 보호구역에서 한 암사자가 새끼 오릭스(뿔이 길고 곧은 영양—옮긴이)를 받아들여 직접 키우는 광경을 보았다는 목격담이 있다. 오릭스는 원래 사자가 선호하는 먹잇감인데도 실제로 이런 경우가 서로 다른 장소에서 다섯 차례 관찰됐다. 그리고 도쿄의 무쓰고로 오코쿠 동물원에서는 아오짱이라는 쥐잡이뱀이 난쟁이 햄스터 고항(일본어로 '밥'이라는 뜻—옮긴이)을 친구로 받아들이기도 했다. 햄스터는 원래 냉동 생쥐를 먹지 않으려 하는 아오짱의 먹이로 산 채로 제공된 것이었다. 사육사는 살아 있는 햄스터가 뱀의 식욕을 돋울지도 모른다고 생각했다. 그러나 아오짱은 햄스터 고항을 잡아먹으려 하지 않았을뿐더러 고항과 함께 우리에서 지내는 것이 마음에 든 눈치였다. 고항은 심지어 아오짱의 등 위에 올라타 낮잠을 자기도 했다. 나중에는 아오짱이 다시 냉동 쥐를 먹기 시작했지만, 여전히 친구를 잡아먹을 생각은 없는 듯했다. 동물원의 사육사였던 야마모토 카즈야는 이렇게 말했다. "아오짱은 고항과 함께 노는 게 즐거운가 봐요."

멋진 '별난 커플' 이야기는 항상 들려온다. 영국의 한 농장에서는 어미에게서 버림받은 새끼 양 래리와 새끼 오리 디가 절친한 친구가 되어 서로를 위로하고 보살폈다.[41] 녀석들을 따로 떨어뜨려놓으면 서로를 다시 찾을 때까지 래리는 매애 울고 디는 꽥꽥거리곤 했다. 조앤 바에즈는 내게 이와 비슷한 또 하나의 사랑스러운 이야기를 들려주었다. 조앤이 키우던 닭 한 마리가 한쪽 다리를 잃어 불구가 되자 조앤은 녀석을 삐딱이라 불렀다. 그리고 삐딱이에게는 악마토끼라 불리던 절친한 토끼 친구가 있었다. 두 녀석은 늘 함께 어울려 다녔는데 어느 날 삐딱이가 죽게 되자 악마토끼는 무척 슬픈 듯 맥없이 돌아다니곤 했다. 떠나간 친구를 그리워하는 것이 분명해 보였다. 조앤이 상심한 악마토끼를 달래줄 요량으로 닭 다섯 마리를 더 들이고 난 후에야 악마토끼는 친구를 잃은 상실감에서 벗어날 수 있었다. 이런 동물들의 애틋한 이야기에 마음이 움직이지 않는 사람은 거의 없을 것이다.

동물은 자신의 느낌을 표현할 때, 마치 물줄기를 세차게 뿜어내듯 그 느낌을 쏟아낸다. 동물의 감정은 정제되거나 통제되지 않은 날 것이다. 동물이 느끼는 기쁨은 그 무엇보다도 순수하고 가장 전파되기 쉬운 것이며, 동물이 느끼는 슬픔은 너무나 깊어서 애처롭기까지 하다. 동물이 느끼는 격정을 마주하게 되면 우리는 그것으로부터 전해지는 환희 또는 슬픔에 무릎을 꿇고 만다. 동물이 자신의 감정을 드러낼 수 없었다면 인간과 유대감을 형성하기는 어려웠을 것이다. 우리는 반려동물이든 야생 동물이든, 낯선 동물이든 오랜 기간 함께 살아온 동물이든, 어떤 동물과도 친밀한 관계를 맺을 수 있다. 단지 동물이 우리의 정서 생활에 도움이 되기 때문만이 아니라 우리가 동물의 정서적 욕구를 알아차릴 수 있기 때문이다.

특별한 관계: 절친한 친구와 가족

나는 오랫동안 제인 구달의 '뿌리와 새싹Roots & Shoots' 프로그램을 통해 여러 젊은이와 어르신, 재소자와 일해왔다.[42] 안타깝게도 코로나 바이러스로 인한 팬데믹 탓에 많은 프로그램이 중단됐고, 상황이 나아져 프로그램을 진행하기에 안전해진 이제야 서서히 그 불씨가 다시 살아나고 있을 뿐이다. '뿌리와 새싹'은 어린이들이 동물과 사람과 환경을 존중하는 마음을 기르도록 동기를 부여하는 데 목적을 둔다. 이것은 그리 어렵지 않은 일이다. 왜냐하면 어린이들은 모든 종의 생물과 너무나 쉽게 유대감을 형성하는 호기심 많은 자연학자들이기 때문이다.

또한 어린이들은 동물의 감정 및 공감 능력이 인간의 삶에 미치는 효과의 강력함을 보여주는 매우 좋은 사례를 제시한다. 미국에서는 약 40퍼센트의 아이들이 동물을 기르는 가정에서 태어나고, 약 90퍼센트에 달하는 아이들이 유년기 중 어느 시기든 반려동물과 함께 지내게 된다고 한다.[43] 사실 아이들은 부모보다도 반려동물과 함께 성장할 가능성이 더 높았으며, 미국의 소년들은 나이 든 친척이나 어린 동생을 돌보는 것보다 동물을 돌보는 일을 더 잘 해낼 가능성이 높다. 굉장히 많은 아이가 자신의 반려동물을 '가족' 혹은 '특별한 친구', 그리고 비밀까지 털어놓을 수 있는 막역한 사이라 여기며, 80퍼센트 이상의 아이들은 자신을 반려동물의 엄마나 아빠라고 칭한다. 외딴섬에 떨어지게 되면 가족보다도 반려동물을 데려가겠다고 답한 비율은 절반이 넘었다. 아이들은 길에 버려진 동물에 마음을 쓰기도 한다.

관련 연구 및 조사에 따르면, 유년기에 개나 고양이와 함께 살면 아이의 자존감 및 자신감이 고취될 수 있으며 친사회적 행동이 증진된다고 한다.[44] 아이들은 반려동물을 상대로 긍정적이고 정서적인 유대감을 발달시키면서 타인에 대한 공감 능력을 기른다. 게다가 아이들이 다른 존재를 돌보는 일을 거들면서 온갖 종류의 일반적인 삶의 기술을 습득할 수도 있다.

반려동물은 사회적 촉매제 역할도 할 수 있다. 자폐 증상이 있거나 은둔형 외톨이로 자란 아이들을 사회로 이끌어내는 데 기여할 수 있기 때문이다. '반려동물 치료법pet therapy'이라는 용어는 보리스 레빈슨이 60년 전에 고안한 것으로 오늘날에도 활용되고 있다. 미국의 아동심리학자였던 레빈슨은 자신이 키우는 징글스라는 개를 아동 상담 치료에 투입하면 위축되고 과묵한 모습을 보이던 아이들 중 많은 수가 긍정적인 태도를 보이며 소통하게 된다는 점을 발견했다. 반려동물은 심리적 학대를 받은 피해자들에게 무조건적인 사랑이 무엇인지 가르쳐주고 피해자가 가진 트라우마를 완화하여 그것을 극복하도록 도울 수도 있다.[45] 성적으로 학대당했거나 부모의 이혼을 극복하지 못하는 아이들, 혹은 가족이나 가까운 친구가 아프거나 사망해서 상처받은 아이들에게도 동물의 존재가 도움이 될 수 있다.

아이와 동물에 관한 이야기는 한 번도 나를 실망시킨 적이 없으며 언제나 내 심금을 울리곤 한다. 덴버에서 있었던 한 행사에서 나는 어린 소녀 코리를 만났다. 코리는 자신이 다니는 학교가 분리수거를 시작하게 한 학생이었고, 동물을 사랑하는 아이였다. 이 아이는 내게 브로큰셔블즈 동물 보호 농장의 어린 염소 애거서가 자신을 받아들인 이야기를 들려주었다.

아이와 동물의 일화 중에서 가장 마음 아픈 이야기는 아마도 동물보호소에서 일하는 꿈을 가졌던 캐서린 바이올렛 허바드라는 어린 소녀 이야기일 것이다.[46] 캐서린은 동물들에게 "친구들에게 가서 내가 착한 사람이라고 알려줘"라고 속삭여주기만 하면 온갖 동물이 자신을 만나러 물밀듯이 찾아올 거라고 꿈꾸던 소녀였다. 하지만 비극적이게도 캐서린은 2012년 12월 14일에 발생한 샌디 훅 초등학교 총기난사 사건으로 목숨을 잃고 말았다. 캐서린의 어머니인 제니 허바드는 딸의 못다 이룬 꿈을 기리기 위해 캐서린이 세상을 떠난 지 정확히 10년 되던 해에 캐서린 바이올렛 허바드 동물보호소를 건립하기 위한 첫 삽을 들었다. 이 비영리 보호소는 인간과 동물 사이에 유대감을 조성하는 한편 동물 진료 및 체험 학습을 제공할 것이고, 벌새와 벌을 비롯한 꽃가루의 매개가 되는 동물들에게 이동할 공간을 마련해줄 것이다. 솔직히 말하면 나는 아주 특별한 이 헌사를 바치는 동안 심호흡을 하고 컴퓨터에서 물러앉아 한동안 침묵할 수밖에 없었다.

다들 알다시피, 동물들과 친밀한 관계를 맺고 동물과의 유대감을 통해 엄청난 힘을 발휘하는 것은 비단 아이들만이 아니다. 나는 볼더 카운티 교도소에서 수업을 진행하면서 재소자들과 함께 반려동물에서부터 자연에서 마주친 야생 동물에 이르기까지 온갖 동물에 관한 경험담을 나누며 수많은 토론을 했다.[47] 2015년에는 제인 구달이 하루 시간을 내어 교도소를 찾아와 수업을 듣는 재소자들과 함께 인류에게 도움을 준 다양한 동물의 이야기를 나누기도 했다. 솔직히 일부 재소자들은 자신이 유일하게 신뢰할 수 있는 친구가 동물뿐이라고 말했다. 내 수업에서 그들은 에세이나 시를 쓰면서 그런 기분을 표현해냈는데, 그중 일부는 책으로 나왔다. 또 그들이 그린 몇몇 그림들은 대회에 출품되어 상을 받기도 했다. 대단히 훌륭한 예술가의 면모를 보였던 재소자 한 명은 반달가슴곰에 대해 배우고 그 곰들이 철창 속 삶에서 벗어나 어떻게 치유될 수 있었는지를 배우면서 자신도 인생이 바뀌고 희망을 얻었다며 다음과 같이 묘사했다.[48]

> 반달가슴곰은 내 영혼의 동물이다. 나는 이 곰들이 철창에 갇혔을 때 어떤 취급을 받았든 상관없이 지구상에는 그들이 살 공간이 존재한다는 것을 알게 됐다. 나 또한 내 인생의 많은 시간을 갇힌 채 살아왔다. 나는 이 세상에 해를 많이 끼쳤지만, 나의 깊은 내면에서는 내가 속한 공간이 어딘가에 존재함을 내내 알고 있었고, 이제 나의 소명은 단지 나 자신이 아닌, 보다 더 큰 무언가의 일부가 되는 것임을 안다.

인간의 입장에서 동물이 주는 가치는 아무리 강조해도 지나치지 않다. 우리가 동물에게 이끌리는 이유는 동물의 감정 때문이며, 동물이 우리에게 이끌리는 이유도 우리의 감정 때문일 듯하다. 그러나 인간은 동물을 필요로 하지만, 많은 동물은 확실히 우리가 없어야 훨씬 더 나은 삶을 살 것이다. 이 점은 내가 초판을 쓸 당시에도 사실이었고, 지금은 더욱더 사실처럼 다가온다.

패러다임의 전환

기존 가설을 재검토하고 고정관념에서 벗어나기

동물의 감정 및 그 감정이 우리에게 중요한 이유에 관한 문제들은 언제나 열띤 논쟁을 일으켜왔다. 우리 인간과 동물의 관계는 단순하지 않아서 우리가 동물을 대하는 태도는 그 상황에 따라 극적으로 달라질 때가 많다. 많은 사람이 자신이 키우는 동물에 대해서는 굉장한 사랑과 헌신의 태도를 보일 수 있으나, 다른 상황에서는 신중함이나 배려, 안타까움, 연민 따위는 거의 찾아볼 수 없이 지독한 방식으로 동물을 학대할 수 있는 것이다. 가령 어떤 사람들은 동물을 사랑하자고 목소리를 높이는 한편, 그저 재미와 '여가 생활'을 목적으로 사냥을 하러 가기도 한다.

이런 태도는 과학자들에게서도 나타난다. 가정에서 키우는 동물을 대할 때와 실험실에서 동물을 대할 때 다른 태도를 보이는 것이다. 자신은 동물 애호가라고 말하면서도 직간접적인 방식으로 동물을 고의로 학대하고 괴롭히는 과학자나 일반인을 보면, 그들이 키우는 동물이 내가 아닌 것이 얼마나 다행인지 모른다! 동물의 입장에서는 안타깝지만 그들과 인간의 관계는 예나 지금이나 무척 불평등하다. 인간의 이익이 거의 언제나 동물의 이익에 앞서기 때문이다.

오래전 명망 있는 잡지 「사이언스」를 읽던 중, 나는 다음 문장을 접했다.[49] "인류는 어떤 종보다도 풍족한 감정적 경험을 누리는 수혜자이자 희생자다." 이 글을 쓴 과학자인 R. J. 돌란 교수는 이것이 사실인지 알 수 없었을 듯하다. 실은 동물들이 긍정적인 감정이든 부정적인 감정이든 사실상 우리 인간보다 더욱 생생한 감정을 느낄지도 모른다. 이와 같은 식의 '인간 중심주의'는 여전히 동물의 감정 연구 분야에 만연해 있으며, 동물을 대하는 태도가 그토록 가지각색인 이유이기도 하다. 왜 우리 인간이 그렇게 특별할까? 왜 우리에게는 다른 동물들과 다르게 그토록 깊은 감정이 있다는 걸까? 왜 우리는—적어도 우리 중 일부는—지각 능력이나 감정의 수준에 대해 거리낌없이 말하고, 인간을 '감정 사다리'의 가장 높은 곳에 두려는 이기적인 모습을 보일까? 오늘날 세상이 돌아가는 행태를 보면 나는 다른 동물들을 비교하는 데 우리 인간이 기준이 되어야 한다는 주장을 받아들이기가 쉽지 않다.

우리는 인간을 최고의 자리에 올려놓는 잘못된 시각과 인간을 동물로부터 따로 떼놓고 생각하는 오만한 인간 중심적 관점에서 벗어나야 한다. 오래전에 읽은 피터 싱어의 《동물 해방》 초판은 내가 연구의 방향을 바꿀 결심을 하는 데 영향을 주었다. 나는 동물의 인지 능력 및 감정 능력에 관한 종차별주의적인 연구와 해석에 대항해서 분발하기로, 그래서 평등주의를 더욱 지향하는 생물학의 기반을 마련하기로 결심했다. 그때 이후로 우리가 동물의 감정에 대해 알아낸 바에 따라 다음과 같은 사실이 괴로울 만큼 명료하게 드러났다. 즉 동물은 그저 쓰고 버려도 되는 단순한 지능의 무감각한 물체가 아니므로, '인간은 동물과 자연을 상대로 무엇이든 원하는 대로 할 수 있다'는 경멸스러운 태도 속의 인간 중심적 오만함은 이미 수십 년 전에 폐기됐어야 한다는 것이다. 우리가 동물을 무시하고 동물의 감정적 삶을 존중하지 않는다면, 우리의 무자비한 행동과 태도는 동물에게 해를 끼치고 그들의 삶의 가치를 떨어뜨릴 뿐만 아니라 우리 자신의 진정성마저 훼손할 것이다.

내가 여전히 바라는 꿈이 있다면, 인간과 동물의 소통에 관한 연구를 통해 쓸모없는 이원론—'우리'와 '그들', '실험실'(동물이 종종 일회용품이 되는 공간)과 '집'(동물이 대단히 소중한 친구가 되는 공간), '고등 동물'과 '하등 동물'로 구분하는 논리—따위는 끝장내버리는 것이다. 이런 이원론은 정확하지도 않을뿐더러, 인간과 동물이 서로를 존중하며 심도 있고 균형 잡힌 상호 관계를 키우고 유지하는 데 단연코 도움이 되지 않는다. 철학자 제러미 벤담이 이미 수백 년 전에 적절하게 이야기했듯이, 지각 능력에 정도의 차이가 있다는 증거나 소위 '더 영리한' 동물이 '저능한' 동물보다 고통을 더 많이 느낀다는 증거는 없다.[50] 한 개체가 느끼는 기쁨과 고통은 **그 개체의** 것이다.

각 개체가 어느 정도로 행복이나 슬픔의 감정을 느낄지 파악해 보려는 시도는 흥미로운 지적 탐구일 수 있다. 그러나 우리로서는 이를 정확히 알아내거나 유효한 방식으로 비교할 방법이 없다. 동의하지 않는 사람들도 있겠지만, 나는 이런 문제들이 크게 흥미롭거나 의미 있는 연구 주제라고 생각하지 않는다. 게다가 바로 이런 식의 지독한 주장, 즉 종의 '우열'을 구분할 수 있고 지각 능력의 정도에도 '우열'이 존재한다는 주장은 결국 쥐, 생쥐, 조류, 어류, 무척추동물과 같은 특정 종에게 가하는 부당한 대우 및 학대를, 그리고 개나 돌고래 같은 매력적인 포유류를 비롯한 다른 동물들을 향한 존중을 동시에 정당화한다.

내가 아주 오랫동안 주력해온 목표는 동물에 대한 우리의 인식, 동물의 감정 및 지각 능력에 관한 연구 방법, 그리고 우리가 보유한 '과학적' 정보 및 일반적 정보의 활용 방안과 관련해 패러다임의 전환을 일으키는 것이다. 이런 패러다임의 전환을 통해 동물의 감정적 삶이 어떠한지를 미리 단정 짓는 우리의 진부한 고정관념에서 탈피할 수 있을 것이다. 물고기는 생쥐보다, 생쥐는 침팬지보다 감정을 덜 느낀다고 단정하거나, 혹은 쥐가 개나 늑대만큼의 감정을 갖지 못한다든가 인간보다 동물의 감정이 일반적으로 미약하다고(그래서 인지 능력도 더 낮고 고통도 덜 받는다고) 속단하지 말아야 한다. 그 대신 수많은 동물 역시 풍부한 감정을 깊이 경험하고 온갖 고통에 시달릴 수 있으며 어쩌면 그것이 인간보다 더한 수준일 수도 있다고 가정해보는 것이다.

앞서 살펴보았듯이, 우리는 이제 물고기나 무척추동물, 심지어 곤충들도 고통과 두려움을 경험한다는 사실을 받아들인다. 더 나아가, 영국 케임브리지 대학교의 도널드 브룸 교수는 단순한 뇌 구조를 가진 동물보다 복잡한 두뇌를 가진 동물이 더 효과적으로 고통에 대처할 가능성을 제시했다. 피하고 싶은 상황에 맞닥뜨렸을 때 복잡한 형태의 뇌 구조라면 더욱 다양한 반응 및 유연성 있는 행동을 취할 수 있도록 해주기 때문이다. 브룸은 어류가 보다 복잡한 뇌 구조를 보유한 동물들만큼 효과적으로 고통에 대처할 수 없을지도 모른다는 매우 흥미로운 가설을 제시한다. 그 가설이 사실이라면 어류는 사실상 **더 큰** 고통을 느끼게 된다. 그러므로 동물이 무엇을 얼마나 느끼는지에 대해서는 확실한 근거가 밝혀질 때까지 판단을 보류하는 편이 최선일 것이다.

내가 앞서 언급한 바와 같이, 사람들이 동물을 대할 때 빈번히 드러내는 무의식적인 이중 잣대에 대해 때로는 이런 질문을 던지는 것이 공평한 방법이라고 본다. "당신의 개도 그렇게 대하겠습니까?" 이 질문은 우리의 종차별적인 모순을 여실히 드러낸다. 자신이 키우는 개를 그렇게 대하지 않을 거라면 대체 다른 생명체는 왜 그렇게 취급한단 말인가.

이런 패러다임의 전환은 우리가 과학 연구를 수행하는 방식 또한 변화시킴으로써, 연구 방법을 개선하고 마음가짐을 달리하도록 해줄 것이다. 동물에게 감정이 있는지 여부를 증명하는 것은 온전히 회의론자의 몫이 될 것이고, 따라서 그들은 동물에게 감정이 없으며 동물이 실제로 고통을 느끼지도 않는다는 자신의 주장을 '증명'해내야 할 것이다. 이를 증명하는 것은 이미 과학적으로 확립된 사실 따위는 무시함과 동시에, 생각과 느낌을 명료하게 드러내는 동물들에 대해서도 눈과 귀와 마음을 닫아야만 가능한 일이 됐다. "우리는 동물이 무엇을 느끼는지 명확하게 알 수 없으므로, 설령 동물이 느낄 수 있다손 치더라도 그들이 느낀 것이 무엇인지는 중요하지 않다고 가정하자"라는 말은 더 이상 용납되지 않는다. 학자들이 동물을 대상으로 하는 실험 및 테스트의 방식에 변화가 이루어진다면, 모두에게 더욱 인도적인 환경을 조성할 수 있을 것이다. 동물을 존중하고 보호하고 동물에게 애정을 품는다고 해서 과학의 정신을 훼손하거나 인간을 그만큼 덜 존중하고 보호하고 사랑한다는 것이 아니다. 개에게 먹이를 준다고 해서 우리 아이들을 굶긴다는 것이 아니다. 약간의 배려와 신중함만으로도 모두가 서로를 돌볼 수 있다.

가장 중요한 점은, 동물이 풍부한 감정을 경험한다고 가정하는 것이 어떤 손해도 끼치지 않을 것이라는 사실이다. 누가 한 말인지는 모르겠지만 다음의 사랑스러운 말은 이 점을 잘 지적해준다. "동물이 고통, 공포, 굶주림과 같은 주관적인 느낌을 지닌다고 가정했을 때, 그 가정이 잘못됐다고 해도 손해 볼 것은 없다. 그러나 사실은 동물이 그런 감정들을 느끼는데 내가 그렇지 않다고 가정한다면, 나는 끝없는 잔인함으로 향하는 길을 여는 셈이다. (중략) 실제로 이 문제에 의심의 여지가 있다면 동물들은 이 의심이 주는 혜택을 누려야만 한다."

우리가 아는 것으로 우리는 무엇을 할 것인가

우리가 동물이 감정을 지닌다는 것을 알면—그리고 그들이 기쁨, 슬픔, 질투, 분노를 표출할 때 그것을 이해할 수 있다면—동물과 소통할 때 우리는 유대감을 형성하며 그들의 관점을 고려할 수도 있게 된다. 이 지식을 통해 우리는 새로운 방식으로 우리와 더불어 살아가는 존재들을 바라보고, 대하고, 대변해야 한다.

나는 동물 친화적 성향이 강해서 과학자로서 반과학적이라는 비판을 받을 때가 자주 있다. 나는 반과학적인 과학자가 **아니다**. 윤리에 관한 질문을 제기하는 것은 과학계 최고의 전통에 따른 것이다. 그러므로 우리가 동물과 소통할 때 무엇을 할 것인지 묻는 것은 과학의 정신에 위배되지 않는다. 윤리는 우리가 동물을 보는 관점을 다채롭게 해준다. 동물은 그들만의 세상에서 살고 있고 우리는 우리의 세상에서 그들과 관계를 맺기 때문이다. 동물의 삶을 통해 우리는 그들의 삶도 존중과 예찬과 감사의 대상이 될 가치가 있음을 깨닫는다. 실로 많은 사람이 고래, 돌고래, 북극곰, 조류, 무척추동물, 심지어 곤충과도 교류하려는 것은 동물을 향한 존중, 경외심, 감사의 마음에서 비롯된 것이다.

내가 주창하는 패러다임 전환의 본질은 동물의 고유한 가치나 본질적 가치를 바탕으로 각 개체를 존중하자는 것이다. 즉 동물의 수단적 가치나 동물이 인간에게 제공하는 혜택에 따라 그들을 차별 대우하는 것이 아니라, 살아 있다는 이유만으로 모든 존재의 삶을 가치 있는 것으로 대하자는 것이다. 인간을 비롯한 모든 동물은 고통스럽지 않고 최대한 기쁨과 행복으로 가득한 삶을 살고 싶어 하며, 우리는 그런 삶이 가능하도록 최선을 다하는 것이 당연할 것이다. 이런 원칙은 각 개체의 삶에 중점을 두면서 온정적 보전의 토대를 형성한다(온정적 보전에 관해서는 6장에서 다시 설명할 것이다). 온정적 보전은 2010년경에 발달한 개념으로 그 기본적인 틀은 이보다 몇 년 전에 구축됐다.[51]

제시카 피어스와 나는《동물에 관한 안건The Animals' Agenda》을 함께 집필하면서 '동물 웰빙의 과학'을 공식화했다. 이 책에서 우리는 '지식 전환의 간극'을 메울 필요가 있다는 점도 강조한다. 즉 누군가가 언젠가는 나서서 뭔가를 하기는 해야겠지만 '나는 다음에 기회가 되면 해야지'라는 그저 손쉬운 핑곗거리를 계속 내세우기보다는, 동물을 대신해서 우리가 밝혀낸 지식을 활용해야 한다는 것이다. 물론 어려운 작업이 될 것이고 상당한 변화도 이루어야 하겠지만 말이다. 앞서 언급했듯이, 내 연구 과제의 최우선 목표는 미국 연방 동물복지법상의 **동물**이라는 단어에 실험실의 쥐, 생쥐, 조류, 어류 등이 추가되도록 법을 개정하는 것이다.[52] 이 사안이 아직도 해결되지 않은 것이 어처구니가 없다. 이런 희극을 참을 수 없는 학자들—로렌스 핸슨, 존 글럭, 가렛 라비스 등—이 늘어나고 있기에 어쩌면 이들의 도움으로 머지않아 법 개정이 현실화될 것이다.[53]

나는 내가 연구하는 분야에서는 윤리 및 타자에 대한 연민이 과학적 사실을 확고히 정립하는 데 도움이 된다는 것을 알고 있다. 연민이나 정서를 품은 과학이나 과학자는 문제가 되지 않는다. 동물의 사고, 감정, 자의식에 관한 연구든, 동물행동생태학 및 보전생물학이든 모두 동물에 대한 연민을 잃지 않고도 과학적 엄밀함을 유지할 수 있다. 동물을 대상으로 하는 연구와 동물을 윤리적으로 대하는 행위는 서로 상충하는 것이 아니다. 우리는 열린 태도와 넓은 아량으로 확고한 과학적 연구를 정립하는 것이 가능하다.

나는 누구에게든 두려움이 아닌 사랑의 마음을 갖고 자신의 가슴이 이끄는 대로 나아가기를 권한다. 우리 모두 그 길을 따라간다면 세상은 모든 생명체가 살아가기에 더 나은 곳이 될 것이다. 우리가 우리의 가슴이 이끄는 대로 따라간다면 더 호의적이고 인간적인 선택을 할 수 있을 것이다. 연민은 또 다른 연민을 낳고, 동물을 사랑으로 보살피는 마음은 인간에 대한 연민과 보살핌으로 이어진다. 연민이라는 감정을 누구나 자유롭게 널리 나누는 것이 무척 중요할 것이다.

반달가슴곰 재스퍼

> 인간과 마찬가지로, 살아 있는 모든 존재는 봄의 환희를 누릴 신성한 권리를 지닌다.
>
> _레오 톨스토이[54]

나는 이 책의 초판을 재스퍼와 파블로라는 훌륭한 두 동물에게 헌정했었다. 파블로는 포획되어 학대당하던 침팬지로, 그가 지내던 뉴욕 대학교 실험실에서는 CH-377이라고 불렸다.[55] 재스퍼는 원래 중국의 웅담 채취 농장의 압착된 우리에 갇혀 사육되던 반달가슴곰이었다.[56] 나는 이 책을 매년 학대받는 수십억 동물들 모두에게 헌정할 수도 있었지만, 개별 동물이 중요하기에 이 둘을 선택했다. 수십억이라는 것은 통계 수치일 뿐이지만, 특정한 한 동물에 대해 알아 나가며 애정을 줌으로써 사람들의 생각과 마음을 움직일 수 있다. 재스퍼의 이야기를 보자.

지금도 중국에서는 압축 우리를 사용하고 있다. 이런 형태의 우리는 곰의 몸을 압박해서 담즙을 최대한으로 얻으려는 용도다(담즙은 카테터라는 기구를 쓸개에 삽입해서 추출한다). 재스퍼는 비좁은 우리에 갇힌 채 발견됐는데, 애니멀즈 아시아(아시아 각지의 동물 구조를 위해 홍콩에 설립된 자선단체—옮긴이)의 창립자이자 CEO인 질 로빈슨 박사의 설명에 의하면, 그 우리는 그야말로 '녹이 슨 고문용 감옥'이었다. 농장에서는 재스퍼를 여러 해 동안 계속해서 혹사시키며 중국 전통 약재인 웅담을 추출했다. 다음은 로빈슨이 내게 쓴 편지의 내용이다.

> 이 가엾은 곰은 우리의 높이를 절반으로 줄인 '압착 우리'에 짓눌려 바닥에 납작 누워 지내야 했어요. 이 영리한 야생 곰이 구조되기 전까지 앉거나 일어설 수 없고 거의 움직이지도 못하는 상태로 15년 동안 살아왔다는 사실을 도저히 믿을 수가 없었죠. 재스퍼 역시 카테터를 삽입당하는 고초를 겪었고, 그의 육체와 정신에 가해진 극도의 고통은 분명 견딜 수 없을 만큼 엄청났을 겁니다. 구조된 재스퍼는 현재 장난기 많고 재미있는 놀이를 좋아하는 녀석으로 다른 곰이든 사람이든 가리지 않고 누구와도 친구가 되며 지내고 있어요. 사실 이곳 구조 센터에서 곰들의 사진을 촬영할 때마다 재스퍼는 빠짐없이 들

이대며 시선을 강탈하곤 한답니다. 재스퍼는 그 아름다우면서도 신뢰가 깃든 두 눈으로 우리에게 절대적인 용서의 마음을 보여주었고, 가능한 한 많은 곰을 구조하겠다는 우리의 목표에도 힘을 실어주고 있습니다.

무엇보다 다행스러운 점이라면 로빈슨을 비롯한 수없이 많은 이들의 노력 덕분에 웅담 농장에서 사육되는 곰들의 실태가 지금까지 개선되어왔다는 것이다. 하지만 웅담용 곰 사육을 완전히 끝장내기에는 아직도 해야 할 일이 너무나 많다. 애니멀즈 아시아는 사육되는 곰들을 무자비한 학대로부터 모두 해방시키는 데 앞장서고 있다.[57] 나는 중국 청두 외곽에 자리한 반달가슴곰 구조 센터를 여러 차례 방문했다. 그곳에서 오전 9시에 곰들에게 아침 식사 시간을 알리는 종을 울리는 기쁘고도 영광스러운 일을 맡았다. 우리에 있던 곰들은 먹이를 먹으러 들판으로 몰려나왔고, 어떤 녀석들은 이 시간을 그저 신나게 뛰어놀 기회로 바꿔버리기도 했다. 그 광경을 바라보며 나는 눈물을 흘릴 수밖에 없었다.

동물들이 인식하는 것보다 그들이 느끼는 것이 더 중요하다. IQ는 중요하지 않다. 동물이 받는 고통에 관해 공리주의 철학자 제러미 벤담이 한 유명한 발언을 되새겨볼 만하다. "문제는 '동물에게 이성이 존재하는가' 혹은 '동물은 말할 수 있는가'가 아니라 '동물은 고통을 느낄 수 있는가'이다." 벤담은 동물이 생각할 수 있는지 혹은 지능이 높은지는 전혀 중요한 문제가 아니라고 여겼고, 그보다는 동물이 고통을 느낄 수 있는지에 주목했다. 지능과 고통 사이에 반드시 상관관계가 있는 것은 아니며, 영리한 동물이 보다 덜 영리한 동물보다 더 많은 고통을 느끼는 것도 아니다. 일부 회의론자들은 자의식이 잘 발달하지 않은 동물도 있다고 주장한다. 이는 사실이 아님을 보게 되겠지만, 설령 동물이 자아를 갖지 않는다고 해도 여전히 동물은 고통을 느낄 수 있고, 자신의 느낌을 인식할 수 있고, 우리 인간이나 다른 동물들에게 무엇을 원하고 원하지 않는지를 분명하게 알릴 수 있다.

동물에게 감정이 있다는 사실을 부정하는 것은 결국 동물과 우리 인간을 비하하는 것이다. 동물이 우리에게 무엇을 해줄 수 있는지만 보지 말고 그들을 **있는 그대로** 우리의 세계로 받아들이고 약간의 노력을 더한다면, 우리는 그들의 삶을 더 좋게 만들 수 있다. 그것이 최소한의 도리다.

저자가 반달가슴곰 구조 센터에서 곰들에게 아침 식사 시간을 알리는 종을 울리고 있다(사진 제공: 레인보우Rainbow).

압착 우리에 15년간 갇혀 있던 재스퍼(사진 제공: 애니 매더Annie Mather/애니멀즈 아시아).

기운을 회복한 재스퍼(사진 제공: 애니 매더/애니멀즈 아시아).

2장

동물의 정신과 마음을 연구하는 일

✴

: 인지동물행동학

> 우리는 당나귀가 가장 좋아하는 시간이 방해받지 않고 그저 혼자 보내는 시간이라 생각한다. 그 시간에 당나귀는 유유히 풀을 뜯고, 주위 풍경을 둘러보며 감탄하고, 다른 존재들에 대해 골똘히 생각하고, 한껏 물을 마시고, 즐거운 시간을 보내며 놀고, 노래하고, 잠자고, 사랑을 나누고, 새끼를 키우고, 파티를 즐기고, 삶의 중요한 문제들을 논하는 것이다.
>
> _마이클 토비아스(환경운동가, 영화 제작자)와 제인 모리슨(생태학자, 영화 제작자)1

고양이는 가르랑거리는 소리를 낼 때 어떤 생각을 하고 어떤 기분일까? 신나게 뛰노는 개의 머릿속에는 어떤 생각이 들어차 있을까? 코끼리들이 죽은 코끼리의 몸을 어루만질 때 그들의 두뇌와 가슴 속에서는 무슨 일이 일어날까? 까치나 프레리도그의 경우는 어떨까? 당나귀는 묵묵히 풀을 뜯고 주위를 둘러볼 때 어떤 감정을 느낄까?

내가 인지동물행동학자가 되기로 결심한 이유는 동물의 정신과 마음속에 어떤 것들이 떠다니는지 알고 싶어서였다. 그래서 그때부터 동물을 관찰하는 방법을 배워야 했다. 즉 동물을 있는 그대로 바라보고, 그들의 '표정, 눈, 귀, 꼬리, 몸짓'을 읽어내고, 그들이 울부짖거나 낑낑대거나 찍찍거릴 때의 차이를 적절히 구별하는 법을 익혀야 했다. 이 장에서는 현재 지속적으로 성장하고 있는 분야인 인지동물행동학에 관해 설명하고자 한다. 인지동물행동학이란 무엇인지, 어떻게 발전해왔는지, 목적은 무엇인지 살펴본 후 동물행동학 분야의 현장 연구에서 일어나는 일들을 소개하며 마무리하려 한다. 이렇게 잠시 책의 전개를 벗어나는 것도 동물에게 보다 친근하게 다가가기 위한 준비 과정으로 보면 될 것이다.

인지동물행동학의 정의와 목표

인지동물행동학은 동물의 마음에 관한 비교 연구, 진화적 연구, 생태학적 연구라고 할 수 있다. 이 분야에서는 동물이 어떻게 사고하고 무엇을 느끼는지에 중점을 두며, 여기에는 동물의 감정, 생각, 추론, 정보 처리 과정, 의식, 지각, 자의식이 포함된다. 인지동물행동학자는 여러 사안에 관심을 기울인다. 예컨대 서로 다른 종들 사이에서 정신적인 연속성을 추적하기도 하고, 지적 조작 능력과 감정이 어떻게 발달해왔고 왜 발달했는지를 알아내려고 하며, 이런 연구를 통해 우리가 동물들이 속한 공간, 그들만의 세계로 들어가는 문을 열어젖히길 바란다. 인지동물행동학자들은 동물이 속한 자연환경, 적어도 그 자연환경에 최대한 가까운 상태에서 동물을 연구하는 편을 선호한다. 오늘날 인류가 지배하는 세상에서는 점차 쉽지 않은 일이 되고 있다. 그래서 많은 연구에서 중요한 부분을 차지하는 점은 인간의 무단 침범으로(때로는 다른 동물의 침범으로) 동물이 선호했던 자연 그대로의 서식지를 잃게 됐을 때 그 동물이 어떻게 새로운 환경에 적응하는지 알아내는 것이기도 하다.

동물의 감정적, 정신적 능력은 오랫동안 관심 주제였다. 하지만 동물의 인지 능력과 감정의 진화 및 진화적 연속성에 초점을 둔 현대의 인지동물행동학은 도널드 R. 그리핀이 1976년에 쓴 《동물의 인식에 관한 질문The Question of Animal Awareness》이라는 책의 등장과 함께 시작됐다.[2] 그리핀은 흔히 '인지동물행동학의 아버지'라 불리는데, 그의 연구에서 주요 목표는 동물의 의식에 관해 더 많은 정보를 밝혀내는 것이었다. 그리핀 역시 '특정 동물이 되는 것이 어떤 것인가'라는 어려운 질문을 이해하려고 노력했다. 다시 말해, 그는 동물을 '내면에서부터' 이해하고자 했다.

인지동물행동학은 다른 많은 분야의 학자들을 비롯해 동물 복지 및 동물 보호에 관심을 갖는 이들의 주목을 받았다. 내가 생각하는 인지동물행동학은 동물의 인지적, 주관적, 감정적, 공감적, 도덕적 삶을 이해하는 통합형 학문이다. 다만 인지동물행동학에서 제시하는 흥미로우면서도 도전적인 '중요한 질문들' 중 일부(가령 4장에서 살펴볼 사회도덕성의 발달과 같은 주제)는 학제 간 연구의 접근법을 통해야만 최종적인 답변을 얻을 수 있을 것이다. 동물의 감정적, 도덕적 삶을 이해하고 극히 난해한 과제—동물의 삶을 어떻게 인간의 도덕적, 윤리적, 정신적 이해와 비교할 것인가, 그들의 삶이 진화 과정에서 어떤 역할을 했는가—를 풀어내기 위해서는 동물행동학자, 유전학자, 진화생물학자, 신경생물학자, 심리학자, 인류학자, 철학자, 신학자, 종교학자, 종교 지도자 모두의 협력이 필요하다.

그러나 이 주제에 들어가기에 앞서 우리는 몇 가지 기본적인 질문, 가령 '우리는 동물이 생각하거나 느낀다는 것을 어떻게 알 수 있는가'와 같은 질문을 받아들여야 한다. 우리는 물론 답을 알고 있다. 한 가지 이유는 그리핀이 강조했던 동물의 행동이 지닌 유연성 덕분이다. 변화하는 사회적, 생태적 환경에 적응해가는 동물들의 행동 패턴에는 유연성이 드러난다. 그 말인즉슨, 동물들은 의식과 열정이 있는 존재이지, 그저 유전적 본능에 따라 어떤 상황에서는 '이렇게' 행동하고 어떤 상황에서는 '저렇게' 행동하도록 '프로그램화된' 존재가 아니라는 것이다. 예를 들어 원숭이는 실험에 참여할 때 만일 실패할 것 같다고 생각하면 참여하지 않는 편을 택할 것이다. 쥐를 대상으로 한 어느 연구에 따르면, 미로 속을 달리던 쥐는 이따금씩 잠시 시간을 들여 자신이 학습한 것이 무엇인지 파악하려고 행동한다. 멈춰 서서 머릿속으로 경로를 거꾸로 복기하면서 지나온 길의 방향을 수정하는 것이다.[3]

야생 동물 역시 주변에서 일어나는 일에 유연한 행동을 보인다. 코요테는 혼자 혹은 쌍으로 살아가기도 하고, 늑대들과 유사한 형태로 무리 지어 생활하는 데도 익숙하다. 코요테의 생활 방식은 주변에 먹잇감이 얼마나 있는지에 강하게 영향을 받는다. 따라서 한 무리의 코요테가 차지할 만큼 먹잇감이 충분한 경우, 두 마리 이상의 코요테가 함께 지내는 모습을 흔히 볼 수 있다. 또한 대단위로 무리 지어 살아가는 동물들도 있는데, 동물행동학 교수 애슐리 워드는 그중에서도 대규모인 새들의 무리를 일컬어 '클러스터플록clusterflocks'이라 부른다.[4] 다양한 많은 동물 역시 이런 종류의 유연성을 보여준다. 그리고 바로 이런 이유로, 이를테면 코요테나 늑대, 개를 언급할 때 앞에 'the'를 붙여 칭하지 않는 것이 중요하다. 이들 종이든 어떤 종이든 보편적인 개체는 존재하지 않는다. 그중에서도 이 점을 가장 명확히 보여주는 동물 중 하나는 당연히 반려견을 비롯한 개일 것이다. 개는 우리 주변에서 볼 수 있는 포유류 중 가장 다양한 형태로 나타나며, 이는 인간이 그만큼 다양한 품종을 만들어왔기 때문이다. 그러나 다양성이 늘 개에게 이로운 것만은 아니다. 인간은 개의 품종을 개량하면서 호흡기 질환이 있거나 번식을 할 수 없거나 스스로 새끼를 낳을 수 없는 품종을 만들어버렸기 때문이다.

동물들이 특정 자극에 선택적으로 대응하거나 여러 대안이 가능한 행동 가운데 의도적인 선택을 해야 할 때, 많은 동물은 이와 관련한 선택을 꽤 잘 해낼 수 있다. 다시 말해, 동물들은 매우 다양한 상황에서 자신의 환경을 인식하며 의도적으로 적절하고 목적이 분명하고 유연한 선택을 한다. 젖소는 매우 제약이 많고 가혹한 삶을 살지만, 들판으로 나갈 기회가 주어지거나 주체적으로 행동할 수 있게 된다면 육중한 울타리 문을 밀어젖히고 풀을 뜯으러 나갈 것이고 해질 때까지 울타리 밖에 있으려고 어떻게든 애를 쓸 것이다.[5]

개별 동물의 행동에서 나타나는 유연성은 그 개체가 지닌 의식, 즉 정신이 작동한다는 사실을 보여주는 리트머스 시험지와 같다. 의식이 발달한 이유는 각 개체가 예측할 수 없는 다양한 상황에 맞닥뜨렸을 때 선택할 수 있게 해주기 때문이다. 그런데 동물이 의식을 지닌다는 결론을 확실히 내리고 나면, 우리는 진정으로 흥미로운 질문들을 마주하게 된다. 그렇다면 동물들은 무슨 생각을 할까? 동물들은 무엇을 알고 있을까? 동물들은 무엇을 느낄까? 이런 질문들에 답하는 과정에서 오는 흥분이 바로 인지동물행동학자들의 원동력이 된다. 이런 흥분 때문에 우리 인지동물행동학자들은 새벽녘부터 자리를 박차고 일어나 길고도 험난한 연구 여정을 계속해 나가는 것이다.

찰스 다윈

흔히 찰스 다윈을 동물의 감정을 연구하는 데 진지한 관심을 보인 최초의 과학자로 인정한다. 철학자 제임스 레이첼즈는《동물에서 유래된 인간》에서 다윈의 연구를 보다 이해하기 쉽게 설명한다. 책에 따르면 다윈이 주목한 것은 포유류가 (정도의 차이는 있지만) 불안, 슬픔, 낙담, 절망, 기쁨, 사랑, '따스한 감정', 헌신, 고약한 성미, 불쾌감, 결단력, 증오, 분노, 경멸, 멸시, 혐오, 죄책감, 자부심, 무력감, 인내심, 놀람, 경악, 두려움, 공포, 수치심, 수줍음, 겸손함을 경험할 수 있다는 사실이다. 또한 감정 표현의 기원과 관련된 질문에 대해 답을 모색하는 과정에서, 다윈은 행동 연구에 비교 연구법을 활용한 최초의 학자로 보인다. 비교 연구법은 행동에서 나타나는 유사점과 차이점을 파악하기 위해 서로 밀접하게 연관된 종들과 서로 연관성이 적은 종들을 함께 연구하는 방법이라 할 수 있다. 다윈은 감정 표현을 연구하기 위해 다음과 같은 여섯 가지 방법을 사용했다.

1. 영유아를 관찰하기
2. 정상적인 성인에 비해 감정을 숨기기 어려운 정신질환자를 관찰하기
3. 안면 근육에 전기 자극을 가해 생성된 표정을 판독하기
4. 회화와 조각품을 분석하기
5. 여러 문화권에서 나타나는 표현과 몸짓을 비교하기(특히 유럽인종과 거리가 먼 인종을 중심으로)
6. 동물의 표현을 관찰하기(특히 집에서 키우는 개를 중심으로)

다윈은《인간과 동물의 감정 표현》이라는 책에서 자신이 기르던 개에 관해 썼는데 그 통찰력이 대단하다.[6] "나는 예전에 큰 개를 키웠는데, 모든 개가 으레 그렇듯 산책하는 것을 무척 좋아했다. 녀석은 만족감을 이렇게 드러냈다. 고개를 한껏 치켜든 채, 귀는 적당히 쫑긋 세웠고, 꼬리는 높이 올렸지만 뻣뻣하지 않게 살랑살랑 흔들었으며, 내 앞을 몹시 빠르게 겅중대며 걸었다." 다윈이 평소에 가던 길과 다른 방향을 택하면 개는 산책이 계속될지 확신하지 못했다. "녀석은 우리 가족 모두가 익히 아는 허탈한 표정을 지었다. 여기에 수반되는 행동은 고개를 푹 숙이고 몸을 약간 낮춘 채 꼼짝하지 않는 것이다. 귀와 꼬리도 별안간 축 처지고 꼬리는 전혀 움직이지 않았다. 녀석은 애처롭고도 절망스러운 허탈한 상태였다."

다윈이 개를 비롯한 여러 동물을 관찰한 내용은 개의 행동에 관해 내가 현재 진행하고 있는 연구의 상당 부분에서 사실로 나타난다. 그래서 나는 항상 사람들에게 다윈의 책을 읽어볼 것을 권한다. 그의 책은 오늘날에도 선견지명으로 남아 있는 중요한 정보와 관찰 내용으로 가득하다.

다윈은 동물과 인간 모두에게서 나타나는 감정이 집단생활에서 사회적 유대를 발전시킬 목적으로 발달된 것이라 주장했다. 그리고 감정이라는 것은 우리와 공동체의 다른 구성원들 및 지구상의 다른 구성원들을 서로 결속시켜준다고 여겼다. 나는 감정을 '사회적 접착제'의 형태로 해석하는데, 이는 강력한 사회적 유대 및 집단을 형성하고 유지하는 데 감정을 공유하는 것이 얼마나 큰 역할을 하는지에 대한 다윈과 여타 학자들의 발상에서 비롯된 것이다. 더 나아가 다윈은 문제를 해결하기 전에 행동을 멈추는 것과 같은 개체의 행동을 관찰함으로써, 언어를 갖지 않는 동물조차 추론 능력을 보유한다는 자신의 주장을 뒷받침했다. 내가 즐겨 하는 일 중 하나는 다윈의 책을 펼쳐놓고 그의 예리한 관찰이 오늘날의 '시류'에 얼마나 적합한지 다시금 살펴보는 것이다. 그렇다고 해서 태양 아래 새로운 것은 없다는 뜻은 아니다. 그보다 다윈의 연구 방식은 동물의 생활 습성과 정신을 파악하기 위해 동물이 살아가는 방식 그대로 동물을 면밀히 관찰하는 일이 얼마나 핵심적인지를 보여준다. 나는 시간을 거스를 수만 있다면 염탐꾼이라도 되어 다윈을 찾아가보고 싶다. 그래서 그가 머릿속에 끝없이 새로운 발상을 떠올리며 글을 쓰는 모습을 훔쳐보고 그의 대화를 엿들을 수 있었으면 좋겠다.

다윈은 신중한 연구를 통해 다양한 종들의 차이는 그 종의 차이라기보다는 정도의 차이임을 거듭 강조했다. 예컨대 각 종들이 지닌 지적 능력의 다양성은 연속적인 형태로 나타난다는 것이다. 그렇기 때문에 다윈의 주장에 따르면 동물들 간에는 진화적 연속성이 나타나며, 이는 심장, 신장, 치아 형태와 같은 해부학적 구조에서뿐만 아니라 두뇌와 그것과 관련된 감정 및 인지 능력의 차이에서도 드러난다. 나는 만일 동물이 어떤 형태를 갖추었다면 우리 인간에게도 그 형태가 존재할 것이라고 말하곤 한다.

그러므로 우리가 잘 들여다보기만 한다면 우리가 지닌 지적 능력과 감정의 근원을 동물에게서 찾아낼 수 있다. 거듭 말하지만, 이는 인간이나 동물이 서로 다르지 않다는 의미가 아니라 인간과 동물의 신체적 특성이나 기능상의 특성이 연속성을 띨 정도로 공통적인 요소를 포함한다는 뜻이다. 바로 이것이 '진화적 연속성'의 의미다. 즉 종 간의 유사점 및 차이점은 흑백처럼 뚜렷하게 나타나는 것이 아니라

흐릿하고 미묘하게 나타난다는 것이다.

다윈은 주저 없이 진화적 연속성에 관한 주장을 펼쳤다. 다윈은 《인간의 유래와 성선택》에서 "인간과 여러 고등 동물의 지적 능력은 근본적으로 차이가 없다"라고 주장했다.[7] 그는 통제된 실험보다는 직접 관찰한 내용을 바탕으로 많은 동물이 인지 능력을 지녔음을 밝혔다. 실험실에서는 동물이 자연스럽게 행동할 수 있는 적합한 환경이 조성되지 못하기 때문에 동물들이 실제로 보유한 능력을 완전히 발휘할 수 없을 때가 많다.

다윈은 인간과 동물 사이에서 정신적 연속성을 보여주는 강력한 사례를 제시했을 뿐만 아니라, 다양한 동물이 기분과 감정을 지녔을 것이라고도 보았다. 예컨대 그는 "하등 동물도 인간과 마찬가지로 만족감이나 고통, 행복, 불행을 느끼는 것이 분명하다"라고 주장했다. 다윈은 관찰을 통해 원숭이가 속임수를 쓸 줄 안다는 점도 포착했다. 그는 런던 동물원에서 오랑우탄을 처음 본 경험을 서술하면서, 오랑우탄의 행동에서 격정과 분노, 심술, 그리고 정확히 절망감을 나타내는 행동을 볼 수 있었다고 썼다. 그는 동물원에서 침팬지가 실망감에 어린아이처럼 토라져 입을 삐죽 내미는 모습, 코뿔소가 땅을 구르고 앞발을 들어 올리며 기쁨을 표현하는 모습을 관찰했다.

나중에 다시 설명하겠지만, 현재의 최신 연구 결과는 다윈이 관찰한 내용과 그의 발상에 부합한다. 오늘날 우리는 개를 비롯한 동물들이 뇌 구조의 일부 및 기쁨과 같은 감정 표현의 근간이 되는 신경화학적 구조의 일부를 인간과 동일한 형태로 갖고 있다는 사실을 알고 있다. 뇌 구조를 촬영한 영상을 보면, 개가 질투심을 느끼는 경우 인간이 질투심을 느낄 때와 마찬가지로 뇌의 특정 부위(편도체)가 활성화되는 것을 알 수 있다.[8] 또한 소위 '사랑 호르몬'이라 불리는 옥시토신은 시상하부에서 분비되는데, 수많은 동물의 뇌에서도 발견된다.[9] 즉 사랑할 줄 아는 능력은 인간을 정의하는 척도가 아니라 우리가 다른 동물들과 공통적으로 보유하는 능력이다.

이렇게 감정의 발달에서 진화적 연속성을 찾아내는 과정은 온전히 신체적 자질에 관해서만 진화적 연속성을 찾아내는 과정과 근본적으로 동일하다. 우리는 종에 따라 2심방, 3심방, 4심방 형태로 다르게 나타나는 신체 기관이라도 혈액을 순환시키는 동일한 역할을 한다면 모두 심장이라고 부른다. 개구리의 심장이 독수리나 인간의 심장과 같은 형태가 아니라고 해서 개구리에게는 심장이 없다는 뜻이 아니다. 그리고 개와 침팬지와 인간이 느끼는 기쁨이 서로 완전히 동일하지 않다고 해서 세 동물이 경험하는 흥분이 유사한 감정이 아니라고 볼 수도 없다.

호기심 많은 자연학자들

네덜란드의 동물행동학자 니코 틴버겐은 '호기심 많은 동물학자'라고 불렸다. 그는 동물행동학자들이 동물의 행동 방식을 연구할 기틀을 마련해주었다. 틴버겐이 제안한 내용들은 인지동물행동학에 관심이 있는 학자들에게 큰 도움이 됐다. 틴버겐과 동료 학자 콘라트 로렌츠, 카를 폰 프리슈는 동물의 행동에 관한 선구적인 연구 성과를 인정받아 1973년에 노벨 생리의학상을 받았다.[10] 틴버겐은 서로 중복되는 연구 영역을 네 가지로 분류했고, 이 분류법으로 학자들은 여러 상황에서 나타나는 동물의 행동 패턴에 대해 각기 다른 질문들을 유도할 수 있다. 가령 가젤이 사자를 피해 달아나는 상황에서 보이는 행동, 혹은 개가 놀이를 하는 이유 및 놀이 중에 보이는 행동에 이 분류법을 적용하는 것이다. 즉 틴버겐은 동물의 행동을 연구할 때 다음의 네 가지 사안에 주목해야 한다고 제안했다.

1. 진화evolution : 동물의 행동이 어떻게 진화해왔는가
2. 적응adaptation : 동물의 특정 행동이 어떻게 주어진 환경에 적응하고 궁극적으로 번식에 성공하도록 하는가
3. 인과 관계causation : 무엇이 동물의 특정 행동을 야기하는가
4. 개체 발생ontogeny 혹은 발달: 한 개체의 해당 행동은 어떻게 발현되고 그 행동은 그 개체의 일생 동안 어떻게 전개되는가

예컨대 개가 놀이를 하는 이유와 그 놀이의 방식이 나의 관심 주제라면, 나는 다음 네 가지 질문의 답을 구하는 데 주력할 것이다.

1. 개들은 놀 때 어떤 행동을 보이며 개들의 놀이는 왜 진화했는가
2. 개들의 놀이는 그들이 환경에 적응하는 데 어떤 역할을 하고, 각 개체의 번식 적합성이나 번식 성공률에 어떤 영향을 미치는가
3. 개들은 왜 놀이를 하는가
4. 개들이 성장함에 따라 놀이는 어떻게 발달하는가

동물의 슬픔이나 고통 혹은 다른 감정에 대해서도 더 알고 싶다면 이와 동일한 선상에서 추론하면 된다. 즉 왜 그런 감정이 진화했으

며 그 감정이 어떤 면에서 유용한지 질문해보는 것이다. 이렇듯 진화 및 발달 측면을 탐구하는 것이야말로 동물의 정신 및 감정과 관련된 연구의 동력이기는 하나, 1990년대에 들어서면서 심리학자 고든 버가르트는 이 분류법에 다섯 번째 항목을 추가하고, 이를 '사적 경험'이라고 명명했다.[11] 틴버겐은 주관적인 상태에 대한 연구는 정확성을 보장할 수 없다는 견해를 갖고 있었지만, 그렇다고 해서 동물이 그런 경험을 한다는 주장에 반대하지는 않았다.

앞의 각 항목에 따른 답을 구하는 연구는 다양한 방법으로 수행되지만, 어떤 연구든 대상 동물이 보이는 행동 패턴을 주의 깊게 관찰하고 기록하는 것에서부터 시작된다. 연구 초기의 관찰에서 수집된 정보를 통해 동물의 일반적인 행동 양상 목록이 작성되고, 이를 활용해서 다양한 상황에서 동물이 보이는 행동 패턴의 진화, 기능, 인과관계, 발달에 관한 질문들에 답할 수 있다. 어떤 경우에는 한 개체의 감정 상태에 관한 질문에 이 방법을 사용하기도 한다.

많은 이들은 동물의 행동을 어떻게 관찰하고 측정할지 확신하지 못했다. 행동이란 '금방 나타났다가 사라지는' 형태이기 때문이다. 그러나 콘라트 로렌츠는 그 역시 호기심 많은 자연학자로서, 행동은 동물이 '하는' 행위일 뿐만 아니라 동물이 '가진' 습성이기도 하다는 점을 강조했다. 동물의 행동도 해부학적 구조나 기관과 동일한 방식으로 연구할 수 있으며, 따라서 자연선택이 적용될 수 있는 대상인 것이다. 우리는 면밀한 연구를 통해 동물의 심장이나 내장 기관을 살펴보는 것과 마찬가지로 동물의 행동을 살펴볼 수 있다. 그래서 다양한 상황에서 나타나는 동물의 행동을 관찰하고 측정하여 왜 동물이 특정한 행동 패턴을 보이는지를 파악할 수 있다.

가령 우리는 이런 의문을 제기할 수 있다. 개들은 놀이를 하고 싶을 때 어떤 행동을 할까? 개들은 놀이 자체가 가장 중요한 목적이며 지금 자신이 놀고 있다는 사실을 주위의 개들이 이해하고 있다고 어떻게 확신할까? (힌트: 개들은 '황금률'에 따라 놀이를 공정하게 진행한다.) 그리고 개들은 놀이를 할 때 어떤 기분일까? 개가 놀이를 청하는 행동은 '플레이 바우play bow'(놀이 시작 인사) 혹은 간단히 '인사bow'라고 불리는 동작으로, 내가 수년간 연구해온 주제다. 면밀한 연구를 통해 우리는 이 동작에 소요되는 시간을 측정했고 이 행동이 매우 엄격하고 정형화되어 있음을 알아냈다.

개의 플레이 바우 동작은 앞발을 길게 뻗어 엎드린 채 엉덩이를 치켜든 자세로, 꼬리를 흔들기도 한다. 플레이 바우를 한 번이라도 보았다면 그 후로는 금세 알아볼 수 있다. 개들은 확실히 이 행동을 인지하며, 그것이 놀이의 시작을 의미하는 것도 알고 있다! 플레이 바우는 오인될 여지가 있는 상황이나 다른 개들과의 놀이를 방해하는 상황이 발생한 경우 그 직전 또는 직후에 수행될 때가 많다(개의 놀이 행동에 대해서는 4장에서 더 자세하게 살펴볼 것이다). 우리는 심장 박동이나 다리 길이를 측정하는 것과 마찬가지로 개가 플레이 바우 동작을 하는 모습을 촬영해 동작의 각 순간을 반복해서 관찰함으로써 플레이 바우가 몇 초간 지속되는지, 어떤 형태로 나타나는지 측정할 수 있다. 플레이 바우는 개가 다른 개나 사람에게 '**나 너랑 놀고 싶어**'라고 알리는 분명하고 명료한 신호이며, 측정된 데이터는 플레이 바우가 그렇게 진화한 이유를 이해하는 데 매우 중요한 역할을 한다.

틴버겐, 로렌츠, 폰 프리슈는 이런 방법을 활용해서 기러기의 각인imprinting(오리나 기러기 새끼가 태어나서 처음 보는 물체를 따라가는 행동으로 콘라트 로렌츠가 처음 발견한 현상—옮긴이), 말벌의 귀소 본능, 여우의 사냥법, 꿀벌의 춤과 같은 현상을 밝혀냈다. 게다가 그들은 그런 식으로 연구하는 과정 자체를 즐겼다. 로렌츠는 기러기의 반응을 관찰하려고 직접 여우 털을 뒤집어쓴 채 바닥에 엎드려 껑충 뛰어오른 적도 있다! 로렌츠는 누가 봐도 동물을 무척 사랑한 학자였고, 그의 획기적인 연구 덕분에 우리는 서로 다른 유기체들의 행동 패턴을 면밀히 관찰함으로써(이를 '비교 연구'라고 한다) 여러 행동의 진화에 대해 배우고 그 행동들이 개체의 생존에 어떤 도움을 주었는지도 알 수 있다.

로렌츠는 이런 글을 쓴 적이 있다.[12] "짝을 잃은 회색기러기는 존 볼비(영국의 발달심리학자로 애착 이론의 창시자—옮긴이)의 책에 서술된 인간 아이의 징후를 모두 드러낸다. (중략) 움푹 꺼진 두 눈에 고개는 푹 수그린 채 전반적으로 축 처진 모습을 보인다." 나도 예전에 볼더 북부에서 자전거를 타다가 슬픔에 잠긴 기러기를 본 적이 있다. 2022년 12월, 영국의 한 매체는 그레텔이라는 기러기의 이야기를 소개했다.[13] 얼어붙은 호수에서 그레텔의 '소울메이트'였던 헨젤이 얼음 사이에 끼어 죽고 그레텔은 구조됐지만 그레텔은 결국 마음의 상처로 얼마 후 세상을 떠나고 말았다. 그레텔이 얼마나 상심했을지 나로서는 그저 짐작만 할 수 있을 뿐이다.

비유의 중요성

그러나 심장을 연구하는 것과 '마음'을 연구하는 것에는 중대한 차이가 있다. 심장은 실체가 있는 대상인 반면, 감정과 생각은 '눈에 보이지 않는' 대상이다. 우리가 감정을 '볼 수 있는' 방법은 그 감정에 따라 나타나는 증세를 살피는 것, 즉 감정이 대상 동물의 태도나 행동에서 어떻게 발현되는지, 감정이 어떻게 동물 체내의 신경 화학 작용에 영향을 주는지를 알아내는 방법뿐이다. 분노, 사랑, 기쁨, 슬픔이라는 감정 자체는 우리가 아무리 동물의 감정을 공감하고 마음 깊이 체감한다 해도 직접적으로 손에 넣을 수 있는 실체는 아니다.

동물행동학자들은 비유를 들어 주장을 전개할 때가 많다. 우리는 동물과 인간을 비교해서 유사성과 차이점을 찾아낸다. 여기에는 뇌 구조, 호르몬, 생리 현상, 신체 구조 등 유전학적으로 나타나는 수많은 특징 외에 태도, 표정, 음성 등의 습성도 포함된다. 또한 서로 다른 여러 종이나 같은 종의 여러 개체를 나란히 놓고 비교해보기도 한다. 비유를 통해 주장하는 방식은 가령 이런 것이다. 인간은 특정 뇌 구조와 연관될 수 있는 감정을 지니는데, 동물들의 뇌 구조도 이와 동일하거나 유사한 형태이므로 동물들도 우리와 유사한 감정 상태를 경험한다고 주장하는 것이다. 실제로 많은 종의 경우 감정과 관련된 뇌의 일부 영역에서 인간과 유사한 형태의 신경 조직이 발견된다. 이런 주장이 합당한 이유는 인간을 포함한 다양한 동물종의 발달이 진화적 연속성을 따르기 때문이다. 따라서 비인간 동물에게 인간의 감정에 앞선 진화적 선행 물질이 존재해야 하는 것이 분명하다. 인간의 감정이 그것의 기원이 되는 감정을 지닌 동물의 존재도 없이 돌연 발생했다고 믿는 것이 아니라면 말이다.

이런 비유를 통한 진화적 탐색이 실제로 구현된 사례를 소개하겠다. 1990년대에 마이클 카바낙이라는 과학자는 이구아나와 같은 파충류들이 감각적 쾌락을 극대화한다는 사실을 발견했다.[14] 카바낙은 이

구아나들이 먹이를 찾아 추운 곳으로 나가기보다는 따뜻한 장소에서 지내는 것을 선호하는 데 반해 개구리와 같은 양서류는 그런 성향을 보이지 않는다는 사실을 알게 됐다. 물고기도 양서류와 마찬가지다. 이구아나는 '감정적 흥분'(체온 상승)이라 불리는 상태를 경험할 수 있으며, 이때 심장 박동이 급격히 빨라지는데 이것은 인간을 포함한 다른 척추동물들이 느낄 수 있는 쾌락과 연관된 신체적 반응이다.

카바낙은 한 개체가 의식적으로 인지할 수 있는 최초의 정신적 사건이 쾌감이나 불쾌감을 경험하는 능력을 통해 일어난다는 가설을 세웠다. 그의 연구는 파충류들이 기초적인 감정을 경험하며, 감정적 삶을 영위하는 능력은 양서류와 초기 파충류 사이의 시기에 출현했음을 시사한다. 실제로 이후의 연구를 통해 파충류가 포유류 못지않게 풍부한 감정적 삶을 누린다는 사실이 명백히 밝혀졌고, 따라서 이런 지각을 지닌 존재의 감정 능력은 과소평가되어서는 안 될 것이다.[15] 심지어 암컷 뱀이 음핵을 지닌 것으로 밝혀진 만큼, 어쩌면 뱀들은 성생활을 즐기고 있을지도 모른다.

파충류의 행동 및 감정에 관해 현재까지 밝혀진 내용은 2021년에 출간된 획기적인 책 《파충류의 비밀스러운 사회생활The Secret Social Lives of Reptiles》에 잘 요약되어 있다. 이 책의 공동 저자 중 한 명인 파충류 전문가 고든 버가르트는 한 인터뷰에서 자신이 파충류에 관한 세간의 편견에 대해 50년 이상 글을 써오고 있지만 여전히 크게 달라진 것이 없다고 언급했다.[16] 다만 거대 파충류 중 많은 종이 고도의 멸종 위기에 처함에 따라 학계에서도 이제는 매우 적극적으로 이 문제에 관여하게 되어 버가르트의 노력에 힘이 실리게 됐다. 많은 종의 바다거북, 민물거북, 육지거북, 악어, 캐리비안 이구아나, 심지어 일부 뱀들과 소형 도마뱀에 이르기까지, 이 카리스마 넘치는 파충류들이 멸종 위기에 처해 있다. 2023년 5월, 파나마 정부는 바다거북에게 청정한 환경에서 살며 자유롭게 이동할 수 있는 법적 지위를 부여했다.[17] 미국 남동부 지역에 악어가 다시 돌아온 일 역시 성공적인 사례다. 그리고 미국 서남부에서도 이제는 많은 사람이 다양한 종의 방울뱀 개체수를 유지하려고 노력하고 있다. 끔찍한 뱀 포획 축제(미국 중서부 및 남부 지역에서 해마다 개최되는 방울뱀 포획 축제—옮긴이)는 점차 설 자리를 잃어가고 있다.

그러나 여전히 해야 할 일이 많다. 최근에 나온 파충류에 관한 또 다른 중요한 저작인《포획된 파충류들의 건강과 복지Health and Welfare of Captive Reptiles》에는 포획되어 고통스럽게 살아가는 수없이 많은 파충류의 이야기가 소개됐다.[18] 비록 감정적 삶을 영위하는 능력이 파충류에서 진화한 것이 아니라고 하더라도 파충류도 그런 능력을 갖고 있으며, 따라서 그들 역시 개나 돌고래, 인간보다 하등한 존재로 취급받지 않아야 할 것이다.

현장에서 직접 몸으로 부딪치기

동물행동학자들은 일반적으로 동물을 연구할 때 실험실이나 동물원보다는 현장 연구를 선호한다. 그 이유는 간단하다. 실제 서식지에서 동물을 자세히 관찰하고, 그들이 어떻게 시간을 보내는지 그 기본적인 세부 정보를 수집하기 위해서는 그보다 나은 대안이 없기 때문이다. 나는 대개 '이러이러한 상황에서 내가 개라면 어떻게 행동할까?'

와 같은 말도 안 될 정도로 단순한 질문으로 연구를 시작하는데, 그런 경우 개의 일상을 이해하기 위해서 나는 개의 시각으로 세상을 바라보려고 노력해야 한다. 그래서 종종 엎드려서 네발로 기어보기도 하고, 플레이 바우도 직접 해보고(심지어 공중파 방송에 나가 시연한 적도 있다), 짖어대거나 개의 목덜미를 깨물어보기도 하고, 바닥을 굴러볼 때도 있다. 다만 개의 행동 중 매우 중요한 부분이 짝짓기라고는 해도 직접 암컷 개의 등에 올라타거나 냄새를 맡으려고 암컷의 뒤꽁무니에 코를 대고 킁킁대는 행동만큼은 자제한다(그런 행동은 기꺼이 개에게 양보한다). 나는 동물들이 살아가는 환경에 직접 찾아가서 관찰하기를 선호하며, 연구를 수행하면서도 그들을 공감하려 애쓴다. 내가 그들과 동일한 상황에 처했다면 어떤 기분이 들지 생각해보는 것이다. 물론 동물들의 세상을 바라보는 나의 시각은 동물 자신이 바라보는 시각과 같지 않다는 점을 항상 염두에 둔다. 하지만 비록 개인적인 유추를 통한 것이라도 내가 동물의 관점에 다가갈수록 그들에 대해 더 많은 것을 이해할 수 있을 것이다.

개들이 원래 살아가는 공간은 실험실이 아니다. 사실 실험실의 연구 용도로 특별히 사육된 불행한 개체들을 제외하고는 거의 모든 동물의 경우가 그럴 것이다. 실험실이라는 통제된 환경은 동물의 정신이 어떻게 작용하는지에 관한 연구에는 유용할 수 있다. 그러나 동물이 어떤 삶을 살아가고 무엇을 생각하고 느끼는지를 동물의 관점에서 진정으로 파악하려면 그들의 세상에 직접 들어갈 필요가 있다. 실험실 밖으로 나가야 하는 것이다. 개의 경우 그런 공간은 산책로일 수도 있고 자유롭게 뛰노는 공원일 수도 있다. 그래서 나는 그런 장소에서 지나칠 정도로 많은 시간을 보내곤 한다. 야생에서 정말로 주체적인 삶을 누리며 자유롭게 내달리는 개들의 모습을 관찰할 수 없다면 산책로와 공원이 좋은 대안이 될 수 있다. 그곳에서 나는 지금까지 개라는 멋진 동물이 누리는 감정적 삶에 관해 무척이나 많은 것을 배웠다.

동물행동학자의 관점에서 보면, 자연선택이 발생했거나 현재 진행 중인 자연환경과 최대한 비슷한 환경에서 연구를 수행하는 것이 중요하다. 그뿐만 아니라 포획된 동물을 대상으로 하는 연구는 여러모로 문제를 일으킨다. 우리에 갇힌 동물을 대상으로 연구를 수행한다는 점에서 윤리적인 문제가 발생하며, 피폐한 환경에서 스트레스를 받은 동물을 대상으로 한 연구 자체의 유효성에도 의문이 제기될 수 있다. 이 문제는 6장에서 다시 다룰 것이다.

결국 훌륭한 동물행동학자가 되려면 동물의 모든 감각을 인식할 수 있는 능력을 키워야 한다. 그래서 동물이 자신의 여러 감각을 어떻게 결합하고 어떤 상황에서 사용하는지를 파악해야 한다. 다양한 방식으로 수집된 정보의 취합을 '복합 신호'라고 한다. 다른 종의 개체들이 인간과 동일한 방식으로 세상을 인식하는 경우는 거의 없으며 심지어 같은 종의 개체들이라도 동일하게 세상을 인식하지 않을 가능성이 높기 때문에, 개체에 따른 다양성이 존재할 수 있음을 유념해야 한다. 인간은 시각을 주로 사용하는 종이지만, 다른 동물들의 경우에는 시각뿐만 아니라 청각, 후각, 미각의 자극도 고려해야 할 것이다. 또한 인지동물행동학자들은 연구를 진행할 때 다양한 종에 걸쳐 폭넓게 비교할 것을 강조하며, 쥐나 생쥐, 비둘기처럼 한정된 동물 집단에서 선별된 소수 개체에게 초점을 두지 않는다. 이들은 보통 실험실보다 현장 연구를 중시하며 광범위한 종의 동물을 연구 대상으로 한다는 점에서 비교심리학자와 구별된다. 비교심리학에서도 동물의 행동양식이 관심 주제이나 일반적으로 진화적, 생태학적 관점을 다양하게 아우르지는 않는다.

소변, 대변, 털, 방귀

동물행동학자의 하루

현장 연구의 방식은 동물행동학자들의 수만큼이나 다양하다. 한발 물러나 앉아서 관찰하는 방식일 때도 있고, 동물과의 직간접적인 소통을 시도하는 방식일 때도 있다. 내가 학생들과 함께 코요테를 연구하러 그랜드티턴 국립공원을 찾았을 때, 우리는 와이오밍주 무스 인근의 블랙테일 버트Blacktail Butte에 자리를 잡고 관측용 고출력 필드스코프와 쌍안경으로 우리가 알고 있던 코요테 개체들을 찾아내려고 몇 시간씩 앉아 있기도 했다. 얼어 죽을 것 같은 혹한의 날씨에 설피나 스키를 타고, 아니면 장비도 없이 지칠 줄 모르는 코요테를 추적하려고 지칠 때까지 돌아다니는 일도 흔했다. 아델리펭귄을 연구하러 남극의 케이프 크로지어Cape Crozier에 갔을 때는, 펭귄들이 둥지를 떠나 바다를 오가면 우리는 그들을 따라 달리기도 하고 펭귄들이 새끼를 돌보며 둥지를 지으려고 서로에게서 돌을 빼앗는 광경을 보며 추위에 얼어붙은 채 자리를 지키기도 했다. 현장 연구는 늘 흥미롭지만 지칠 만큼 힘든 경우가 많기에 때로는 비위가 약하거나 겁이 많은 사람에게는 적합하지 않다. 이 장을 마무리하면서 내가 현장 연구에서 겪은 '노란 눈snow'과 동물의 똥에 얽힌 두 가지 일화를 들려주려 한다.

볼더에 있는 우리 집에서 나는 개들의 자기 인식 능력을 알아보기 위해 '노란 눈' 수집이라는 흔치 않지만 굉장히 적절한 연구 방법을 사용했다. '노란 눈', 즉 개의 털과 배설물에는 많은 정보가 담겨 있어서 어느 개체의 것인지, 그 개체가 다른 어느 개체와 연관이 있는지, 무엇을 먹었는지, 호르몬 수치 및 번식 상태와 감정 상태는 어떤지, 그리고 특히 그 개체가 스트레스를 받았는지 여부 또한 파악할 수 있다. 우리는 화학적 성분 분석을 통해 이런 정보를 파악할 수 있지만, 개는 자신의 후각만 사용하면 된다. 많은 동물은 실로 인간과는 매우 다른 감각의 세계에서 살아가는 것이다. 개는 우리가 들을 수 없는 소리를 듣고, 우리가 맡지 못해서 다행인 냄새도 맡는다. 그들은 예민하게 발달된 코로 숨을 깊게 들이쉬고 격렬하게 킁킁대며 자신에게 필요한 정보와 함께 대단한 쾌감을 제공하는 온갖 냄새의 향연에서 각각의 냄새를 분류해낸다.

몇 년 전에 나는 내가 키우던 개 제스로를 대상으로 개가 자신에 대해 무엇을 알고 있는지를 알아보는 연구를 진행했다. 내가 특히 주목한 것은 '개는 자신의 소변과 다른 개의 소변을 구별할 수 있을까?'라는 의문이었다. 5년에 걸쳐 매해 겨울마다 제스로와 다른 개들의 '노란 눈' 위치를 옮기기로 했다. 장갑을 끼고 '눈'을 퍼서 다른 장소로 옮겨두었다. 제스로와 내가 날마다 대화하며 산책하는 볼더의 자전거 도로를 따라가다가 제스로가 그것을 발견할 만한 위치를 택했다. '눈'을 옮기는 작업을 제스로가 보지 않도록 주의했다. 그러지 않으면 제스로는 자신이 산책길에 마주치는 온갖 체취의 향연을 만든 이가 나라는 것을 알아버릴 테니까. 길을 가다가 내가 '눈'을 퍼다 나르는 모습을 본 사람들이 대체 뭘 하느냐고 물어보기도 했다. 그들은 나의 설명을 들으며 고개를 끄덕이다가도 돌아서서는 마치 '**과학자들은 미쳤다니까!**'라고 생각하는 듯 고개를 절레절레 흔들며 멀어져 갔다. 그중 어떤 사람들은 다음번에 내 모습이 보이면 피해 가기도 했다. 한 사람은 내가 돌았다고 생각했는지 심지어 지역 경찰서에 신고까지 했다.

그러거나 말거나 나는 제스로가 자신의 소변보다 다른 개들의 소변에 훨씬 더 관심을 보인다는 사실을 알아냈다. 나는 제스로가 '눈'에 코를 대고 킁킁대는 시간을 측정했고 각각의 '눈'의 냄새를 맡는지 여부와 냄새를 맡은 후 그 위에 소변을 보는지, 즉 '영역 표시'를 하는지 여부를 기록해서 그의 관심도를 수치화했다. 제스로는 자신의 소변보다 다른 개들의 소변 냄새를 맡고 영역 표시를 하는 경우가 더 많았다. 수컷인 제스로는 암컷의 '눈'보다 다른 수컷의 '눈'에 더욱 관심을 보였는데, 소변 샘플의 위치를 옮겨도 마찬가지였다. 제스로는 소변이 자신의 것인지, 다른 개의 것인지 확실히 알았다. 개를 키우는 사람이라면 개들이 자신의 소변과 다른 개의 소변을 구별할 수 있다는 사실을 이미 알고 있을 것이다. 하지만 이 사실이 실험실 밖의 연구를 통해 밝혀진 적은 없었다. 간단하면서도 침습적이지 않은 방법을 통해 우리가 원래 알고 있던 내용이 사실임을 확인할 수 있었다. 그리고 이후 실험실의 통제된 환경에서 개를 대상으로 진행된 연구를 통해 내가 진행했던 현장 연구 결과가 사실로 입증됐다.[19]

콜로라도의 우리 동네에서 노란 눈을 채집한 것과는 전혀 다른 현장 연구도 있었다. 그 연구는 2005년 7월 케냐에서 진행됐다. 당시 조지 위트마이어는 케냐 북부의 삼부루 국립 보호구역에서 이언 더글러스 해밀턴과 함께 연구하고 있었다. 나는 그와 함께 코끼리 똥 채집에 나서면서 특별한 쾌감을 느꼈다. "저기, 코끼리 똥 채집하는 것 좀 도와주실래요?"라는 제안에 신나서 냉큼 따라나서는 사람은 아마 모험심 강한 동물행동학자밖에 없을 듯하다. 나는 결과가 실망스럽더라도 적어도 나중에 미국으로 돌아가면 칵테일 파티에서 써먹을 훌륭한 이야깃거리 하나는 건질 수 있겠다는 심산으로 조지와 동행할 기회에 얼른 뛰어들었다.

실망스러운 일 따위는 없었다. 우리가 똥 채집에 나서기 며칠 전에 나는 트럭에 앉아 있었는데, 여섯 살 난 암컷 코끼리가 트럭으로 다가왔다. 녀석은 트럭 문 바로 앞에 멈춰 서더니 트럭 앞쪽을 긴 코로 내려치고는 능청스럽게 걸어가버렸다. 몇 시간 후에는 윈츠라고 불리는 무리에 속한 히와라는 거대한 암컷 코끼리가 연구용 트럭을 향해 유유히 다가오더니 나를 쳐다보았다. 그러고는 마치 '**네가 뭔데?**'라고 말하듯 내 얼굴 바로 앞에다 대고 방귀를 냅다 갈겼다. 히와의 따뜻한 환영 인사를 받은 나는 조지를 돌아보며 물었다. "지금 이게 무슨 상황이죠?" 조지가 대꾸했다. "아, 녀석들은 그냥 이 구역의 우두머리가 누구인지 좋게 얘기해주는 것뿐이에요." 조지는 예전에 한 녀석이 나뭇가지를 집어 들고 조지가 타고 있던 차로 다가와 그의 차를 세게 내려치고는 나뭇가지를 공중에 휙 내던진 후 가버린 적도 있다고 했다. 코끼리들은 마음만 먹으면 트럭쯤은 쉽게 뒤집어엎을 수도 있다. 한번은 힘센 수컷이 싸움에서 진 후 조지와 다른 연구원이 탄 트럭을 엎어버리며 분풀이를 했다고 한다. 이 모든 이야기는 며칠 후 우리가 트럭 안에서 우뚝 솟은 코끼리 무리에 둘러싸인 채 녀석들이 볼일을 보기를 기다리는 내내 나의 머릿속을 떠나지 않았다.

코끼리들이 우리가 원하는 대로 따라줄 리가 없었다. 우리는 앉아서 기다리고 또 기다리는 수밖에 없었다. 트럭 안에서 대기하면서 조지는 우리에게 이 위풍당당한 생명체에 대해 설명해주었다. 우리는 그들 각자의 이름, 사회적 관계, 혈연관계, 행동 습성을 배울 수 있었다. 무척 흥미진진한 이야기를 들으며 우리는 절로 코끼리에 대한 경외심이 생겼고, 무엇보다도 우리가 수행 중인 연구가 동물의 평소 행동에 영향을 미치지 않는 방식이라는 점이 인상적이었다. 조지는 코끼리 중 한 마리에게 마취 총을 쏘기만 하면 혈액을 쉽게 추출하고 분석해서 필요한 정보를 얼마든지 얻을 수 있었을 것이다. 하지만 코끼리의 '자연스러운 습성'을 활용하는 방식은 녀석들에게(그리고 우리에게도) 얼마나 바람직한가. 마침내 한 수컷 녀석이 볼일을 볼 때가 된 듯했다. 그리고 드디어 해냈다! 녀석이 볼일을 마치자 조지는 용감하게 뛰어들어가 높게 솟은 코끼리 무리 속으로 사라졌다(녀석들은 조지의 존재를 전혀 알아채지 못한 것 같았다). 그는 비닐 봉투에 거대한 똥 무더기를 퍼 담아 트럭으로 잽싸게 돌아와서는 그 봉투를 뒷좌석으로 던졌다. 조지는 내내 싱글벙글 웃고 있었다. 나도 웃고는 있었지만, 얼른 캠프로 돌아가 비닐 봉투를 치워버리고 싶은 마음이 굴뚝같았다. 이렇게 채집된 똥 샘플은 같은 식으로 채집된 다른 샘플들과 함께 유전자 분석을 위해 연구소로 보내졌고, 향후 조지의 연구팀이 삼부루의 코끼리들을 이해하는 데 유용하게 쓰였다.

코끼리들은 무척 다양한 감정을 매우 깊게 표현하기 때문에 감정을 지닌 동물의 대표 주자 중 하나다. 그 외에도 감정 능력이 발달한 많은 동물종이 존재한다. 이제 동물의 열정적인 삶을 탐구해보자.

3장

동물들이 느끼는 것

✷

: 동물의 열정적인 삶

> 침팬지의 비언어적 의사소통 중 대다수는 우리 인간의 방식과 유사하다. 헤어졌다가 다시 만났을 때 그들은 서로 키스하고 포옹하거나 서로의 등을 두드린다. 공격적인 상황에서는 으스대기도 하고 서로를 노려보고 괴성을 지르고 주먹이나 손바닥으로 때리거나 발로 차기도 한다. 침팬지 간의 애정 어린 유대감이 강하게 표출될 때도 있다. 특히 어미와 자식 간, 그리고 한배에서 난 형제들 간의 유대 관계는 아마도 일생 동안 지속될 것이다. (중략) 우리가 행복, 슬픔, 분노, 우울이라고 이름 붙인 감정들과 유사한 감정을 그들도 느낀다는 사실이 명확하게 드러난다.
>
> _제인 구달과 레이 그릭(의사)[1]

한번은 내 강연 중에 누군가가 동물의 감정을 알아내는 데 도움이 될 만한 안내서가 있는지 질문했다. 나는 그에게 우편집배원이나 택배 기사에게 물어보라고 일러주었다. 몇 년 전에 나는 볼더 외곽의 산악 지역에 살고 있었는데, 우리 집에 배달 오던 택배 기사 데이브는 내가 알던 웬만한 사람들보다 개들의 감정을 잘 읽어낼 줄 알았다. 그는 주저 없이 개들은 온갖 종류의 깊은 감정을 겪기 때문에 매일같이 자신에게 감정을 표출한다고 말하곤 했다. 어느 날 데이브는 우리 집에 정기적으로 찾아오는 개들 중 한 마리의 몸이 좋지 않은 것 같다고 말했다. 녀석이 좀 '이상해' 보였다며, 평소의 행복한 모습과 다르게 과민 반응을 보였다고 했다. 데이브의 말이 맞았다. 플로는 사슴 똥을 너무 많이 주워 먹은 탓인지 지아디아 장염을 심하게 앓고 있었다.

동물들은 다윈의 여섯 가지 보편적 감정(분노, 행복, 슬픔, 혐오, 공포, 놀람)을 비롯해 다양한 종류의 감정을 느낀다. 만일 이 중 일부만을 읽어낼 수 있다면, 아마도 그 동물의 표현력이 문제라기보다는 특정한 감정의 미묘함을 포착할 줄 모르는 우리의 무능함 탓일 것이다. 동물은 행복할 때는 확연한 행복을 느끼고 슬플 때도 확연한 슬픔을 느끼기 때문이다. 실로 우리가 면밀히 주의를 기울이면 동물은 현 상황을 완전히 인지하고 있으며 정제되지 않은 감정과 삶에 대한 열정을 지녔음을 분명히 알 수 있다.

이 장에서는 다양한 동물종이 표현하는 다양한 감정을 들여다볼 것이다. 명료하게 드러나는 감정이 있는가 하면 감지하기 어려운 감정도 있다. 좀 더 미묘하게 변형된 감정도 나타난다. 우리는 동물들이 기쁨, 분노, 슬픔, 사랑의 감정을 있는 그대로 서로에게 전하는 모습을 보게 될 것이다. 하지만 그들의 질투, 죄책감, 당혹감, 경외심 같은 감정은 알아차리기 어려울 수도 있다. 학계의 주목을 받는 경우는 드물지만, 동물들은 익살을 부릴 줄도 알고 유머 감각을 발휘하거나 '뽐낼' 줄도 안다. 택배 기사나 우편집배원이라면 알겠지만, 이 다양한 감정의 목록은 고갈되는 법이 없다. 실제로 많은 종의 동물이 인간이 느끼는 것만큼 많은 감정을 느낀다고 믿을 근거는 충분하다.

그렇지만 동물이 감정을 표현하는 방식과 그 감정의 종류는 종마다 차이가 있고, 동일한 종이라도 개체마다 차이가 있음을 잊지 않아야 할 것이다. 모든 개가 침팬지와 동일한 방식으로 기쁨, 슬픔 또는 질투의 감정을 느끼고 표현하는 것은 아니다. 샘 고슬링과 그의 동료들이 수행한 연구에 따르면 각 동물 개체는 저마다의 개성을 지닌다.[2] 개별 동물들은 대담하거나 소심하거나 명랑하거나 공격적이거나 사교적이거나 호기심이 많거나 차분하거나 쾌활할 수 있다. 또한 외향적이거나 내향적인 성향을 보이기도 하고 지배적이거나 순종적인 성향을 보이기도 한다. 인간에게 이런 성향의 차이가 존재한다는 사실은 자명하다. 하지만 개, 닭, 벌을 비롯한 모든 종도 마찬가지다. 개체마다 종마다 다르게 나타나는 성향의 차이 때문에 동물의 감정 연구는 더욱 까다롭고 도전적일 수밖에 없지만 그만큼 더욱 흥미로운 연구 주제이기도 하다. 세상이 제대로 돌아가려면 온갖 종류의 인간 유형이 필요하다는 말이 있듯이, 동물의 세상살이도 마찬가지다.

여러 환경적 요인을 고려하는 것도 중요하다. 1장에서 톡소플라즈마라는 기생충에 감염된 쥐가 고양이에 대한 비정상적인 호감을 키운 경우를 언급했다. 이와 동일한 기생충이 야생 늑대들의 감정과 성격, 행동에도 영향을 미칠 수 있으리라고 누군들 짐작했을까? 연구 결과에 따르면, 옐로스톤 국립공원에 서식하는 늑대들 중 **톡소플라즈마 곤디**Toxoplasma gondii에 감염된 개체는 정상 개체에 비해 더욱 공격적인 성향을 보이고 위험을 무릅쓰게 된다. 또한 무리를 이탈할 가능성이 11배 이상 증가하는 데다가 무리의 우두머리가 될 가능성은 무려 46배 이상 증가한다는 사실이 밝혀졌다.[3] 이런 데이터가 시사하는 바는, 숨겨진 요인이 우리가 전혀 예상하지 못한 방식으로 동물의 행동 양식에 영향을 미칠 수도 있음을 간과해서는 안 된다는 점이다. 옐로스톤 늑대 프로젝트의 일부 연구에 참여한 야생 동물 생물학자 키라 카시디는 다음과 같이 말했다.[4] "동물들의 행동 양식을 파악할 때 각 개체의 성향 차이를 중요하게 고려해야 한다는 점을 사람들이 이제야 제대로 인식하게 됐다고 봅니다. (중략) 이제 동물의 행동 양식 목록에는 기생충의 영향에 따른 행동이 추가되겠죠." 나도 이 의견에 전적으로 동의한다. 심지어 톡소플라즈마가 인간에게도 영향을 미친다는 사실을 보여주는 연구 결과도 있다.[5]

느낌을 관찰하기

감정 관찰을 위한 간단한 안내서

꽤 흥미로운 사실은 상대를 직접 눈으로 보면서 감정을 판단하는 경우 인간보다 동물을 상대로 하는 편이 더 쉬울 때가 있다는 점이다. 동물은 자신의 감정을 여과 없이 드러내기 때문이다. 동물이 느끼는 감정은 얼굴 표정에서부터 명확히 드러나며, 누구든 알아볼 수 있는 걸음걸이, 꼬리와 귀의 움직임, 체취와 더불어 전반적인 행동으로도 표현된다. 동물의 감정은 날것 그 자체이기에 누구나 보고 듣고 냄새 맡을 수 있게 드러난다. 주의를 기울이기만 하면 알 수 있다. 우리 집을 방문하는 택배 기사처럼 어떤 이들에게는 직업상 필연적인 일이기도 하다.

여기서 가장 주의할 점은 동물의 감정을 식별하는 것이 그 동물의 사회적 행동 양식을 이해하는 것과는 다르다는 점이다. 놀이를 하는 개가 즐거워하는 모습을 알아보기는 쉽다. 그러나 2장에서 언급한 '플레이 바우'처럼 즐거움의 표현에 내포된 복합적인 소통 방식 및 행동 양식을 정확하게 해석하려면 훈련과 경험이 필요하고 그것에 대한 연구가 수행되어야 한다.

우리는 한 무리가 하나의 엔진처럼 매끄럽게 움직여야 하는 늑대와 같은 무리 동물에게서 주로 미묘한 감정들을 더 잘 포착해낼 수 있다. 각 늑대들은 상대의 생각과 행동, 앞으로의 계획뿐만 아니라 기분까지도 파악해야 하기 때문이다. 고도의 사회성을 지닌 늑대와 사회성이 더 약한 코요테나 개를 비교해보면, 늑대들이 좀 더 다양한 표정을 보인다는 사실을 알게 된다. 늑대들은 그렇게 표정을 통해 자신의 감정 상태를 상대에게 전달하며, 개나 코요테에 비해 꼬리의 동작도 더 다양하게 나타난다.

사회성을 지닌 동물 집단에서는 성별도 감정 표현 방식에 영향을 미칠 수 있다. 야생 코끼리 무리에서는 나이 많은 암컷이 사회적인 분위기를 주도한다.[6] 그렇다고 해서 암컷이 수컷보다 더 감정적인 개체인 것은 아니다. 다만 우리가 사회적 행동 양식을 연구할 때 암컷과 수컷이 늘 동일한 방식으로 감정을 표현할 거라 예상해서는 안 된다. 또한 표현 방식은 무리 속에서 특정 개체의 역할에 따라 다양하게 나타난다. 늑대 무리의 경우, 암컷들이 각 개체의 행동 양식에 매우 중요한 영향을 미치기도 한다.[7] 그동안 일반적으로 동물 연구에서 암컷의 중요성 및 성별에 따른 차이를 간과하는 경우가 흔했다. 동물학자 루시 쿡은《암컷들》이라는 책에서 찰스 다윈을 시작으로 동물 세계에 대해 우리가 이해하는 것들이 성차별적 편견으로 인해 어떻게 왜곡되어왔는지 진단하고, 지난 수십 년간의 혁명적인 변화를 통해 진화를 이루어온 암컷의 역량이 어떻게 재정의되어왔는지 고찰했다.[8]

그렇기는 해도 동물의 기초적인 감정이나 주요 감정들을 포착하기란 놀랍도록 쉬운 일이다. 우리가 할 일이라고는 그저 눈으로 보고, 귀로 듣고, 코로 냄새를 맡는 것뿐이다. 우리는 동물들의 표정, 눈빛,

행동 방식을 통해 그들이 느끼는 감정을 상당히 신빙성 있게 추론할 수 있다. 한 개체의 근육의 긴장 정도, 자세, 걸음걸이, 표정, 눈동자의 크기와 시선, 발성, 체취(페로몬)의 변화는 개별적 혹은 복합적으로 작용해서 특정 상황에 대한 동물의 감정적 반응을 드러낸다. 이런 양상은 의식적으로 주의 깊게 살필 필요도 없다. 그저 동물을 바라보는 것만으로도 그들의 정확한 감정 상태를 직감적으로 포착할 수 있는 경우가 많다.

이 주장은 비단 나의 개인적인 직감이나 사람들과의 개인적인 경험만을 근거로 한 것이 아니다. 이 사안을 연구한 학자들 역시 동일한 결론에 도달했다.[9] 늑대나 개나 고양이를 관찰하는 일반 사람들은 거의 숙련된 학자들만큼이나 그 동물의 감정을 알아차린다. 이는 동물이 감정을 그다지 잘 숨기지 않거나 인간이 다른 종의 감정을 파악하는 선천적 능력을 갖추었다는 의미다. 내 생각에는 두 가지 모두 맞는 말이라고 본다. 다음번에 공원에 가서 개와 마주치면 그 개의 기분이 현재 어떠한지 한번 판단해보길 바란다. 여기에 몇 가지 주의 사항이 있다.

사랑의 기운

동물이 자신의 감정을 전달하는 또 다른 방식은 냄새를 통해서다. 인간 과학자라면 그리 능숙하게 후각을 사용하지 못할 수 있지만 동물은 그렇지 않다. 냄새는 매우 강력한 소통 도구가 될 수 있다. '머스트musth'라는 상태를 경험하는 수컷 코끼리를 생생하게 묘사한 글에서 분명히 알 수 있다.[10]

녀석은 신체적으로 절정에 이른 혈기 왕성한 서른 살 수컷 코끼리다. 두 뺨에는 점액이 흐르고 초록빛의 소변이 다리를 타고 흘러내리고 있다. 성기는 초록빛으로 번들거리며, 체취는 800미터 전방에서도 감지될 만큼 강력하게 분출된다. 귀를 앞뒤로 펄럭이며 낮게 웅웅거리는 소리를 내는 녀석의 모습은 자신감이 충만해 보인다. 결국 많은 암컷은 녀석을 거부할 수 없게 될 것이다. 익숙한 광경인가? 아니길 바란다. 녀석은 현재 머스트 상태, 즉 일종의 발정기를 겪고 있다. 성적으로 성숙한 수컷 성체 코끼리는 해마다 한두 달가량 머스트 상태에 들어간다. 머스트 상태의 수컷들은 이를 굳이 숨기지 않는다. 두 뺨에 위치한 망울 형태의 분비선은 농구공 크기만큼 부풀어 올라 화학적 혼합 물질이 분비되며, 하루에 300리터 이상(양동이 24개 분량이다)의 소변을 뿜어댄다. 그리고 신기할 것은 없지만 염소 떼와 유사한 냄새를 풍긴다. 게다가 수컷이 자신의 성적 매력을 극적으로 드러내는 이 시기 동안에는 성격에도 변화가 일어난다(사실 머스트라는 단어는 '술에 취한 상태'를 뜻하는 페르시아어에서 유래했다). 그들은 매우 공격적인 성향으로 바뀌어 짝짓기에 집착하는 모습을 보인다. 아마도 테스토스테론 수치가 평소의 60배에 달할 만큼 치솟은 결과로 추정된다.

머스트 상태의 수컷 코끼리는 절대 마주치고 싶지 않은 동물일 것이다. 흥미롭게도 머스트 상태의 수컷은 성격이 갑자기 확연하게 달라질 뿐만 아니라, 관심 있는 주위의 암컷들에게 자신의 의도를 공개적으로 명백하게 전달할 수 있으며, 이와 동시에 다른 수컷들을 경계 태세에 돌입하게 한다. 앞에서 인용한 글에는 이런 부연 설명이 나온다. "머스트는 값비싼 애프터 셰이브와 눈부시게 번쩍거리는 고급

승용차의 코끼리 버전이라 할 수 있다. 수컷 코끼리는 머스트를 통해 자신의 나이, 서열, 번식 능력에 관한 정보를 다른 수컷들과 암컷들에게 동시에 전달하며, 이 기간에는 해당 수컷의 번식 성공률도 증가하는 것으로 알려져 있다."

머스트를 일으키는 물질은 바로 코끼리의 두 뺨의 분비선에 숨어 있는 프론탈린frontalin(페로몬의 일종—옮긴이)이다. 프론탈린은 해당 개체의 호흡과 소변으로도 배출된다. 이때의 수컷은 자신의 의도와 기량을 확실하게 드러내며, 이에 따라 주위의 암컷들이 그의 번식 적합성을 평가하는 한편 다른 수컷들은 해당 수컷에 싸움을 걸기에 앞서 그의 역량이 얼마나 강한지 판단할 수 있다. 이런 종류의 정밀한 신호체계는 포유류에게만 존재하는 독특한 현상으로 보인다. 그러나 곤충을 비롯한 포유류 외의 동물 역시 체취를 이용해서 그들의 목적을 보여줄 가능성이 있다.

얼굴에 관하여

동물의 감정을 판단할 때 얼굴 또한 극히 중요한 요소다. 찰스 다윈과 이후의 학자들은 상대방의 감정을 이해하는 데 얼굴 표정이 얼마나 중요한지를 역설해왔다. 예를 들어 레오나르도 다 빈치의 작품 〈모나리자〉는 사실상 행복한 표정을 짓는 얼굴인 것으로 입증됐다.[11] 암스테르담 대학교의 연구진이 감정 인식 소프트웨어를 이용한 컴퓨터 프로그램으로 모나리자의 입술의 곡률과 눈 주위의 잔주름을 분석한 결과 내린 결론이었다. 심지어 모나리자는 작품의 모델일 당시 임신 중이었거나 출산한 지 얼마 되지 않았을 것이라는 분석도 있다. 나로선 그런 결론에 동의한다고 말할 수 없다. 그럼에도 얼굴은 상대의 기분을 추론하고 상대가 앞으로 할 행동을 예견하는 데 중요한 역할을 한다. 학자들은 포유류들이 매우 다양한 표정을 공통적으로 나타낸다는 사실을 발견했다. 그 말은 우리가 무성 영화에서 배우가 어떤 감정을 표현하고 있는지 파악할 수 있는 것과 마찬가지로 원숭이의 감정이 어떤지 추론할 수 있다는 얘기다. 우리는 개나 개의 야생 친족들(늑대, 코요테)이 다양한 형태의 사회적 상황에서 드러내는 표정, 가령 낮은 자세로 찡그리는 표정, 이를 드러낸 채 으르렁댈 때의 표정, 입을 벌리고 헐떡일 때의 표정을 읽어낼 수 있다.

파충류, 어류, 조류와 같은 일부 동물들은 표정이 없다. 그래서 우리는 이들 동물의 감정을 파악하기가 더욱 어려울 수 있지만, 그렇다고 해서 그들이 아무것도 느끼지 않는다는 의미는 아니다. 행동학 및 신경생물학 연구로 얻어낸 설득력 있는 데이터에 따르면, 물고기에게도 의식과 지능이 존재하며 선호하는 것을 표현하는 지각 능력도 있다. 물고기는 단지 식용 단백질 덩어리들이 아닌 것이다. 새들 역시 감정을 표현하기 위해 입술이나 눈썹을 가져야 하는 건 아니다.

내 눈을 바라봐

> 코끼리들은 사시사철 어느 때든 찾아온다. (중략) 가끔 녀석들은 거대한 엉덩이를 짚으로 엮은 지붕에 들이밀고서 그야말로 행복해 죽겠다는 듯이 눈을 지그시 감고 두꺼운 살갗을 거친 건초에 긁어댄다.
>
> _델리아 오언스(동물학자, 작가)12

그러나 무엇보다도 충격적인 것은 블루의 커다란 갈색 눈에 담긴 낯선 표정이었다. 그건 절망의 표정보다 더 고통스러운 표정이었다. 인간이라는 존재와 삶이 구역질 난다는 표정, 증오의 표정 말이다.

_앨리스 워커(소설가, 사회운동가)[13]

우리가 얼굴을 말할 때 많은 경우 실제로 이야기하는 것은 물론 눈에 관해서다. 눈은 참으로 아름다우면서도 복합적인 신체 기관으로, 한 개인 혹은 개체가 지닌 감정의 세계를 보여주는 창이다. 인간과 마찬가지로, 많은 종의 눈에는 그들의 감정이 비춰진다. 환희에 차서 크게 떠지기도 하고 절망감에 퀭해지기도 한다. 눈은 신비롭고, 좋은 기억을 불러일으키며, 즉각적인 소통을 가능하게 한다.

오랫동안 옐로스톤에서 늑대 귀환 프로젝트를 이끌었던 더글러스 스미스는 '파이브(5)'라는 이름을 가진 늑대의 눈을 바라본 경험이 있다.[14] "나는 마지막으로 파이브의 눈을 바라보았다. (중략) 녀석은 자신의 무리가 죽인 엘크의 시체를 뒤로한 채 멀어져 가고 있었다. (중략) 우리가 녀석의 위로 날아가자, 녀석은 늘 그랬듯이 우리를 올려다보았다. 하지만 나를 바라보는 녀석의 눈빛은 달라져 있었다. 야생 늑대의 눈을 가만히 바라보는 것은 자연을 사랑하는 이들이 경험할 수 있는 가장 성스러운 순간일 것이다. 누군가는 그 순간에 우리가 보는 것이 길들여지지 않은 야생 그대로의 모습이라고 말한다. (중략) 1월의 그날, 파이브의 눈빛에서 뭔가가 사라졌다. 녀석은 불안해 보였다. 늘 반항적이던 예전 눈빛은 온데간데없었다."

동물의 눈을 통해 감정을 읽어내는 것은 플레이 바우와 같은 몸짓을 읽는 것만큼 명료하지 않다. 여기에는 개인적인 해석이나 직감이 필요하다. 그럼에도 동물 대 동물 간의 직접적인 의사소통에서 상대의 눈을 깊이 응시하는 방법만 한 것이 없다. 상대가 전하려는 의미를 가늠할 수 없는 경우에도 가장 기억에 남는 것은 눈빛이다. 2006년 「뉴욕 타임스」에 실린 찰스 시버트의 수필에는 아킬레스라는 아주 거대한 태평양 문어의 '동요하는 검은 눈' 이야기가 나온다.[15] "무엇보다도 그 눈을 직접 홀로 바라보기 위해 나는 롤랜드 앤더슨에게 특별히 허가를 구했다. 나와 아킬레스 단둘만의 시간을 위해."

동물은 흔들리지 않는 눈빛을 보내기도 하는데, 때로는 필요한 경우 눈을 통해 우리가 알아야 할 모든 것을 말해준다. 가령 릭 스워프와 침팬지 조조의 잘 알려진 일화에서도 동물의 눈이 핵심적인 역할을 했다.[16] 디트로이트 동물원의 침팬지 우리에서 체중이 60킬로그램 정도인 나이 든 수컷 침팬지 조조가 다른 수컷의 공격을 피하려고 우리 가장자리의 해자垓子로 뛰어들었는데, 때마침 릭이 우리 밖에서 그 광경을 목격했다. 조조가 허우적대자 릭은 조조를 구하려고 직접 해자로 뛰어들었다. 다른 성체 수컷 침팬지 세 마리가 릭을 위협했기에 릭은 몸을 피해야 했지만, 잠시 후 다시 해자로 돌아가 조조를 무사히 구해냈다. 릭은 목숨을 잃을 수 있다는 경고가 반복되는 와중에도 행동에 나섰고, 이후 왜 그 같은 행동을 했는지 묻자 이렇게 답했다. "저는 조조의 눈을 보고 있었습니다. 마치 인간의 눈을 보는 것 같았어요. 그리고 조조가 눈으로 제게 보낸 메시지는 '**누가 나 좀 구해줘요**'였습니다." 2005년 내가 사는 볼더 인근에서 세 남성이 차에 치인 어린 퓨마를 구조하려고 한 일이 있었다.[17] 기자와의 인터뷰에서 그들은 퓨마가 눈빛으로 애원하고 있었다고 말했다. 그들이 받은 메시지도 같았다. '**구해줘요.**'

이와 유사하게, 인간의 공포심에 관한 연구를 통해 상대의 감정을 파악할 때 시선을 마주치는 행위가 중요하다는 사실이 밝혀졌다.[18] 이 연구에 따르면 상대가 공포를 느끼고 있음을 알아차리는 데 눈이 가장 중요한 역할을 하며, 사람들은 상대가 겁에 질려 있는지 확인하려는 경우 상대의 눈을 바라보는 경향이 있다고 한다. 이 연구에서는 한 여성을 관찰했는데, 이 여성은 뇌의 한 영역(편도체)이 손상되어 상대의 공포에 찬 표정을 인지하지 못했다. 연구진은 이 여성이 공포감을 인지하지 못하는 원인을 찾아냈다. 그 이유는 바로 그녀가 상대를 바라볼 때 눈을 곧바로 쳐다보지 않기 때문이었다. 그 결과, 그 여성은 공포에 찬 상대의 얼굴을 무표정한 상태라고 판단했다. 동물에 관한 이런 사례들을 통해 분명히 밝혀졌듯이, 눈은 동물이 느끼는 공포를 인지하는 데 중요할 뿐만 아니라, 다른 감정을 인지하는 데도 중요한 역할을 할 수 있다.

윙크하고 코를 비벼대는 행동: 고마움의 표현들

엄격한 과학적 방식으로 감정을 식별하는 일은 까다로울 수 있다. 그래서 연구를 통해 감정을 식별할 때는 주로 상황의 맥락을 더 포괄적으로 살필 뿐만 아니라 대상이 나타내는 행동, 태도, 표현을 종합적으로 고려한다. 그런 경우에도 직감을 활용할 수 있다. 가령 고래는 고마운 감정을 전할 수 있을까? 다음의 이야기를 통해 생각해보자.

2005년 12월, 길이 15미터에 체중이 50톤에 달하는 암컷 혹등고래가 꽃게잡이용 밧줄에 걸리고 말았다.[19] 고래는 육중한 무게 때문에 물 밖으로 나와 숨을 쉬기가 힘든 상태였다. 그때 잠수부 팀이 용감하게 나서서 고래를 구해주었고, 밧줄에서 풀려난 고래는 자신을 구해준 잠수부들 한 명 한 명에게 다가가 주둥이를 비비대고는 퍼덕이며 주위를 헤엄쳐 다녔다. 한 고래 전문가는 이를 '희귀하고도 굉장히 놀라운 만남'이라고 묘사했다. 구조에 나섰던 잠수부 제임스 모스키토는 당시 고래가 위험에 처했음을 곧장 알아챘다. "고래가 밧줄에 칭칭 감겨 있는 모습을 보고는 가슴이 철렁했죠." 그는 당시 상황을 이렇게 회상했다. "저는 고래가 우리에게 감사 인사를 하고 있다는 느낌을 받았어요. 마치 자신이 자유의 몸이 될 수 있도록 우리가 도와준 사실을 아는 듯 말이죠. 고래는 저에게 다가와 바로 코앞에서 멈추고는 제 몸을 슬쩍 건드리며 장난을 쳤어요." 그는 구조하던 상황도 이야기했다. "제가 고래의 입에 걸린 밧줄을 잘라내는 동안 고래는 눈을 깜박이며 저를 바라보고 있었어요. (중략) 지금껏 살면서 그처럼 대단한 순간은 처음이었어요."

구조에 참여했던 다른 잠수부 믹 메니고즈 역시 고래와의 만남으로 깊은 감동을 받았다. "지나치게 의인화하면 싫어할 테지만, 아무튼 그 고래는 가볍게 다이빙하며 우리와 어깨를 맞대고 있었어요. (중략) 고래가 그때 무슨 생각을 하고 있었는지는 확실히 모르겠지만 그 경험은 제가 평생 잊지 못할 겁니다. 진짜 굉장했어요."

잠수부들의 인생을 뒤바꿀 만한 그 만남에서 그들은 그 암컷 고래가 느꼈을 고통에 깊은 공감과 연민을 표하면서, 고래가 보인 행동은 그들이 베푼 친절에 대한 응답이었을 가능성이 매우 높다고 말했다. 그 거대한 동물이 감사를 표하는 방식이라고 여긴 것이다. 여기서 우리는 '인간'의 감정을 동물에게 돌리는 것이 매우 자연스러운 행위임을 알 수 있다. 실제로 잠수부들이 고래의 행동을 묘사하면서 사용한 표현은 오롯이 인간의 감정에서 비롯된 것이다. 우리가 인간의 언어로 고래가 실제로 느낀 감정을 완벽하게 묘사하지 못한다고 해서 그것이 고래가 아무런 감정을 지니지 않는다는 뜻이 될까? 그 밖에 다른 신뢰할 만한 방법으로 설명할 수가 있을까?

사실 이 일이 일어나고 얼마 후 또 다른 해석이 나왔다. 「리더스 다이제스트」에 실린 후속 기사에서 캘리포니아주 소살리토의 해양 포유류 센터Marine Mammal Center 소속 수의사인 프랜시스 걸랜드는 그 상황을 이렇게 설명했다.[20] 구조된 고래가 원을 그리며 헤엄쳤던 이유는 아마도 고래의 몸이 오랜 시간 밧줄에 묶여 뒤틀려 있었기 때문일 것이며, 고래가 몸을 푸는 동안 마침 잠수부들이 거기에 있었던 것뿐이라는 해석이다.

현장의 잠수부 중 누구도 고래가 그저 '운동'하고 있다는 느낌을 받지 않았기 때문에, 우리는 잠수부들이 감정이 없는 동물에 단순히 감사하는 마음을 투사했던 것인지, 아니면 감정을 담은 고래의 낯선 몸짓을 그들이 직감적으로 알아차린 것인지는 각자의 판단에 맡길 수밖에 없다. 나는 여기서 제기되는 동물의 의인화 문제를 5장에서 보다 구체적으로 다루면서 의인화가 무엇인지, 의인화는 과연 잘못된 방식인지 살펴볼 것이다. 덧붙이자면, 이 특정한 경험담을 뒷받침하거나 입증할 만한 유사한 다른 사례도 존재한다. 여러 사례 중 하나만 언급하면, 2023년 4월 배를 몰던 선장에게 한 고래가 자꾸만 다가와서 몸에 붙은 이를 잡아달라고 '부탁'했다는 일화가 있다.[21]

결국 우리가 알게 되는 것은, 자연과학 분야의 연구가 우리가 직감적으로 이해하던 것을 확인시켜주고 있다는 것이다. 즉 동물들이 우리가 자연스럽게 이해할 수 있는 방식으로 자신의 감정을 표현한다는 것을 말이다.

더할 나위 없는 기쁨

동물이 보여주는 부정적인 감정(따분함, 고통, 공포, 분노)에 대해서는 그동안 많은 연구가 수행됐다. 하지만 이제는 학계의 관심이 보다 긍정적인 감정(기쁨, 만족감 등)으로 향하고 있다. 긍정적인 감정은 일부 부정적인 감정과 마찬가지로 진화 초기에 발달해서 많은 포유류의 뇌에 존재하는 변연계를 기반으로 한다. 인간의 감정 및 표정에 관한 연구의 선두 주자인 폴 에크먼은 "기쁨의 추구는 우리 삶에서 가장 주된 감정"이라는 다윈의 견해에 동의한다.[22] 인간의 경우에 이것이 사실이라면, 동물의 경우도 마찬가지여야 한다.

일정 기간 동안 동물을 관찰해보면, 동물이 즐거운 시간을 보내는 것이 분명하게 드러날 때가 있다. 동물은 다양한 상황에서 굉장한 기쁨을 경험한다. 예를 들어 놀이를 하거나 친구들과 어울릴 때, 서로 털을 핥아줄 때, 우리에 갇혀 있다가 나올 때, 노래할 때, 그리고 아마도 다른 녀석들이 신나게 노는 광경을 볼 때도 기쁨을 느낄 수 있다. 기쁨이라는 감정은 매우 전염성이 있다 보니 빠르게 주위에 전파되곤 한다. 한 침팬지 학자는 암컷 침팬지가 출산하던 광경에 대해 들려주었다.[23] 새끼가 태어나자 어미 침팬지와 절친한 사이인 침팬지가 괴성을 지르며 다른 침팬지 두 마리를 끌어안더라는 것이다. 그 후 그 친구 침팬지는 어미와 새끼를 몇 주 동안이나 보살폈다고 한다.

동물이 느끼는 기쁨과 행복은 그들의 행동을 통해 명확하게 파악할 수 있다. 이때 동물의 몸은 긴장이 풀린 상태로 느긋하게 움직인다. 또한 그들만의 언어—만족스럽다는 듯 가르랑거리기, 짖기, 찍찍대기—로 그 감정을 표출하기도 한다. 돌고래는 행복하다고 느끼면

빙그레 웃는다. 아프리카들개는 서로를 맞이할 때 끽끽대는 소리를 내면서 꼬리를 프로펠러처럼 빙빙 돌리고 경중경중 뛰어다니느라 한바탕 소동이 벌어진다. 코요테나 늑대의 경우 서로 재회하게 되면 낑낑대는 소리와 웃음 띤 표정으로 꼬리를 격하게 흔들며 서로를 향해 전속력으로 질주한다. 그러고는 서로의 얼굴을 핥아대고 바닥을 구르거나 다리를 마구 흔들어댄다. 코끼리의 환영 인사는 시끌벅적하다. 그들은 넓적한 귀를 펄럭이며 제자리에서 빙빙 돌고 반가움에 그르렁거리는 소리를 낸다. 이런 행동이 자신의 기쁨을 거리낌 없이 드러내는 신호가 아니라면 대체 무엇이겠는가. 이 역시 운동하는 것으로 봐야 할까?

로저먼드 영이 쓴《소의 비밀스러운 삶》에 따르면, 암탉들 역시 놀이를 즐길 줄 알고, 영리하고 변덕스럽고 감정적인 성향을 지니며, 서로 친밀한 우정을 형성한다고 한다.[24] 닭이 고통이나 불쾌감을 느끼는 것은 쉽게 관찰할 수 있다. 다양한 방식으로 자행되는 공장식 축산의 폐해로 닭들은 부리가 잘린 채 발의 병변이나 골절, 관절 질환에 시달린 나머지 깃털을 마구 쪼아대고 심지어 서로 잡아먹기까지 하기 때문이다. 그러나 이에 비해 그들이 행복한 감정을 느끼는지는 알아내기가 쉽지 않다. 다만 이 멋진 동물을 키우는 사람들은 닭들이 서로 어울려 노는 것을 즐긴다고 말한다. 그들이 다른 동물들처럼 놀이를 즐긴다는 주장을 사실로 받아들이는 것이 전적으로 합리적일 것이며, 어쩌면 호박벌도 마찬가지일 수 있다.[25] 영은 소 역시 여럿이 어울려 게임을 할 줄 알고, 일생 동안 이어지는 끈끈한 우정을 형성한다고 말한다. 게다가 소들은 심통을 내기도 하고 뒤끝도 있으며 허세를 부릴 때도 있다고 한다.

미국 가금류 협회United Poultry Concerns의 대표 캐런 데이비스 박사는 인간의 이기심이 특정 종에 대한 인간의 태도를 좌우한다는 사실에 주목해야 한다고 말한다.[26] 이 점은 특히 업계가 농장에서 사육하는 가축을 대하는 방식에서 드러난다. 데이비스 박사의 글을 살펴보자. "양계 산업은 식용으로 사육되는 닭을 정신이 결여된 유기체로 간주한다. 달걀 생산을 목적으로 사육되는 암탉은 개별 공간, 또는 먹이를 찾아 돌아다니거나 서로 어울릴 공간이 필요하지 않으므로 닭장에 가두어 키우기에 적합하다고 본다. 그들은 닭은 닭장에서 아무 생각 없이 적응하며 살아갈 수 있는 동물이기는 해도 공격성을 띠는 육식 동물이기 때문에 닭장 속에 한꺼번에 몰아넣고 사육하려면 우선 예민한 부리 끝을 태워 없애야 서로 몸을 쪼아대지 않을 것이라고 한다. (중략) 내가 20년 이상 동안 닭을 관찰하며 이해한 바로는 닭은 의식과 감정이 있는 동물이며 환경에 적응하는 능력을 갖추고 다양한 의사 표현과 개성을 드러낸다. 저마다 일상을 즐기며 각자의 관심에 따라 행동하는 닭들의 모습을 생각해볼 때 내 머릿속에 가장 먼저 떠오르는 그들의 특성은 바로 유쾌함이다."

동물행동학자이자 동물 옹호론자인 작가 조너선 밸컴은 진화 과정이 감각을 발달시키는 방향으로 전개됐다고 지적한다. 감각의 발달을 통해 생명체가 생존하고 번식할 수 있기 때문이다. 우리는 만족감을 느끼는 행위를 선호하기 때문에 우리에게 필수적인 행위는 진화를 통해 즐거운 형태로 발달했다. 다음은 밸컴의 글이다.[27]

너무나 오랫동안 과학자들은 다른 종들이 긍정적 감각을 경험할 수 없다고 여겨왔다. 우리는 다른 존재가 무엇을 느끼는지 정확히 알아낼 수 없기 때문이다. 그러나 이를 뒷받침할 강력한 증거가 없는 상황에서, 우리 인간과 동일한 진화 과정을 거치며 매우 많은 형태를 공통적으로 지니는 다른 생명체들 역시 사실상 즐거움을 경험할 수 있다고 보는 편이 합리적일 것이다. 우리는 벌새가 능소화의 꿀을 맛볼 때 어떤 반응을 보이는지, 개가 공을 쫓아갈 때 어떤 기대감을 갖는지, 거북이 따스한 햇볕을 쬐고 있을 때 기분이 어떤지 직접 느낄 수는 없다. 하지만 우리는 이와 유사한 환경에서 우리 자신이 경험한 바에 빗대어 그들의 감정을 상상해볼 수 있다. 스스로의 경험을 통해 공감을 이끌어내는 인간의 역량을 더해 동물을 관찰한다면, 동물의 세계가 즐거움이 넘쳐나는 곳임에 거의 의심의 여지가 없을 것이다. 그리고 우리가 차츰 동물의 삶에 따른 즐거움의 실체를 인정하고 인지하면서, 이를 입증하는 증거 또한 급격히 늘어날 것이다. 우리가 찾으려고 마음먹으면 그것을 찾을 가능성이 높아지기 때문이다.

동물의 기쁨을 보여주는 증거는 매우 광범위하게 제시되어 있기에 더 이상의 논의는 거의 필요하지 않을 것 같다. 2005년에 나는 동물의 지각 능력에 관한 회의에 참석한 적이 있는데, 그 회의에서 브리스틀 대학교 축산학과 존 웹스터 교수는 이렇게 말했다.[28] "지각 능력이 있는 동물들은 즐거움을 경험할 수 있는 능력이 있으며, 즐거움을 추구하려는 욕구도 가집니다. (중략) 영국의 화창한 여름날, 햇살 아래 드러누워 볕을 향해 머리를 치켜든 소와 양의 모습을 보기만 해도 그들이 어떤 식으로 즐거움을 찾아 누리는지 알 수 있습니다. 인간과 다를 바 없지요."

조너선 밸컴은 이를 보여주는 적절한 사례를 제시했다.

나는 버지니아주 애서티그로 여행을 가던 중이었다. 부들개지 습지 한복판에 어울리지 않게 우뚝 솟은 낡은 광고판이 보였는데, 그 위에 고기잡이 까마귀 두 마리가 앉아 있었다. 나는 새들이 그대로 한동안 앉아 있길 바라면서 망원경을 돌려 그쪽으로 초점을 맞추었다. 그들은 처음에는 날갯짓을 하며 놀다가, 다음 십 분간은 한 녀석이 계속해서 다른 녀석에게 다가가 몸을 기울여 목덜미를 드러내며 부리를 아래로 향했다. 그러자 다른 녀석이 마치 벌레라도 잡아주듯이 부리로 상대의 깃털을 부드럽게 쓸어내렸다. 이런 행동으로 보아 그 둘은 한 쌍의 짝이거나 친한 친구 사이 같았고, 그들의 행위는 두 인간 사이의 마사지나 애정 표현만큼이나 두 녀석 모두에게 만족감을 주는 것이 분명했다.

동물의 기쁨은 눈에 뻔히 보일 수 있지만, 놀이와 웃음의 효과에 관한 신경생물학 연구나 자연과학을 통해서도 입증됐다.[29]

이런 발견들은 놀이에서 즐거움을 느끼는 원인에 여러 신경화학적 기저가 존재하며, 놀이를 하는 동안 동물과 인간 모두에게 동일한 형태의 화학적 변화가 발생함을 시사한다. 다시 말해, 한 아이와 개가 마당에서 서로 뒹굴며 놀 때 그저 노는 게 아니라 둘 다 자신이 놀이하는 중임을 인식하고 그 놀이를 통해 동일한 형태의 유쾌한 감정을 느끼고 있다는 사실을 이해한다는 것이다.

신나는 웃음

웃음이 인간에게만 존재하는 고유의 행위가 아닌 것은 분명하다. 개가 웃을 수 있다는 사실을 보여주는 확실한 과학적 근거가 존재한다. 동물행동학자 패트리샤 시모네가 "숨소리와 함께 확연히 터져 나오는 발성"이라고 표현한 이 현상은 개가 놀이를 하다가 흥분할 때 들을 수 있다.[30] 시모네는 개가 터뜨린 웃음소리를 다른 개들이 들으면 함께 놀던 상황이 아니더라도 안정감을 느낀다는 사실을 발견했다. 쥐들도 기쁨에 겨워 찍찍거리는 소리를 낸다. 그리고 앞으로 진행될 연구들이 다른 많은 동물도 이와 같은 행동을 보인다는 사실을 분명 밝혀낼 수 있을 것이다.

제인 구달은 암컷 침팬지들이 가끔 막대를 사용해서 자신의 생식기를 간질이며 웃을 때가 있다고 언급했다. 웃음 혹은 놀이 중에 헐떡거리기와 같은 발성은 여러 개체가 함께하는 놀이에서 상호 작용을 유발할 수 있다. 영장류학자 마츠자카 타카히사는 야생 침팬지들이 어울려 노는 중에 한 침팬지가 헐떡이는 행동을 하면 서로 간질이거나 쫓아가던 행동이 지속되며 놀이가 공격적인 행동으로 이어질 위험이 줄어든다는 사실을 밝혀냈다.[31] 심리학자 로버트 프로빈은 웃음이란 사실상 신체적인 놀이에 따른 부자연스러운 호흡에서 진화한 것이라는 가설을 제시했으며, 웃음은 아마도 '**나 그거 좋아. 또 해봐**'라는 신호일 것이라고 주장한다.

웃음과 관련된 신경 회로는 두뇌에서도 진화적으로 매우 오래된 영역에 존재한다. 신경과학자 야크 판크세프는 "여러 포유류의 소란스러운 놀이를 연구한 결과, 해당 종의 지적 능력과 무관하게 두뇌에서 놀이 및 웃음의 원천이 되는 영역은 모두 무의식적으로 작동하는 피질 하부에 존재한다"라고 말했다.[32] 신경전달물질인 도파민 또한 인간과 쥐의 웃음에 관여한다.

판크세프는 "간지럼이 핵심이다. 간지럼은 이전에 숨겨져 있던 세상을 열어젖힌다"라고 언급했다. 연구자가 쥐를 간질이면 그 쥐는 연구자에게 친밀감을 느끼고 간지럼을 더 받으려 한다. 그들은 감정을 통해 사회적 유대를 형성한다. 쥐들은 기분이 좋을 때만 웃는데, 이는 동물들이 안정감을 느낄 때만 놀이에 참여하는 것과 같은 맥락이다.

로버트 프로빈은 동물들의 행동이 어린아이의 행동과 유사하다며 이렇게 말했다.[33] "간지럼과 웃음은 엄마와 아기 사이에 소통을 일으키는 첫 번째 도구로, 웃는 행위는 아기가 태어나 4개월가량 지난 후부터 나타나기 시작한다."

인간에게는 그런 초기 행동 양식이 확실히 중요하다. 따라서 동물들에게도 그런 행동이 똑같이 중요하다는 사실을 밝혀낸다고 해서 놀랄 일이 아니다. 동물의 웃음에 관한 연구는 시시한 주제가 아니다. 그렇다면 과연 동물도 농담을 할 줄 알까?

유머 감각: 스탠드업 코미디를 선사하는 동물들

동물의 기쁨과 행복감을 담당하는 신경 화학 물질을 발견하는 문제와 달리, 보다 미묘하면서 세심한 형태의 사고와 감정은 어떻게 구별하고 정확히 식별할 수 있을까? 동물이 웃을 수 있다는 것은 그들이 농담할 줄도 안다는 의미일까? 동물을 키워본 사람 중에는 이 질문에 확신을 품고 고개를 끄덕이는 이들이 많을 것이다. 왜냐하면 동물을 키워보면 동물이 우리가 유머 감각이라 칭하는 능력을 지닌다는 사실을 깨달을 수 있기 때문이다. 농부들은 당나귀 주위에서는 조심해야 한다는 것을 알고 있다. 내가 키우던 개 제스로는 지금은 세상을 떠났지만 예전에는 좋아하는 토끼 봉제 인형을 입에 물고서 온 사방을 뛰어다녔었다. 녀석은 마구 달려가 인형을 주워 물고 여기저기 껑충거리다가도 고개를 돌려 누가 자신을 보고 있는지 확인하곤 했다. 그리고 누군가가 보고 있으면 그 광적인 놀이를 계속했다. 제스로를 지켜보던 내 친구들과 나는 녀석이 원하는 보상이 무엇인지 알았기에 언제나 웃음으로 화답했다.

이 점을 입증하는 또 다른 에피소드를 보면 동물들이 즐거운 시간을 보낼 줄도 알고, 남을 놀리거나 익살을 부리고 슬랩스틱 코미디를 할 줄도 안다는 것을 알 수 있다. 다음의 두 이야기는 내 친구들이 들려준 것이다.

애니멀즈 아시아의 창립자로 반달가슴곰 재스퍼를 구출했던 질 로빈슨은 반달가슴곰들이 구조된 이후의 이야기를 들려주었다.

> 반달가슴곰들은 다른 곰에 맞서 무리를 형성하기도 합니다. 사실 우리 보호소에도 무리 지어 다니는 암컷 반달가슴곰들이 있는데, 녀석들을 보면 할머니들의 모임이 떠올라서 우리는 정겹게 '뜨개질 모임'이라고 불러요. 겉으로 보기에 그저 수다를 떨며 하루를 보내는 것 외에는 딱히 할 일이 없어 보이지만 다른 곰이 그들만의 모임에 너무 가까이 들이대면 똘똘 뭉쳐 쫓아버리죠. 야생에서는 단독 생활을 하는 것으로 알려진 종에서 그런 우정이 형성된다는 게 참 특이한 일입니다. 종종 한 녀석은 다른 곰이 다른 데 정신이 팔릴 때까지 기다렸다가 장난감이나 먹이를 슬쩍하기도 해요. 마치 형제 중에 욕심 많은 녀석이 늘 기회를 엿보다 동생의 물건을 슬쩍 가로채는 모습이 떠오릅니다. 그들의 장난질은 결국 고통과 스트레스라는 가장 가혹한 상처만을 남긴 채 끝이 나곤 하죠.

몇 년 전에 저명한 영화 제작자이자 작가인 마이클 토비아스는 아내 제인 모리슨과 함께 수십 년간 길러온 맥이라는 커다란 금강앵무의 이야기를 내게 들려주었다. 사실 마이클 부부는 말 그대로 바닥에 넙죽 엎드려 그 장엄하고 희귀한 조류계 황제 폐하의 시중을 들었노라고 말했다. 마이클의 주장으로는 맥은 어휘력이 매우 뛰어난 **호모 사피엔스**보다 더 많은 수의 동사 시제를 구사할 줄 알았으며, 일반적인 분석으로는 설명할 수 없는 앵무새만의 어휘를 보유했다. 또한 타고난 유머 감각과 장난기로 주위에 쉽게 웃음을 퍼뜨리곤 했다.

맥은 피식대거나 낄낄대며 웃고 때로는 폭소를 터뜨렸다. 누구든 자신의 근처를 지나가기만 하면 놀려대기 일쑤였고, 집 안을 종종거리며 돌아다니거나 바깥의 나무 여기저기를 정중정중 오르내릴 때, 그리고 '마법의 양탄자' 놀이를 할 때면 신이 나서 깍깍거렸다. '마법의 양탄자'는 인간 노예들이 녀석이 올라탄 커다란 타월을 끌며 복도를 달리는 놀이다. 마이클은 다양한 조류의 웃는 모습을 관찰해왔는데 그중에서도 앵무새들이 지구상에서 가장 재치 있는 동물일 것이라 믿는다. 앵무새는 웃을 줄도 알지만 웃는 타이밍도 기가 막히게 안다. 맥은 거대한 부리를 이용해 작은 원반을 마이클에게 던지고는 원반이 마이클의 얼굴에 명중하거나 마이클이 원반을 놓치기라도 하면 자지러질 듯 웃어댔다. 인간이 어느 부위에 간지럼을 잘 타는지도 꿰뚫고 있어서 마이클의 겨드랑이를 공격해 마이클이 웃다가 눈물을 흘릴 때까지 간질이기도 했다.

그래서 마이클은 이 모든 경험을 통해 어떤 결론을 내렸을까? 다음은 그가 쓴 글이다.

인간의 무단 침범과 무모한 행동으로 멸종 위기에 처했으나 대다수 인간보다 더 오래 살아남을 것이고, 대부분의 변변찮고 보잘것없는 육식 동물인 **호모 사피엔스**보다 훨씬 뛰어난 지능을 갖춘 이 새가 미친 세상에서도 유머 감각을 잃지 않고 자신이 신뢰하는 소수의 인간과 기쁨을 나눌 수 있다면, 우리는 이 경이로운 순수함을 주의 깊게 살펴야만 한다. 이런 순수함은 모든 생명체가 우리에게 전하려는 메시지이기 때문이다. 우리가 그 진가를 알아보지 못한 채 앵무새의 웃음에 찬사를 보내지 않거나 동물의 왕국이 우리에게 내미는 대화의 손길을 거절한다면, 혹은 이 순수한 삶의 기적 앞에서 겸손한 자세로 조용히 평화를 유지하지 못한다면, 우리 인간은 진화 과정에서 가장 파렴치하고 가장 짧게 살아남은 최악의 실패자로 생물학의 역사에 남게 될 것이다. 우리는 앵무새의 자비가 주는 교훈을 마음에 새기기 위해 참으로 현명해져야 할 것이다. 아직 늦지 않았다.

관심 끌고 우쭐대고 자랑하고픈 동물들

"어이, 나 좀 봐줘!"

많은 동물, 특히 개, 고양이, 유인원은 다른 개체의 주목을 받고 싶을 때, 또는 자신이나 자신이 가진 물건을 자랑하고 싶을 때 고의적으로 '과시 행동'을 보인다. 다만 동물이 자랑하는 행동을 하는지 여부는 여전히 열띤 논쟁거리다. 동물이 창의적이고 유희적인 방식으로 관심을 유도하는 행동을 할 때 그들의 감정이 실제로 어떤지 알아내기 어렵기 때문이다.[34] 나 자신과 다른 학자들의 '지식에 근거한 추측'으로 보자면, 자랑하는 마음은 어떤 행동에 일부 포함될 수는 있지만 필수적인 것은 아니며, 그것이 반드시 유일한 감정일 필요는 없다. '과시 행동'은 놀이의 하나로, 익살을 부리거나 유머 감각을 드러내거나 그저 재미있는 것을 공유하려는 행동일 수 있다. 동물의 '과시 행동'에 내포된 감정이 중요한 만큼, 이런 행동은 그들이 마음 이론theory of mind(자신과 타인의 마음 상태를 이해하는 것—옮긴이)을 갖고 있음을 시사한다. 왜냐하면 그 행동은 '**내가 이렇게 행동하면 네가 어떻게 생각하거나 느낄지 알고 있어**'라는 생각을 암시하기 때문이다.

2022년의 한 기사는 "멋진 나뭇잎! 침팬지가 인간과 같은 방식으로 물건을 자랑하는 모습을 관찰한 연구 기록"이라는 제목으로 침팬지가 보인 행동을 묘사했다.[35] "연구진은 침팬지들이 서로에게 물건을 보여주는 행동이 그 자체로 목적이라는 사실을 발견했다. 이로써 자신의 관심을 사로잡은 물건에 다른 이가 주목해주는 것을 즐기는 것은 인간만이 아니라는 사실이 밝혀졌다." 연구진은 성체 암컷 침팬지 피오나가 엄마인 서덜랜드에게 나뭇잎을 보여주는 행동을 관찰한 결과를 이렇게 요약했다. "관찰 결과, 매우 특수한 사회적 조건에서 야생 침팬지들은 인간과 마찬가지로 단순히 그 물건을 공유할 목적으로 다른 개체의 시선을 끌기 위한 몸짓을 사용할 수 있는 것으로 보인다. 이 점에서 인간과 가장 가까운 친족 동물과 우리 인간의 차이는 질적 차이라기보다는 양적 차이일 것이며, 이는 인간의 사회적 인지 능력의 진화 과정을 이해하는 데 시사점을 제공한다."

내가 이 이야기를 흥미롭게 여긴 이유는 연구진의 결론이 '유인원 예외론'을 보여준다고 생각하기 때문이다. 단언컨대 자랑하기를 즐기는 종은 (인간이든 비인간이든) 영장류만이 아니다. 가령 프로듀서

이자 작가인 필리 비안키는 1,000개의 단어를 알았던 유명한 개 체이서의 흥미로운 이야기를 내게 들려주었다. 꾀가 많은 체이서는 자신의 굉장한 지능을 뽐낼 때 사람들에게 주목받는 것을 즐겼다. 다음은 2023년 3월에 비안키가 내게 보낸 이메일이다.

> 체이서는 오로지 우리가 방송 리허설을 하느라 TV 스튜디오에 있을 때만 미친 듯이 질주하곤 했어요. 말 그대로 '통제 불능'의 상황이었죠. 제 생각에는 체이서가 늘 브루클린의 집에 갇혀 있어서 그랬던 것 같아요. 한번은 우리가 NBC 스튜디오에서 프로듀서와 대화를 나누던 중에 체이서가 사라졌어요. 촬영장 바깥 어딘가에서 개가 짖는 소리가 들렸지만, 체이서는 평소에 짖은 적이 없었기 때문에 저는 촬영장에 다른 개가 와 있는 줄 알았어요. 체이서는 곧 소품실 밖으로 모습을 드러냈는데, 비치 볼을 주둥이 위에 올려 균형을 잡고 위로 튕기고 있었죠. 공을 한 번도 바닥에 떨어뜨리지 않고 앞으로 이동하면서요. 무대 담당자들은 그 광경에 놀라면서 대체 저런 기술을 어떻게 가르친 거냐고 물었어요. 우리는 그런 걸 가르친 적이 없었어요. 그리고 그 후로 체이서가 그런 행동을 하는 걸 다시는 보지 못했죠. 하지만 당시 체이서는 분명히 그걸 즐기고 있었어요.

당시 체이서는 따분함을 느꼈고 그동안 쌓인 스트레스를 풀고 있었음이 분명했다. 하지만 녀석은 그 와중에 주위 사람들 모두가 자신의 새로운 '기술'을 구경하게 하는 것을 잊지 않았다.

나는 개를 키우는 50명에게 이런 질문을 던진 적이 있다. "자신의 개가 과시하는 행동을 한다고 생각하나요?" 50명 모두가 그렇다고 답했고, 그들 가운데 47명은 확신에 찬 대답을 했다. 그들 중 고양이도 키우는 5명은 고양이도 그런 행동을 한 적이 있다고 말했다. 나 역시 개들이 나뭇가지나 공을 주워 물고 그것을 이용해서 다른 개들이 자신을 쫓아오게 하는 광경을 목격한 적이 많다. 그 경우 다른 개들이 탐낼 만한 물건은 그 개들을 놀이에 참여하도록 유도하는 데 사용된다. 예를 들면 나는 집에 있을 때면 키우던 개 제스로와 친구들—지크, 매디, 조, 롤리타—이 산속의 집 주변을 마음껏 뛰어놀게 하며 녀석들이 무얼 하느라 바쁜지 관찰하곤 했다. 나는 간식을 집 주변의 풀밭에 조금씩 묻어두어 녀석들이 풍요로운 하루를 보낼 수 있게 해주었다. 녀석들은 한 시간 이상 간식을 찾아 헤매고 나서야 지쳐 나가떨어지곤 했다. 그러다가 다른 녀석들이 엉뚱한 곳을 헤매거나 앉아서 쉬는 동안 한 녀석이 마침내 간식을 발견하면, 그 개는 친구들이 보는 앞에서 간식을 입에 물고 위풍당당하게 퍼레이드를 벌이다가 잠시 한 발 물러서서 친구들이 자신을 잘 보고 있는지 확인하려고 뒤돌아보는 것이었다. 친구들이 자신에게 시선을 집중하고 있는 것을 확인한 후에는 그중 한 마리 이상이 자신을 따라오거나 뒤쫓도록 유도했다. 그러면서 퍼레이드는 곧 놀이와 광란의 질주로 이어졌다. 보통 찾아낸 간식은 서로 나누어 먹었고, 그런 다음 각자 하던 일로 돌아갔다.

장기간에 걸쳐 야생 코요테를 연구하면서 나는 코요테도 개와 동일한 방식으로 우리가 '과시 행동'이라 부르는 행동을 보이는 것을 관찰했다. 어린 개체든 성체든 마찬가지였다. 코요테들은 죽은 짐승의 뼈다귀나 살점을 입에 물고 으스대며 돌아다니다가 다른 코요테들이 이를 알아채고 관심을 보이면 얼른 달아나기도 하고 때로는 먹이를 나누어 주기도 했다.

또한 네바 데이비스가 들려준 고양이 오비의 매우 흥미로운 이야기도 있다.

개들이 장난감을 입에 물고 활보할 때 자랑하는 것인지, 아니면 다른 개들이 자신을 쫓아오도록 유인해서 놀이를 시작하려는 것인지는 말하기가 어렵습니다. 하지만 저는 개들이 장난감(또는 갖고 싶은 다른 물건, 막대기)을 입에 물고 다른 개들 앞에서 뛰어다니는 모습을 확실히 봅니다. 그런 행동은 개들이 정말 무언가를 혼자만 간직하고 싶을 때 보이는 행동과는 확연히 다르죠. 그럴 때 개들은 보통 그 물건을 움켜쥔 채 다른 개들과 나누지 않으려고 살금살금 자리를 피하거든요. 그런데 고양이가 노골적인 과시 행동을 보였던 한 사건이 제게는 꽤 인상적이었어요. 그 고양이는 오비라는 이름의 수컷으로 지금은 세상을 떠났죠. 당시 저희 집에는 고양이가 여섯 마리 있었어요. (중략) 집 안에 매미 한 마리가 날아든 걸 보고 모든 고양이가, 심지어 나이 먹은 녀석들까지도 매미를 쫓아다니기 시작했어요. 다들 매미를 잡고 싶어 안달이 났죠. 그러다가 결국 오비가 매미를 잡았는데, 오비는 잡은 매미를 모든 고양이에게 보여주며 의기양양하게 복도를 왔다 갔다 하더군요. 오비는 우리에게도 다가와서 우리가 매미를 봤는지 확인해가며 으스대더니 매미를 빼앗으려고 하자 잽싸게 달아나버렸어요. 제가 보기엔 오비가 놀이를 시작하려던 건 아니었어요. 왜냐하면 고양이들은 절대 어떤 물건을 두고 다투면서 놀지 않거든요. 그리고 녀석은 심지어 평소에 별로 가까이 지내지 않던 고양이나 너무 나이가 들어서 자기랑 전혀 놀아주지 않던 고양이에게도 자랑하러 다니더군요.

경외심, 경탄, 그리고 감정의 변화

침팬지의 폭포수 댄스

동물이 상대에게 유머 감각을 발휘해 즐거움을 줄 수 있다면, 때로는 주위 환경에 경탄하고 세상에 경외심을 느끼는 것도 가능할까? 살아 있다는 사실만으로 기쁨을 누릴 수 있을까? 만일 그럴 수 있다면, 그 감정을 어떻게 표현할까? 야생 동물의 경우 하루 중 많게는 90퍼센트 이상의 시간을 아무런 행동 없이 보낸다. 그들은 가만히 무언가를 응시하는 동안 무엇을 생각하고 느낄까? 알아낼 수 있다면 좋겠다. 다시 말하지만, 과학 연구를 통해서 동물의 감정 상태를 정확히 파악하는 일은 앞으로도 불가능할지 모른다. 다만 동물에 관한 여러 일화에서 얻은 증거와 동물의 행동을 면밀히 관찰한 결과를 보면 동물에게도 경외심이나 경탄에 가까운 감정이 존재함을 알 수 있다.[36]

내가 가르치는 학생 중 한 명이 언급한 적이 있는데, 때로는 동물들이 '그냥 미쳐버리는' 경우가 있다. 실제로 2005년 7월 우리는 케냐의 나쿠루 호수에서 한 어린 검은 코뿔소가 '미쳐버린' 모습을 보았다. 마치 발작이라도 일어난 듯 온 사방을 뛰어다니는 어린 코뿔소를 어미는 내내 주시하고 있었다. 녀석이 그렇게 제멋대로 발광한 이유는 무엇이었을까? 우리로서는 알 수 없다. 당시에 우리가 파악할 만한 원인은 딱히 없었고 그저 기분이 좋아 보였을 뿐이다. 주위에는 어미 외에는 함께 놀 만한 코뿔소나 다른 동물이 아무도 없던 상황이었다.

그리고 또 다른 사례로 침팬지의 폭포수 댄스가 있다. 이를 목격하는 것은 정말 즐거운 일이다. 침팬지(주로 성체 수컷)는 가끔 폭포수 근처에서 완전히 자유분방하게 춤을 출 때가 있다. 대체 왜일까? 이는 의도된 행동이지만 이유는 불분명하다. 침팬지의 춤은 자신이 살아 있다는 기쁨을 표출하는 것일까? 아니면 자연에 대한 찬사를 표현하는 것일까? 이런 물음은 결국 인간의 영적 자극의 기원이 무엇인지에 대한 의문으로 이어진다. 제인 구달은 침팬지의 춤이 종교의식의 전조가 되는 종교적 행동을 나타내는 것이 아닐까 추정한다. 구달은 다음 글에서 폭포수에 다가가는 침팬지를 묘사했는데, 이 침팬지의 털이 곤두선 것은 흥분이 고조됐음을 뜻한다.[37]

> 그가 폭포에 가까이 다가갈수록 폭포수 떨어지는 소리는 점점 더 거세지고 그의 발걸음은 빨라지며 털은 완전히 뻣뻣하게 곤두선다. 물가에 이르면 폭포수 바로 아래 가까이에서 장엄한 춤을 선보일 수 있을 것이다. 그는 두 발로 일어나 리듬을 타면서 발을 이리저리 옮겨가며 몸을 흔든다. 물살이 거센 얕은 물속에서 첨벙대며 큰 바위를 집어 들어 던진다. 때로는 높이 솟은 나무에 늘어뜨려진 가느다란 덩굴을 타고 쏟아지는 폭포수 속을 오가기도 한다. '폭포수 댄스'는 이렇게 10분에서 15분가량 이어진다.

침팬지들은 장대비가 막 쏟아지기 시작할 때도 격한 돌풍 속에서 춤을 춘다. 구달은 의문을 품는다. "이런 행위들은 경외심이나 경탄과 유사한 감정의 자극을 받아 나타나는 것이 아닐까? 폭포수 댄스가 끝난 후 바위 위에 걸터앉은 침팬지의 눈은 폭포수를 따라 움직인다. 이게 뭘까? 이 물은 대체 어디서 오는 걸까?" 2006년 6월, 제인과 나는 스페인 지로나 인근에 있는 모나 재단의 침팬지 보호소를 방문한 적이 있다. 그곳에서는 구조된 침팬지 중 마르코라는 녀석이 천둥 번

개가 칠 때면 마치 무아지경에 빠진 듯 춤을 춘다고 했다. 어쩌면 수많은 동물이 이 같은 의식을 치르고 있는데 단지 우리가 그것을 목격할 만큼 운이 좋지 못한 것인지도 모른다.

구달의 의문은 계속됐다. "만약 침팬지들이 각자의 느낌과 의문을 공유할 수 있다면, 이 거칠고 야성적인 행위가 애니미즘 종교 의례의 형식으로 발전할 수도 있을까? 그렇게 된다면 그들은 폭포수를, 하늘에서 쏟아지는 폭우를, 천둥 번개를 자연의 신으로 숭배하게 될까? 너무나 전능하고 너무나 불가사의한 신으로 말이다."

구달이 제기한 질문은 모두 훌륭하고도 중요하다. 많은 야생 동물뿐만 아니라 집에서 키우는 개를 관찰하면서도 이와 유사한 의문을 품게 된다. 나는 개들이 몇 분간 줄곧 허공을 응시하는 모습을 관찰하며 늘 그들이 무슨 생각을 하고 무엇을 느끼는지 궁금했다. 몇 년 전 동네 공원에서 마주친 한 여성이 내게 비슷한 질문을 던졌다. 그러면서 자신이 키우는 개 맥신의 이야기를 들려주었다. 맥신은 유독 특정한 형태의 석양—우윳빛의 새하얀 구름 사이로 주홍빛으로 물드는 석양—에만 마치 넋이 나간 듯 '얼어붙은' 반응을 보이는데, 다른 형태의 석양에는 그런 집중력과 경외심을 보인 적이 한 번도 없다는 것이다.

2023년에 발표된 어느 연구는 포획된 유인원들에게서 나타나는 빠르게 빙빙 도는 행동을 분석했다.[38] 연구진은 유인원이 의식 상태를 변화시키고 감정을 '절정' 상태로 끌어올릴 목적으로 그 같은 행동을 할 가능성이 매우 높다고 보았다. 경외심은 의식 상태의 변화임이 분명하므로 이 연구는 제인이 관찰한 내용을 뒷받침할뿐더러 더없이 반가운 연구이기도 하다. 야생 동물을 대상으로 한 통제되지 않은 관찰 결과를 미심쩍게 여기는 사람들이 있기 때문이다. 전반적으로 인간이 경이로움을 느끼는 축복을 받은 유일한 동물일 리는 거의 없다고 본다.

제인은 잠시만이라도 동물의 마음속으로 들어가보고 싶다고 고백한다. 나 역시 그런 심정이다. 나는 맥신이 특정한 형태의 석양을 바라볼 때 무슨 생각을 하고 어떤 기분인지 알고 싶다. 동물이 별을 올려다볼 때 무엇을 보고 느끼는지를 밝혀내려면 오랜 기간 연구에 공을 들여야 할 것이다. 밝혀지기만 한다면 그 얼마나 멋진 경험일까?

애도와 슬픔

> 비극은 1997년에 일어났다. 포틴(14)의 짝인 서틴(13)은 포틴보다 훨씬 나이가 많았다. (중략) 3월 어느 날, 서틴이 착용하고 있던 목걸이로부터 빠르게 삐삐거리는 신호가 왔다. 늑대가 죽었다는 의미였다. 그 후 포틴은 길을 떠났다. 녀석은 지금껏 한 번도 가보지 않은 서쪽의 척박한 지역을 지나갔다. (중략) 결국 포틴은 가족의 품으로 돌아왔다. (중략) 나를 포함한 그 누구도 녀석이 짝을 잃은 슬픔을 견디지 못해 홀로 그렇게 멀리 떠났었다고 말하고 싶지 않았다. 하지만 포틴은 그 후로 다른 수컷들과 어울릴지언정 다시는 짝을 짓지 않았다.
>
> _더글러스 스미스(생물학자)39

오래전에 나는 불현듯 동물이 슬픔을 느낄 수 있는가라는 질문이 제기된 적이 **없다**는 사실을 깨달았다. 1장에 나오는 애도하는 새들처럼, 동물이 짝이나 가족 구성원이나 친구의 죽음에 반응할 때 슬픔의 보편적인 징후가 나타난다. 인간과 마찬가지로 동물들도 헤어짐이나 상실로 굉장히 고통받을 수 있다. 인류학자 바버라 킹은《동물은 어떻게 슬퍼하는가》라는 책에서 "동물들에게 이런 감정의 이름표를 부여하는 것은 의인화가 아니다. (중략) 슬픔과 사랑은 인간만의 고유한 감정이 아니며 다른 동물에게도 나타난다"라고 썼다.[40]

슬픔에 빠진 동물들은 은신처 밖으로 끌어내려는 이들의 시도를 모두 물리친 채 무리에서 이탈해 틀어박히기도 할 것이다. 그저 한 자리에 우두커니 앉아 허공을 멍하니 응시하고 있을지도 모른다. 식음을 전폐하고 짝짓기에도 흥미를 잃는다. 때로는 죽은 친구에게 집착하고, 친구를 다시 살려내려고 헛되게 애쓰며 며칠이고 주검의 곁을 지키기도 한다. 자넷 베이커 카는《당나귀들의 화려한 삶An Extravagance of Donkeys》에서, 이 멋진 녀석들은 무리 중 아픈 녀석이 있으면 걱정할 줄 안다고 말한다.[41] 또한 암컷 당나귀의 죽음 이야기도 소개하는데, 당나귀들은 죽은 암컷의 무덤가에 모여 밤이 깊도록 히잉히잉 울어대며 구슬픈 진혼곡을 들려주었다고 한다.

우리 인간이 슬퍼할 줄 아는 유일한 동물이 아니라는 점은 분명하며, 인간만이 유일하다고 보는 시각은 그야말로 인간 중심적 사고에 치우친 오만한 생각이다. 인간과 동물은 고통과 관련된 신경 경로를 공유하고 있다. 어떤 과학자들은 심지어 친구를 잃은 후 사회적 유대의 단절로 고통받는 코끼리들의 행동이 외상 후 스트레스 장애PTSD와 유사하다고 보기도 한다.[42] 한편 과학자들은 복내측 전전두피질이라 불리는 뇌의 한 영역이 PTSD와 관련되어 있음을 밝혀냈는데, 이 영역은 개인에 따라 다양하게 활성화되므로 저마다 느끼는 불안감이나 두려움, 스트레스의 강도가 다르게 나타난다. 동물의 경우 이런 뇌 구조가 망각을 돕는 데 중요한 역할을 하는 것으로 보인다. 가축이나 야생 동물, 도시에서 살아가는 동물이 극심한 우울감 및 PTSD에 시달릴 가능성이 매우 높으며, 특히 유기견들이 PTSD를 겪을 수 있다는 사실이 알려져 있다. 버림받은 삶은 엄청난 스트레스를 가져올 수 있기 때문이다.[43]

죽음을 애도하는 감정은 그 자체가 베일에 싸여 있는데, 그 이유는 진화적 관점에서 보면 애도에는 뚜렷한 적응적 가치가 없어 보이기 때문이다. 애도의 감정은 번식 성공률과도 무관한 것으로 보인다. 일부 학자들은 애도의 행위가 죽은 이에게 마지막 경의를 표하기 위해 한데 모인 이들 간의 사회적 유대를 강화할 수도 있다고 본다. 그런 행위는 무리의 결집력이 약해질 때마다 다시 향상시키는 효과를 낼 수도 있다. 애도의 가치가 무엇이든, 상실에 따른 슬픔은 헌신의 대가이며 행복과 비애의 감정을 일으키는 원천이다.

다음은 두 마리의 노견 새디와 오스카의 이야기다.[44] 가족들의 증언에 따르면 그날 밤 오스카는 별 탈 없이 평소대로 아래층의 베개 위에서 잠이 들었다. 오스카와 절친한 사이였던 새디 역시 평소대로 오스카 곁으로 가서 잠자리에 들었다. 그런데 자정 무렵, 오스카가 깨어나 위층으로 가는 계단을 오르려고 헛발질하고 있었다. **평소에는 한 번도 하지 않던 행동**이었다. 오스카가 계단 아래에 뻗어 드러누운 사이에 그 소리에 잠이 깬 새디가 무슨 일인지 보려고 일어났다. 새디는 오스카의 곁에 잠시 앉아 그의 체취를 맡고 가냘프게 낑낑대더니, 갑자기 굉장히 흥분한 듯 계단을 뛰어올라 아버지가 자고 있던 침실로 곧장 달려갔다. 아버지가 계단 아래로 내려왔을 때 오스카는 이미 죽어 있었다. 새디는 어딘가 불편하기라도 한 듯 몸을 질질 끌며 주위를 서성이고 있었다. 새디는 뭔가가 잘못됐음을 깨달았고 죽은 오스카의 곁을 떠나려 하지 않았다. 새디는 과연 오스카가 죽어가고 있음을 알아챘을까? 새디는 오스카를 위해 인간 가족들에게 도움을 청하려던 것이었을까? 그리고 오스카가 세상을 떠난 그때 새디는 떠나간 친구를 애도하고 있었을까? 새디가 무엇을 알았고 무엇을 느꼈는지 밝혀낼 수는 없지만, 녀석의 머리와 가슴이 강력하게 움직였던 것이 틀림없다.

여우의 장례식

어느 날 저녁, 차를 몰고 집으로 들어가는데 커다란 갈색 동물이 내 차로 다가오고 있었다. 나는 이웃집 롭이 키우는 저먼 셰퍼드 종 롤로라고 생각해서 그에게 인사하려고 차를 세워 문을 열었다. 거대한 수컷 퓨마와 눈이 마주친 순간, 그제야 나는 내 뒤에서 짖고 있는 롤로의 소리를 들을 수 있었다. 퓨마는 나를 보고 마치 '**웃기는 인간이로군**' 하고 말하듯 어깨를 으쓱하는가 싶더니 뒤돌아 가버렸다. 나는 너무 겁이 나서 얼른 차 문을 쾅 닫고 부리나케 집으로 들어갔다.

이튿날 아침에 나는 롤로가 죽은 붉은여우를 발견했다는 말을 롭에게서 전해 듣고 여우의 시체를 보러 갔다. 원래 매우 건강했을 그 수컷 여우는 퓨마에게 죽임을 당한 것이 분명했다. 시체 일부는 나뭇가지, 흙 따위와 여우 털로 덮여 있었다.

이틀이 지난 아침, 나는 해가 완전히 밝아오기까지 기다렸다가 제스로와 산책을 나가던 중이었다(더 이상 놀랄 일은 없기를 바라면서!). 길 아래를 내려다보니 몸집이 작은 암컷 붉은여우가 죽은 여우의 시체를 흙으로 덮으려 애쓰고 있었다. 그 광경은 몹시 흥미로웠다. 그 암컷은 의도적으로 몸을 돌려 뒷발로 흙을 차며 자신의 친구, 어쩌면 짝이었을지도 모를 죽은 여우의 몸을 덮어주고 있었다. 한 여우 일가가 거의 십 년간 우리 집 근처 숲속에 살고 있었기에 녀석도 죽은 여우와 같은 무리였거나 적어도 가까운 친구였을 가능성이 높았다. 암컷 여우는 뒷발로 흙을 차다가 뒤돌아서 시체의 상태를 확인하고 다시 예의 발길질을 계속했다. 나는 이 '의식'을 일 분가량 관찰했다. 그 후 암컷은 꼬리를 늘어뜨린 채 계속 시체 주위를 어슬렁거렸다. 한두 시간 후에 어떻게 됐는지 살피러 돌아왔더니 죽은 여우의 시체는 완전히 땅속에 묻혀 있었다.

내가 당시 목격한 것은 여우의 장례식이었을까? 내가 보기에는 그 암컷 여우가 죽은 여우의 시체를 묻어주려고 한 것 같았다. 녀석이 보이는 행동과 태도에서 확실히 슬픔과 애도의 감정이 드러났다. 그 광경을 목격한 것은 행운이었다. 동물들의 복합적인 삶에서는 우리가 미처 볼 수 없는 수많은 일이 일어나고 있으며 실험실에서는 결코 그것을 재구성할 수 없을 것이다. 그래서 우리가 운 좋게 동물에게 일어나는 일을 관찰하게 되었을 때, 그때 보는 광경은 더없이 인상적이면서도 그들의 가장 내밀한 감정에 대해 많은 것을 밝혀낼 기회가 된다.

죽음의 건널목

일가를 이루며 생활하는 프레리도그는 많은 사람이 한낱 '설치류에 불과하다'고 단정하지만, 그들 역시 슬픔을 느낄 수 있다. 몇 년 전에 나는 볼더 북부에서 자전거를 타다가 가슴 아픈 장면을 목격했다. 암컷 성체로 보이는 검은 꼬리 프레리도그가 차에 치여 죽은 어린 프레리도그 곁에 있었다. 죽은 개체는 암컷의 새끼로 보였다. 아마도 사고가 난 지 얼마 되지 않은 것 같았다. 나는 때마침 그 슬픔의 현장을 목격하고는 자전거를 멈추고 휴대전화로 내가 본 광경을 기록해두었다.

다섯 차례에 걸쳐 그 암컷 프레리도그는 죽은 아이의 시체를 길 밖으로 끌어내려고 했다. 차들이 달리는 길을 피해 시체를 옮기려는 행동임이 분명했고, 마침내 차들이 멈춰 서서 녀석이 그 일을 끝마칠 수 있게 해주었다. 암컷은 시체를 3미터가량 끌고 간 후 나를 한 번 쳐다보고 다시 시체를 바라보더니 다가가서 앞발로 살며시 죽은 아이의 몸을 건드렸다. 그런 다음 녀석은 매우 높은 톤으로 울음소리를 내며 떠났다. 나는 다음 상황이 어떻게 전개되는지 보려고 잠시 그 자리에서 기다렸다. 녀석은 시체가 있는 곳으로 다시 돌아오다가 나를 보고 발걸음을 멈추었다. 나는 녀석의 작별 인사—만일 녀석이 하던 행동이 작별 인사가 맞다면—를 방해하고 싶지 않았기에 자리를 떴다. 얼마 후 나는 내 앞을 달리던 다른 라이더와 마주쳤는데, 그는 프레리도그가 시체를 길 밖으로 옮기려는 모습을 예전에도 두 차례 본 적이 있다고 말했다.

내가 본 장면을 프레리도그 전문가인 콘 슬로보치코프 박사에게 알렸더니 그는 이메일로 다음과 같은 답신을 주었다.

> 굉장한 일이었군요! 하지만 놀랍지는 않습니다. 저는 프레리도그가 그렇게 행동하는 것을 본 적은 없지만, 최근에 수컷 메추라기가 죽은 암컷을 길가로 끌어내려고 애쓰는 장면을 보았습니다. 차에 치인 암컷은 도로 한복판에 죽어 있었는데, 수컷은 바로 옆을 달리는 차들은

신경 쓰지도 않은 채 계속 암컷을 조심스레 밀고 잡아당겼어요. 당신과 마찬가지로 저도 그 일을 방해하고 싶지 않아서 자리를 떴습니다. 제가 그 장소로 다시 돌아갔더니 슬프게도 죽은 암컷이 겨우 도로의 절반밖에 이르지 못한 상태에서 수컷 역시 어떤 무신경하고 부주의한 운전자의 차에 치여 죽어 있더군요. 저는 지각이 있는 존재라면 누구나 자신의 짝이나 가족, 친구의 죽음을 애도한다고 생각합니다. 우리가 그 사실을 미처 알아보지 못할 뿐이죠.

나와 슬로보치코프가 목격한 내용에 더해, 2023년 7월 아넷 반힐이 내게 보내온 이메일의 내용은 특히 만족스러웠다.

오늘 저는 차를 타고 유타주 알파인의 알파인 루프Alpine Loop를 달리다가 당신이 들려준 내용과 같은 광경을 목격했습니다. 체구가 작은 프레리도그가 차에 치여 죽어 있었고, 그보다 조금 큰 체구의 프레리도그가 죽은 녀석을 길에서 끌어내려고 있는 힘껏 애쓰고 있었죠. 저는 그 상황에 호기심이 생겨 인터넷을 검색하다가 당신의 이야기를 발견했어요. 확실히 저는 그 광경을 보며 깊이 감동했어요. (중략) 두 녀석이 친구인지 가족인지는 모르겠지만, 참 슬픈 광경이었죠. 제 뒤로 다른 차가 오기 전에 무사히 도로 밖으로 옮기길 바랐어요. 그 광경은 오늘 아침부터 줄곧 제 마음을 떠나지 않고 있고, 그들의 행동이 무엇을 의미하는지 알고 싶어요. 당신의 이야기를 공유해주셔서 감사합니다.

나는 사람들의 경험담을 듣는 게 좋다. 나는 그들을 시민 과학자라고 부르곤 하는데, 그들이 내게 알려주는 온갖 동물의 행동은 동물에게 존재하는 감정과 지각 능력을 분명하게 보여준다.

친구가 주는 위안

인류와 거의 친족에 가까운 영장류는 종종 우리와 놀랄 만큼 흡사한 행동을 보인다. 개코원숭이는 가족 구성원이 죽으면 친구에게서 위안을 찾는다고 알려져 있다. 펜실베이니아 대학교의 연구진이 발표한 내용에 따르면, 개코원숭이는 스트레스 상황을 극복할 때 친구와의 우정에 의지한다고 한다.[45] 해당 연구에서는 개코원숭이 시에라가 사자의 공격으로 죽었을 때, 시에라의 어미 실비아는 자기 친구에게 도움을 청했다. 연구를 진행한 앤 잉은 "시에라가 죽은 후, 실비아는 당질코르티코이드 수치가 증가한 것으로 보아 우울증이라고밖에 설명할 수 없는 징후를 보였다"라고 말했다.

개코원숭이는 스트레스를 받으면 인간과 마찬가지로 부신에서 생산되는 당질코르티코이드의 수치가 증가한다. 이때 친밀한 사회 활동이 이루어지면 이 호르몬의 수치는 낮아질 수 있다. 특별히 가깝게 지내던 이의 죽음 이후에 사회 활동을 늘리는 것도 그 일환이다. 잉은 다음과 같이 언급했다. "실비아에게 시에라 같은 존재는 정말 아무도 없었다. 그래서 실비아는 사회적 유대에 대한 갈증이 너무나 컸던 나머지 자신보다 훨씬 서열이 낮은 다른 암컷과 가깝게 지내기 시작했다. 평소라면 자신의 지위에 걸맞지 않은 행동이었을 것이다."

잉은 다소 신중하게 결론지었다. "우리가 발견한 사례는 반드시 개코원숭이가 인간과 마찬가지로 슬픔을 겪는다는 것을 시사하지는 않는다. 다만 개코원숭이의 세계에서 사회적 유대가 얼마나 중요한지를 보여주는 증거다. 인간처럼 개코원숭이들은 친구와의 밀접한 관계에 의지해 스트레스 상황을 극복하는 것으로 보인다."

마음의 상처로 인한 죽음

오래전에 수의사 마티 베커는 아버지에게 펩시라는 이름의 미니어처 슈나우저 한 마리를 선물했다. 마티에게 들은 바로는, 자신이 직접 펩시를 아버지의 집에 데려다줬는데, 펩시는 한배에서 난 형제들 중 가장 체구가 작고 허약했다고 한다. 펩시는 결국 아버지의 가장 친한 벗이 됐다. 오랜 세월 펩시와 아버지는 함께 식사를 하고 같은 의자를 쓰고 한 침대에서 잠들었다. 그러고 나서 마티의 아버지는 여든살의 나이로 자살하고 말았다. 당시 가족과 친구들, 경찰이 차례로 집을 떠나자마자, 펩시는 아버지가 숨을 거둔 지하실로 달려가서는 석상처럼 그 자리에 가만히 서 있었다. 마티가 펩시를 안아 들자 그제야 녀석은 마티의 품에서 뻣뻣하게 굳어 있던 몸을 축 늘어뜨리고 괴로운 듯 신음을 냈다. 마티가 펩시를 아버지의 침대에 데려다 놓았더니 펩시는 곧바로 잠들었다. 그가 어머니에게서 나중에 들은 얘기로는 펩시는 계단을 무서워해서 지난 십 년간 지하실에 내려간 적이 없다고 했다. 펩시는 오랜 친구에게 작별 인사를 하기 위해 두려움마저 참아냈던 것일까? 펩시는 친구의 죽음에 따른 상실감을 끝내 이겨내지 못했다. 점점 쇠약해지고 위축되면서 서서히 죽어가고 있었다. 결국 펩시를 묻어주게 된 마티는 펩시가 마음의 상처로 죽은 것이라 확신했다. 너무나 강한 유대감을 느끼며 자신이 헌신했던 인간이 사라지면서 살아갈 의지를 잃은 것이다.

코끼리의 매장 의식

코끼리들이 다른 코끼리의 죽음에 깊은 관심과 호기심을 보인다는 사실은 잘 알려져 있다. 코끼리가 죽음에 대처하는 모습을 직접 목격할 기회가 거의 없기 때문에 구체적인 데이터를 수집하기는 어렵다. 하지만 많은 관찰을 통해 밝혀진 사실은, 코끼리들은 고통이나 죽음에 관심을 보이고 괴로워하는 코끼리와 마주치거나 죽은 코끼리를 발견했을 때 연민의 감정을 공공연히 드러낸다는 것이다. 다음 내용은 코끼리 전문가 신시아 모스의 《코끼리의 기억들Elephant Memories》에 묘사된 장면이다.[46]

> 그들은 주검 주위에 모여들어 죽은 티나의 몸을 살며시 어루만졌다. (중략) 주위는 온통 바위투성이고 땅은 젖어 있어서 파낼 흙이 별로 남아 있지 않았지만 그들은 애써 땅을 파냈다. (중략) 어느 정도 땅을 파낸 후 그들은 티나의 주검 위에 흙을 뿌렸다. 트리스타와 티아는 다른 코끼리 몇 마리와 함께 주변에 있는 관목 덤불에서 나뭇가지를 꺾어와 주검 위에 놓았다. (중략) 밤이 깊어갈 무렵, 주검은 나뭇가지와 흙으로 덮여 땅속에 거의 묻히게 됐다. 그들은 밤을 지새우며 무덤 곁을 지켰고 동이 틀 무렵에야 마지못해 하나둘 자리를 떠나기 시작했다.

이언 더글러스 해밀턴의 연구팀은 코끼리들이 이런 연민의 감정을 같은 무리에 속하지 않은 코끼리에게도 보이며, 더 나아가 유전적 연관성이 없는 다른 종의 동물에게도 보인다는 사실을 밝혔다.[47] 또한 코끼리들이 죽음 자체와 유골에도 크게 관심을 보인다는 사실을 뒷받침하는 증거가 다수 존재한다. 많은 전문가가 코끼리가 우연히 죽은 코끼리를 발견했을 때 이 거대한 짐승이 어떻게 흥분하고 동요하는지 묘사한다. 동물의 의사소통 및 인지 능력을 연구하는 캐런 맥컴은 동료들과 함께 독특한 현장 실험을 통해 죽은 코끼리에 대해 다른 코끼리가 보이는 반응을 연구하기 시작했다.[48] 연구진은 19개 무리에 속하는 야생 코끼리들에게 사체의 유골과 다른 물체들을 함께 보여주었다. 그 실험에서 코끼리들은 여러 물체 중에서도 코끼리의 뼈와 상아에 보다 흥미를 보였으며, 심지어 코끼리의 유골과 다른 동물의 유골을 구분해낼 수도 있었다. 또한 버팔로나 코뿔소의 유골을 살펴볼 때보다 코끼리의 유골을 살피는 데 들인 시간이 2배에 달했다.

다음 이야기에 등장하는 코끼리들에게 생기를 불어넣을 만한 것이 사랑과 절망 외에 무엇이 있을까 싶다. 신시아 모스는 이 이야기에서 코끼리 가족 중 한 마리가 총에 맞은 후 그 가족들이 보인 행동을 묘사한다.

> 테레지아와 트리스타는 미친 듯이 서둘러 앞발을 꿇고 앉아 죽은 아이를 일으켜보려고 엄니로 아이의 몸 아래와 머리를 받쳐 들었다. 죽은 몸뚱이를 들어 올려 앉히는 데 성공했지만 아이의 몸은 금세 다시 풀썩 쓰러지고 말았다. 가족 모두가 온갖 방법을 동원해서 죽은 아이를 깨우려 했다. 몸뚱이를 건드리고 엄니로 찔러보기도 했다. 심지어 툴룰라는 긴 코로 어디선가 풀을 잔뜩 모아와서 죽은 아이의 입속에 쑤셔 넣으려고도 했다.

탈레쿠아: 너무나 비극적인 슬픔의 여행

2018년 워싱턴주 산후안 섬 인근에서 멸종 위기종에 해당하는 범고래 무리가 포착됐다.[49] 그중 탈레쿠아라고 불리던 스무 살 난 어미 범고래는 새끼 한 마리가 목숨을 잃어 슬픔에 빠져 있었다. 탈레쿠아는 머리와 주둥이를 이용해 무려 17일 동안 죽은 새끼를 업고 다녔고, 무리의 다른 고래들도 번갈아 가며 우리가 장례 의식이라 부르는 행동을 보였다. 이 광경은 전 세계 언론의 '열띤' 주제가 되었다. 산후안 섬의 고래 박물관 관장인 제니 앳킨슨은 이같이 언급했다. "사랑하는 이의 죽음을 애도하고 기리는 장례 의식은 며칠에 걸쳐 이루어지기도 합니다. (중략) 우리가 현재 목도하고 있는 모습은 그들이 죽은 범고래를 얼마나 각별하게 여겼는지, 고래 가족이 얼마나 슬픔에 빠져 있는지를 잘 보여주는 장면이라고 생각합니다." 고래 연구 센터의 창립자이자 고래 연구 분야를 선도하는 범고래 전문가 켄 밸컴 박사는 이 광경을 가리켜 "너무나 비극적인 슬픔의 여행"이라 묘사했다. 나 역시 그렇게 본다. 탈레쿠아와 가족들이 보인 행동이 불멸의 사랑과 애도의 감정을 표현한 것이 아니라면 대체 무엇이겠는가.

한편, 왜 이 광경이 그토록 언론의 조명을 받았을까? 내 생각에는 많은 사람이 범고래와 같은 해양 동물들이 반려동물이나 육상 동물과 다르다고 여겨서인 것 같다. 만일 탈레쿠아가 범고래가 아니라 개, 침팬지, 고릴라, 코끼리 같은 동물이었다면 언론 매체가 그 정도로 앞다투어 보도하지는 않았을 것이다. 다만 범고래는 여느 육상 동물처럼 감정을 표현할 수 있는 꼬리나 귀, 표정, 걸음걸이, 자세를 갖지 않기에 우리는 어떤 신호를 통해 그들의 감정을 파악할 수 있는지 알지 못한다. 하지만 탈레쿠아의 행동은 우리가 간과하고 넘어가기에는 너무나 오래 지속되고 인상적인 모습이었다. 탈레쿠아는 분명히 격한 감정을 표현하고 있었고, 이를 인간의 감정에 빗대어 본다면 가장 유사한 감정은 애도일 것이다. 2020년 탈레쿠아는 수컷 한 마리를 출산했고 사람들은 피닉스라는 이름을 붙여주었다. 어쩌면 녀석이 그동안 견뎌왔던 슬픔을 극복하는 데 도움이 됐을지도 모르겠다.

고래에 대해 한 가지 더 언급하자면, 2022년 12월 워싱턴주 포트타운센드에서는 지역의 남부 해안에 서식하는 멸종 위기종인 범고래들의 권리를 인정하기로 결정했다.[50] 범고래는 자신이 속한 무리에게 일어나는 일에 깊은 관심을 보이는 고도의 지각 능력을 갖춘 존재이기 때문이다.

슬픔을 가르쳐준 라마들

내 친구 벳시 웹이 들려준 동물의 슬픔에 관한 이야기 하나를 소개하면서 이 주제를 마무리할까 한다. 벳시는 알래스카주 호머에 살면서 오랫동안 라마를 길렀다. 그녀가 들려준 감동적인 이야기는 동물의 지각 있는 인식과 감정의 깊이를 드러내는 멋진 증거다. 벳시의 이야기를 들어보자.

> 라마들은 천성이 어울리기를 좋아하고, 뛰어난 직관력을 지녔으며, 서로 깊은 유대 관계를 맺는 동물이에요. 목초지에서도 대개 같은 장소에서 풀을 뜯고 함께 잠이 들죠. 낯선 동물이나 포식자와 맞닥뜨리면 서로 한데 모여 움직이고요. 산길에서 한 녀석이 잠시 쉬려고 걸음을 멈추어 무리에서 뒤처졌을 때 만일 시야에 없으면 그들은 굉장히 불안해해요. 라마는 울음소리를 꽤 많이 내는 편이에요. 그중에서

제가 가장 좋아하는 소리는 그들이 서로 만나서 인사할 때 내는 섬세한 소리예요. 꼭 조그만 백파이프로 내는 소리 같죠.

우리 가족은 콜로라도를 떠나 알래스카로 이사하면서 콜로라도 라마 두 마리를 데려갔어요. 알래스카에서 우리가 살 새집과 토지를 구했을 때 무슨 운명이었는지 알래스카 라마 두 마리가 딸려 왔어요. 그래서 두 쌍의 라마들이 함께 살아가게 됐죠. 처음에는 서로 약간 서먹했지만, 점점 빠르게 친해져서 금세 네 마리 모두가 함께 잘 지내게 됐어요.

몇 년을 그렇게 지내다가 그중에서 가장 나이가 많았던 부운이 갑작스럽게 스물일곱 살의 나이로 죽고 말았어요. 어느 날 부운은 일어날 기운도 없는 상태로 옆으로 누워 있었어요. 그리고 이튿날 그의 짝 브리저가 부운의 바로 옆자리에 똑같은 식으로 누워 세상을 떠났죠. 이른 봄날의 땅은 여전히 얼어붙어 있어서, 우리는 굴착기가 있는 친구에게 부탁해 울타리 바로 너머에 무덤으로 쓸 땅을 파냈어요. 우리는 조심스럽게 부운과 브리저의 주검을 굴착기로 들어 올려 울타리 너머에 묻어주었죠. 남은 라마 한 쌍인 태피와 펌퍼니클은 그 옆에서서 조용히 모든 과정을 지켜봤고요.

둘을 묻어준 후 이틀 동안, 침착한 성격의 태피는 무덤 근처 울타리 너머에 가만히 서서 무덤을 지켜보고 있었어요. 그 자리에서 거의 꼼짝도 안 했죠. 반면에 쉽게 흥분하는 펌퍼니클은 작은 헛간에 틀어박혀 이틀 내내 울어댔어요. 사흘째가 되어서야 둘은 슬픔에서 벗어나 평소 모습대로 돌아왔어요.

브리저는 오랜 세월을 함께 보낸 친구 부운의 죽음으로 살아갈 이유를 잃었던 걸까요? 매우 뚜렷한 성격을 지닌 태피와 펌퍼니클은 각자

나름의 방식으로 둘의 죽음을 애도했어요. 너무나 친했던 두 라마를 잃으면서, 서로 다정하고 사이가 좋았던 라마들의 죽음과 그 애도의 과정을 지켜본 기억이 아직도 제 마음에 진하게 남아 있네요.

사랑

과학과 시가 만나는 곳

사랑. 이보다 더 골치 아프고 신비로운 감정이 있던가. 인류는 의식이 발현된 이래로 늘 사랑이 무엇인지 이해하고 사랑의 의미를 정의하려 애썼다. 그렇다면 과연 우리가 동물의 사랑을 이해하고 정의할 수 있다는 희망도 있을까? 우리는 진정으로 사랑이 무엇인지 이해하지 못한다고 해도 사랑의 존재 자체를 부정하거나 사랑이 지닌 힘 역시 부정하지 않는다. 우리는 사랑이 실재함을 매일 수많은 형태로 체험하거나 목도한다. 앞서 언급했듯이, 애도의 감정 역시 사랑에 따른 대가다.

동물이 애도의 감정을 느끼는 것처럼 사랑하는 법도 안다는 것은 의심할 여지가 없다. 이에 대한 한 가지 근거는 많은 포유류가 '사랑에 빠지게 하는' 강력한 호르몬인 옥시토신을 분비할 수 있다는 점이다.[51] 포유류 외에도, 조류 및 파충류는 메소토신을, 어류는 이소토신이라는 그들만의 옥시토신 같은 호르몬을 분비한다. 물론 사랑이라는 단어는 잘못 사용될 때가 많다. 사람들은 어떤 행위를 성급하게 사랑이라 단정 짓거나 사랑을 확대해석하곤 한다. 가령 개는 '무조건적인 사랑'을 보여준다는 잘못된 주장 같은 것이다. 그렇지 않다. 사실 개

들은 사랑할 대상을 선택할 때 꽤나 까다로운 면모를 보인다.[52]

사랑은 그 형태와 미묘한 변화가 당혹스러울 만큼 다양하게 나타나므로 아마도 모든 종류의 감정 중에서 가장 복잡한 감정일 것이다. 과학과 시가 만나는 이 풍경에서 우리는 낭만적인 사랑, 부모 자식 간의 사랑, 에로틱한 사랑의 모습을 발견하기도 하고, 사랑이 우정, 충성, 애정, 친절, 헌신, 약속, 연민이라는 다양한 형태로 발현되는 모습을 볼 수도 있다.

사랑을 구하는 동물의 행동을 판단할 때 사용할 수 있는 사랑의 개념을 내가 감히 위험을 무릅쓰고 정의 내려본다면, 나는 사랑이란 특정 개체와 가까운 관계를 맺기를 선호하고, 그가 주위에 없으면 찾아 헤매고, 필요한 경우 보호하고 돌보는 행동을 의미한다고 말할 것이다. 사랑은 상호 간에 강력하고 밀접한 사회적 유대 관계를 형성하고 유지하는 것이며, 사랑하는 이들 사이의 친밀한 애착 감정을 소통하는 것이다. 그다지 시적이지는 않지만, 이렇게 시작해보자.

많은 동물이 다양한 형태의 사랑을 느낄 수 있으며 이를 온갖 방식으로 표현한다는 사실을 보여주는 증거가 상당수 존재한다. 사랑을 일으키는 뇌 조직, 즉 우리가 사랑이라는 감정을 느끼게 하는 신경 구조 및 신경 화학 물질은 수많은 동물과 인간에게서 동일하게 나타난다. 또 한 번 언급하면, 과학은 우리가 직관적으로 이미 알고 있는 것을 이제야 따라잡고 있다. 다음에 소개하는 이야기들은 여러 형태로 나타나는 동물의 사랑, 즉 짝짓기 상대를 택하고 관계를 유지하는 낭만적인 사랑, 어미와 자식 간의 유대감으로 인한 모성애, 그리고 동기 간이나 친구 간의 사랑을 들여다볼 것이다.

사랑과 결혼

동물들의 짝짓기 방식과 습성에 대해 무척 많은 연구가 수행됨에 따라 낭만적인 사랑은 인간 사회에서만 가능한 것이 아니라는 점이 분명해졌다. 여기에 내 의견을 덧붙이자면, 결혼이나 헌신적인 사랑은 인간의 방식이 가장 바람직한 것도 아니다. 낭만적인 사랑이 어느 정도가 화학 작용에 따른 것이고, 어느 정도가 순수한 '감정'에 따른 것인지는 논쟁거리이며 이는 인간의 사랑에서도 마찬가지다. 하지만 고양이나 개를 길러보았거나 소나 양, 돼지를 관찰해본 사람이라면 누구나 동물도 사랑에 빠질 수 있음을 알 것이다. 그리고 동물의 다른 모든 감정처럼, 그들의 사랑은 지극히 순수하고 정제되지 않은 형태로 나타난다. 동물들이 사랑이라는 감정을 함부로 다루고 짝짓기 상대에게 질투심을 유발하려는 행동을 한다는 사례는 보고된 적이 없다. 일부 동물들은 연애 행각을 벌이고 의도적이거나 기회주의적인 방식으로 몰래 짝짓기를 하기도 하지만, 그런 경우에도 이를 과시하는 행동을 보인다는 증거는 없다.[53]

많은 종의 개체들은 시간을 들여 서로를 알아가며 밀접한 유대를 강화한다. 낭만적인 사랑을 키워가는 데는 시간이 필요하며, 짝짓기 의식에도 많은 시간과 에너지를 소비해야 한다. 이런 의식을 따를 때는 신체적인 위험까지 부담해야 하는 경우가 있고, 때로는 사랑의 서약도 갱신할 필요가 있다. 수컷 마모셋 원숭이는 짝짓기 상대를 파악하는 데 많은 시간을 들인다.[54] 기능적 자기공명영상fMRI을 이용한 연구에 따르면, 마모셋 원숭이는 짝짓기에 들어가기에 앞서 신중하게 판단하며 앞으로 어떤 일이 일어날지 가늠해본다고 한다. 많은 갯과 동물들, 즉 늑대, 코요테, 여우, 자칼, 딩고와 같은 동물의 경우, 한때 몇 년간 짝이었던 암컷과 수컷이 다시 만나면 여전히 서로를 오랜 친구처럼 반기며, 예전에 이미 경험이 있었음에도 다시 적극적으로 구애 행동을 펼친다.

여기서 명확하게 밝히는데, '구애'는 교미의 완곡한 표현이 아니다. 구애 행동은 무도회에서나 볼 법한 낭만적인 몸짓을 뜻한다. 가령 동물학자 베른트 뷔르지히가 아르헨티나의 발데스 반도 해안에서 남방긴수염고래의 구애 행동을 관찰하고 어떻게 묘사했는지 살펴보자.[55] 암컷 고래와 수컷 고래는 천천히 애무하는 자세로 구애 행동에 들어가며 구애하는 동안 계속해서 서로의 지느러미를 건드린다. 그런 다음 그들은 서로를 향해 몸을 돌려 포옹하듯이 양 지느러미를 살짝 마주친 후, 다시 몸을 돌려 자세를 나란히 한다. 그 자세로 몸을 맞대고 함께 헤엄쳐 가다가 동시에 수면 위로 솟아오른 후 떨어진다. 뷔르지히는 함께 헤엄쳐 가는 이들 한 쌍을 한 시간가량 추적했다고 한다.

고래는 우리와 같은 포유류지만, 어류 역시 짝짓기 상대를 택하는 기준이 있다는 신빙성 있는 증거가 존재한다. 물고기는 그저 로봇 같은 존재가 아니다. 과학자 리 두가트킨은 담수어종인 구피의 짝짓기와 관련된 행동을 관찰하고는 이를 '구피의 사랑guppy love'('풋사랑'을 뜻하는 puppy love에 대한 언어 유희적 표현—옮긴이)이라 칭했다.[56] 두가트킨은 수컷 구피의 주위에 암컷이 있으면 수컷이 포식자에게 대항해 행동 양식을 달리해서 더욱 대담한 행동을 보인다는 사실을 발견했다. 암컷들은 대담한 수컷을 더욱 매력적이라고 보기 때문이다. 물고기조차 수컷들은 오로지 사랑 하나만을 위해 온갖 위험을 무릅쓸 작정인 것으로 보인다.

헬렌 피셔는 《왜 우리는 사랑에 빠지는가》라는 책에서 사랑의 진화 과정과 관련해 다음과 같은 주장을 하면서 스스로 '겸손하지 못한 제안'이라고 말했다.[57] "이 모든 데이터를 분석한 결과, 나는 다양한 동물들이 특정한 짝짓기 상대를 선호하고, 구애 행동을 통해 그 특정 상대를 차지하려는 생물학적 동기를 가진다고 결론짓게 됐다. 즉 동물이 발산하는 매력에는 특정한 화학 반응을 일으키는 요소가 있다. 그리고 이 화학적 요소야말로 인간이 느끼는 사랑의 전조임이 분명하다."

짝짓기 상대에게 가장 헌신적인 종이 반드시 유인원이나 포유류처럼 우리 인간과 가까운 종인 것은 아니다. 조류 중 90퍼센트 이상의 종은 한 번에 한 상대와만 관계를 맺으며 일생 동안 계속 동반 관계를 유지하는 경우가 많다. 조류에 비해 더 적은 수의 포유류가 한 상대와만 관계를 맺으며, 비인간 영장류들은 헌신에 관해서는 비교적 냉담한 모습을 보인다. 가령 수컷 침팬지들은 구애나 짝짓기에 그다지 많은 시간을 할애하지 않으며, 자신과 관계를 맺은 암컷이 새끼를 낳아도 그 새끼 침팬지와 보내는 시간이 얼마 되지 않는다. 수컷이 자신의 짝이나 새끼를 보호해야 하는 상황이거나 먹이를 구해줘야 하는 상황이 아닌 경우, 그들은 수시로 다른 암컷들과 최대한 짝짓기를 많이 하려고 시도한다. 내게는 마치 술집의 '해피 아워happy hour'(술집에서 주류를 할인하는 시간대—옮긴이)처럼 들린다.

모성애

동물들 사이의 낭만적인 사랑에 관한 증거만큼이나 동물의 모성애에 관한 증거도 많이 축적되어왔다. 새끼에 대한 어미의 사랑은 새끼가 위험에 처했을 때 가장 극적인 형태로 드러나곤 한다. 많은 종의 경우 어미는 죽음을 무릅쓰고 새끼를 보호할 것이며, 새끼가 부상을 입거나 목숨을 잃게 되면 매우 강렬하게 고통과 비탄의 감정을 표출한다. 새끼 바다사자가 범고래에게 잡아먹히는 것을 속수무책으로 바라볼 수밖에 없는 어미는 고통스럽고 기이한 소리로 울부짖는 측은한 모습을 보인다. 갓 태어난 새끼 돌고래가 세상을 떠나자 어미 돌고래가 아이를 살려보려고 몸부림치는 광경도 포착된 적이 있다.

모성애만큼 원초적인 형태의 사랑도 없을 것이다. 무척추동물에게도 새끼를 돌보는 습성이 있다는 사실을 처음으로 보여준 사례는 흡혈 동물인 호주 거머리다.[58] 그들은 헌신적인 부모 역할을 하는 것으로 관찰됐는데, 갓 태어난 새끼들을 6주 동안 품어서 키우며 포식자로부터 안전한 장소로 옮기기도 한다.

수없이 많은 종의 동물이 모성애를 보인다. 범고래는 잡아먹히는 동물 입장에서는 포악하기 그지없는 존재지만, 새끼에게는 애정이 넘치는 훌륭한 부모다. 죽은 새끼의 시체를 2주 이상 업고 다녔던 어미 범고래 탈레쿠아처럼 말이다. 새끼 고래는 태어나자마자 헤엄칠 수 있으며 인간 아이들처럼 호기심이 무척 많다. 동물보호단체인 미국 휴메인 소사이어티Humane Society of the United States의 나오미 로즈는 캐나다 밴쿠버 섬 연안에서 대규모 범고래 무리를 목격한 적이 있다고 한다.[59] 당시 나오미는 어미 범고래가 새끼 없이 수면 위로 오르는 것을 보게 됐는데, 알고 보니 새끼 범고래가 자신이 탄 보트 뒤에서 헤엄치고 있었다. 새끼 범고래는 주변을 구경하며 혼자 즐겁게 놀고 있었으나 아무래도 녀석의 머리가 보트의 프로펠러에 너무 가까이 있었다. 잠시 후 어미 범고래가 보트 근처로 다가왔지만, 새끼를 쫓아내지 않고 그저 잘 지켜보고만 있었다. 어미는 위험에 대비해 긴장의 끈을 놓지 않으면서도 새끼 범고래의 호기심과 발랄한 성격을 참고 기다릴 줄 알았다. 이 어미 범고래는 자식을 가진 엄마라면 누구나 마주하는 갈등, 그러니까 아이를 안전하게 보호하려는 마음과 과잉보호하지 않으려는 마음 사이를 저울질하고 있었던 것일까?

코끼리도 굉장히 헌신적인 부모라고 널리 알려져 있다. 코끼리 전문가 신시아 모스는 어미 코끼리의 헌신에 관해 다음의 이야기를 들려준다.[60] 어느 해 2월이 끝나갈 무렵, 코끼리 가족의 가장 역할을 하던 아름다운 암컷 에코는 엘리라는 수컷을 낳았다. 엘리는 태어나면서부터 굽어 있었던 두 앞다리 탓에 스스로 일어날 수 없었다. 앞다리의 발목 관절이 굳어 있었던 것이다. 에코는 자신의 코로 엘리의 몸 아래를 받치고 감싸며 계속 엘리를 일으키려 애썼다. 엘리는 매번 일으켜질 때마다 무릎을 이용해 잠깐이나마 다리를 끌며 걸을 수는 있었지만 결국 다시 주저앉고 말았다.

결국 무리의 다른 코끼리들은 떠났고, 에코와 아홉 살 난 딸 에니드만이 엘리 곁을 지켰다. 에코와 에니드는 굶주리고 목이 말랐지만 지친 엘리를 두고 물웅덩이를 찾아 떠나지 않았다. 엄청난 노력 끝에 세 코끼리는 모두 물웅덩이 근처까지 이를 수 있었다. 에코와 에니드는 몸에 물을 끼얹으면서 엘리에게도 물을 뿌려주는 것을 잊지 않았다. 그제야 에코와 에니드는 낮은 우르르 소리로 다른 가족들을 불렀다. 사흘 뒤, 굳어 있던 엘리의 발목 관절이 유연해지면서 엘리는 드디어 스스로 일어설 수 있게 됐다.

에코와 엘리의 이야기는 좀 더 이어진다. 이윽고 일곱 살이 된 엘리는 어느 날 등에 창살을 맞아 심각한 부상을 입었다. 창살은 등

가운데에 30센티미터가량 박혀 있었다. 에코는 그 무렵 이미 또 다른 새끼를 낳은 상태였지만, 에코와 엘리 모자의 유대감은 여전히 끈끈했다. 에코는 엘리의 상처를 치료하려는 수의사 팀의 접근을 거부했다. 엘리가 안정제를 투여받고 드러눕자 에코와 다른 코끼리들은 엘리의 몸을 일으키려 애썼다. 수의사들은 주위 코끼리들을 분산시켜 엘리를 치료하려고 시도했지만 에코와 에니드, 그리고 에코의 또 다른 딸 엘리엇은 계속 엘리 곁에 남았다. 그들은 머리 위로 공포탄의 총성이 들리는데도 떠나려 하지 않았다. 결국 엘리는 치료를 받고 살아남았다.

눈먼 사랑

짝을 찾아 구애하고 자신이 낳은 새끼를 보호하는 행동은 애초에 유전적으로 형성된 본능적 행동이라고 주장할 수도 있다. '사랑의 행위'로 보이는 행동은 사실상 그 개체의 사고 능력과 무관하게 진화의 결실을 자체적으로 보호하는 과정일까? 부분적으로는 사실일 수도 있다. 적어도 번식 욕구는 확실히 본능에 기반한 것으로 보이기 때문이다. 그러나 생물학적 필요성만으로는 다음에 소개할 여러 에피소드에서 동물들이 드러내는 다양한 형태의 감정을 설명할 수 없다. 각 에피소드에서 동물들은 생물학적으로 이득을 볼 것이 없는데도 놀라울 정도로 헌신하고 배려하는 모습을 보여준다.

나는 시력을 잃은 동물을 주위의 다른 동물이 보살폈다는 믿기 힘든 이야기를 한 번만 들은 것이 아니다. 그중 여기서 소개할 이야기는 눈먼 노새 애니와 그의 곁을 늘 지킨 수소 찰리의 일화다. 둘은 콜로라도의 비영리 동물구조단체인 블랙포레스트 동물보호소BFAS에서 지내고 있었다. 애니는 어깨가 부러진 채 도살장으로 끌려가던 중 BFAS의 자원 활동가들이 개입해 구조됐다. 애니는 농장에서 일 년 넘게 지내다가 찰리를 만나게 됐다. 찰리와 애니는 원래 각각 분리된 목장에서 살았는데, 어느 겨울 한파가 닥쳐 목장에서는 모든 가축을 한 우리로 몰아넣어 따뜻하게 지내도록 했다. 찰리와 애니는 서로 죽이 잘 맞았다. 찰리는 애니에게 다가가 코를 비벼대며 함께 어울리기 시작했고, 그때부터 둘은 떨어질 수 없는 사이가 됐다. 예전 같았으면 애니가 물통이 어디에 있는지 찾기가 어려웠지만 이제는 찰리가 책임지고 애니를 이끌어주었다. 이제 애니는 찰리를 따르며 울타리에 부딪히지 않고도 목장을 이리저리 돌아다닐 수 있게 됐다. 둘은 밤이 되면 서로 꼭 붙어 잠이 들었다.

서로 다른 종의 동물 사이에 우리가 사랑이라 부르는 것과 닮은 밀접한 유대감이 형성됐다는 일화는 수없이 많다. 오언이라고 불린 어느 한 살 난 하마는 므지Mzee(스와힐리어로 '어르신'이라는 뜻이다)라는 이름의 백 살짜리 수컷 거북과 친밀한 관계를 맺었다.[61] 오언은 2004년 케냐에서 쓰나미로 인해 홍수가 났을 때 다른 하마 무리와 헤어졌는데, 발견 당시 탈수 상태였다. 인도양에 가까운 해안 지역에서 오언을 발견한 야생 관리인들이 그를 몸바사의 야생 동물보호소로 옮겼다. 그 후 오언은 친구가 된 므지와 함께 먹고 자게 됐고, 둘은 떼려야 뗄 수 없는 절친한 사이가 됐다.

사랑의 개들

앤이 키우던 티카와 코북이라는 멋진 말라뮤트 한 쌍은 오랫동안 같이 지냈고 이제는 말년을 함께 즐기며 살고 있었다. 다음은 앤이 들려준 그들의 사랑 이야기다.[62] 코북은 매력적인 성격에 에너지가 넘쳤고 언제나 관심을 끌고 싶어 하는 녀석이었다. 그래서 늘 사람들에게 배를 쓰다듬어달라거나 귀 뒤를 긁어달라는 신호를 보내곤 했다. 꽤 우렁찬 소리를 내는 녀석은 자신만의 스타일로 하울링을 하며 모든 이의 마음을 사로잡았다. 반면에 티카는 조용한 편이었고 다소 낮은 소리를 냈다. 누구라도 티카의 귀나 배를 쓰다듬으려 하면 코북이 치고 들어왔다. 티카는 코북이 먹이 근처에 있을 때는 먹이를 먹으면 안 된다는 걸 알고 있었다. 코북이 문밖으로 나가려는데 마침 티카가 우연히 길을 막고 있으면 코북은 그대로 티카의 몸을 넘어가버려서 티카가 나가떨어지곤 했다.

그러던 어느 날, 티카의 다리에 작은 멍울이 잡혔다. 진찰 결과 악성 종양이었다. 하룻밤 새에 코북의 태도가 달라졌다. 코북은 성질이 누그러졌고 티카의 곁을 떠나려 하지 않았다. 그러다 티카가 결국 다리를 절단하게 되어 거동이 불편해졌다. 코북은 티카를 걱정하고 있었던 게 분명했다. 녀석은 이제 티카를 밀쳐내지도 않았고 티카가 혼자 침대에 올라가버려도 개의치 않았다.

티카가 수술을 받은 지 2주쯤 지난 어느 밤, 코북은 자고 있는 앤을 깨웠다. 보통 녀석이 밖에 꼭 나가야 할 때나 하던 행동이었다. 코북은 다른 방에 있던 티카에게 앤을 데려갔다. 티카를 안아 든 앤과 코북은 밖에 나갔다. 하지만 두 녀석 모두 그저 풀밭에 엎드려 있을 뿐이었다. 앤은 그제야 가냘픈 소리로 낑낑대는 티카의 배가 크게 부풀어 오른 것을 발견했다. 앤은 티카가 쇼크 상태에 빠지기 직전이라는 사실을 깨닫고 급히 볼더 시내의 동물병원 응급실로 향했다. 다행히 티카는 제때 치료를 받아 목숨을 구할 수 있었다.

그날 밤 코북이 앤을 깨우지 않았더라면 아마도 티카는 그대로 죽고 말았을 것이다. 티카는 다리 하나를 잃은 채 걸어야 했지만 일단 티카가 수술에서 회복되고 건강해지자 코북은 다시 예전처럼 거만한 녀석으로 돌아갔다. 하지만 앤은 이제 그들이 진정으로 어떤 사이인지 알게 됐다. 진정한 장수 커플인 코북과 티카는 비록 타고난 성격은 절대 변하지 않더라도 언제나 서로를 위하며 살아갈 것이다. 그들은 서로를 위해 해야 할 일을 하는 사랑의 개들이었다. 우리는 동물을 대할 때 그들의 사례를 따르는 것이 현명할 것이다. 나는 언젠가 우리가 그렇게 현명해질 거라 간절히 소망한다.

창피함

원숭이도 얼굴을 붉힐 줄 알까?

동물들은 창피함을 알까? 우스꽝스러운 질문이라 생각할지도 모르겠지만, 창피함을 느끼는 것은 자의식 및 지각 능력이 있다는 하나의 징후일 수 있다. 자의식이 없다면 누가 보거나 말거나 무슨 상관이겠는가.

창피한 감정은 파악하기가 쉽지 않다. 그 감정의 특성상, 창피함을 느끼는 개체가 자신의 감정을 숨기려고 하기 때문이다. 그러나 제인 구달은 침팬지가 창피함이라 규정할 만한 행동을 하는 모습을 자신이 관찰했다고 믿는다. 제인이 40년 이상 알고 지내던 피피는 암컷 침팬지였다(피피는 그만큼이나 유명한 암컷 플로의 딸이다).[63] 피피가 처음으로 낳은 새끼는 프로이트였는데, 프로이트가 다섯 살 반이었을 당시 그의 삼촌이자 피피의 남자 형제인 피건은 무리의 우두머리 수컷이었다. 프로이트는 언제나 덩치 큰 피건을 졸졸 따라다니며 영웅처럼 숭배했다. 하루는 피피가 피건의 털을 골라주고 있는데 프로이트가 가느다란 바나나 나무의 줄기를 타고 올라가고 있었다. 녀석은 잎이 무성한 나무 꼭대기에 다다르자 몸을 앞뒤로 거칠게 흔들기 시작했다. 인간 아이라고 치면 으스대는 행동을 하는 중이었다. 그런데 그 와중에 갑자기 줄기가 툭 끊어지면서 프로이트는 수풀 속으로 굴러떨어지고 말았다. 프로이트는 다행히 다친 곳 없이 그 광경을 지켜보던 제인의 근처까지 구르다가 멈췄다. 제인은 녀석의 머리가 수풀 위로 쑥 올라오더니 피건이 혹시 봤나 싶어 그쪽을 살피는 모습을 놓치지 않았다. 혹시 피건이 보았다 해도 피건은 무심하게 계속 털 고르기에만 열중했다. 프로이트는 소리 없이 무척 조심스럽게 다른 나무를 타고 올라가 열매를 따 먹었다.

진화생물학자 마크 하우저는 수컷 붉은털원숭이를 관찰하면서 창피함이라 부를 만한 행동을 목격했다.[64] 한 수컷 원숭이가 암컷과 짝짓기를 막 마치고 위풍당당하게 걸어가다가 발을 헛디뎌 도랑에 빠져버렸다. 녀석은 일어나 잽싸게 주위를 둘러보고는 아무도 자신이 굴러떨어지는 광경을 보지 못했다 싶었는지, 아무 일도 없었다는 듯 등을 꼿꼿이 펴고 고개와 꼬리는 한껏 치켜든 채 다시 당당하게 걸어갔다.

몇 년 전에 모니카라는 여성이 자신이 키우던 개 루퍼스가 이와 유사한 행동을 보인 일을 내게 들려주었는데, 그녀는 루퍼스가 창피함을 느낀 것이 분명하다고 보았다. 루퍼스는 동네 애견 놀이터에서 많은 수컷 개에게 추파를 던지던 예쁘장한 개 로리의 뒤꽁무니에 바싹 붙어 졸졸 따라가고 있었다. 그렇지만 루퍼스는 쿨한 녀석이어서 다른 수컷들이 로리의 환심을 사려고 집적대는 광경을 그저 지켜볼 뿐 더한 행동은 하지 않았다. 로리의 환심을 사지 못한 수컷 두 마리가 자리를 뜨고 나서야 루퍼스는 로리의 주변을 쌩하니 달리기 시작했다. 아마도 자신의 탄탄한 기량을 뽐내면서 건장한 체력을 과시할 셈이었을 것이다. 그런데 루퍼스가 로리를 향해 달려가다가 그만 발을 헛디뎌 넘어지고 말았다. 일어나보니 로리가 그 광경을 지켜보고 있었고, 루퍼스는 주변을 둘러보며 다른 누가 또 봤는지 확인하는 것처럼 보였다. 그러고는 마치 아무 일도 없었다는 듯 로리에게 달려가 플레이 바우를 한 다음 등에 올라타려고 시도했다. 마침 로리도 적극적으로 반응을 보였기에 둘은 십 분가량 지칠 줄 모르고 신나게 함께 놀았다. 로리는 발정기가 아니었고 더군다나 중성화되어 교미가 가능한 상태도 아니었지만, 아마도 주위 수컷들이 아빠가 되는 행운을 누릴 수도 있다고 오해하도록 페로몬을 뿌려댔을 가능성이 있다.

물론 세 에피소드는 무척 흥미롭지만 동물이 창피함을 느끼는 증거라고 볼 수는 없다. 다시 말하지만, 창피함이라는 감정은 본질적으로 주관적이기에 더 많은 정보를 얻으려면 신경생물학, 내분비학, 동물행동학 분야의 비교 연구가 수행되어야 할 것이다. 만일 인간이 느끼는 창피함과 호르몬 분비의 연관성을 신경학적으로 연구해서 이와 유사한 패턴이 동물의 신경계에도 나타난다면(기쁨에 관한 연구와 같은 방식으로), 동물도 창피함을 느낄 수 있다고 주장할 수 있을 것이다. 다만 이와 같은 에피소드는 그럴 가능성을 높여주며, 동물에게 그런 능력이 없다고 여길 합당한 이유도 없다.

분노와 공격성, 그리고 동네 패거리

인정사정 볼 것 없다

기쁨이나 공포심과 마찬가지로, 인간이 분노하듯 동물도 분노할 수 있다는 사실에 이견은 없다. 인간과 동물은 분노와 공격성, 복수심이라는 감정을 일으키는 신경 화학 물질(세로토닌, 테스토스테론) 및 뇌 구조(시상하부)가 동일하게 나타난다. 또한 분노와 공격성은 주로 정제되지 않은 날것 그대로 표출되므로 식별하기가 쉽다.

조류 전문가 기젤라 카플란은 《새들의 마음Bird Minds》이라는 책에서 흰죽지까마귀들이 서로 협력하는 모습을 묘사했다.[65] 카플란의 설명에 따르면, 이 새들은 굉장히 획기적인 방식으로 조화를 이루며 무리 지어 사는데, '동네 패거리'로 변할 수도 있다고 한다. "정찰대를 보내서 까치종다리의 둥지를 파괴하기도 하고 심지어 같은 무리 내에서도 다른 개체의 둥지까지 건드린다. 그리고 다른 무리의 둥지에서 어린 새끼들을 훔쳐 오기도 하는데, 이때 둥지에서 절도 행각을 돕는 척만 하고 돕지 않는 개체도 있다." 내가 잘 아는 몇몇 포유류가 연상된다. 내가 속한 종에도 그런 패거리가 있다!

조류는 동기간에 싸움을 벌이는 종으로도 잘 알려져 있다.[66] 한배에서 난 동기는 서로를 보호하고 공동의 적을 상대로 협력하는 친밀한 관계가 될 수도 있지만, 때로는 안전한 둥지에서 서로를 몰아내거나 먹이를 빼앗고(먹이가 충분한 상황에서도) 심지어 서로 죽일 때도 있다. 미국 펠리컨의 경우 동기간 싸움은 흔하게 발생하며, 검은수리, 황로, 대형 왜가리, 멕시코 푸른발부비새는 서로 목숨을 걸고 필사적으로 싸운다. 대개 나이가 가장 많고 덩치가 큰 개체가 먼저 싸움을 건다. 한 연구에서 검은수리를 관찰했는데, 어린 개체 중 어느 손위 개체가 손아래 개체 한 마리를 무자비하게 뒤쫓으며 38차례 공격했고 이때 쪼아댄 횟수는 무려 1,500회가 넘었다. 이 시기 동안 공격한 개체의 체중은 50그램 증가했고 공격당한 개체의 체중은 18그램 줄었다.

동기간에 서로 죽이는 행위는 생존 경쟁에 따라 발생하는 것이 명백하지만, 그렇다고 해도 해당 개체들에게는 감정적인 문제이기도 하다. 사실 포유류의 경우 그런 행위를 보인 사례가 더 드물게 나타나는데, 그 이유는 경쟁 행위가 대부분 굴 같은 은신처에서 발생해 우리가 관찰할 수 없기 때문이다. 다만 갈라파고스물개와 점박이하이에나도 동기를 죽이는 사례가 기록에 남아 있다. 일반적으로 이성 간에 비해 동성 간의 공격성이 더 흔하고 치열하다.

2023년 봄, 스페인 연안의 지브롤터 해협과 스페인 북서부 갈리시아 인근에서 범고래들이 배를 전복시키려 한 행동이 세계적으로 화제가 됐다.[67] 그중 한 상황에서는 범고래 세 마리가 함께 요트를 들이받아 전복시키려고 했다. 일부 범고래 전문가들은 암컷 범고래가 지나가던 선박에 부딪힌 트라우마로 이런 사건이 일어난 것이라고 보았다. 즉 범고래들이 사고로 '열 받은' 나머지 보복 행위를 벌였다는 것이다. 스페인의 동물행동학자 다비드 니에토 마세인은 그 의견에 동의하면서 2023년 5월 다음과 같은 이메일을 내게 보내왔다.

> 저는 개인적으로 이 범고래들을 알고 있습니다. (중략) 사실 이들 고래는 처음에 불법 포획 어선에 접근했는데, 참치가 잡혔는지 보려고 했던 게 분명합니다. (중략) 그런데 이 어선의 선원들이 작살과 전기 충격 장비를 사용해서 접근하는 범고래들에게 심한 부상을 입혔습니

다. (중략) 그때부터 두 범고래가 그 어선과 형태와 크기가 비슷한 다른 선박들을 공격했고, 점차 무리의 다른 고래들도 그 행동을 보고 배워서 따라 하게 된 거죠. (중략) 어선의 선원들이 여러 차례 그들에게 부상을 입히면서 범고래들은 분노했고 이를 멈추려고 비슷한 형태의 선박들을 공격한 겁니다. 선박이 고래의 공격을 회피할수록 그들은 더욱 포악해집니다. 그렇지만 고래들은 제 친구가 탄 배에는 아무 문제 없이 친근하게 다가오곤 하죠.

마세인이 실제 상황을 관찰해서 생생하게 전했음에도, 어떤 이들은 범고래의 공격은 사실상 새로운 놀이 형태로, 고래들이 그저 그런 상황을 즐기고 있었던 것이라 주장했다. 사실 여기에는 인간의 행동과 마찬가지로 여러 동기가 복합적으로 작용했을 수 있다. 그러나 범고래의 행동이 일견 소란스럽게 싸우는 방식의 놀이라 할지라도 공격성을 띠는 행동인 것은 틀림없다. 내가 보기에는 두 견해 모두 일리가 있다. 여기서 또 한 가지 흥미로운 점이라면, 범고래들이 선박을 공격할 때 점차 전략을 바꿔 나간 것으로 보이며, 그 새로운 전략이 주변의 다른 고래들에게도 확산됐다는 사실이다.

심술궂은 닉: 어느 비열하고 고약한 개코원숭이

케냐 마사이마라 국립 보호구역의 동남쪽 경계 부근에 닉이라는 올리브개코원숭이가 살고 있었다. 녀석은 사춘기 무렵 '숲속 부대'라고 알려진 무리에 합류했는데, 그때부터 이미 녀석의 표정에는 경멸감이 드러나 있었다. 《Dr. 영장류 개코원숭이로 살다》에서 닉을 묘사한 스탠퍼드 대학교의 세계적인 석학 로버트 새폴스키 교수는 적어도 그렇게 보았다.[68] 새폴스키의 설명에 따르면, 닉은 무리의 또래 집단을 장악했으며 "자신감이 넘쳤고 좀처럼 주눅 들지 않았고 비열하게 행동했다." 한번은 닉과 루빈이라는 개코원숭이가 싸우다가 루빈이 참패하고는 항복의 신호로 엉덩이를 치켜들었다. 닉은 항복한 루빈에게 다가가서 짐짓 엉덩이를 살펴보는가 싶더니 날카로운 이빨로 엉덩이를 깨물어버렸다. 새폴스키는 동물의 행동을 묘사할 때 의인화 여부와 상관없이 특유의 유려하고 꾸밈없는 표현으로 잘 알려져 있는데, 닉에 대해서도 역시 직설적으로 묘사했다.

> 이 녀석은 정말 행실이 좋지 않았다. (중략) 그는 암컷들을 희롱하고 어린 원숭이들을 폭행했으며, 나이 든 검스와 림프를 못살게 굴었다. 어느 날 일어난 사건은 잊을 수가 없다. 루스가 저지른 어떤 행동에 대해 닉이 불평하고 있었고 불쌍한 루스는 겁에 질려 있었다. 닉은 나무 위로 달아나는 루스를 쫓아갔다. 그런 상황에서 암컷 원숭이는 일반적으로 수컷보다 작은 체구가 드물게 도움이 되는 상황을 활용한다. 즉 암컷은 가느다란 나뭇가지로 달아나면 더 큰 덩치의 수컷이 접근하지 못한다는 사실을 이용해 가지 끝까지 달아나 필사적으로 매달린다. 그런 경우 암컷을 놓친 수컷이 전형적으로 보이는 행동은 적어도 암컷을 궁지로 몰아넣었다고 판단하고 암컷이 아슬아슬한 가지에 매달려 소리 지르도록 내버려두다가 따분해지면 자리를 떠나는 것이다. 그래서 루스는 닉이 뒤쫓는 가운데 온 힘을 다해 나무 위로 기어올라 안전한 나뭇가지 끝으로 달아났다. 그러자 닉은 곧장 루스가 매달린 가지 바로 위의 더 굵은 가지로 올라가 루스의 머리에 대고 오줌을 갈겼다.

닉은 불한당이었지만 '다윈의 악몽Darwin's nightmare(영화 제목이기도 하다. 다윈의 자연선택 이론을 부정적이고 극단적인 방식으로 해석해서, 생존을 위한 무자비한 경쟁이나 자연에서의 잔혹성과 같은 진화론의 어두운 특성을 의미한다—옮긴이)'의 관점으로는 경쟁력을 갖춘 개체였다. 또한 짜증나게 영리하기도 했다. 닉에 관한 또 다른 에피소드는 새폴스키가 행동생리학 실험의 일환으로 작은 화살을 이용해 루빈에게 진정제를 투여했을 때의 일이다. 화살로 진정제를 투여한 개체는 의식을 잃게 되어 새폴스키와 현장 연구팀이 그 개체를 쉽게 다룰 수 있게 된다. 그날의 실험 목적은 대상 개체의 지배 서열, 성향, 생리학적 특성 사이의 관계를 파악하는 것이었다. 그런데 루빈이 서서히 약에 취해가고 있을 때 닉이 나타나 루빈에게 다가갔다. 루빈은 고개를 들어 닉을 보고는 두려움으로 얼굴을 찌푸렸다. 그러자 닉은 루빈의 어깨에 한 손을 얹고 다른 손을 루빈의 엉덩이에 갖다 대고서 상체를 뒤로 젖히며 '와후'라고 외쳤다. 녀석은 그 자세로 가만히 있다가 의기양양하게 덤불 속으로 돌아갔다. 새폴스키는 이렇게 썼다. "믿을 수가 없었다. 그 자식은 방금 내가 쏜 화살을 이용해 먹은 것이다."

분노라는 감정이 항상 생존 경쟁의 수단이거나 노골적으로 비열함을 드러내는 수단이라고 말하려는 것이 아니다. 가령 사우디아라비아에서 한 남자가 차로 개코원숭이를 치어 죽게 한 일이 있었다.[69] 그러자 개코원숭이 부대가 그 도로가에 모여들어 같은 운전자가 다시 나타날 때까지 사흘을 기다렸다. 그 운전자가 탄 차가 원숭이 무리를 지나가자 한 녀석이 소리를 질렀고 모든 개코원숭이가 차를 향해 돌을 던져 앞 유리창을 박살 내고 말았다.

침팬지를 놀리지 말아요

동물의 분노와 관련해 마지막으로 소개할 에피소드는 경고의 내용을 담고 있다. 캘리포니아 대학교 산타크루즈 캠퍼스에서 일하는 해양생물학자 론 슈스터먼은 어린 수컷 침팬지 프란츠의 이야기를 들려주는 것을 좋아한다.[70] 프란츠는 실험실에서 키우는 침팬지였는데 배설물을 던지는 행위로 유명했다. 프란츠가 가장 좋아하는 타깃은 론의 친구 래리였다. 하루는 래리가 프란츠의 우리가 말끔히 치워져 배설물이 없는 것을 눈치채고 프란츠를 이렇게 놀리기 시작했다. "나 잡아봐라. 약 오르지롱." 래리가 자신을 놀리는 내내 쳐다보기만 하던 프란츠는 래리가 놀리는 것을 그만두자, 몇 분 전에 먹어서 이미 어느 정도 소화된 먹이를 토해내 래리의 몸에 정면으로 집어던졌다. 프란츠는 승리의 춤을 추며 겅중겅중 뛰어다녔다.

자폐증을 앓는 코요테나
조울증에 걸린 늑대도 있을까?

이 사안을 대개 간과하는 경우가 많아서 이 장을 마무리하며 마지막 질문을 이렇게 던져보려 한다. 만일 동물들이 인간이 느끼는 감정 중 대부분은 아니더라도 많은 종류를 느낄 수 있다면, 인간처럼 정신 장애가 있는 동물도 존재할까? 다양한 종의 동물 개체가 자유롭고 공공연하게 감정을 드러내는 모습을 관찰하다 보면, 종종 '예외적'으로 보이는 개체들이 있다. 예컨대 어린 개체를 관찰하면, 이따금 그저 놀이 자체를 이해하지 못하는 듯 보일 때가 있다. 해리라는 새끼 코요테가 기억나는데, 해리는 한배에서 난 다른 동기들과 달리 놀이 신호에 반응하지 않았다. 또한 많은 경우에 플레이 바우를 사용하지도 않았으며, 놀이를 어떻게 시작하는지 실마리를 잡지 못하는 것 같았다. 심지어 어쩌다가 놀이에 끼게 되더라도 노는 법을 몰랐다. 동일한 종이라도 각 개체의 행동은 다양하게 나타날 수 있다고 보았기에 나는 해리의 행동이 그리 놀랍지 않았고 오랫동안 그저 개체의 다양성에 따른 것이라고 여겼다.

그러다가 몇 년 전 누군가가 내게 자폐 증상을 보이는 동물이 존재하는지 물었고, 그때 나는 해리의 행동을 떠올리며 그 질문에 확실한 대답을 줄 수 없다는 사실을 깨달았다. 왜냐하면 인간에게 자폐 증상이 나타나는 것처럼, 동물도 자폐라고 부를 만한 질환을 앓을 가능성이 있기 때문이다. 어쩌면 해리가 자폐증에 걸린 코요테였을 수도 있다. 임상 심리학자 사이먼 배런 코언이 행동학 연구를 통해 인간의 자폐에 관해 크게 진일보한 성과를 이루었고, 동물행동학자 니코 틴버겐이 결국 연구 주제를 자폐성 연구로 전환했기에, 실제로 인간과 동물의 자폐를 관련지을 만한 유용한 연관성이 있을 수도 있다.[71]

그 외에도 기억나는 동물들이 있다. 조라는 덩치 큰 수컷 코요테는 마치 온 사방을 휘젓고 다니는 듯 보였다. 조는 종종 명확한 이유 없이 심술이 난 듯 침울하게 서성거리다가 갑자기 세상만사 다 잊은 듯 행복해 죽겠다는 모습으로 마구 뛰어다니곤 했다. 그리고 조와 유사한 행동을 보인 어린 늑대 루시도 있다. 루시는 어느 날에는 '정상적'으로 전형적인 늑대의 행동을 보였고, 또 어느 날에는 몹시 흥분하거나 아니면 축 늘어진 모습이었다. 다른 학자들 역시 관찰 대상 개체 중 하나가 이따금 매우 비정상적인 행태를 보일 때가 있다고 말한다.

그러나 우리는 그렇게 비정상적인 개체들에게 자폐나 양극성 장애(조울증)가 있으리라고는 전혀 생각해보지 않았다. 야생 동물이든 가축이든 PTSD 증상을 보일 수 있다는 점은 이미 앞서 언급한 바 있다.

아마 이 문제도 진화적 연속성과 감정에 관한 여러 논의에서 크게 벗어나지는 않을 듯하다. 앞서 언급했듯이, 많은 연구를 거친 동물행동학자들과 심리학자들은 이제 코끼리들도 인간과 마찬가지로 심리적 트라우마를 겪고, 치유되는 과정을 겪으며, PTSD를 앓을 수도 있다는 사실을 인정한다(코끼리의 뇌에는 거대한 크기의 해마가 존재하는데, 이는 감정 처리에 중요한 변연계에 속하는 영역이다). 그렇다면 동물의 자폐 증상이나 양극성 장애를 어느 범위까지 포함시켜야 할까? 개가 다양한 종류의 심리적 장애를 진단받은 사례는 많다. 따라서 야생의 갯과 동물이나 다른 동물에게서 동일한 사례가 나타나지 않는다고 볼 아무런 이유가 없다.

다음 장에서는 보다 흥미로운 주제에 대해 알아보자. 동물에게는 도덕적 감수성이 있고, 그 감수성이 우리 인간이 보이는 도덕적 행동의 진화적 전조라는 것이다.

4장

동물들 사이에도 의리가 있는가

✴

: 야생에서 펼쳐지는 정의와 공감, 그리고 공정한 행동[1]

가장 동정심 많은 개체를 가장 많이 보유한 집단이 가장 번성하고 가장 많은 후손을 남기게 될 것이다.

_찰스 다윈2

나는 오랫동안 동물의 놀이 행동에 관심이 많았다. 시시한 연구 분야라고 생각할지도 모르겠다. 내가 처음 이 연구를 시작했을 때 대다수 동료가 분명 그렇게 말했으니까. 그러나 나는 놀이에 참여하는 개, 코요테, 늑대의 영상을 오랜 기간에 걸쳐 분석하면서 그들이 왜 그런 방식으로 놀이를 하는지 이해하려고 노력한 끝에 몇 가지 중대하고도 궁극적으로 놀랄 만한 질문을 제기하게 됐다. 동물들은 놀이에서 정정당당하게 행동하는가? 그들은 싸움이나 짝짓기가 아닌 놀이를 하기로 서로 합의하는가? 그리고 그런 합의에는 서로 신뢰하겠다는 합의뿐만 아니라 놀이 중에 서로에게 협조하고, 잘못을 저질렀을 경우 잘못을 인정하고 사과와 용서를 하겠다는 내용도 자동적으로 포함되는가? 잘못을 저질렀을 경우 어떤 결과를 초래하는가? 만일 동물이 불리한 입장이 되거나 부당한 대우를 받는 상황에 대해 부정적인 반응을 보인다면, 그것이 곧 동물이 정의나 옳고 그름, 선악에 대한 감각을 지닌다는 사실을 나타내는가? 다시 말해, 동물은 도덕적인 존재라는 의미인가? 그리고 동물이 서로에게 공감하고 서로 이익을 주고받는 것과 같이 다양한 형태의 인지적, 감정적 능력을 지닌다는 사실에 더해 만일 정의감도 갖는 것으로 나타난다면, 인간과 다른 모든 동물 간의 차이는 종의 차이가 아니라 정도의 차이라고 결론 내릴 수 있는가?

마지막으로, 만일 이 모두가 사실이라면, 결국 인간의 도덕성은 진화에 따른 특성인가? '공정한 행위'는 진화상의 적합성을 의미하는가? 즉 도덕의식을 지닌 개체의 번식 적합성이 그보다 덜한 개체에 비해 우월한가? 달리 표현하자면, 착한 이들과 그들의 유전자가 가장 오래 살아남는가? 가장 상냥하고 선한 이들이 끝까지 살아남는가?

이런 질문들은 실로 중대한 문제지만 풀어내기가 복잡하고 난해하다. 그러나 다양한 연구를 통해 '동물들만의 의리'가 존재한다는 사실을 직접적으로 보여주는 증거들이 늘어나고 있다. 발표된 연구 중 많은 내용은 주로 포괄적인 비인간 영장류를 대상으로 한 것이지만, 사회성을 지닌 육식 동물을 대상으로 한 연구에서 수집된 데이터 역시 도덕 행동이 우리가 생각했던 것보다 더 광범위하게 동물 세계에 퍼져 있다는 점을 설득력 있게 보여준다.

나는 그동안 사회성을 지닌 육식 동물(늑대, 코요테, 붉은여우, 개)의 놀이를 장기적으로 연구해왔다. 그 연구 결과를 토대로, 이제는 비인간 영장류 외에도 일부 동물이 도덕적 감각을 지녔을 가능성이 있다고 더욱 강력하게 주장할 수 있다고 보며, 실은 그 점을 확신한다. 노벨상을 받은 니코 틴버겐이나 저명한 현장 생물학자인 조지 샬러와 같은 다른 동물행동학자들도 영장류 연구보다는 사회성을 지닌 육식 동물 연구를 통해 인류의 행동이 진화해온 과정에 대해 더 많은 것을 알아낼 수 있으리라 강조한다.[3] 왜냐하면 많은 육식 동물의 사회적 행동 및 사회 조직에서 나타나는 여러 중요한 방식—분업, 먹이 분배 방식, 어린 개체를 돌보는 방식, 동성 및 이성 간의 서열 관계—이 초기 인류의 방식과 닮아 있기 때문이다. 이런 사실을 감안한다면, 우리는 사회적인 육식 동물을 연구함으로써 동물의 도덕 행동에 담긴 뉘앙스를 파악할 단서를 얻을 수도 있다.

따라서 이제 이 장의 본론으로 들어가 놀이가 어떻게 도덕성에 관한 논의와 연관되는지 자세히 살펴보자. 우선, 동물들의 놀이에는 상호 간에 반드시 지켜야 하는 여러 규율이 있고, 만일 이 규율을 어기게 되면 놀이는 건전하게 지속되지 못한다. 동물들의 놀이는 인류의 보편적 가치, 즉 "남에게 대접받고자 하는 대로 남을 대하라"라는 황금률을 따르는 것으로 보인다. 이 규율을 따르려면 공감 능력(상대의 기분을 감지하는 능력)을 지녀야 하며, 상호 간의 이익 교환(상대도 동일한 규율을 따른다고 가정했을 때 상대에게 베푼 호의에 대해 보상을 받는 것)이 가능해야 한다. 게다가 사회적 상황에서 보면, 놀이에 잘 참여하지 못하는 동물은 잘 참여하는 동물에 비해 규율을 따르는 데 어려움을 겪는 것으로 보인다. 어쩌면 다윈이 매우 정확하게 짚었는지도 모른다. 다윈은 협력할 줄 알고 공감할 줄 아는 개체들이 그렇지 못한 개체에 비해 번식 성공률이 높아짐에 따라 개체의 생존 확률도 높아지고 자손을 더 많이 퍼뜨릴 수 있다고 추측했다.

이 장의 끝에서 나는 이로써 우리가 동물과 우리 자신을 어떻게 이해할지에 대해 새로운 패러다임을 설정해야 한다고 제안할 것이다. '적자생존Survival of the Fittest'은 원래 생존 경쟁에서 가장 성공적으로 살아남은 개체를 가리키는 표현이지만, 사실 협력이야말로 경쟁만큼이나 혹은 경쟁보다 더욱 중요한 가치를 지닌다고 볼 수 있다. 어떤 종이든 각 개체가 살아남으려면 협력과 경쟁이 모두 필요하다. 다만 사회성을 지닌 종들의 경우 (독립생활을 하는 종들과는 대조적으로) 가장 협조적인 개체가 진화 경쟁에서 '승리'를 거둘 가능성이 매우 높기에 경쟁보다는 협력이 개체의 생존에 훨씬 큰 역할을 할 수도 있다.

우리는 협력 행동의 중요성, 그리고 협력과 야생 속 정의의 관계에 대해 아직 더 많은 것을 알아내야 한다. 실제로 20년 전만 해도 동물의 도덕성을 거론하면 당장 사람들은 눈살을 찌푸리거나 실소를 일으키며 회의적인 반응을 보이곤 했다. 이 책의 초판이 출간됐을 당시 제시카 피어스와 나는 이 문제에 대해 공동 연구를 진행하고 있었고 그 구체적인 내용을 2009년 출간된 《야생의 공정함Wild Justice》에 담았다. 그간 도덕성은 인류만이 주장할 수 있는 배타적인 특성으로, 때로는 우리의 인간성을 핵심적으로 정의하는 가치로도 여겨졌다. 그래서 제시카와 내가 사실상 이 특성은 다른 종들도 갖출 수 있다는 발상을 내놓았을 때 일부 학자들을 비롯한 여러 사람의 완강한 저항에 직면해야 했다.

그러나 더욱더 많은 생물학자, 신경과학자, 철학자, 동물행동학자가 도덕성이란 많은 종이 진화적으로 발달시켜온 포괄적인 적응 전략일 수도 있다는 생각을 하기 시작했다. 동물의 도덕 행동이 인간의 도덕 행동과 같다는 뜻이 아니다. 그보다는 '도덕성'에 기인해서 나타나는 현상은 사회적인 개체의 삶에서 생물학적으로 다양한 필요에 따른 것이라는 가설을 제시하는 것이다. 우리의 감정과 마찬가지로 협력, 공감, 공정, 정의, 신뢰와 같은 도덕성의 기본 요소들 역시 우리가 조상으로부터 물려받은 귀한 유산이다.

도덕과 윤리 구별하기

더 심도 있게 들어가기 전에, 내가 제안하지 **않는** 것이 무엇인지 확실히 해둘 필요가 있다. 철학에서는 때때로 도덕과 윤리가 서로 다른 개념이라고 본다. 윤리학은 도덕적 신념 및 행동에 관한 철학적 연구를 의미한다('도덕철학'에 해당한다). 또 옳고 그름이나 공정함의 미묘한 문제를 놓고 깊이 고찰하는 과정이다. 그래서 왜 공정함이 존재하는가, 그리고 왜 특정한 행동만을 '공정하다'고 여기는가와 같은 질문은 윤리적 질문에 해당한다. 따라서 내가 이 장에서 주장하는 바는 일부 동물 사회에 행동에 관한 도덕률이 존재한다는 것이지 동물들에게도 윤리가 있다는 것이 아니다. 그러니까 동물들이 우두커니 앉아 앞발로 턱을 괸 채 마치 로댕의 〈생각하는 사람〉처럼 세상을 관조하며 '왜 선善은 선인가' 같은 문제를 사색할 거라 보지는 않는다. 우리가 아는 한, 윤리적 고찰은 인간에게만 두드러지게 나타나는 현상이다.

도덕moral이라는 단어는 14세기에 처음 등장했는데, 라틴어로 '습관'이라는 뜻인 **mos**라는 단어의 확장형이다. mos는 사회 구성원으로서 한 개인의 바람직한 행동을 의미하며, 특히 그 태도를 가리킨다. 가장 기본적인 형태의 도덕은 '사회 친화적' 행동 양식, 즉 타자의 행복과 이익을 증진하는(적어도 저하시키지 않는) 것을 목적으로 하는 행동 양식으로 볼 수 있다. 도덕은 근본적으로 **사회적** 현상이기 때문에 여러 개체 간의 상호 작용 과정에서 발생하며, 복잡하게 뒤얽힌 사회관계를 한데 묶어주는 역할을 한다. **도덕성**morality이라는 단어는 점차 옳고 그름의 차이와 선악의 차이를 구분할 줄 아는 능력을 함축한 표현으로 쓰이게 됐다.

도덕성은 동물 세계에서 나타나는 다양한 형태의 사회적 행동 양식과 관련된다. 다시 말해, 각 개체가 무리 내에서 어떻게 행동할지에 관한 일련의 규칙들이 내면화된 것이다. 도덕적 행동으로는 협력, 상호 이익 교환, 공감, 도움이 있지만 여기에 국한되지 않을 수도 있다. 도덕성에는 감정적(혹은 심리적) 요소와 더불어 인지적 요소가 포함된다. 제시카 피어스는 인간은 다양한 규제 메커니즘을 통해 도덕성을 경험하게 되고 그것이 행동으로도 이어진다고 본다. 그런 규제 메커니즘으로는 화, 분노, 죄책감, 양심의 가책, 수치심, 평판, 외면, 응징, 기쁨, 사랑, 혐오, 욕망 등이 있다. 동물의 경우 도덕성을 어떻게 실행에 옮기고 규제하는지에 대해서는 더 많은 연구가 필요하다.

공정함이란 무엇인가

동물들은 놀이 과정에서 공정성을 드러내며 부당한 행동에는 부정적인 반응을 보인다. 이때 '공정성'은 한 개체가 갖는 특정한 사회적 기대치에 관한 것이지, 옳고 그름을 판단하도록 보편적으로 정의된 기준이 아니다. 만약에 내가 어떤 친구가 나와 놀아주기를 기대했는데 그 친구가 나의 기대에 부응해 '놀이'를 하기는커녕 공격적인 태도로 우쭐대거나 나를 폭행했다면, 나는 그가 사회적 결례를 범한 것이라 판단해서 내가 공정하지 못한 대우를 받았다고 여길 것이다. 우리는 동물의 사회적 놀이 행동의 구체적인 방식 및 역학 관계를 연구하면서, 동물들이 느끼는 공정함에 대한 감각도 이와 유사하게 나타난다는 사실을 발견했다.

가령 동물들이 사회적인 기대를 품는다는 사실을 알 수 있는 사례를 보자. 동물들은 놀이 중에 상황이 '옳은' 방향으로 진행되지 않을 때 놀라움을 표현하며, 이때 추가적인 의사소통이 있어야만 놀이는 계속 진행될 수 있다. 만약 개들이 어울려 놀던 중에 한 녀석이 지나치게 적극적이거나 공격적인 태도를 보일 때, 또는 짝짓기를 시도하려 할 때 다른 개들은 마치 무엇이 '잘못됐는지' 궁금하다는 듯이 고개를 옆으로 갸웃거리며 실눈을 뜨고 바라볼 것이다. 놀이의 한 구성원이 신뢰를 어기면 놀이는 중단된다. 하지만 이때 그 개체가 계속 함께 놀자는 의미의 플레이 바우 같은 몸짓으로 '사과'를 하게 되면 놀이는 재개된다.

이처럼 사회적 행동은 '공정성의 토대'에 기반을 둔다. 동물들은 놀이에 참여하려는 개체들이 서로 협조하기로 합의할 때, 놀이 외에 다른 제안이 없을 때, 그리고 놀이 중에는 각자의 신체 조건을 고려하고 서열 관계를 무시하기로 할 때만 놀이를 시작한다. 나중에 살펴보겠지만, 체구가 서로 다른 동물들도 함께 어울릴 수 있으며, 서열이 서로 다른 개체들도 함께 어울릴 수 있다. 다만 구성원 중에 자신의 우월한 체력이나 지위를 이용하려는 개체가 있는 경우에는 그렇지 않다.

동물에게도 도덕성이 있다

사람들이 '도덕적인 동물'이라는 발상을 거부할 때 상반되는 신념을 내세우는 경향이 있다. 도덕성이라는 미덕을 갖춘 축복받은 존재는 틀림없이 인간밖에 없다는 논리, 아니면 인간을 비롯한 모든 동물은 애초에 도덕 관념이라고는 없는 존재라는 논리다. 여기서 양쪽의 관점을 간략히 소개하려고 한다. 왜냐하면 우리가 열린 마음으로 동물을 있는 그대로 바라보는 데 두 관점 모두 방해가 될 수 있기 때문이다.

인류를 모든 다른 생명체보다 우월하게 보는 이들은 동물이 도덕성을 지녔을 가능성을 제기하는 것을 위협적이라고 느낀다. 인간만의 특별하고 고유한 지위를 해친다고 생각하기 때문이다. 인류가 가장 도덕적인 존재라는 생각은 대개 종교로부터 나온 것이어서, 동물이 도덕적일 수 있다는 주장은 깊이 품은 종교적 믿음에 대한 위협으로 인식될 때도 있다. 하지만 이는 사실이 아니다. 인간이 특별한 존재라거나 누구도 특별한 존재가 아니라는 식의 이분법적인 발상이 아니기 때문이다. 인간은 윤리적인 존재로 정신적인 자각 능력이 있고 동물들은 도덕률을 행동으로 드러내므로 두 가지 발상 모두 옳은 것일 수 있다.

동물이 도덕적 존재라는 가설로 위협받는 단 한 가지는 우리가 가진 '인간의 본성'을 오로지 도덕성으로만 정의할 수 있다는 믿음이다. 내 생각에 우리 인간을 동물로부터 구별 짓는 것은 '인간의 본성'이라는 개념을 떠올릴 수 있는 우리의 능력이다. 앞서 언급했지만, 개들은 그저 개들일 뿐이고, 아마도 그들은 자신이 가진 '개의 본성'을 곰곰이 생각해보지 않을 것이다. 다만 개들은 다른 개가 신뢰에 어긋나는 행동을 할 때 그것을 인지하는 능력이 있어서 그 개를 창피하게 여기거나 앞으로 피해 다니려고 할 수는 있다. 사실상 동물들이 도덕성이 발달한 존재라고 가정하는 것이 진화적 관점에서 일리가 있으며, 인간을 다른 동물들로부터 분리하곤 했던 특성이 실제로는 인간과 동물의 관계를 더욱 가깝게 해준 사례는 예전에도 있었을 것이다.

가령 예전에는 도구를 사용하는 능력을 인간만의 고유한 능력이라고 여겼다. 하지만 제인 구달의 획기적인 발견 이후 이제는 많은 종의 영장류를 비롯해 개, 까마귀, 쥐와 같은 동물도 도구를 만들어 사용할 줄 안다는 사실을 알게 됐다. 오마하 동물원에 살던 푸만추라는 오랑우탄은 철사를 사용해서 우리의 자물쇠를 따고 다른 오랑우탄 친구들과 함께 탈출한 적이 있다.[4] 푸만추는 철사를 입술과 잇몸 사이에 숨겨두었다가 탈출에 사용했는데, 정작 우리에서 벗어난 오랑우탄 중 누구도 동물원 밖으로 빠져나가지는 않았다. 대신 동물원 경내의 다른 장소를 돌아다녔고 특히 코끼리 우리 근처에 있던 느릅나무 주위를 배회했다. 유사한 사례로, 야생 고릴라들이 밀렵꾼이 설치한 덫을 해체하는 모습이 관찰된 적도 있다.[5] 르완다의 한 숲에서 응위노라는 고릴라가 밀렵꾼의 덫에 걸려 목숨을 잃은 후, 어린 고릴라였던 수컷 르웨마와 암컷 두코레는 함께 나가 숲 여기저기에 있던 덫을 망가뜨려버렸다.

동물의 도덕성을 부정하는 두 번째 논리를 살펴보자. 동물행동학회Animal Behavior Society가 주관한 한 학회의 친목 파티에서 동료 학자들과 담소를 나누고 있었는데, 한 유명한 학자가 내가 동물의 도덕성에 대해 이야기하는 것을 듣다가 결국 머리를 긁적이며 자리를 떴다. 아마 내가 맥주를 너무 많이 마셨다고 생각한 것 같다. 내 얘기가 특히 그의 심기를 불편하게 한 이유는 인간이 날마다 보여주는 온갖 비도덕적인 행동들 때문이었다. 그는 이렇게 외쳤다. "그러니까 우리 인간도 도덕 관념이 ×××만큼도 없는데 어떻게 동물의 도덕성을 거론할 수 있는 겁니까?"

어떤 면에선 그의 말이 옳다. 인간은 이기적이고 부당한 행동을 하고 무신경한 존재일 수 있으며, 인간의 도덕률도 이기적인 위선으로 작용할 때가 있다. 그저 뉴스 헤드라인을 슬쩍 보기만 해도 알 수 있다. 일가족을 살해한 강도의 행위는 용납할 수 없지만, 정당방위의 살인이나 머나먼 곳에서 일어나는 '정당성을 부여받은' 전쟁은 눈감아준다. 인간은 거짓말을 하고 남의 것을 훔치고 속임수를 쓰며, 자신의 행위를 정당화하면서 절대 '잘못'이라고 느끼지 않는 법도 알고 있다. 가끔 나는 어떻게 도덕적으로 인간이 다른 동물들보다 '우월한' 존재라고 생각할 수 있는지 이해하기 어렵다.

하지만 인간의 부도덕한 면모를 찾기란 인간의 친절함, 연민, 관대함의 사례들을 찾는 것만큼이나 쉬운 일일 뿐이다. 동물들이 공정한 행위와 부당한 행위를 모두 보여줄 수 있는 것처럼, 인간 역시 도덕적인 행위와 전혀 도덕적이지 않은 행위를 모두 보여줄 수 있다. 나는 동물이 인간보다 도덕적인 존재라고 주장하는 것이 아니다. 다만 많은 종의 동물에게도 비록 정도의 차이는 있지만 각각의 행동 양식에 대한 사회적 기준이 존재한다고 본다. 각 개체는 그들 사회가 제시한 기준을 따를 수도 있고 위반할 수도 있지만, 그들은 그 기준을 이해하고 있고 자신의 행위에 따른 결과가 생기는 것도 알고 있다. 나는 개와 침팬지의 도덕이 같다거나 침팬지의 도덕이 인간의 도덕과 같다는 식으로 주장하는 것도 아니다. 다만 우리가 다른 동물들의 행동을 면밀히 연구하다 보면, 인간의 도덕이라고 부르는 것의 진화적 뿌리를 찾게 될 것을 믿어 의심치 않는다.

제롬과 퍼드

개들의 놀이

몇 년 전 내가 가르치던 학생 중 한 명인 조시가 전화를 걸어와 매우 들뜬 목소리로 다음의 이야기를 들려주었다. 그가 키우던 50킬로그램이 넘는 거구의 말라뮤트 제롬이 노는 모습을 관찰한 내용이었다.

> 오늘 마운트 사니타스Mount Sanitas에서 정말 굉장한 광경을 목격했어요. 제롬이 퍼드라는 낯선 개와 함께 놀고 싶어 했는데, 퍼드는 몸집이 제롬의 반의반밖에 안 됐죠. 제롬은 우선 플레이 바우로 시작해 짖기도 하고 꼬리를 흔들고 벌러덩 몸을 뒤집었다가 뛰어오르고 다시 플레이 바우를 했지만 죄다 소용이 없었어요. 퍼드는 놀랄 만큼 무관심한 태도로 그저 우두커니 서 있었어요. 그러다 일 분쯤 후 제롬이 조금 전에 큰 개가 볼일을 본 덤불에 코를 박고 킁킁대고 있었는데, 퍼드가 어슬렁대며 다가가서는 제롬의 목으로 덤벼들어 세게 물어버리는 거예요. 몸집이 작다 보니 발이 땅에서 떨어져 허공에 대롱대롱 매달린 형국이었죠. 그 광경을 보며 저는 생각했어요. '제롬이 저 조그만 악마 녀석을 죽여버릴 거야.'
>
> 그런데 무슨 일이 일어났는지 아세요? 제롬은 등에 파리라도 붙었다는 듯이 퍼드를 떨쳐내더니, 몸을 돌려 다시 플레이 바우를 한 뒤 그 작은 녀석의 머리를 부드럽게 깨물었어요. 그런 다음 둘은 30분가량 함께 어울려 놀았어요. 노는 동안 제롬은 단 한 번도 과하게 적극적이거나 불공정한 행동을 하지 않았어요. 제롬은 퍼드를 가볍게 깨물거나 바닥에서 구르고, 친구가 된 녀석의 머리를 살짝 건드리거나 쳐

보기도 했죠. 그러다가 놀이가 다소 격해지면 퍼드가 꼬리를 내린 채 물러서서 고개를 양옆으로 갸웃거렸어요. 이제 죽었구나 싶었겠죠. 하지만 제롬이 다시 플레이 바우로 응답했고 놀이는 계속됐어요. 제롬은 조그만 친구와 어울리려면 자신이 상냥하고 공정한 태도를 보여야 한다는 걸 아는 것 같았어요. 퍼드와 제롬은 서로가 무엇을 원하는지 알고 있었고 서로에게 협력했죠. 와, 개들은 진짜 영리해요. 믿기 힘들 만큼 영리하다니까요.

조시는 훌륭한 학생이었다. 그는 동물들의 놀이 '언어'(나중에 다시 설명할 것이다)를 이해하고 있었기 때문에 이 두 친구의 놀이 과정과 그들만의 대화를 모두 '읽어낼' 수 있었다. 하지만 내 생각에는 이 어울리지 않는 두 녀석의 행동을 몇 분이라도 지켜보았다면 누구든 그들이 싸우는 것이 아니라 놀고 있다는 것을 알아차렸을 거라고 본다. 마치 두 소년이 서로 뒹굴고 있는 광경을 멀리서 보더라도 그들이 서로를 공격하는지 아니면 그저 장난을 치는지 알 수 있는 것처럼 말이다. 왜냐하면 동물들이 함께 놀 때는 놀이에 참여하는 데 모두가 동의해야 하기 때문이다. 그들은 서로에게 협조하고 공정하게 행동해야 하며, 이때 사용되는 협력의 언어는 알아차리기가 쉽다. 또한 놀이 중에 협력과 공정한 행동이라는 규칙이 위반된다면 놀이는 그저 중단되는 것이 아니라 더 이상 지속될 수 없다. '비협조적인 놀이'란 실현될 수 없는 모순적 표현이다. 놀이가 동물의 도덕적 삶을 생생하게 들여다볼 수 있는 투명한 창인 이유가 바로 여기에 있다.

놀이란 무엇인가

내가 동물의 놀이를 연구할 때 대상으로 하는 동물은 개와 더불어 야생의 갯과 동물인 코요테와 늑대가 주류를 이룬다. 따라서 여기서는 내가 가장 잘 아는 이 동물들을 중점적으로 살펴보겠지만, 동물의 놀이 및 사회적 도덕성에 관해서라면 다른 동물의 경우에도 나의 관점을 뒷받침할 만큼 충분한 사례가 존재한다. 새끼 고양이, 침팬지, 곰, 쥐 역시 지칠 때까지 놀기를 좋아하는 동물들이며 이외에도 많다.

오래전 이 장의 내용을 처음 집필하던 당시, 거의 매일 아침 연구실 창밖에서 붉은여우 두 마리가 노는 모습을 관찰할 수 있었다. 한 녀석이 플레이 바우로 상대에게 놀이를 청하고 상대도 그것에 응답하면 그때부터 둘은 함께 뒹굴기 시작했다. 둘은 뒷다리를 힘껏 박차며 뛰어오르는가 하면 짖어대고 난투극을 벌이다가 서로의 뒤를 쫓기도 하고 잠시 숨을 돌렸다가 다시 놀이를 시작하곤 했다. 만일 한 녀석이 너무 세게 물어버려 놀이가 잠시 중단되면 둘은 놀이를 지속하는 데 문제가 없는지 확인하기 위해 서로 쳐다보다가 다시 즐겁게 뛰놀기 시작했다. 둘은 놀이의 규칙에 따라 공정함이 유지되도록 서로 타협하고 있었던 것이다. 놀이가 이들의 협상 내용에 따라 진행되기만 하면 그들은 놀이가 꽤 격렬해지더라도 여유로웠다. 왜냐하면 둘은 서로 같은 목적을 가졌으며 서로 상대에게 해를 가하지 않을 것을 알고 있었기 때문이다.

나는 놀이의 다섯 가지 특징을 '놀이의 5S'라고 칭한다. 즉 정신spirit, 균형symmetry, 동시성synchrony, 신성함sacredness, 감정의 풍부함soulfulness이다. 놀이의 **정신**은 동물들이 거칠게 뛰놀고 몸싸움을 하며 서로 넘어뜨리기도 하는 가운데 누구나 알아차릴 수 있을 만큼 온전히 드러난다. 놀이의 **균형** 및 **동시성**은 놀이에 참여하는 개체들이 서로를 신뢰하는 데 동의하면서 나타나는 조화로움에서 찾을 수 있다. 각 개체는 놀이가 심한 싸움으로 번지는 것을 방지하기 위해 서로 협력하기로 약속하는 것이다. 서로에 대한 이런 신뢰는 **신성한** 것이다. 놀이에 참여하는 동물들은 놀이에 완전히 몰입해서 놀이에 깊이를 더한다. 나는 놀고 있는 동물 그 자체가 곧 놀이라고 표현하고 싶다. 놀이는 이처럼 감정의 **풍부함**이 드러나는 활동이며, 각 개체가 지닌 존재의 본질을 표현하는 수단이다.

놀이가 흘러가는 양상을 보면 굉장히 자유로우면서도 창조성이 발휘된다. 이 놀라운 광경은 포착하기 어렵지 않다. 나는 이런 양상을 '놀이의 6F'라고 부른다. 즉 유연함flexibility, 자유freedom, 우정friendship, 장난frolic, 재미fun, 분출flow이다. 동물들이 여기저기 뛰어다니고, 서로에게 덤비거나 깨물어보기도 하고, 재주를 부리며 온갖 시나리오와 사회적 행동을 재현하는 것을 보면 경탄스럽기 그지없다. 믿기 어렵지만 동물들은 놀이에 심취해 있을 때도 자신이 사실 무엇을 하고 있는지 잊지 않는다.

동물들은 놀이를 통해 향후 생존에 도움이 될 중요한 행동들을 '훈련'하고 '예행연습'하고 있는 것일 수도 있다. 동물들은 놀이를 하면서 싸움, 먹이 사냥, 또는 누군가에게 잡아먹히지 않게 회피할 때 사용되는 기술과 같은 매우 다채로운 행동을 차례차례 선보이는데, 여기에 예의 짝짓기 행동도 포함되는 것을 심심찮게 목격할 수 있다. 이 모든 속성과 행동 방식을 한꺼번에 볼 수 있는 경우는 다른 활동이 아닌 오직 놀이에서뿐이다.

재미, 재미, 재미

동물들은 왜 놀이를 할까?

동물들은 노는 것을 좋아한다. 놀이는 재미있기도 하거니와 그들에게는 재미 자체가 매우 강력한 보상이기 때문이다. 재미를 비과학적인 개념이라 무시하는 시각도 있지만, 그렇지 않다. 연구 데이터와 약간의 상식만 있다면 수많은 다양한 동물들이 재미가 무엇인지 안다는 사실이 명확해진다. 실제로 「커런트 바이올로지Current Biology」라는 과학 저널은 2015년 신년호 전체를 '재미의 진화와 생물학'이라는 주제에 할애해서 이와 관련된 개, 돌고래, 유인원, 조류, 어류, 개구리, 파충류, 무척추동물의 습성을 소개했다.[6]

동물이 느끼는 재미에 관한 연구는 재미있기도 하고, 재미가 진화적으로 왜 발달했고 어떻게 발달해왔는지 의문을 제기하는 것은 과학의 영역이기도 하다. 왜냐하면 동물이 재미있다고 여기면 그 행동을 할 것이며, 특히 그 행동의 일환인 놀이는 상황에 맞게 다양한 생물종에서 발달한 많은 이유가 있기 때문이다. 이 문제에 대해서 회의론자들이 "우리는 동물이 재미를 느끼는지 여부를 실제로 알 수 없다"라고 말한다면, 이에 대한 과학적으로 합리적인 답변은 2023년 시민 과학자 데이비드 매더슨이 「뉴 사이언티스트」의 편집장에게 보낸 편지의 내용으로 대신할 수 있겠다.[7] "만일 어떤 것이 외견상 재미있어 보이고 재미에 필요한 다른 속성을 갖추고 있다면, 그것은 일종의 재미일 가능성이 큽니다." 물론이다! 바로 이것이 우리가 말로 표현하지 못하는 영유아들을 평가할 때 사용하는 방식이다. 즉 어린아이가 놀이로 보이는 행동을 하고 있고 그 행동이 재미를 유발한다면, 그 행동을 통해 우리는 아이가 기분이 어떤지 알 수 있다.

개를 비롯한 동물들은 집요하게 놀이를 추구하며 그 놀이 행동을 멈추게 하기는 굉장히 어렵다. 정상적인 동물이라면 대개 즐겁지 않은 행동을 의도적으로 추구하지 않는다. 놀이를 통한 기쁨과 재미가 워낙 강력하다 보니 부상이나 체력 고갈의 위험, 이에 따른 성장 부진, 심지어 움직임을 감지한 포식자에게 죽임을 당할 위험까지도 뒷전으로 밀려난다. 어린 동물들도 처음부터 놀이를 어떻게 하는지 알고 있으며, 만일 어떤 개체가 노는 법을 모른다면 우리는 뭔가가 잘못됐음을 알리는 징후라 판단한다.

우리는 놀이를 하고 있는 동물들을 볼 때, 그들의 굉장한 기쁨을 느낄 수 있다. 놀이는 전염성이 있어서 그 모습을 보는 다른 동물들에게도 그 기쁨과 환희가 전파된다. 노르웨이의 개 훈련사 투리드 루가스의 책 《카밍 시그널》에서는 개가 보내는 놀이 신호를 '카밍 시그널calming signal'이라 칭한다.[8] 일반적으로 동물들은 심리적으로 안정된 상태일 때만 놀이를 즐긴다. 그래서 놀이 중인 동물의 마음속 기쁨과 평온함은 그 광경을 지켜보는 누구에게나 전해진다.

우리가 눈으로 관찰한 내용은 과학적 연구로 뒷받침될 수 있다. 뇌 화학 분야에서 쥐를 대상으로 수행한 여러 연구는 놀이의 주체가 놀이를 통해 만족감과 재미를 느낀다는 증거를 제시했다. 저명한 신경생물학자 야크 판크세프는 쥐를 대상으로 한 실험에서 아편제와 놀이 사이의 밀접한 연관성을 발견했다.[9] 즉 오피오이드opioid(아편과 유사한 마약성 진통제—옮긴이)가 활성화되면 쥐의 놀이가 더 활발해졌다. 오피오이드는 놀이에 따른 만족감과 보상을 증가시킬 수도 있다. 쥐에게 이 점이 사실이라면, 인간도 마찬가지일 것이라는 사실을 우리는 이미 알고 있다. 그렇다면 놀이에서 즐거움을 느끼는 데 관여하는 신경화학적 기반이 개나 고양이, 말, 곰의 경우에는 상당히 다른 형태일 것이라 판단할 이유가 거의 없다.

앞서 보았듯이, 동물과 인간이 즐거움이나 만족감 같은 감정을 느끼고 표현하는 데 관여하는 신경 화학 물질 중에는 공통적인 부분이 많다. 또한 사람들이 서로 협력하고 공정하게 서로를 대할 때 기분이 좋아진다는 연구 결과도 있다. 놀이는 협력과 공정함에 의존하는 행동이므로 이 연구 또한 동물이 놀이를 좋아한다는 근거로 제시될 수 있을 듯하다. 제임스 릴링과 연구진은 기능적 자기공명영상fMRI을 인간에게 사용해서 사람들이 서로 협력할 때 뇌의 쾌락 중추가 매우 활성화되는 것을 입증하는 실험을 진행했다.[10] 이 연구가 중요한 이유는 인간이 서로 협력하는 행위에는 강력한 신경 기저가 존재한다는 사실을 밝혀냈기 때문이다. 따라서 인간은 서로 협력할 때 기분이 좋아지며 사람들과의 교류에서 친절하게 행동하면서 보람을 느끼는 것이다. 또 다른 연구에서는 인간의 뇌에서 미상핵이라 불리는 '신뢰 중추'의 존재가 확인되기도 했다.[11] 미상핵은 자신의 관대한 행동이 상대의 관대함으로 보답받는 경우 가장 크게 활성화된다. 동물의 뇌에도 인간과 같은 신뢰 중추가 존재한다고 볼 근거는 충분하다. 한마디로 요약하면, 해당 연구는 우리가 사실 유전적으로 서로에게 친절을 베풀게 되어 있다는 사실을 보여주고 있다.

친절을 베푸는 행위가 기분을 좋게 한다면 그야말로 친절을 베풀 좋은 이유가 된다. 또한 그런 행위는 한 개체의 행동 패턴을 발달시키고 그 행동 양식에 새겨둘 좋은 방법이기도 하다.

놀이는 플레이 바우로 시작된다

동물들이 노는 법

나는 개와 다른 갯과 동물들을 대상으로 연구를 수행하면서, 그들이 다른 개체들과 놀이를 시작하고 지속할 때 여러 특정한 놀이 신호를 사용한다는 사실을 알게 됐다. 놀이는 자발적인 활동이므로 상대가 놀이에 동의하지 않는다면 시작될 수 없다. 개들은 수시로 '**너랑 놀고 싶어**'라는 의사 표시를 한다. 이때 사용되는 신호는 플레이 바우다 (2장 참조). 이 신호는 놀이가 진행되는 동안에도 반복적으로 사용되어 놀이가 싸움이나 짝짓기와 같은 다른 행위로 변질되지 않도록 해준다. 모든 개체가 함께 노는 데 동의해 놀이가 시작되면 개체들은 빠르고도 미묘한 방식으로 정보를 계속 주고받는다. 그래서 쉬지 않고 돌아다니면서도 앞서 협력하기로 동의한 대로 상황에 따라 자신의 행동을 적당히 조정하기도 하고 서로 타협해가면서 놀이를 계속 유쾌하게 만드는 것이다. 놀이에 참여하는 개체들이 자신의 의사를 표현하고 놀이의 목적을 공유하는 것이 중요하다.

앞서 언급했듯이, 동물들은 놀이 중에 다른 상황에서도 사용되는 여러 동작을 종종 구사하며 포식 행동, 그것에 저항하는 행동, 짝짓기 행동이 여기에 해당한다. 여러 개체가 함께 하는 놀이에서 각 개체가 구현하는 다양한 행동 패턴은 실제 공격 행동이나 짝짓기 행동으로 오인될 수 있기 때문에 각 개체는 다음의 메시지를 상대에게 전달하기 위해 플레이 바우를 사용한다. '**나는 계속 놀고 싶어.**' '**내가 앞으로 무슨 행동을 하든 상관없이 우리는 아직 노는 중인 거야.**' '**내가 방금 한 행동과 상관없이 우리는 아직 노는 중이야.**'

역동적인 놀이의 흐름을 파악하려면 미묘하게 나타나는 구체적인 상황을 주의 깊게 살펴야 한다. 우리가 공원에서 노는 개들을 그저 바라만 봐서는 이런 정보를 이해하지 못하거나 놓칠 수 있다. 개를 비롯한 여러 동물은 주위에서 일어나고 있는 일을 세심하게 살피기 때문에 우리 역시 그럴 필요가 있다. 동물의 놀이에 관한 연구에서 나는 녹화 영상을 주의 깊게 관찰하고 세심하게 분석한 내용을 바탕으로 작업해 나간다. 나는 학생들과 함께 개들이 놀이 중에 어떤 행동을 하고 자신의 의도 및 욕구에 관한 정보를 서로 어떻게 교환하는지 알아보려고 영상을 프레임 단위로 쪼개어 매 순간을 관찰한다. 이 작업은 따분하게 느껴질 수도 있어서, 실제로 내가 가르치던 어떤 학생은 처음에는 개의 놀이에 관한 연구에 흥미를 보였다가 작업 과정을 본 후 다시 생각해보겠다고 말하기도 했다.

장기간 진행한 연구 끝에 플레이 바우는 아무렇게나 사용되는 것이 아니라 의도적으로 사용된다는 사실을 알게 됐다. 예컨대 다른 개를 물면서 머리를 좌우로 빠르게 흔드는 행동은 심각한 수준의 공격 및 포식 행동이므로, 그 행동 이후에 플레이 바우를 사용해 행동의 실제 의미를 전달하지 않는다면 오인되기 쉽다. 나는 개들이 다른 개에게 '**나 너랑 놀고 싶어**'라고 알리며 놀이를 개시하는 순간 외에, 다른 개를 물면서 머리를 좌우로 빠르게 흔드는 행동을 하기 직전에도 플레이 바우를 구사한다는 사실이 놀라웠다. 마치 '**내가 곧 너를 세게 물 텐데 그래도 우린 아직 놀이 중이란 걸 잊지 마**'라고 말하듯이 말이다. 플레이 바우는 다른 개를 세게 물고 난 후에도 사용된다. '**방금 세게 물어서 미안해. 하지만 그냥 놀이였을 뿐이야**'라고 알리는 것이다. 플레이 바우는 개가 자신이 원하는 것을 다른 개들에게 주지시키

는 행동으로, 놀이에서 마침표나 쉼표 혹은 느낌표의 역할을 한다고 볼 수 있다.[12]

2016년 세라 엘리자베스 비오지에르가 동료 학자들과 함께 여러 쌍의 성견을 대상으로 수행한 연구에서, 플레이 바우는 공격 행동이나 모호한 행동을 중재하는 용도라기보다는 그런 행동으로 놀이가 중단됐을 때 놀이를 재개하는 용도라는 사실이 밝혀졌다.[13] 또한 연구진의 관찰 기록에 따르면, 총 415건의 플레이 바우 중 개들이 서로 마주 보는 상황에서 이루어진 경우는 409건이었다. 이 연구 결과는 다른 연구에서 관찰된 내용에 부합하며, 놀이 중에 전략적으로 사용된 플레이 바우는 일종의 쉼표 역할을 한다는 사실을 추가한다. 레바 자리냐라는 한 열성적인 애견인이 이메일로 내게 질문한 내용도 이런 맥락으로 생각해볼 수 있겠다. 그녀는 플레이 바우의 용도 중에 현재 일어나고 있는 상황의 취지를 되돌리는 '리셋' 신호의 기능도 있는지 물었다. 다시 말해, 플레이 바우에는 놀이 상대에게 방금 일어난 일을 다시 일일이 설명하지 않고도 자신이 이제부터 할 행동이 무엇이든 완전히 새로 시작하는 놀이로 받아들이도록 상대의 감정을 유도하는 기능이 있는지 물은 것이다. 앞으로 이 흥미로운 아이디어에 관한 연구가 진행됐으면 하는 바람이다.

유아기의 갯과 동물들은 플레이 바우와 같은 놀이 신호를 사용하면서 공정하게 놀이하는 법을 빠르게 학습한다. 플레이 바우에 그들이 보이는 반응은 선천적으로 내재된 듯하다. 제시카 플랙과 동료 학자들의 연구에 따르면, 어린 침팬지들은 더 어린 개체들과 놀 때 어린 개체의 어미가 개입해 놀이를 중단시키는 상황이 일어나지 않도록 더 많은 놀이 신호를 사용한다.[14] 동물의 활동을 연구하는 학자들은 늘 놀이가 고도의 협력을 요하는 활동이라는 점에 주목한다. 놀이란 전체 분위기를 해치지 않도록 신중한 타협을 거치고 신나게 노는 중에도 각자의 행동을 세밀하게 조정해야 하는 활동이며, 이 점이 얼마나 중요한지는 더 이상 설명하지 않아도 될 것이다. 동물 사회에는 반드시 지켜야 하는 규율이 존재하는 것이다.

여러 종에 걸쳐 놀이 신호가 상대를 기만할 목적으로 사용된다는 증거는 별로 없다. 놀이 신호는 정직하게 사용되며, 공격적 의도를 감추는 데 쓰이는 경우는 극히 드물다. 동물들이 '**너랑 놀고 싶어**'라는 신호를 보낸 후 상대의 빈틈을 노려 공격하는 경우는 거의 없다는 말이다. 이는 동물 사회에 속임수 쓰는 행위를 제재하는 수단이 존재하기 때문일 가능성이 매우 크다. 예컨대 나는 플레이 바우를 한 후에 상대를 공격하는 코요테를 본 적이 있는데, 그런 속임수를 쓴 코요테는 이후 놀이 상대로 선택받을 가능성이 줄어들고 그 코요테 자신도 다른 개체들과 잘 어울리지 못하게 된다. 내가 현장 연구를 통해 관찰한 바로는 그런 개체는 대체로 결국에는 무리를 떠나며 이에 따라 번식 적합성 또한 낮아지게 된다.

간단히 말해, 어울려 놀고 싶은 개는 우선 플레이 바우로 상대에게 의향을 물어야 한다. 이때 상대가 플레이 바우로 화답하거나 곧장 놀이에 들어가지 않는다면, 놀고 싶지 않다는 뜻이므로 놀이를 청한 개는 단념하는 수밖에 없다.

또 다른 놀이 신호들 : 자기 무력화와 역할 바꾸기

여러 개체 간의 놀이에서 사용되는 놀이 신호에 플레이 바우만 있는 것은 아니다. 중요한 놀이 신호가 두 가지 더 있는데 자기 무력화와 역할 바꾸기다. 이 두 신호는 체격의 차이 및 서열의 차이에 따른 불평등을 줄여주며 놀이의 시작에 필요한 상호 간의 이익 교환과 협력을 증진시킨다.

'놀이 억제'라고도 불리는 자기 무력화는 놀이에 참여하는 한 개체가 놀이가 아닌 상황이라면 해를 가할 수 있는 행동 패턴을 보일 때 발생한다. 가령 코요테들은 놀이에서 상대를 심하게 물지 않도록 주의하거나 온 힘을 다해 격렬하게 놀지 않으려고 할 수가 있다. 놀이 중에 상대를 무는 힘을 억제하는 것은 놀이의 분위기를 유지하는 데 도움이 된다. 예전에 나는 태어난 지 21일 된 코요테를 안아 들었다가 엄지손가락을 깨물린 적이 있는데, 어린 녀석이라도 이빨이 송곳처럼 날카로운 탓에 피가 나고 무척 아팠던 기억이 있다. 어린 코요테는 털이 굉장히 가늘어서 다른 코요테에게 강하게 물리면 꽤 고통스러운지 고음으로 비명을 지른다(내가 그랬다는 게 아니다!).

상대를 강하게 무는 행동은 놀이를 멈추겠다는 신호다. 성체 늑대에게 물리면 물린 부위에 제곱센티미터당 100킬로그램 이상의 힘이 가해진다. 따라서 놀이 중에는 그 힘을 억제할 이유가 충분하다. 한번은 루피라는 성체 수컷 늑대가 포획됐는데 나는 또 멍청하게도 루피에게 먹이가 어디 있는지 보여주려고 팔을 뻗어 가리켰다. 그 즉시 루피는 자신도 먹이가 어디 있는지쯤은 안다는 듯이 내 팔뚝에 이빨을 대고 굉장히 부드럽게 살며시 물었다. 내 팔뚝에는 루피의 이빨 자국이 2주 동안이나 남아 있었지만 살갗을 뚫지는 않았다. 우리가 '놀이' 중이라고 여긴 것은 아니었겠지만 어쨌든 루피는 자신의 힘을 억제했다. 가정에서 개를 기르는 경우, 강아지일 때 다른 강아지들과 어울리게 하는 것의 가장 큰 장점은 무는 힘을 억제하는 법을 가르칠 수 있다는 것이다. 그렇게 되면 커서도 상대에게 좀처럼 해를 입히지 않게 된다.

캥거루과에 속하는 붉은목왈라비도 자기 무력화를 구사할 줄 안다. 생물학자 던컨 왓슨의 연구팀은 이 놀기 좋아하는 동물이 놀이를 할 때 상대의 연령에 맞게 놀이 행동을 조절한다는 사실을 발견했다.[15] 놀이 상대가 자신보다 어리면 방어 자세나 무방비 자세를 취하며, 서로 겨룰 때도 앞발로 때리기보다는 툭툭 건드리는 정도로 그친다. 또한 나이가 더 많은 개체는 어린 상대가 구사하는 기술에 더욱 관대한 모습을 보이고 놀이 시간을 연장하는 데 주도권을 쥔다.

쥐의 경우에도 공정함과 신뢰는 놀이를 통한 소통의 역학 관계에서 중요한 역할을 한다. 세르지오 펠리스라는 심리학자는 쥐의 놀이가 개체들이 서로를 평가하고, 관찰하고, 놀이의 분위기에 맞게 자신의 행동을 세심히 조정, 변경하는 과정으로 이루어진다는 사실을 발견했다.[16] 놀이의 규칙이 지켜지지 않거나 공정함을 잃으면, 놀이는 중단된다.

역할 바꾸기는 놀이 중에 서열이 높은 개체가 실제 공격 상황이라면 일반적으로 하지 않을 행동을 취하는 것이다. 가령 서열이 높은 늑대는 싸움을 하는 중이라면 절대 몸을 뒤집어 배를 드러내지 않지만 놀이 중이라면 가능하다. 어떤 경우에는 역할 바꾸기와 자기 무력화가 동시에 나타나기도 한다. 서열이 높은 늑대가 자신보다 서열이 낮은 개체와 어울려 놀 때 몸을 뒤집어 보이기도 하고 상대를 무는 힘도 억제하는 것이다. 자기 무력화와 역할 바꾸기, 그리고 놀이의 시작을 알리는 신호들은 놀이에 대한 동물의 의도를 전달하고 놀이를 공정하게 유지하는 데 중요한 역할을 한다.

공정함이 최고

놀이의 이점

놀이란 그저 하는 일 없이 시간만 허비하는 것이 아니다. 한 개체의 정신과 육체의 안위에 필수적인 요소다. 놀이는 뇌가 섭취하는 음식이다. 왜냐하면 뇌의 성장에 필수적인 자양분을 공급하기 때문이다. 놀이는 실제로 대뇌피질의 신경 세포 연결망을 향상시켜 뇌의 구조를 재정비하는 데 도움이 된다. 놀이를 통해 논리적 추론이나 행동의 유연성과 같은 인지 능력과 관련된 기술을 익혀 가변적이고 예측 불가능한 환경에서 적절하게 판단하는 능력을 기르게 된다.

이런 맥락에서 나는 두 동료 학자와의 공동 연구에서, 동물들은 놀이를 통해 '예상치 못한 상황에 대비하는 훈련'을 할 수 있다고 주장했다.[17] 연구를 함께 진행한 마렉 스핀카, 루스 뉴버리와 나는 활용 가능한 문헌을 다방면으로 검토한 결과, 동물들의 놀이는 그들의 행동을 더욱 다채롭게 해주고, 균형을 잃거나 발을 헛디디는 경우와 같은 갑작스러운 충격에서 회복하는 능력을 길러주며, 예상치 못한 스트레스에 대처하는 감정 능력을 향상시키는 기능이 있다는 의견을 내놓았다. 또한 동물들은 '예상치 못한 상황에 대비하는 훈련'을 위해 놀이 중에 기꺼이 나서서 돌발 상황을 일으키기도 하며 자신을 불리한 위치나 상황에 두는 데 적극적인 자세를 보인다는 의견도 제시했다.

그러나 놀이의 가장 중요한 이점 중에는 사회적인 순기능도 있다. 놀이를 통해 무리의 개체들이 함께 어울릴 수 있다는 것이다. 여러 개체가 어울리는 놀이는 신뢰, 협력, 친절, 공정, 용서, 겸손이라는 가치를 기반으로 하므로 각 개체는 이런 가치들을 배울 수 있다. 놀이를 전략적으로 하는 동물은 갯과 동물만이 아니다. 비인간 영장류에 관한 연구를 보면, 처벌과 사과가 협력을 유지하는 데 중요한 역할을 하는 것으로 나타났다.[18]

동물들은 왜 놀이 신호들을 신중하게 사용하는 것일까? 왜 자기 무력화와 역할 바꾸기를 사용할까? 이런 의문에 다음과 같은 답변이 타당할 것이다. 여러 개체와의 놀이를 통해 미성숙한 개체들은 상대에 대해 어떤 행동까지 허용되는지—얼마만큼 세게 물어도 되며 어디까지 거칠게 행동해도 되는지—그 놀이 규칙을 익히고, 위협적이지 않고 안전하게 즐길 수 있는 상황에서 분쟁을 해소하는 방법을 배울 수 있기 때문이다. 이는 인간 아이들에게 조직화된 스포츠를 권장하는 이유와 유사하다. 즉 스포츠는 크게 위험하지 않은 환경에서 어떻게 행동할지, 그리고 어떻게 서로 협력하고 갈등을 해결할지를 가르쳐준다.

동물들의 놀이 행동을 보면 우리는 그들이 공정한 태도로 놀이에 임하고 상대도 공정할 것이라고 신뢰하는 데 큰 가치를 둔다는 것을 알 수 있다. 동물의 사회에는 어떤 행동이 허용되고 허용되지 않는지를 규제하는 사회적 행동 강령이 존재한다. 공정함과 협력을 기반으로 하면서도 규율 위반에 대한 처벌이 거의 없는 방식으로 사회생활 기술을 배우기에 과연 놀이보다 더 좋은 조건이 있을까? 또한 각 개체는 특정 개체와의 놀이에서 배운 행동 강령을 일반화해서 다른 집단 구성원과의 관계에 적용할 수도 있고, 먹이를 배분하거나 보유 중인 자원을 지키는 경우 또는 털을 다듬어주고 서로를 돌보는 상황에도 활용할 수 있다.

놀이는 그저 재미만을 위한 활동이 아니다. 놀이는 유용한 행동 방식이다. 그리고 동물의 놀이에 관한 여러 연구는 동물들이 놀이를 통해 공정함과 협력에 대한 감각을 적극적으로 키워간다는 사실을 보여주고 있다. 이 점은 놀이가 제대로 진행되지 못하는 경우 더욱 명백하게 드러난다.

나쁜 평판

신뢰를 저버린 대가

동물들은 재미도 없고 편안한 상황이 아니라면 놀이를 하려 들지 않는다. 놀이에 자주 참여하지 않는 개체는 다른 개체들과 원활하게 소통할 수 없다. 그런 개체들은 자신이 원하는 바를 상대에게 알리는 법을 모르고, 반대로 상대가 무엇을 원하는지도 이해하지 못한다. 다시 말해, 사회성이 결여된 개체다. 그들은 동종 집단에서 정식 구성원의 기능을 다할 수 없다. 상대와 소통하는 법을 배우지 못했기 때문이다. 제대로 노는 법을 익히지 못하면 처음에는 문제가 사소하더라도 점차 큰 문제로 확대될 수 있다.

예컨대 개들은 비협조적으로 속임수를 쓰는 행동을 참아주지 않으며, 그런 행동을 한 개체는 놀이 집단으로부터 따돌림을 당하거나 배척된다. 개의 관점에서 공정성을 위반한 행동을 하면 그 뒷감당을 해야 한다. 알렉산드라 호로비츠는 인지과학 박사 논문에 쓸 자료 수집을 위해 캘리포니아주 샌디에이고 해변에서 개의 놀이를 관찰하던 어느 날, 놀고 있는 개들 무리에 한 낯선 개가 접근하는 광경을 보았다.[19] 그녀는 그 개를 편의상 쫑긋귀라고 불렀다. 쫑긋귀는 놀고 있던 두 개 블랙키와 록시 사이를 훼방 놓았다. 둘은 그런 쫑긋귀를 쫓아버렸는데 그래도 녀석이 또 다가오자 이번에는 갑자기 놀이를 멈추고 멀리서 들려오는 소리에 관심을 보였다. 록시는 쫑긋귀를 속일 심산으로 소리가 나는 방향으로 움직이기 시작했다. 그러자 쫑긋귀는 그들의 시선이 향하는 쪽으로 냅다 달려갔다. 그렇게 쫑긋귀를 쫓아버린 록시와 블랙키는 곧바로 다시 놀이를 시작했다.

그런데 여기서 생물학자들이 훨씬 더 중요하게 여기는 부분이 있다. 놀이와 같이 주어진 행동 양식을 각 개체가 실행하는 방식이 그 개체의 번식 성공률에 어떤 영향을 미치는가 하는 문제다. 놀이 행동의 차이와 놀이를 공정하게 수행하는 방식의 다양성은 해당 개체의 번식 적합성에 영향을 줄까? 공정성이나 도덕성에 대한 감각이 발달한 이유는 그런 감각 자체에 환경에 적응하는 특성이 있어서 각 개체의 생존 기회, 더 나아가 해당 종의 생존 기회를 높여주기 때문일 수 있다. 이 점을 확인해보려면 더 '도덕적인' 개체들이 덜 도덕적인 개체들에 비해 생존에 더 적합하고 더 많은 자손을 갖는다는 사실을 밝혀야 할 것이다(다윈이 지적했듯이). 그렇다면 놀이와 공정성이 불가분의 관계라고 가정할 때(그렇게 보이므로), 놀이를 잘하는 개체가 그렇지 않은 개체보다 번식력이 우수하다는 주장도 옳을까? 놀이를 공정하게 수행하는 능력을 그 개체의 번식 성공률이나 번식 적합성과 직접적으로 연결하는 것은 거의 불가능하다. 그러나 놀이 행동 외에 대다수 행동 양식의 경우에도 그 직접적인 관계를 확실하게 증명하기란 굉장히 어렵다. 다만 나는 학생들과 함께 연구하는 과정에서 야생 코요테의 놀이와 적합성 사이의 관계를 보여주는 매우 흥미로운 데이터를 수집하기도 했다.

공정한 놀이에 관해서라면 개, 코요테, 늑대는 학습 능력이 뛰어나다. 그들이 놀이 상대에게 속임수를 써서 신뢰를 깨뜨리면 중대한 처벌을 받게 되는데, 만일 그 상황을 무리의 다른 개체들이 보았다면 처벌을 받은 사실이 공공연히 알려지게 된다. 생물학에서는 이런 처벌을 '대가'라고 한다. 이 표현은 어떤 개체가 놀이에 참여해서 '공정한 놀이를 위한 황금률'을 지키지 않는 경우 번식 적합성이 떨어지는 결과를 감수해야 한다는 뜻이다.

공정한 놀이를 위한 황금률

개를 비롯한 동물들은 공정한 놀이를 위한 황금률을 따르는 경향을 보인다. 그들은 함께 질주할 때든 몸싸움을 하며 놀 때든 상호 합의를 거친 행동 강령을 굳게 지킨다. 개들의 사회에서 놀이에 관한 도덕적 풍경은 **놀고 싶지 않으면 플레이 바우를 하지 않는 것**이다.[20] 동물의 놀이에 적용되는 네 가지 황금률을 소개한다.

1. 먼저 의향을 묻고 명료하게 소통할 것

많은 동물은 싸움이나 짝짓기가 아니라 놀이를 하고 싶다는 의사를 건넨다. 갯과 동물들은 놀이에 참여하는 데 동의를 구하는 인사로 앞발을 길게 뻗어 엎드려 엉덩이를 치켜든 자세, 즉 플레이 바우를 사용한다. 플레이 바우는 놀이 외의 상황에서는 거의 사용되지 않으며, 항상 동일하게 나타나는 매우 정형화된 동작이기 때문에 '**나랑 함께 놀자**'라든지 '**난 더 놀고 싶어**'라는 메시지를 명료하게 전달할 수 있다. 플레이 바우는 상호 간의 신뢰에 따른 솔직한 신호다.

어떤 개체가 이빨을 드러내고 으르렁대거나 상대를 무는 등 겉보기에는 공격적으로 행동하더라도, 여기에 플레이 바우가 더해진다면 다른 개체들이 그것에 굴복하거나 회피하는 비율은 겨우 15퍼센트 정도밖에 되지 않는다. 즉 그들이 플레이 바우로 전하는 메시지—'내가 하는 행동은 장난일 뿐이다'—를 신뢰한다는 의미다. 개체 간의 의사소통에서 신뢰란 놀이의 공정성을 위해서도, 원활하게 기능하는 사회 집단에 있어서도 필수적인 요소다.

2. 예의를 갖출 것

많은 동물은 놀이 상대의 체력, 체구, 신체 조건을 감안해서 자기 무력화와 역할 바꾸기를 활용해 서로를 대등한 입장에 놓는다. 가령 코요테는 공정한 상황을 위해 자신을 불리한 조건에 두어 놀이 상대를 있는 힘껏 물지 않을 수 있다. 코요테 무리에서 서열이 높은 개체는 역할 바꾸기를 통해 서열이 낮은 상대가 놀이에서 '승리'할 기회를 주기도 한다. 이때 몸을 뒤집어 배를 드러내기도 하는데 이는 항복한다는 신호로 실제 공격 중에는 절대 하지 않을 행동이다.

3. 잘못을 인정할 것

놀이에 참여하는 모든 개체가 공정한 상황을 유지하려고 하더라도 때때로 통제가 불가능한 상황이 발생한다. 한 개체가 잘못된 행동을 하거나 실수로 상대를 다치게 했다면 인간 세계에서 대개 그러하듯 자신의 잘못을 사과한다. 상대를 심하게 물어버린 경우 플레이 바우로 이런 메시지를 전하는 것이다. '**미안해. 내가 너무 세게 물었어. 내가 방금 한 행동과 상관없이 계속 같이 놀자. 가지 마. 앞으로는 정정당당하게 행동할게.**' 이때 상대가 잘못한 개체를 용서해야만 놀이는 계속될 수 있다. 거의 모든 경우에 잘못은 용서받게 되는데, 사실 동물 세계에서는 놀이에서뿐만 아니라 무리의 일상생활에서도 이해심과 너그러움이 넘친다.

4. 정직할 것

상대에게 사과할 때는 놀이를 청할 때만큼이나 진정성을 보여야 한다. 놀이 중에 계속 부정행위나 거짓 신호를 반복하는 개체는 종종 얼마 못 가서 놀이에서 배제된다. 이때 그저 놀 시간이 줄어든 것만이 문제가 아니라 이후 훨씬 더 큰 결말을 초래한다.

무리로부터의 배척

나는 학자로서 놀이에서의 황금률과 사회적 행동으로 합의된 사항을 위반했을 때 잘못을 인정하는 것이 진화적으로 중요한 이유를 가능성 있는 '큰 그림'과 함께 처음으로 제시했다. 예를 들면 나는 와이오밍주 무스 외곽에서 그랜드티턴 국립공원 일대에 서식하는 코요테 무리를 오랜 기간에 걸쳐 관찰했는데, 아직 어린 개체가 놀이에서 부당한 행동을 하면 그 후로 다른 개체들이 더 이상 놀이를 청하지 않거나 회피했다.[21] 결국 그 개체는 동기들이나 무리의 다른 구성원들에 의해 강제로 쫓겨나기보다는 대개 자발적으로 무리를 떠나야 했다. 무리의 구성원들과 강력한 감정적 유대 관계를 맺을 수 없었기 때문이다. 무리를 떠난 개체는 삶이 보다 험난할 가능성이 크기에 무리에 남은 다른 개체들에 비해 목숨을 잃을 확률이 4배까지 증가한다. 무리를 떠난 어린 코요테들은 특히나 상당한 위험에 노출되기 때문에 놀이 과정에서 확립된 사회 규범을 위반하는 행위는 해당 개체의 유전자 보존에 도움이 되지 않는다.

코요테를 대상으로 한 현장 연구를 통해 이렇듯 우리는 공정한 놀이를 하지 않았거나 놀이에 거의 참여하지 않은 개체가 감수해야 하는 직접적인 대가 한 가지를 찾아냈다. 이런 결과는 해당 개체의 놀이 방식과 온전히 연관되었던 것일까? 그 부분을 확신할 수는 없지만, 포획된 코요테들로부터 수집한 정보를 분석해보면 한배에서 난 동기나 다른 구성원들로부터 고립되어 홀로 보내는 시간이 많은 개체의 경우 놀이의 결핍이 주요 요인으로 작용했을 수 있다.

이 주제에 대해 더 많은 연구가 가능하고 또 필요하겠지만, 사회적 놀이를 수행하지 못한 개체는 그 개체 자신에게도, 더 나아가 해당 개체가 속한 사회 집단에도 부정적인 영향을 미친다는 주장은 꽤 개연성이 있어 보인다. 최소한 집단생활을 하는 종의 경우, 놀이 중에 사회 구성원들이 인정하고 타협해둔 규칙을 따르지 않고 속임수를 쓰는 개체들은 자연선택에 따라 걸러지는 듯하다. 반면에 공정하게 행동하고 집단의 도덕적 행동 강령을 익힌 동물들(인간을 포함해서)은 살아남아 번성한다. 다시 말해, 동물의 도덕성이 발달한 이유는 그것이 환경 적응의 문제와 직결되기 때문인 것으로 보인다.

놀이는 지능적이고 평등하고 공정하다

대체로 공정한 놀이는 진화상 발달한 적응 수단으로, 각 개체가 사회적 유대를 형성하고 유지할 수 있게 해준다. 인간의 놀이와 동물의 놀이는 많은 유사성을 보이며, 행동의 옳고 그름을 결정하는 규칙을 이해하고 행동하는 능력에 대해서도 인간과 동물의 공통점이 두드러지게 나타난다. 갯과 동물들은 인간과 마찬가지로 사회적 관계라는 복잡한 네트워크를 구축하고 각 개체의 생존 보장에 필수 요소인 안정된 사회를 지향하는 행동 강령에 따라 살아간다. 공정성을 위한 기본 규칙들은 사회적 놀이의 방향을 설정하고, 이와 유사한 다른 규칙들은 성체들 사이에서 공정성의 토대가 된다. 인간 사회가 번성해 지구 전역으로 퍼져 나갈 수 있었던 요인은 어쩌면 이렇게 옳고 그름을 가리는 감각이었을 수도 있다.

놀이가 성공적으로 이루어지는 동안에는 인지적, 감정적 자각 능력이 지능적으로 발휘된다. 개들은 놀이를 할 때 자신과 놀이 상대의 기분을 살피는 등 상황을 지속적으로 파악하려 하며, 끊임없이 돌아다니는 와중에도 꽤 창의적인 면모를 보인다. 이는 공정성을 최우선에 두는 것이 놀이에 참여하는 모든 개체의 가장 큰 관심사이기 때문이기도 하다. 개들은 상대의 의도를 읽어낼 수 있어야 하고 상대가 싸움이 아니라 함께 놀고 싶다는 의향을 드러낼 때 그 상대를 신뢰한다. 결국 상대의 생각과 감정을 상상할 수 있어야 한다는 뜻이다. 그들은 다른 개들이 앞에서 어떤 행동을 했는지, 그리고 현재 어떤 행동을 하는지를 주의 깊게 살핀 다음, 그 개들이 앞으로 보일 행동을 예측하는 데 그 정보를 활용한다. 이 사실은 아마도 개들에게 마음 이론, 즉 다른 개체의 생각과 기분을 알아채는 능력이 있음을 강력히 시사한다. 사실 우리가 이 점을 알아낸 것은 바로 개의 놀이에 관한 연구를 통해서다.

드물지만 간혹 개들이 **언제나** 공정한 태도로 놀이에 참여하는지 묻는 사람이 있다. 이런 의구심을 갖는 이들은 개들의 놀이가 공격적인 싸움으로 번지는 듯 **보였거나** 곧 격돌할 것처럼 **보였던** 사례를 언급한다. 그럴 때 나는 그런 상황이 벌어지는 경우는 극히 드물다고 일러준다. 사람들은 종종 놀이의 일환으로 난투극을 벌이는 상황과 실제 공격 상황을 혼동하곤 한다. 나는 지금껏 개들이 노는 모습을 여러 장소에 걸쳐 수천 번 관찰했는데, 그중 개 세 마리가 함께 놀던 한 장면이 기억난다. 녀석들은 서로를 덮치고 물어뜯으며 굉장히 거친 행동을 보였다. 그 개들을 데려온 사람은 내게 녀석들이 항상 그렇게 놀지만 단 한 번도 서열 싸움으로 번진 적이 없다고 말했다. 훈련되지 않은 사람의 눈에는 그 광경이 실제로 난투를 벌이는 것으로 보였을 것이다. 나는 공원에서 함께 노는 강아지나 성견들은 물론이고 야생의 코요테, 늑대, 붉은여우의 행동에서도 이 같은 모습을 볼 수 있었다. 갯과 동물들은 난투극 같은 놀이 행동 중에도 그들 나름의 해결 방식을 알고 있다.

요약하면, 놀이는 재미있는 행위이기도 하지만 동시에 만만찮은 일이다. 동물들은 놀이를 할 때 규칙을 이해하고 따르기 위해, 공정한 태도로 놀이에 임하겠다는 자신의 의도를 상대에게 전하기 위해 부단히 노력한다. 그들은 줄기차게 돌아다니면서도 놀이 상대의 행동에 주의를 기울이며, 상대가 합의된 규칙을 위반했는지 유심히 살피는 가운데 자신의 태도 또한 세심하게 조정한다.

놀이는 다른 사회적 맥락에서보다 불평등이 더 많이 용인되는 독특한 행동으로 보일 수 있다. 놀이는 개체들이 참여하지 않기로 결정하면 시작될 수 없으며, 놀이가 지속되려면 평등이나 공정성이 요구되므로 다른 형태의 협력 행동(가령 사냥이나 돌보기 행동)과는 구분된다. 놀이는 어쩌면 평등주의를 독특한 방식으로 구현해낸 행동으로,

이런 종류의 평등주의는 인간 사회에서 발달한 도덕성의 진화적 전제 조건이라 볼 수도 있다. 정의나 도덕성을 조화로운 집단을 유지하기 위해 개체 간의 차이를 상쇄하는 일련의 사회적 규칙과 기대로 정의한다면, 이것이 바로 우리가 동물들의 놀이에서 발견하게 되는 개념이다.

가장 친절한 개체가 살아남는다

> 나는 연민이야말로 우리가 지닌 본성의 근간을 이루며, 갈등이 아닌 협력이 우리 인간 존재를 지배하는 기본 원칙의 핵심에 있다고 믿는다. (중략) 우리의 타고난 선함을 표현하는 삶의 방식에 따라 살아감으로써 우리는 인간다움을 실현하고 우리의 행동에 품위와 가치와 의미를 부여한다.
>
> _달라이 라마 성하22

> 우리는 당나귀들에게 기회만 주어진다면 그들이 비폭력 세상을 만들어낼 거라고 믿는다. 당나귀들은 마치 아시시의 성 프란치스코처럼 자연의 세계를 에덴동산으로 재창조할 것이고, 그곳에서 사자와 양이 서로 몸을 맞대고 앉아 있게 될 것이다. (중략) 우리는 이토록 순수하고 연약하고 상냥한 [이들 두 마리] 당나귀가 평화를 사랑하는 세계 문학의 거장 톨스토이에게 얼마나 영향을 미쳤을지 궁금하다.
>
> _마이클 토비아스와 제인 모리슨23

달라이 라마를 낙관주의자라 여길 수도 있겠지만, 과학적 데이터를 통해 그의 견해는 점차 설득력을 얻고 있다. 사실상 이제 '적자생존'의 진정한 의미에 대해 우리의 생각을 재정비할 시기가 왔다.

지금까지 협력에 관한 연구의 대부분은 인간에게 초점을 맞추었다. 밝혀진 대로 인간은 우리가 때때로 생각하는 것만큼 그렇게 이기적이고 자기중심적인 존재가 아니다. 경제학 교수 에른스트 페르와 그의 동료들은 사람들이 공정한 대우를 받으면 대부분 자발적으로 서로 협력하며 이때 협조하지 않는 사람들은 처벌한다는 사실을 발견했다.[24] 그들은 이런 모습을 '강력한 상호주의'라고 칭하고, 어떤 이기적인 행동이 구성원들의 협력을 완전히 무너뜨릴 수 있는 상황에서는 이 강력한 상호주의가 거의 모든 구성원의 협력을 이끌어낼 수 있음을 보여준다. 연구에 따르면 사람들은 제삼자에게 부당한 행동을 저지르는 개인을 기꺼이 처벌할 의향을 보이기도 한다.

인간이 선천적으로 이타적인 성향을 보인다는 증거도 있다. 심리학자 펠릭스 바르네켄과 마이클 토마셀로는 18개월밖에 되지 않은 유아도 물건을 잃어버렸을 때처럼 도움이 필요한 상황이라면 기꺼이 도울 줄 안다는 사실을 발견했다.[25] 어린 침팬지들도 마찬가지다. 두 사람의 연구에서 무척 흥미로운 부분은, 아직 기저귀를 차고 언어를 그다지 능숙하게 구사하지 못하는 어린아이라도 잃어버린 물건이 반드시 필요하다고 판단될 때만 도움을 준다는 사실이다. 예를 들어 아이는 실험 참가자가 옷핀을 무의식적으로 떨어뜨렸다고 생각되면 옷핀을 주워주지만, 옷핀을 고의로 바닥에 버린 것이 분명할 때는 주워주지 않았다. 아이들은 타인의 몸짓 언어를 통해 무엇이 필요한 상황인지 파악할 수 있어서 도움이 필요할 때만 돕는 것이다.

동물을 대상으로 한 연구에서도 유사한 상황이 나타난다. 우리가 줄곧 보았듯이, 놀이의 경우 애초에 협력과 신뢰가 필요하며 개체 간의 의사소통은 거의 대부분 그런 상황을 유지할 목적으로 이루어지는 게 분명하다. 그러나 협력은 놀이 외의 다양한 사회적 상황에서도 우선적인 가치를 지니는 것으로 보인다. 영장류학자 로버트 서스먼과 폴 가버의 연구에 따르면, 여우원숭이 같은 주행성 원시 영장류, 신세계원숭이(주로 중남미에 서식하며 아프리카와 아메리카 대륙이 분리된 후 독자적으로 진화한 종—옮긴이), 유인원의 사회에서 일어나는 사회적 상호작용의 대부분은 대립이나 분열을 초래하는 형태이기보다는 친교적인 양상을 띤다.[26] 친교 행동의 범주에서는 서로 털을 다듬어주는 행동과 놀이 행동이 주를 이룬다. 원시 영장류 사회에서 일어나는 교류 중 평균적으로 93.2퍼센트가 친교적인 행동이며, 신세계원숭이의 경우 86.1퍼센트, 구세계원숭이의 경우 84.8퍼센트를 차지한다.

만일 이런 수치가 다른 종에게도 거듭 나타난다면, 경쟁은 동물의 행동을 좌우하는 동력이 아님이 분명해진다. 즉 협력과 친밀함이 공격과 싸움에 비해 부차적인 요소가 아니라는 것이다. 사실 이제는 동물들이 서로 협력할 줄 안다는 사실을 누구나 알고 있기에 동물의 그런 행동을 기술하는 것은 거의 식상하다. 또한 동물들이 협력하는 이유도 명백해졌다. 한 집단의 공동 행동은 그 집단에 속한 개체들의 생존 기회를 향상시키기 때문이다.

브라이언 헤어와 버네사 우즈는 2020년에 펴낸 획기적인 저서 《다정한 것이 살아남는다》에서 인간이라는 종이 성공할 수 있었던 비결은 인간 특유의 다정함이라고 역설한다.[27] 두 저자는 사회적 행동 및 집단생활이 발달하는 과정에서 협력, 신뢰, 다정함이 결정적인 역할을 해왔으며, 이 현상은 다양한 동물종에 걸쳐 폭넓게 나타난다는 주장을 펼친다. 세 가지 자질은 서로 연관되어 있으며, 각종 동물 집단이 협동성과 결집력을 기르고 집단을 유지하는 데 기본 요소로 작용한다. 반면에 거짓말, 속임수, 기만적 행동은 개체 간의 신뢰를 무너뜨리고 사회적 유대를 아예 단절시키거나 적어도 약화시킨다. 신뢰를 형성하는 데 언어가 반드시 필요한 것도 아니다. 다시 말해, 두 학자는 다정함과 관련된 여러 자질을 키우는 것이 동물들의 생존 적합성을 가장 높인다고 말한다.

그러나 여전히 진화론의 상당 부분이 협력보다 개체 간 경쟁에 바탕을 두고 있으며, 이에 따라 협력이 진화 과정에서 직접적으로 선택되지 못한 경쟁의 부산물에 불과하다는 주장이 나오기도 한다. 이런 관점에서 본다면, 동물들이 늘 경쟁에만 치중하면 안정적인 사회집단을 형성하고 유지하기가 어렵기 때문에 어쩔 수 없이 협력에 동참하는 것뿐이라는 결론이 나온다. 예컨대 늑대 사회에서 모든 수컷이 늘 경쟁 관계를 유지하며 가장 높은 서열을 차지하려고 다투기만 한다면 늑대 무리는 안정감을 유지할 수 없다는 것이다. 협력하는 행동이 경쟁 구도를 보완해야만 시간이 지날수록 그 집단이 결속력을 갖춘 안정적인 집단으로 거듭난다는 주장이다.

아직도 학계에 너무나 만연해 있는 이 '적자생존'식 사고방식은 이제 진화의 견인차 역할을 하기에는 연구 결과로도 뒷받침되지 못하는 실정이다. 이렇듯 오랫동안 이어져온 학계의 이념적 편향 탓에 협력이라는 개념은 무시당했지만, 이제는 협력과 관련해서 물밀듯이 쏟아져 나오는 여러 연구 논문과 보고서 덕분에 시류가 바뀌고 있다. 실제로 우리가 더 많은 연구를 진행할수록 더 많은 사례가 발견된다. 동물들은 여전히 경쟁을 한다. 다만 협력이 사회적 행동 양식의 발달 과정에서 중추적인 역할을 하므로, 이 사실만으로 협력은 생존을 위한 비결이다. 동물들이 협력에 나서는 행동은 본능에 따른 것이며, 그 행동은 이미 구축된 기존의 사회적 행동 기준, 즉 도덕률을 따른다. 진화 이론의 정립 및 동물의 삶에 관한 논의는 바로 여기서부터 시작되어야 한다.

일부 생태학자들은 이 문제를 더욱 발전시키기도 한다.[28] '생태학적 상호 작용' 연구는 서로 다른 동물종 간의 상호 작용 및 동물과 나무와 식물 간의 상호 작용을 탐구하는데, 이 분야의 학자들 중에는 경쟁과 포식 행위가 아닌 긍정적인 생태학적 상호 작용에 연구를 집중하는 것이 보다 이치에 맞는 것인지 의문을 가지는 이들도 있다. 주류 학자들은 이 분야의 학자들을 '변절한 생태학자'라고 여기지만, 그들은 생태학과 공동체 진화 과정에는 경쟁과 포식 행위 외에도 많은 현상이 존재한다고 주장한다. 그들의 주장에 따르면, '촉진'이라 불리는 과정은 경쟁과 함께 순조롭게 작동하며, 공동체 구조의 발달에 중요한 균형을 제공한다. 늑대나 개코원숭이 무리 차원에서는 협력이 유익하게 작용해서 서로 경쟁할 때보다 서로 돕는 경우 모든 개체에게 더 많은 혜택이 돌아간다. 하지만 그렇다고 해서 숲 전체나 생태계 차원에서도 협력이 필수적인 요소일까? 이는 대단히 흥미로운 생각이며, 나는 달라이 라마도 이 주제에 관해 더 많은 연구를 보고 싶어 할 거라고 생각한다.

'보편적' 도덕률은 존재할까?

> 정의는 타인에 대한 개인적인 관심을 전제로 한다. 정의는 무엇보다도 감각이며, 이성에 따르거나 사회적 구성 요소로 작용하는 것이 아니다. 나는 중요한 의미에서 이 감각은 타고나는 것이라 주장하고 싶다.
>
> _로버트 솔로몬(철학자)29

동물의 세계에서 우리 인간만이 유일하게 도덕적인 존재라고 주장하는 것은 인간 편향의 시각을 드러내는 인간 중심적 종차별이다. 동물들의 놀이에서 나타나듯이, 많은 동물 사회에 존재하는 사회적 도덕률은 환경에 대한 적응의 결과다. 공정한 행동이 발달한 이유는 어린 개체들이 성체로 자라면서 갖추어야 하는 사회적 기술 등을 연마할 수 있게 해주기 때문이다. 또한 공정함은 한 집단이 원활하게 돌아가고 효율적인 협력이 이루어지는 데 중요한 역할을 한다. 동물들이 무리 지어 먹이를 사냥하는 경우, 서로 다른 종 간의 협업도 가능하다. 만일 동물들이 서로 협력하고 타협을 통해 의견을 모을 때, 공정함을 유지하는 방식에 대해 서로 다른 종 간의 일관성이 발견된다면, 우리는 이로부터 보편적 도덕률을 도출해낼 수 있을지 모른다. 그런 보편적 도덕률은 먹잇감을 발견하고 지키고 공유하는 과정이나 사회적인 친교 활동, 어린 개체들을 공동 양육하는 방식에도 중대한 영향을 미칠 수 있다.

생물학자 매트 리들리는《이타적 유전자》라는 책에서 인간은 불공정함에 대해 지나치게 동요하는 것 같다고 지적한다. 그러나 비인간 동물들이 불공정함에 어떻게 반응하는지에 관해서는 정보가 많지 않다. 그래도 동물들의 놀이를 관찰하면 좋은 단서가 될 만한 몇몇 정보가 발견되므로, 머지않아 불공정함에 대한 감각이 인간과 동물의 공통적인 특성에 포함될 수 있을지도 모른다.

그렇다면 용서의 경우는 어떨까? 용서 역시 종종 인간에게만 단독으로 부여되는 도덕 관념이다. 그러나 저명한 진화생물학자 데이비드 슬론 윌슨은 용서란 생물학적 적응이 복합적으로 나타나는 현상임을 보여주었다. 윌슨은《다윈의 대성당Darwin's Cathedral》에서 용서에 관해 다음과 같이 언급했다.[30] "용서는 동물 세계 전반에 걸쳐 나타나는 생물학적인 기반을 갖는다." 그리고 더 나아가 이렇게 썼다. "용서는 다양한 면모를 지니며, 온갖 종류의 맥락에 맞게 제 기능을 다하기 위해서는 다양한 면모를 **지녀야만 한다**."(볼드체는 윌슨이 강조한 부분이다.) 윌슨은 주로 인간 사회에 주목했지만, 그의 관점은 동물들에게도 쉽게 적용할 수 있다. 물론 동물 사회에 적용할 때는 신중해야 할 것이다. 사실 윌슨은 용서와 같이 적응성이 있는 특성을 표현하는 데 있어 과거에 생각했던 것만큼 높은 지능이 필요하지는 않을 수 있다고 지적한다. 동물들이 영리하지 않다는 의미가 아니라, 많은 동물에게는 용서하는 행위가 특별히 뛰어난 두뇌 회전이 없어도 실행할 수 있는 기본적인 특성일 수 있다는 뜻이다.

도덕률과 선행이 인류로부터 시작된 진화적 서사 과정에서 갑자기 출현한 것은 분명 아니다. 선행, 평등주의, 도덕률의 기원은 우리 인류보다 오랜 역사를 가진다. 동물의 공정한 놀이는 사회적 도덕의 가장 기초적인 형태일 수 있지만, 인간이 가진 더욱 복잡하고 정교한 도덕 체계의 전신일 가능성도 있다. 하지만 여기서 가장 중요한 점이 있다. 우리가 동물의 용서, 공정함, 신뢰, 협력에 대해 더 많이 알고자 한다면, 아마도 우리는 우리 서로에게 더 많은 온정을 베풀고 협력하며 사는 법을 터득하게 될지도 모른다.

5장

과학 연구의 불확실성

✷

: 경험담과 의인화

> 가끔 나는 누군가가 대단히 권위 있는 투로 동물은 의도나 감정을 갖지 않는다고 말하는 대목을 읽으면 이런 의문이 든다. '이 사람은 개를 안 키우나 보지?'
>
> _프란스 드 발[1]

나 역시 프란스 드 발과 같은 의문이 든다. 개를 키워본 사람이라면 너무나 당연하게 여기는 사실을 누군가가 부정하면 내 귀를 의심하게 된다. 아주 어렸을 때부터 나는 '**내가 여우가 되면 어떨까?**'라거나 '**여우가 된 나는 어떤 기분일까?**' 따위를 궁금해하곤 했다. 학창 시절 이후로도 줄곧 동물에 대한 관심은 식을 줄 몰랐다. 그러다가 인지동물행동학이라는 분야를 알게 되면서, 바로 이것이야말로 내가 연구하고 싶은 분야라는 것을 깨달았다. 부모님은 내가 늘 '동물에게 마음을 주는' 아이였다고 말씀하셨다. 나는 이제 그 말의 의미를 두 가지로 이해한다. 나는 동물들을 돌보고 존중하고 사랑하면서 그들에게 마음을 썼다. 또 항상 동물들에게 마음이 있다고 생각했다. 이런 태도는 어릴 때부터 내 정체성의 중심에 자리 잡았다. 내 머릿속의 진화적으로 '오래된 두뇌'(앞서 설명했듯이, 두뇌의 진화 초기에 발달했으며 감정을 관장하는 변연계를 가리킨다—옮긴이)가 나를 동물과 자연으로 이끌기에 이는 타고난 기질이라 하겠다. 오늘도 여전히 나는 같은 질문을 던진다. 개가 되면 어떤 기분일까? 혹은 늑대나 코요테가 된다면? 어린 시절과 다른 점이라면, 이제는 실제로 이 질문의 답을 얻는 데 필요한 훈련과 경험을 갖춘 것이다. 그 답을 구하는 동안 내가 이루어온 많은 진전을 보면 더없이 뿌듯하다. 물론 동물의 행동과 인지동물행동학을 연구한 지 50년이 지났음에도 여전히 알아내야 할 것이 많고, 지금 나의 호기심은 어느 때보다 충만하다.

어린 시절 따스하고 정이 넘치는 집안에서 자라며 동물에 대해 많은 것을 배웠다. 게다가 우리 가족의 적당히 낙관적인 성향은, 간혹 방황한 적도 있지만 내가 평생 묵묵히 걸어온 이 길을 택하는 데 큰 영향을 주었다. 나는 어렸을 때부터 동물에게 애틋한 감정을 느꼈다. 솔직히 말하면 동물의 기쁨, 슬픔, 고통을 직접 체감하고 내면화할 수 있었다. 그때도 동물의 감정에 공감하는 것이 내게는 자연스러운 일이었고, 현재 연구와 일상에서 동물에게 어떤 식으로든 피해를 입히는 것에 진심으로 미안한 마음이 든다. 그래서 완벽할 수는 없겠지만 적어도 그들에게 해가 되는 행동을 하지 않으려고 최선을 다한다. 여러 방식의 연구 활동에 따라 동물이 받을 수 있는 스트레스를 예측해서 그것의 사전 대책을 마련하는 것도 그런 노력의 일환이다.

나는 자신의 신념에 따라 목소리를 내는 것이 중요하다고 생각한다. 그래서 각종 동물—검은꼬리프레리도그, 캐나다스라소니와 같은 야생 동물에서 동물 가게, 강아지 공장, 고양이 공장, 실험실, 농장에서 사육되는 동물에 이르기까지—에 대한 연민을 호소하는 평화적 저항 운동에 동참하고 있다. 학계에서는 내 관점이 늘 인정받지는 못하기에, 내 의견을 주장하다가 몇몇 동료 학자들의 심기를 건드린 적이 한두 번이 아니다. 내 생각에는 학자라면 자신의 연구 결과를 학계 밖의 일반인들과도 공유할 책임이 있다. 과학자들이 자신의 연구에만 몰두하기보다는 좀 더 공동체와 세상에 관심을 가져야 할 것이다.

이런 말을 하는 이유는, 과학은 주관이 개입되지 않는 분야가 아니라는 점을 강조하고 싶기 때문이다. 과학자들은 저마다의 고유한 가치관에 따라 연구를 수행하기 때문에 가치관은 연구의 수행 방식과 수집된 데이터를 설명하고 해석하는 방식에 영향을 미치게 된다. 과학의 목표는 이 세상에 대한 '객관적' 결론, 즉 개인의 편향에 좌우되지 않는 답을 제시하는 것이지만, 과학자는 감정 없는 로봇이 아니다. 과학자는 저마다의 독특한 관점을 가진 실제 인간이다. 과학자들은 늘 이 문제를 극복하려고 분투해왔다. 주관적으로 알고 있는 내용이 객관적 '진실'로 바뀌는 시점은 언제일까? 어떤 사안을 증명하려면 어떤 종류의 연구를 얼마만큼 수행해야 할까? 자신의 편견을 인지하지 못하는 과학자의 신념은 '객관적' 데이터를 해석하는 방식에 얼마나 영향을 미칠까? 연구자의 직관과 느낌, 개인적 자아가 과학에서 자리를 차지한 적은 있을까?

이것이 내가 이번 장에서 다루려는 문제들이다. 과학자라면 누구나 자신과 자신의 연구에 대해 물어야 하는 '어려운 질문들'이지만, 특히 '경험담, 비유, 의인화'를 사용하지 않고는 결론에 이를 수 없는 인지동물행동학 분야와 관련이 있다. 이 세 단어는 주관적이고 개인적인 느낌을 준다는 이유로 과학 분야에서는 전통적으로 '금기어' 취급을 받았다. 과학자들이 동물행동학과 그 연구 결과물을 비판하는 경우에는 어김없이 세 단어 중 일부 아니면 전부가 언급된다. 그러나 세 단어에 거부감을 보이는 반응도 결국 개인적이든 전문적이든 편견에서 비롯된 것이 아닐까? 과학 연구에 '객관적 진실'을 훼손하지 않는 주관성의 자리는 없는 것일까? 단도직입으로 말하자면, 일부 과학자들이 동물의 감정을 인정하는 것을 불편해하는 이유는 증거의 질적 수준 때문이 아니라 자신도 '비과학적으로' 보일까 하는 두려움 때문은 아닐까? 개인적으로 나는 자신이 안전하다고 여기는 영역에서 벗어나는 것이 교육적으로 훌륭한 동기가 될 수 있다고 본다. 상식을 적절히 이용한다면 크게 도움이 될 것이다.

나는 과학자로서 연구하는 것을 좋아하지만, 지식을 습득할 때는 참신한 아이디어를 위해 연구 외의 다른 방식도 흔쾌히 받아들인다. 그런 방식은 과학**이나** 주관의 문제가 아니라 과학**과** 주관의 문제라고 생각한다. 개인적인 사실도 연구 자료로 유효하다. 다시 말해, 개인적인 사실이라도 납득할 수 있고 그것에 대한 설명까지 더해진다면 연구의 객관성을 저해하지 않을 수 있다. 의인화에 관해서는 앞으로 좀 더 논의하겠지만, 감정 역시 온전히 개인적인 것만은 아닐 가능성이 꽤 있다. 감정은 타자의 느낌을 이해하는 도구로, 사회적 적응을 위해 발달했을 수 있기 때문이다. 여하튼 우리는 불확실성을 받아들일 필요가 있다. 많은 과학자는 사회가 자신에게 부여한 자율성과 권위를 누리고 싶어 하며, 지나치게 사적이거나 불확실해 보이는 것들 때문에 자신의 지위가 위태로워지는 상황을 불쾌하게 여긴다. 그러나 모두 통제할 수 있다는 생각을 버려야 한다. 과학과 과학자들은 역동적이고 개방적이고 온정적이어야 한다.

많은 과학 문헌은 여전히 일인칭보다는 삼인칭 시점으로 서술된다. '연구자는 이것을 실행했다' 또는 '연구 대상은 연구자에 의해 관찰됐다' 같은 삼인칭 표현은 연구자들이 연구 대상 동물과 거리를 두기 용이하게 해주며, 심지어 자신의 연구 과정과도 거리를 둘 수 있게 한다. 삼인칭 어법을 사용하면 '뒤로 물러서! 과학자는 나야!'라는 식의 거만한 분위기를 연출할 수 있고, 연구자 개인의 가치관과 주관이 결과에 영향을 주지 않는 것처럼 보이는 효과도 낼 수 있다. 또한 과학은 개인의 견해에 영향을 받지 않는다는 잘못된 생각을 강화한다. 무엇보다도 삼인칭 어법은 과학자의 주관성뿐만 아니라 연구 대상 동물들의 주관적 삶마저 부정하는 결과를 낳는다. 그러나 다행히 이제는 상황이 변하고 있다. 오늘날 일부 과학 학술지에서는 일인칭 서술로 '나I'와 '우리we'라고 표현하고 연구 대상 동물에게 번호가 아닌 이름을 붙이는 방식을 허용하고 있다.

동물이 주관적인 존재인데도 사물로 취급하는 경우가 허다한 이유는 과학자들이 그렇게 훈련받았기 때문이다. 이런 관행은 동물뿐만 아니라 과학자에게도 해로우며, 서로에 관한 우리의 지식에도 좋지 않은 영향을 미친다. 동물을 연구하고 동물을 위해 목소리를 내기로 결정했으면 열린 마음과 명료한 정신으로 그들을 대변해야 한다. 우리는 성실히 연구하되 동물에 대한 온정을 잃지 않아야 한다. 삼인칭 서술이 불가피한 상황이 아니라면, 보다 솔직하고 개방적인 일인칭 서술을 사용하는 편이 동물의 행동과 감정을 연구하고 인간과 동물 간에 이루어지는 소통의 본질을 탐구할 때 분명 도움이 될 것이다.

빌과 리노

집에서는 확실하지만 실험실에서는 확실치 않다

동물의 지각, 의식, 감정에 관한 문제에서 어떤 과학자들은 집에서 동물을 대할 때와 실험실에서 동물을 대할 때의 관점을 쉽게 일치시키지 못한다. 집에 있는 반려동물은 가족의 일원처럼 사랑으로 보살피고 그 동물이 주는 애정에 흡족해하며 동물의 행동과 지능에 감탄하기도 한다. 그러다가 실험실로 돌아가면 갑자기 동물에게 감정이나 지능이 있는지 확실하게 말할 수 없게 된다. 이는 너무나 현실과 동떨어진 태도라 나는 이 글에 붙인 소제목을 "집에서는 맞지만 실험실에서는 틀렸다"로 바꿔 달고 싶은 충동이 든다.

나는 동료 과학자들이 실험실에서 일하다가 퇴근하고 집에 가서 개와 시간을 보내는 일상의 흐름 속에서 이중적인 모습을 보이는 것을 많이 목격했다. 그중에서도 내가 알고 지내던 빌이라는 교수와 그가 키우던 개 리노의 일화가 가장 전형적인 모습을 보여준다. 오래전에 강연 차 미국의 한 주요 대학을 방문했는데, 강연 전에 친구인 빌이 내게 인사를 하러 잠시 들렀다. 내가 리노의 안부를 묻자, 그는 리노가 다른 개들과 얼마나 잘 어울려 노는지, 자신이 자리를 비우면 리노가 얼마나 안절부절못하는지, 그리고 며칠 전에는 자신이 딸에게 신경 쓰는 것까지 질투하더라는 이야기를 5분이 넘게 늘어놓았다. 내가 듣기에 리노는 꽤 영리하고 감정이 풍부한 개인 듯했다. 빌은 녀석이 행복했다거나 슬펐다는 표현을 쓰면서 리노가 인간 가족에 대한 사랑을 얼마나 소중히 여기는지, 그 감정을 자신에게 얼마나 생생하고 명확하게 전하는지 묘사했다.

나는 빌의 이야기를 들으며 전율을 느꼈다. 빌은 항상 동물의 감정에 의구심을 가졌기 때문이다. 그의 관점으로는 동물은 감정을 느끼는 것'처럼' 행동한다는 표현이 최선이었고, 동물이 어떤 감정을 느끼는지 논하거나 애초에 동물에게 감정이 존재한다고 거창하게 주장하는 것을 시기상조라고 보았다.

하지만 전율은 그리 오래가지 못했다. 강연이 끝나고 뒤이은 질의응답 시간에 빌은 내 주장을 비판하고 나섰다. 물론 유쾌한 방식의 학문적인 비판이었지만 말이다. 그는 내가 동물을 지나치게 의인화하며 나 자신을 너무 과신하는 것 같다고 말했다. 나는 그의 발언에 당황했지만 반박하는 대신 청중들을 위해 빌의 기억을 환기시킬 목적으로 강연 전에 우리가 리노의 감정에 관해 나눈 대화를 언급했다. 빌은 살짝 얼굴을 붉히더니 이렇게 말했다. "글쎄요. 우리가 나눈 대화에서 제가 어떤 의미로 한 말인지 아시잖아요. 저는 그저 긴장을 풀고 리노 이야기를 들려준 것뿐입니다. 리노가 다른 개들과 어울려 노는 것을 실제로 좋아하는지, 녀석을 혼자 두면 실제로 우울해하는지는 정말 모르겠습니다. 그리고 녀석이 제 딸을 진짜 질투한 건 아니었다고 꽤 확신합니다. 단지 그렇게 보이도록 행동했을 뿐이에요."

솔직히 말하면 나는 아직도 그날 빌이 한 말의 의미를 이해할 수 없다. 그는 어떤 상황에서는 무척 편안하게 리노의 기분을 설명하다가 다른 상황에서는 그렇지 않다고 말한 것이다. 자신이 마치 집에서는 환상(리노에게 감정이 있다는 '듯' 행동하고 싶은 공간) 속에 빠져 살다가 직장이라는 '현실'로 되돌아온다는 의미였을까? 아니면 자신은 직업상 그런 입장을 내세우기가 곤란하다거나 혹은 자신의 사적인 경험에 부합하는 생각을 옹호하기가 꺼려진다는 의미였을까? 이유야 어찌됐든, 빌의 개인적 자아와 과학적 자아 사이에는 일관성이 없었다. 그리고 심지어 자신이 한 시간 전에 내게 들려준 이야기와 질의응답 시간에 설명한 자신의 견해가 서로 상충한다는 사실도 인식하지 못하는 것 같았다.

과학자들이 긴장의 끈을 푼 채 터놓고 이야기할 수 있는 칵테일 파티 같은 장소에서도 이와 비슷한 대화가 등장한다. 그러니까 동물의 감정을 '삭제'하지 않아도 되는 상황에서는 "무슨 말인지 아시잖아요" 따위의 온갖 표현을 써대며 과학자로서의 신념을 잠시 접어둔다. 이런 설정으로 과학자들은 자신이 기르는 동물의 지능이나 감정에 대해 자유롭게 이야기하곤 한다. 하지만 월요일 아침에 출근해 실험실에서 가운을 입는 순간 그 이야기들은 사라져버린다. 그들에게는 연구 과정에서 그런 식의 거리 두기 메커니즘이 필수인 듯하지만, 과연 그것이 과학의 바람직한 발전 방향이나 과학자들의 건전한 사고에 도움이 될까? 한 과학자가 실험실 밖이었더라면 너무나 아꼈을 동물과 같은 종을 대상으로 유해한 실험을 진행하는 경우, 그의 입장에서는 자신이 하는 행동을 그 동물이 모조리 느끼고 인식한다는 사실을 인정하기가 어려울지도 모른다. 그런 경우 그 과학자는 가슴 아픈 감정을 느끼고 싶지 않아서 동물의 감정 자체를 '의심'하기로 한 것일까? 아니면 이 '의심'하는 행위는 개인적인 감정을 연구에 반영하는 불경죄를 저지른 과학자들이 동료 과학자들의 비판이나 평가에 시달리고 싶지 않아 변명의 수단으로 쓰는 것일까? 나는 빌에게 실험실에서 다른 동물을 대하는 것처럼 리노에게도 똑같이 할 수 있는지 물을 용기가 나지 않았다. 아마도 그럴 수 없으리라 생각한다.

빌과 같은 사례에서 내가 의구심을 느끼는 부분이 있다. 동물의 감정을 의심하는 것은 그것이 과학의 발전에 도움이 되어서가 아니라 과학자들의 정서 안정에 필요해서가 아닐까 하는 것이다.

현장 연구자들은 나태한가

"당신은 당신이 안다고 말하는 걸 어떻게 알죠?"

빌은 우리의 의견이 충돌했을 때도 나를 꽤 호의적으로 대했다. 하지만 좀 더 격한 반응을 보이는 사람들도 있는데 그런 사람들은 몹시 부정적인 태도를 보인다. 나는 독일의 보훔에서 동물의 감정에 관한 강연을 한 적이 있었다. 강연 직후 청중 가운데 강연 내내 그렇게 따분해 보일 수가 없었던 한 여성이 일어나더니 나를 비롯한 현장 연구자들을 비난했다. 현장 연구를 하는 학자들은 항상 '수면 부족'에 시달리는데 바로 그 때문에 동물들이 왕성하게 사고하고 깊은 감정을 느낀다고 착각한다는 것이다. 나는 그 여성이 반농담조로 얘기하는 줄 알고(그날 시차 때문에 실제로 수면 부족 상태이긴 했다!) 공격적인 태도를 좀 누그러뜨리려고 했지만, 그녀는 다소 격앙된 상태였다. 꽤 심각해 보이는 태도에 나는 무슨 말을 해야 할지 알 수 없었다. 그래서 나도 정색하고서, 인지동물행동학자들은 진지한 태도로 과학에 종사하는 사람들이며 일하다가 졸기나 하는 게으름뱅이가 아니라고 답했다.

우리가 비록 고된 현장 연구로 피로에 찌들어 있기는 하지만, 그것이 우리가 동물의 열정에 대해 글을 쓴 이유가 될 수는 없다. 우리가 그런 주장을 하는 이유는 실제로 현장에서 직접 관찰했기 때문이다. 우리는 동물의 감정이 중요한 환경 적응 수단으로 발달한 것이라는 사실을 밝혀냈다. 물론 현장 연구는 완벽하지 않으며 장점만큼이나 단점도 존재한다. 실험실에 틀어박혀 철창에 갇힌 수없이 많은 동물을 제공받아 실험하는 과학자들은 현장 연구자들이 너무 안일하며 관찰 대상 동물들을 제대로 통제하지 못한다고 비판할 때가 많다. 그러나 그 점에 대해 반박하자면, 동물들이 실제로 서식하는 자연환경에서 그들을 관찰해야 그들이 누리는 풍요롭고 복합적인 삶을 가장 제대로 이해할 수 있다. 여하튼 피로감을 느끼고 통제가 부실한 상황이라고 해서 동물의 감정을 난데없이 날조해낼 수는 없는 노릇이다.

돌이켜보면 유사한 사례는 또 있다. 2000년 스미스소니언 협회가 주관한 심포지엄의 한 행사에서 있었던 일이다. 신시아 모스가 케냐에서 야생 코끼리의 사회적 행동에 관해 장기간에 걸쳐 수행한 연구를 설명하며 고도의 지능과 감정을 지닌 그 동물의 모습을 훌륭한 영상에 담아 소개했다. 발표가 끝난 후 질의응답 시간에 미국 국립과학재단에서 프로그램 관리자로 일했던 사람이 신시아에게 질문했다. "당신은 이 동물들이 당신이 주장하는 그 감정을 느끼는 것을 어떻게 알 수 있죠?" 신시아는 이 질문에 적절한 대답을 했다. "그들이 그런 감정을 느끼지 않는 것은 어떻게 알 수 있나요?" 물론 두 질문 모두 절대적인 확신을 갖고 답할 수 있는 문제가 아니다. 하지만 신시아는 포획되어 철창 속에서 지루한 삶을 살아가며 스트레스를 받는 코끼리가 아닌 야생 상태의 코끼리들을 수십 년간 연구해온 학자다. 그녀 자신의 연구를 비롯해 다른 많은 연구 결과들이 그녀의 견해가 옳음을 압도적으로 뒷받침한다. 우리가 수십 년에 걸쳐 온갖 노력을 다해왔음에도 여전히 의심의 기미가 곳곳에 남아 있다. 다만 급격히 사라지고 있는 추세이기는 하다.

인간을 포함한 모든 생명체의 내면적 삶, 특히 다른 종의 내면적 삶에 관해서는 우리가 눈으로 보거나 측정하거나 알아차릴 수 없는 점이 항상 있을 수 있다. 연구 내용에 의심스러운 부분이 있다고 해서 전반적인 인지동물행동학 분야 자체를 문제 삼을 수는 없으며, 마찬가지로 기대감에 찬 연구자들이 자신의 희망 사항을 제시한다거나 피로감 탓에 망상을 자아낸다고 봐서도 안 될 것이다. 인지동물행동학자들은 성실한 과학자들이다. 그들은 난해한 연구 분야에 끊임없이 엄격함을 더해가며 자신들이 찾아낸 증거에 대해 견고한 설명을 제시한다.

동물의 감정에 관한 연구는 강력한 증거를 바탕으로 하며, 최근 들어 자연과학 분야에서 더욱더 많은 관련 데이터가 나오고 있다. 이 연구의 무척 흥미로운 점 하나는, 우리 주변의 동물들이 보이는 행동을 현장 연구자들이 관찰하면 그 근거를 감정의 신경학적 토대를 연구하는 실험 연구자들이 마련해준다는 것이다. 그들은 심지어 인간이 왜 동물을 의인화하는지도 연구한다.

목소리 내기

동물들의 열정에 대해 열정을 갖기

오랫동안 대다수 과학자는 동물의 감정에 대해 자유롭게 목소리 내기를 주저했다. 그러나 이제 시대가 변하고 있다. 2000년에 출간된 나의 책 《돌고래의 미소The Smile of a Dolphin》는 50명이 넘는 유명 과학자들의 커밍아웃 파티 그 자체였다. 그들은 저마다 오랜 연구를 통해 유대감을 형성하며 누구보다 잘 알게 된 동물의 감정적 삶에 관한 이야기를 풀어놓았다. 이 책에는 사랑을 보여주는 돌고래와 물고기와 난쟁이 몽구스, 분노와 공격성을 드러내는 문어와 까마귀와 고양이, 기쁨과 슬픔을 느끼는 점박이하이에나와 코끼리와 쥐, 쑥스러움과 분개, 질투의 감정을 드러내는 영장류의 이야기가 소개된다. 과학자들은 이런 이야기들을 통해 많은 다양한 동물이 감정적으로 풍요로운 삶을 누린다는 사실을 입증하는 한편, 그들 자신도 연구 대상 동물에게 감정을 품는다는 사실을 분명히 드러낸다.

오늘날에는 그다지 혁신적으로 들리지 않을지도 모른다. 적어도 동물에 관심이 있는 일반인들에게는 말이다. 하지만 한때는 과학자가 자신의 감정을 드러내며 동물의 감정에 대해 자유롭게 의견을 개진하거나, 번호 대신 이름을 붙인 동물 개체를 언급하는 것 자체가 상당히 진보적인 행동이었다. 이 책과 같은 계기를 통해 동물행동학자들이 지닌 열정뿐만 아니라 동물들의 열정에 관한 정식 연구를 정당화할 자리가 마련됐다. 천문학자들은 시적으로 밤하늘을 묘사하고 열정적으로 별에 대한 사랑을 드러내면서도, 그런 감수성 때문에 자신이 제시한 데이터의 신빙성이 의심받을 수 있다는 두려움은 없다. 사람들은 열정의 중요성을 이해한다. 열정은 문제가 발생해 좀처럼 일이 진척되지 않을 때도 계속 전진해 나갈 수 있는 원동력이 된다. 열정은 과학 연구에 없어서는 안 될 호기심을 유발한다. 그리고 천문학자들은 열정적이면서도 동시에 꼼꼼하고 오차가 없다고 여겨진다. 하지만 동물행동학자들은 오늘날에도 사람들의 그런 이해심을 누릴 기회를 늘 얻지는 못한다.

《돌고래의 미소》를 집필하던 당시, 동물의 감정에 관한 이야기를 들려주고 싶어 했던 많은 저명한 과학자들의 요청을 지면의 제약 탓에 거절할 수밖에 없었다. 그러나 과학자들은 스스로 계속해서 장벽을 허물고 있다. 이제 그들은 수많은 책과 잡지, 발표 등을 통해 다양한 공간에서 자신의 감정과 연구 대상 동물의 감정에 대해 논할 기회를 얻는다. 앞서 언급했듯이, 과학자들은 더 이상 자신의 주장을 펼칠 때 문장을 순화하거나 표현에 이런저런 기교를 덧붙이지 않아도 된다. 그들은 자신의 이야기를 자유롭게 들려줄 수 있게 됐고, 우리가 동물을 어떻게 대해야 할지에 대해 그들이 구체적인 관찰을 통해 시사하는 바는 누구나 명백히 알 수 있다.

경험담

이야기의 중요성

누군가의 연구를 검토할 때 과학자들은 항상 데이터가 어떻게 수집됐는지, 데이터가 신뢰할 만한 것인지, 데이터가 최종적으로 어떻게 설명되고 해석되고 전달되는지를 살핀다. 개인적인 경험담이나 에피소드는 데이터의 일종으로, 동물을 묘사할 때 빠짐없이 등장하게 마련이다. 하지만 경험담이란 '그래봤자 이야기일 뿐'이라는 이유로 거부감을 갖거나 무시하는 과학자들도 있다. 그들은 경험담이 '확실한 데이터'가 될 수 없는 이유는 재현이 불가능하고, 관찰자의 개인적인 관여와 편견으로 지나치게 오염됐을 수 있기 때문이라고 말한다.

그러나 행동의 진화를 이론화하는 작업 중 많은 부분도 이야기에 기초를 둔다. 이를 못마땅해하는 과학자들은 거의 없는데, 아마도 그 이야기가 학계에서 널리 인정되는 자연선택의 중심 통합 이론을 위주로 구성되기 때문일 듯하다. 사실 경험담 속의 상황을 모방한 실험을 설계해서 경험담을 체계적으로 분석하면 재현 가능한 데이터를 생성해내는 것도 가능하다.

나는 **경험담**이 축적되면 **데이터**가 된다고 말하고 싶다. 경험담은 동물의 행동 및 감정을 연구할 때 핵심적인 요소로, 많은 과학 분야에서도 중요한 역할을 하며 그럴 만한 이유가 있다. 감정은 외부와 단절된 상태에서 발생하지 않는다. 감정은 맥락 속에서 일어난다. 감정을 일으키는 사건이 발생하고 그것에 따른 결과가 나타나는 것이므로, 감정을 적절히 묘사하려면 이야기를 전개할 수밖에 없다. 우리는 개코원숭이가 화가 난 것을 어떻게 알 수 있을까? 개코원숭이가 먹이를 먹고 있었는데, 다른 원숭이가 와서 먹이를 가로챘고, 먹이를 빼앗긴 원숭이가 소리를 지르며 쫓아가서는 빼앗긴 먹이를 되찾아왔다. 또 붉은여우 새끼가 사라진 엄마를 보고 싶어 하고 엄마를 사랑하는 것을 어떻게 알 수 있을까? 어린 여우는 끽끽 울며 엄마를 찾아 헤맸고, 다시 상봉하게 됐을 때 엄마의 품에서 눈을 감고 조용히 잠이 들었다. 우리는 동물이 보이는 행동과 태도로만 한정해서 묘사할 수도 있지만, 더 넓은 맥락을 보아야 그들의 행동 뒤에 숨겨진 의도와 감정을 식별할 수 있다. 먹이를 빼앗긴 상황과 엄마를 잃은 상황을 알고 나면, 소리를 지르고 쫓아가는 행동과 끽끽 울다가 다른 개체의 품에 안기는 행동이 즐겁게 노는 상황이나 짝짓기하는 상황과 다르다는 점이 명확해진다.

더욱더 많은 이야기가 축적될수록 우리는 경험적 연구를 자극할 수 있는 행동 양식의 데이터베이스를 확고히 구축하게 되고, 이에 따라 추가적인 이야기도 얻을 수 있다. 서로 다른 종의 이야기 중 유사성이 나타나는 빈도에 주목하는 것 역시 중요하다. 그런 유사성을 통해 특정 감정을 식별할 수 있기 때문이다. 서로 다른 종은 감정을 표현하는 형태가 다를 수 있으나 이야기의 맥락을 알면 그 감정의 유사성이 명확하게 드러난다. 더 나아가 동일한 감정에 관한 더 많은 이야기를 수집할수록 데이터의 수집이나 우리의 결론에 사적인 편향이 개입해 영향을 미칠 가능성이 줄어든다. 결국 어찌 보면 경험담은 다소 천천히 수집되는 데이터일 뿐이다. 하지만 그렇다고 해서 경험담의 유용함이나 신뢰도가 떨어지는 것은 아니다.

동물의 의인화

그러므로 도서관에 틀어박혀 내일이면 잊힐 언어로 말하는 심리학자보다 자연을 벗 삼으며 오래도록 남을 인간적인 언어로 말하는 평범한 사람이 동물의 삶에 관한 진실과 더 가까울지도 모른다.

_윌리엄 J. 롱(20세기 초 자연주의자)2

1990년대 말, 두 편의 대단한 소설이 출간됐다. 하나는《모비 딕》을 고래의 시각으로 다시 쓴《파도처럼 새하얀White as the Waves》이라는 책이다. (중략) 또 하나는 코끼리 사회 파괴 행각을 코끼리의 시각으로 바라본 책《하얀 뼈The White Bone》다. (중략) 이 두 소설은 생물학 및 이들 동물의 사회적 삶에 관한 기존 지식을 활용해서 그들의 사회, 문화, 인지 능력을 정교하게 그려낸다. 암컷들은 새끼의 생존을 중시한다. 사회적, 생태적으로 다채롭게 얽힌 공간 속에서 살아가는 수컷들에게 짝짓기는 관심사의 극히 일부에 지나지 않는다. 환원주의적 시각에서는 이런 묘사들이 동물의 삶에 관한 허구의 이야기인《곰돌이 푸》와 같은 부류로 취급될 수도 있겠지만, 내게는 진실로 다가온다. 그리고 어쩌면 과학적 관찰에 따른 숫자로 이루어진 조악하고 추상적인 개념들보다 이런 작품들 속 이야기가 동물의 본질에 한층 가까울 것이다.

_할 화이트헤드(생물학자, 향유고래 전문가)3

동물의 의인화는 경험담에 더해 인지동물행동학 분야를 맹비난할 때 흔히 거론되곤 한다. 동물의 행동을 묘사하는 데는 많은 다양한 방법이 존재한다. 동물이 보고, 듣고, 냄새 맡는 행동을 간단히 묘사할 때 어떤 방법을 선택하는지는 그 학자의 관심 분야가 무엇인지에 따라 다르다. 동물의 행동과 감정을 묘사하거나 설명할 때 단 하나의 옳은 방식만 존재하는 것이 아니다. 의인화는 동물의 행동에 관한 연구에서 비인간 동물에게 인간이 지닌 특성을 부여하는 방식이다. 생각, 기쁨, 슬픔, 당혹감, 질투와 같이 인간의 특성을 묘사할 때 사용하는 단어를 동물 묘사에 사용하는 것이 의인화다. 대다수 학자가 의인화를 자유롭게 사용하고는 있지만, 번거로운 관행이라 여기는 동료 학자들도 많다.

사실 의인화 문제를 거론하면 대화가 끊길 때가 종종 있다. 사람들은 이 문제에 자신의 신념을 단호하게 표현하는 경향이 있다. 즉 의인화는 애초에 무조건 잘못됐다거나 애초에 무조건 옳다고 하는 식이다. 그래서 나는 이 문제에 대해 더 이상의 언급을 자제하고 사람들의 생각을 바꾸려 애쓰지도 않는다. 의인화 논쟁보다 중요한 주제인 동물이 어떻게 다루어지고 혹사당하는지에 관한 논의로 사람들의 관심을 돌릴 수 있기 때문이다. 다만 의인화 논쟁 또한 의외로 중요한 내용을 담고 있기에 제대로 짚고 넘어갈 필요가 있다.

앞에서 인용한 글에서 명확히 드러나듯, 동물을 의인화한 설명이 실제로 정확한 묘사일 수도 있다는 주장이 제기된 지는 오래됐다. 《'피터 래빗'의 찔레 덤불 철학Brier-Patch Philosophy by 'Peter Rabbit'》은 1906년에 출간됐으니 100년도 더 전에 이 글을 썼던 윌리엄 J. 롱은 그의 주장이 당시의 연구 실태에 '위배된다'는 이유로 해고됐을지도 모른다. 다만 할 화이트헤드는 선도적인 세계 최고의 고래 연구 학자로 인정받고 있으며 경험담 및 의인화를 활용한 묘사의 진가를 알아보았던 것이 틀림없다.

우리는 우리와 다른 동물을 연구하는 인간이기에 인간 중심의 관점에서 친숙한 언어를 사용해야만 그들의 행동을 제대로 묘사하고 설명할 수 있다. 따라서 내가 개의 머릿속에서 무슨 일이 일어나고 있는지 이해하려면 의인화를 사용해야 하는데, 다만 그 경우에는 개의 시각에서 사건을 바라보려고 노력한다. 개가 행복하다거나 질투심을 느낀다고 표현한다고 해서, 인간이 행복이나 질투심을 느끼는 방식 그대로 느낀다는 의미는 아니다. 마찬가지로 감정을 느끼는 방식도 개마다 다를 수 있다. 의인화 기법은 인간과는 다른 동물의 사고 및 감정에 인간이 다가가기 쉽게 해주는 언어적 도구다. 의인화를 사용하다 보면 분명히 오류를 일으킬 때가 있으나, 우리 동물행동학자들은 심리적 영역에 관해서는 정확한 예측을 곧잘 해낸다.

콘라트 로렌츠는 성인이 자신이 낳은 자식을 직접 양육하도록 자극하는 메커니즘을 연구하다가, 우리가 의인화를 사용하는 원인 중 일부도 발견한 것으로 보인다. 로렌츠는 인간이 다음에 열거한 어린 동물들만의 고유한 특징에 호감을 느낀다는 점에 주목했다.[4] "신체에 비해 상대적으로 큰 머리와 두드러진 두개골, 낮은 위치의 큰 눈,

돌출된 뺨, 짧고 굵은 팔다리, 탄력 있고 유연한 몸, 서툰 움직임", 말하자면 어린 동물 개체는 인간의 아기와 같은 모습을 보이며, 그들의 '귀여운 반응'에 솜털같이 보송보송한 털, 보드라운 살갗처럼 '껴안아 주고 싶은' 충동을 일으키는 외관이 더해지면 더욱 인간의 호감을 얻게 된다. 우리가 어린 동물들에게 이끌리는 상황에서 의인화는 확실히 적용된다. 나는 강아지를 '귀엽다'고 표현하지 않는 사람을 본 적이 없다.

그러나 학계에서는 의인화가 금지되는 경우가 허다하며 우스개로조차 사용하려 하지 않는다. 3장의 막돼먹은 불한당 개코원숭이 닉의 이야기를 들려준 로버트 새폴스키 교수의 생각을 들어보자.[5] 새폴스키는 이렇게 묻는다. "내가 가령 개코원숭이들을 이야기할 때 의인화를 과도하게 사용하면 비난받을까? (중략) 사람들은 노골적으로 우스꽝스러운 부분은 그렇게 표현해주기를 기대한다. 하지만 그 정도의 유머 감각조차 없는 일부 동료 학자들이 이마저도 받아들이지 못하는 것을 보면 나는 할 말을 잃게 된다. 그런데 좀 더 넓은 맥락으로 답하자면 내가 표현하는 방식은 의인화가 아니다. 영장류 중 어떤 종의 행동 방식을 이해하는 데 걸림돌이 되는 점은 그 동물이 우리와 닮은 데는 다 이유가 있다는 사실이다. 그러므로 나는 영장류에게 인간적 가치를 부여하는 것이 아니라, 우리와 그들이 공통적으로 가진 일반성을 영장류화하는 것이다." 말하자면, 우리 모두는 동물과 인간이 감정을 비롯한 많은 특성을 공통적으로 지닌다는 점을 알고 있으며, 이에 동의한다는 전제 아래, 의인화는 인간적인 특질을 동물에 대입하는 것이 아니라 동물과 우리의 공통성을 식별하는 작업이며, 그 작업에 따라 인간의 언어를 사용해서 우리가 관찰한 내용을 묘사하는 것이다.

따라서 우리가 의인화를 사용하는 것은 자연스러운 현상이므로 그것을 비난받을 이유가 없다. 우리는 그렇게 타고났을 뿐이다. 제인 구달은 침팬지 연구 초기에 과학적인 방법을 사용하지 않는다는 비판을 받았다. 각 침팬지들에게 번호 대신 이름을 지어주고 그들에게 개성을 '부여해' 그들이 생각과 감정이 있는 존재라고 주장한다는 이유에서였다. 우리는 1960년대 이래로 많은 분야에 걸쳐 성과를 거둬왔지만, 동물에게 인격을 부여하는 언어에 대한 근거 없는 두려움은 여전히 남아 있다. 이제는 그 두려움을 떨쳐내고 동물의 복지와 과학의 발전을 위해 나아갈 때다.

초기 인류 사회에서 의인화는 동물을 사냥할 때 그 동물의 행동 방식을 더 예측하기 쉽게 해주었을지도 모른다. 오늘날에도 의인화는 동물의 감정에 대해 더 많은 것을 알아내는 데 아주 요긴하게 쓰인다. 스티븐 제이 굴드도 이 점에 동의한다.[6] "그렇다. 우리는 인간이기에 인간과 다른 종이 인간과 굉장히 유사한 반응을 보이는 경우, 이를 관찰하고 묘사할 때 우리 자신의 감정적인 경험에 따른 언어와 지식을 사용하지 않을 수 없다." 의인화 기법은 앞으로도 계속 쓸 수밖에 없다. 다만 동물에 대한 공감과 더불어 생명 중심적인 시각으로 신중하고도 의식적으로 사용해야 할 것이다.[7] 우리는 최대한 동물의 관점을 고수하려 노력해야 한다. 즉 '그 동물이 무엇을 경험하고 있는가'라는 질문을 끊임없이 반복해야 한다. 과학 연구에 의인화를 사용하는 것은 적절하지 않다는 주장이나 의인화를 사용한 예측과 설명이 기계적이고 환원주의적인 설명에 비해 정확도가 떨어진다는 주장을 뒷받침할 만한 데이터는 전무하다. 당연한 일이지만, 신중하게 의인화를 적용하는 방식이 여전히 건재한 이유는 그것이 과학의 발전에 도움이 되기 때문이다.

의인화를 둘러싼 이중적 태도

동물은 행복할 수 있어도 슬플 수는 없다

> 나는 '의인화'가 굉장히 의심스러운 단어라는 사실을 알게 됐다. 의인화라는 단어는 말하지 못하고 스스로를 인간의 착취로부터 방어할 수도 없는 생명체에게 가해지는 잔학 행위를 옹호하는 데 사용된다.
>
> _브라이언 메이 경[8]

브라이언 메이의 주장에 동의한다. 나는 그동안 의인화 표현 문제에 한 가지 신기한 현상이 있음을 알아챘다. 어떤 과학자가 동물이 행복하다고 말하면 누구도 이의를 제기하지 않지만, 반대로 동물이 불행하다고 말하면 그 즉시 의인화에 대한 비난의 화살이 쏟아진다는 점이다.[9] 내 친구 빌의 이야기에서 드러난 과학자들의 앞뒤가 맞지 않는 개인적인 신념처럼, 의인화에 대한 이중적 태도는 대체로 인간 자신의 심기를 불편하게 하지 않을 목적에만 치중된 듯하다. 동물이 행복하다는 주장에 쓰인 의인화와 동물이 불행하다는 주장에 쓰인 의인화는 전혀 다르지 않기 때문이다.

이 점을 보여주는 한 가지 좋은 사례는 한때 로스앤젤레스 동물원에 있었던 마흔세 살 난 아프리카코끼리 루비의 이야기다.[10] 2004년 가을, 테네시주 녹스빌 동물원에 살던 루비는 로스앤젤레스 동물원으로 다시 옮겨졌다. 녹스빌 동물원에서 루비가 외롭고 슬퍼 보였다는 이유에서였다. 휴메인 소사이어티의 그레첸 와일러가 촬영한 영상을 보면 루비는 혼자서 몸을 앞뒤로 흔들며 서 있었다. 와일러는 루비가 '절망에 빠진 코끼리'의 행동을 보였다고 말했다. 슬프고 외로움을 느끼는 동물들은 몸을 앞뒤로 반복해서 흔드는 경우가 많다. 이 정형화된 행동을 하는 것은 정상이 아니며, 따분하고 괴로워하는 동물들이 보이는 특징이다.

상동증stereotypy, 常同症은 감금 상태에서 발생하는 신체적 징후를 뜻하는 병리학 용어다. 포획된 동물 개체가 이런 증상을 보일 때는 **주코시스**zoochosis라는 용어를 쓴다. 주코시스는 본프리 재단(영국의 동물 보호단체—옮긴이)의 공동 창립자인 빌 트래버스가 고안한 용어로, 그는 동물원의 동물들이 비정상적인 행동을 집착적으로 반복하는 모습은 일종의 정신 질환이라고 정확히 식별했다. 포획 상태의 동물은 말 그대로 미쳐버린다. 동물원의 동물들은 우리 안에서 앞뒤로 서성이거나 계속 특정 경로를 따라 움직이는 행동, 자신의 깃털이나 털을 죄다 잡아 뜯는 행동, 심한 상처가 날 정도로 자신의 몸을 할퀴거나 문지르거나 핥는 행동, 우리의 창살을 몇 시간이고 쉴 새 없이 물어뜯는 행동, 그리고 자신의 토사물을 다시 먹는 행동으로 동물원 관리자들이 '구토 및 재섭취'라고 완곡하게 표현하는 행동 등을 보인다.

루비가 잘 지내고 있다고 생각했던 녹스빌과 로스앤젤레스의 사람들은 루비가 불행하다고 주장하는 와일러와 그의 동료들이 동물에게 인격을 부여한다고 비난했다. 미국 동물원 수족관 협회AZA에서 보전 및 과학 분야 담당자로 일했던 마이클 허친스는 인간의 감정을 동물에게 적용하는 것은 과학적으로 옳지 않은 방식이라며 다음과 같이 주장했다. "동물들은 우리에게 말로 표현할 수 없어서 자신의 기분이 어떤지도 우리에게 알려줄 수 없습니다." 그는 루비가 포획 상태에 잘 적응하지 못하고 있고 지난 몇 년간 친구들을 떠나 이곳저곳 떠돌며 홀로 지내느라 불행한 상태라는 주장에 비판적이었다.

로스앤젤레스 시장도 허친스의 주장에 힘을 실어주며 이렇게 말했다. "루비는 기분이 좋은 상태며, 우리는 루비를 돌려받게 되어 기쁩니다." 캘리포니아 대학교 데이비스 캠퍼스에 있는 캘리포니아 영장류 연구소의 부소장 존 카피타니오는 다음과 같은 주장을 펼쳤다. "동물에게 감정이 있나요? 대다수 사람은 기꺼이 그렇다고 대답할 겁니다. 그렇다면 그 밖에 우리가 더 알고 있는 게 있나요? 별로 없어요." 허친스는 루비가 불행하다는 의견은 가치가 없다고 보면서 이렇게 덧붙였다. "동물들은 불안해 보일 수도 있습니다. 하지만 아닐 수도 있지요. 그저 노는 중일 수도 있어요. 다소 거칠게 놀고 있는 것처럼 보일 수 있죠."

허친스의 말마따나 동물의 행동을 잘못 식별했을 수 있다. 그러나 우리가 동물의 행동이 어떤 것을 의미하는지 결코 밝혀낼 수 없을 것이라는 판단은 옳지 않다. 구체적인 행동에 관한 연구를 세밀하게 수행하면서 우리는 실제로 동물의 행동과 그 행동이 다양한 사회적 맥락 속에서 어떻게 다르게 나타나는지를 식별하고 이해할 수 있다는 사실을 거듭 보여왔다.

루비가 행복한지 불행한지가 중요할까? 중요하다. 만일 루비가 불행한 것으로 밝혀지면 동물원은 루비의 복지에 좀 더 주의를 기울여야 할 것이다. 동물원 측과 로스앤젤레스 시장은 매우 느긋한 태도로 루비가 '잘 지내고 있다'고 말했고, 허친스와 카피타니오는 그들의 입장에 반하는 어떤 주장이든 반박해야만 '과학적으로 바람직하다'고 여겼다. 그러나 루비의 감정을 긍정적으로 묘사하는 것 역시 부정적인 묘사와 마찬가지로 의인화다. 사실 의인화 자체가 그리 중요한 사안이 아니다. 의인화 사용을 비난하는 행위는 단지 상대의 신뢰도를 깎아내리기 위한 연막일 뿐이다. 진정한 문제는 동물 복지다. 그리고 우리로서는 절대적인 확신을 품고 루비의 생각을 읽어낼 수 없기 때문에, 그 상황에서 판단할 수 있는 유일한 방법은 루비가 살아온 삶과 일반적인 코끼리의 행동 양식에 관한 정보로 어느 해석이 가장 개연성이 있어 보이는지 판단하는 것이다.

허친스와 카피타니오는 코끼리의 행동에 특별히 주목하지 않았다. 그들의 관심사는 오직 사상의 '적'이었다. 그러나 코끼리와 관련된 일을 하는 사람이라면 누구나 코끼리의 '기분'을 무시하면 자신이 위험에 처할 수 있다는 사실을 알고 있다. 영국 철학자 메리 미즐리의 글이 이 점을 잘 설명한다.[11]

> 코끼리 사육사들은 코끼리에 대해 여러 잘못된 믿음을 가진 것이 분명하다. 그 이유는 그들이 '의인화'를 사용했기 때문이다. 즉 사육사들은 코끼리의 행동 가운데 몇몇 비정상적인 행동을 해석할 때 부적절한 인간의 패턴에 의존해 잘못 해석한다. 다만 코끼리의 일상적인 기본 감정—코끼리가 만족하는지, 화를 내는지, 겁에 질렸는지, 흥분하는지, 피곤한지, 상처를 입었는지, 의심하는지, 분노하는지—에 대해서도 의인화를 사용하지 않았다가는 일자리를 잃는 것은 물론이고 많은 경우 목숨을 부지하기도 힘들 것이다.

부적절하게 사용된 의인화는 언제나 위험하다. 왜냐하면 인간의 관점으로 세상을 보고 겪는 방식이 틀림없이 유일한 방식이라 단정 짓고 나태해지기 쉽기 때문이다. 또한 인간 위주의 사고로 동물이 행복하거나 아예 감정이 없기를 바라는 경우 혹은 그럴 필요가 있는 경우에 희망 사항 그대로 판단해버리기 쉽다. 사실 의인화의 부적절한 사용을 방지할 유일한 방법은 지식이다. 동물의 마음과 감정에 관한 상세한 연구라고 할 수도 있겠다.

기쁜 소식은 결국 루비에게 자유로운 삶을 선사하려는 사람들의 집단행동 덕분에 2007년 루비가 로스앤젤레스 동물원을 떠나 공연동물복지협회PAWS가 훌륭하게 관리하는 캘리포니아 골트의 코끼리 보호소에 정착했다는 사실이다.[12] 루비는 보호소에서 예전보다 행복하게 지내는 것 같았다. 그곳에서 루비는 2011년 세상을 떠나기 전까지 다른 코끼리 세 마리 사이에서 '우두머리 암컷'으로 군림하며 살았다.

끝까지 의인화 방식의 언어를 사용하지 않겠다고 결정한다면 그냥 짐을 싸서 집에 가는 편이 낫다. 별다른 대안이 없기 때문이다. 우리가 동물을 묘사할 때, 그들의 행동과 그 행동의 이유에 대한 아무런 맥락도 없이 그저 호르몬, 신경 세포, 반사 작용, 근육으로만 이루어진 덩어리로 표현해야 할까? 의인화는 불가피한 수단이며 의도적으로 사용하는 것이 아니다. 심리학자 고든 버가르트는 동물의 경험에 대한 우리 자신의 직관을 부정하는 것은 '무의미하고 따분하기만 하다'고 말한다.[13] 의인화를 사용하지 않는다면 우리는 중요한 정보를 잃게 될 것이다. 어쩌면 훗날 의인화를 대체할 만한 적절한 용어가 개발되면 유용할지도 모르겠다. 이에 대해 버가르트는 '비판적 의인화'를 사용해야 한다고 주장하는 반면, 내가 주창하는 것은 '생명 중심적

의인화' 방식이다.[14]

영향력 있는 저명한 실험심리학자 도널드 헵은 각종 수치를 수집하고 통계를 분석하기를 즐겼는데, 의인화에 대한 중요한 관찰 기록을 남기기도 했다.[15] 헵은 동물원 사육사들이 사용하는 의인화는 '행동 양식에 대한 직관적이고 실용적인 지침'이 되어 사육사가 포획된 침팬지들과 가장 적절한 방식으로 소통할 수 있게 한다고 주장했다. 또한 헵은 의인화의 근간을 객관적으로 분석한다면 의인화를 '과학적인 비교심리학의 목적에 적합한' 방식으로 사용할 수 있다고 보았다.

의인화의 이점

이 장에서 명확히 보았듯이, 많은 사람이 의인화가 마치 동물을 정확하게 이해하는 데 걸림돌이라도 된다는 듯 의인화를 극복해야 할 문제로 여긴다. 그렇지만 만약 의인화가 우리의 지적 능력과 공감, 직관에 따라 자연적으로 사용하는 수단일 뿐만 아니라, 인간과 동물 간의 관계 개선 및 동물 보호에 도움이 된다면 어떨까?

2019년에 발표된 굉장히 흥미롭고 중요한 한 연구는 의인화에 긍정적인 측면이 있음을 보여주었다.[16] 의인화가 인간의 지배보다 인간과 동물의 공존을 장려하고, 의인화가 사용되면서 동물에게 해를 가하고 그들을 살상하던 기존의 야생 동물 관리 방식이 시험대에 오르게 됐다는 것이다. 마이클 만프레도와 네 명의 연구진은 〈의인화는 현대 야생 동물 보전의 사회적 맥락을 어떻게 변화시키고 있는가〉라는 제목으로 「생물학적 보전Biological Conservation」이라는 학술지에 게

재된 연구 논문에서 의인화가 사람들의 가치관 및 야생 보전 활동에 어떤 영향을 줄 수 있는지 묘사한다.[17]

이들의 연구 프로젝트에서는 미국의 성인 43,949명을 인터뷰하고 설문했는데, 관련 기사에 따르면 동물들이 의도, 감정, 자기만의 정신을 가졌다고 생각하는지를 묻는 질문 항목을 통해 의인화에 대한 응답자들의 성향을 측정하는 프로젝트였다. 응답자들이 자연에 대한 공생 관계와 지배 관계 중 어느 쪽에 우호적인 성향을 보이는지를 가늠하기 위해, 설문지에는 다음과 같은 주장에 대한 동의 여부를 묻는 항목도 포함됐다. "인간은 어류와 야생 동물의 개체수를 관리해서 인간에게 이익이 되도록 해야 한다." "나는 모든 생명체가 대가족의 일원이라고 여긴다."

그 결과, 응답자 중 약 67퍼센트가 의인화의 사용에 긍정적인 반응을 보였다. 하와이 주민들이 의인화에 가장 긍정적이었으며(74.5퍼센트), 사우스다코타주가 가장 낮은 비율을 보였다(54.5퍼센트). 그리고 의인화에 대한 긍정적 반응과 공생 관계에 대한 선호도는 매우 밀접한 상관관계를 보였다.

이 연구는 자연 및 야생 동물 관리 방식에 대한 사람들의 가치관이 달라지고 있음을 보여준다. 하지만 인간과 동물 사이의 갈등을 '해결'하는 문제에 관해, 기존의 야생 동물 관리 방침은 동물을 사살하는 편을 선호하며 사냥, 덫 놓기, 낚시를 장려한다. 이 연구의 관련 기사에도 이런 내용이 있다. "동물에게 연민을 느끼는 이들은 이런 실행 방침에 주로 반대하지만 정부의 야생 관련 기관 내부에서는 반대의 목소리가 거의 나오지 않는다." 만프레도의 연구진은 더 나아가 개인의 차원에서 보면 소득 수준, 교육, 도시화와 의인화의 연관성은 매우 미약할 뿐이라는 사실도 밝혀냈다.

이 연구진은 의인화가 인간의 사고 및 행동에 영향을 미치는 중요한 인지적 특성이며 사회적 상황의 변화에 대한 적응적 반응이라고 본다. 연구진은 다음과 같이 결론짓는다. "의인화는 가치관의 변화를 촉진하는 효과를 통해 기존의 야생 동물 관리 방식에 도전하게 해준다. 이로써 온정적 보전의 개념에 따라 제안된 방식과 동일하게, **개별** 동물을 고려해서 동물에게 유해한 개체수 조절 방식을 자제해야 한다고 강조한다. 향후 유사한 문화적 특성을 보이는 다른 현대화된 국가들에서의 추가 연구를 통해 우리의 연구 결과가 보다 폭넓게 일반화될 수 있는지 살펴볼 필요가 있다."

의인화는 본질적으로 인간과 야생의 관계에서 지배보다는 공생에 우호적이다. 온정적 보전 개념은 자연이 우리에게 해줄 수 있는 것이 무엇인지가 중요한 것이 아니라, 단순히 생명체라는 이유만으로 **각 개체**의 삶이 중요하다는 점을 강조한다. 온정적 보전의 실행 지침 중 하나는 "무엇보다 해를 끼치지 말 것First do no harm"(히포크라테스 선서 중 한 구절—옮긴이)이다.

이와 유사한 주장이 앨빈 챈이 2012년에 발표한 〈생물 보전 도구로서의 의인화〉라는 논문에도 등장하는데, 그는 의인화에 대해 다음과 같이 설명한다.[18] "의인화는 생물 보호 활동에 신중할 것을 효과적으로 장려하며 대중의 공감대를 형성하는 역할을 하므로, 보전생물학자들이 연구하는 대상 종의 보호에 이바지할 가능성이 있다."

1978년에 출간된 《생각하는 동물Thinking Animals》에서 자연주의자 폴 셰퍼드는 이런 주장을 펼친다.[19] "인간의 성격에서 발견되는 모든 특성은 동물에게서도 나타난다. 온갖 형태로 발현되는 인간의 기질이나 성격 가운데 인간 고유의 형태는 존재하지 않으며, 비인간 종에서 어떤 형태로든 발견되지 않은 것이 없다."

오늘날 의인화에 관한 이런 진실은 점차 인정되는 추세다. 그리고 이런 추세는 우리가 동물과의 관계를 설정하는 방식에 대한 실제 활용 사례를 이끌어내고 있다. 2023년 3월, 덴버 대학교 산하 '동물의 지각 및 보호 연구소Institute for Animal Sentience and Protection' 개소식 축사로 콜로라도 주지사의 남편 말론 레이스는 다음과 같은 글을 남겼다.[20] "우리는 우리 자신의 감각과 느낌만으로도 비인간 동물이 다채로운 감정적 삶을 누리는 것을 알고 있다. 과학은 우리에게 그 증거를 제공한다. 동물은 기쁨, 슬픔, 공감, 심지어 수치심도 느낀다."

생명 중심적 의인화는 바람직한 방식이기도 하지만, 우리가 생각했던 것보다 더 유용하다. 동물에게서 감정을 알아내려는 욕구는 외견상 인간 본연의 특성으로, 동물의 '진정한' 본성을 모호하게 하는 것이 아니라 오히려 그것을 매우 정확히 아는 방식을 반영하는 것일 수 있다. 사람들은 의인화를 인정하면서부터 동물을 대하는 태도가 달라지고 바람직한 방향으로 행동하고 있다. 이런 지식은 인간에 의해 사용되고, 학대받고, 상처받고, 목숨을 잃는 온갖 상황에 놓이는 동물들을 대신해 우리가 윤리적인 결정을 내리는 데 꼭 필요하다.

6장

윤리적 선택

: 동물 웰빙의 중요성

> 지금까지 우리 서구 세계의 윤리는 대체로 인간 사이의 관계에 국한되어왔다. 그러나 그런 윤리는 한계가 있다. 우리는 동물과의 관계도 아우를 수 있는 한계 없는 윤리가 필요하다. (중략) 인류가 존재한 이래로 살아 있는 생물에게 해를 가하는 몰지각한 행위는 진정한 의미의 윤리와 공존할 수 없다. 그리고 이 사실을 우리가 깨닫기까지 그토록 오랜 세월이 걸렸다는 사실에 사람들이 놀라게 될 때가 다가오고 있다. 완전무결한 형태의 윤리를 통해 우리는 생명을 가진 모든 존재에 대해 책임을 지게 된다.
>
> _알베르트 슈바이처1

이 책의 초판이 나왔을 때보다 오늘날 우리는 분명 동물의 감정에 대해 훨씬 더 많은 것을 알고 있다. 그러나 그때도 이미 우리는 동물을 대하는 관점과 방식을 충분히 바꿀 만한 지식을 보유하고 있었다. 우리는 우리의 지식을 행동으로 옮겨야 한다. 단순히 늘 그래왔다는 이유만으로, 복지 기준의 명분 아래 수백만의 동물들이 잘못된 방식으로 취급되고 죽임을 당하는 현 상황을 유지해서는 안 된다.

우리가 그동안 알고 있던 내용에 변화가 있었다면 그것에 따라 우리와 동물의 관계에도 변화가 이루어져야 한다. 많은 동물은 사랑과 고통에서 비롯되는 깊은 열정과 괴로움을 경험할 수 있다. 우리는 이 사실을 고려해 현재 우리 사회에서 동물이 다뤄지는 방식을 모두

검토하고 잘못된 방식을 바꾸는 데 힘써야 한다. 이것이 바로 제시카 피어스와 내가 《동물에 관한 안건》에서 말한 '지식 전환의 간극'을 해소하는 방안이다. 지식 전환의 간극이란, 우리는 동물들이 지각 능력을 갖추고 있다는 사실을 인지하지만, 우리 사회의 법과 규율은 여전히 동물을 상대로 불필요하고 피할 수 있는 의도적 가해 행위를 허용하고 있다는 개념이다. 이 장에서는 이 문제에 관해 과학 연구, 농업, 스포츠 및 오락, 동물원 산업, 야생 보전 등 우리 사회의 여러 영역을 탐색해볼 것이다. 여기에 해당하는 영역은 줄어들 기미가 없다.

궁극적으로는 인간과 동물의 접점이 존재하는 모든 영역을 들여다보고 각 영역에서 동물들이 적절한 처우를 받고 있는지 판단해야 할 것이다. 너무나 많은 영역에서 문제점이 드러난다. 이런 실태는 각 개인에게, 그리고 사회 구성원인 우리 모두에게 영향을 미친다. 우리가 동물을 대하는 방식에 대해 사회 구성원으로서 수치심을 느껴야 할 이유는 차고 넘친다. 우리는 동물과의 관계에서 더 많은 견제와 균형을 갖출 필요가 있다. 우리가 습관적으로 그들의 지각 능력을 묵살하고 외면하기 때문이다.

강연을 나가보면 청중 가운데 일부는 방어적인 태도로 이미 자신은 충분히 동물을 배려하고 있다며 온갖 사례를 늘어놓기도 한다. 맞는 말이다. 많은 사람이 지금도 최선을 다해 동물들을 대하고 키우고 구조하려고 노력하고 있다. 이를 보여주는 훌륭한 사례들도 있으며 이 책에서도 많은 이야기를 소개했다. 하지만 나는 우리 사회에서 '좋은 복지'로 통하는 방식이 충분히 좋지만은 않다는 점을 기회가 될 때마다 강조한다. 우리는 기존의 동물 복지 대신, 동물 웰빙(앞으로 더 자세히 설명하겠다)에 초점을 맞추어야 한다. 인간은 '영리한' 동물과 '어리석은' 동물을 구분해서 그들을 대하는 방식을 달리하는 경우가 많다. 특히 제도적인 환경에서는 대개 인간의 편의에 방해되는 경우(수익성이 떨어지거나 '발전'을 저해하거나 둘 다인 경우) 동물에 대한 처우는 극도로 악화된다. 이런 방식은 충분하지 않다. 우리는 모든 동물에게 가능한 한 최적의 환경을 일관성 있게 제공해야 한다. 이상적으로는 동물을 완전히 사용하지 않는 방향으로 나아가야 한다.

동물과 과학에 대한 우리의 인식은 지난 한 세기 동안 커다란 변화를 겪어왔다. 고작 백 년 전만 해도 동물에게 '개성'을 부여했던 작가나 자연주의자들은 '자연 날조꾼nature faker'이라 매도당했다.[2] 이런 사회의 움직임은 존 버로스가 주창했고 시어도어 루스벨트 대통령의 전폭적인 지지를 받았다. 그들의 비난 대상은 어니스트 톰슨 시튼, 윌리엄 J. 롱, 잭 런던과 같은 자연주의자들이었다. 과학은 객관적이고 가치 판단의 대상이 되지 않아야 했기에 한 개인의 윤리나 가치관, 감정 따위를 '사실관계'에 주입하는 행위는 금기시됐다. 이에 따라 런던과 같은 사람들은 '가짜 자연주의자'로 여겨지며 과학을 감상적으로 대한다는 이유로 비난을 받았다. 자연에 관한 이들 작가의 작품은 허구로 간주됐다.

그때는 그랬다. 하지만 오늘날 우리는 보다 많은 것을 알고 있다. 우리는 '객관적이고 가치 판단의 대상이 아닌 과학' 자체도 결국 특정한 가치관을 반영한다는 것을 알고 있다. 우리는 과학 연구에 따른 결과물(입증된 모든 사실)이 우리가 이 세상을 살아가며 행동하는 방식에 영향을 주어야 한다는 것을 알고 있다. 영향력 없는 과학 연구는 아무런 의미가 없다. 또한 오늘날 우리는 동물이 감정을 지니며 우리 인간의 손에 고통받는다는 사실을 알고 있으며, 그런 일은 세계 곳곳에서 일어나고 있다. 따라서 현재 동물과의 관계를 어떻게 설정할지에 대한 심도 있는 논의에는 진정한 의미의 윤리가 개입될 여지가 있어야 한다. 여기서 말하는 윤리란 소크라테스가 정의한 '우리는 어떻게 살아야 하는가'에 대한 답이다. 윤리를 통해 우리는 인간이라는 존재, 우리의 행위, 우리가 바라는 미래상을 비판적으로 평가할 수 있다. 윤리는 우리 앞에 여러 선택지가 놓인 상황에서 관련 정보가 불완전하거나 조건부이거나 논쟁의 여지가 있을 때 최선의 행동을 판단할 수 있도록 도와준다. 우리는 결코 이상적인 미래에 이르지 못할 수도 있지만, 최선의 선택을 하도록 방향을 제시해줄 미래상을 그려볼 필요는 있다.

동물과의 관계에 대해서라면, 우리는 지금까지 동물을 대하던 방식에서 벗어나야만 비로소 인간에게 동물이란 어떤 존재이며 어떤 의미를 갖는지 통찰할 수 있다. 우리는 동물이 인간의 편의를 위해 존재하는 '물건'이 아니라는 것을 알고 있다. 동물은 양질의 삶을 누릴 자격이 있는 **생명체**다. 동물의 감정 및 사고 능력은 우리 인간의 능력과 연관되며 그 형태도 유사하다. 그래서 동물은 존중과 배려의 대상이 될 자격이 있다. 우리에게는 우리만의 이득을 위해 동물을 억압하고 지배할 권리, 동물의 삶을 더 나쁘게 해서 우리 삶을 더 좋게 할 권리가 없다. 더군다나 자의식과 지각 능력을 지닌 존재로서 우리 인간은 타자의 고통을 감지하는 능력 또한 지녔으므로 가능한 한 그 고통을 줄여줄 의무가 있다. 우리가 동물들에게 도움이 되는 결정을 내린다면, 생태학자 폴 에얼릭의 표현대로, "상처 입은 세상"에 가혹함이 아닌 온정을 더할 수 있을 것이다.[3]

우리가 할 수 있는 일도 많고, 하기 쉬운 일도 비교적 많다. 다만 그런 긍정적인 행동들을 탐색하기에 앞서, 몇몇 세간의 의심과 행동에 대해 좀 더 이야기해보려 한다.

예방의 원칙

과학은 본질상 완전하고 분명한 답을 절대 제시하지 않지만(극히 예외적인 경우는 있다) 과학자들 간에 공감대가 형성된 한 가지는, 모든 동물은 아니더라도 우리가 식용, 오락용 또는 과학 연구 목적으로 사용하는 대다수 동물에게는 지각 능력이 존재한다는 사실이다. 동물의 지각 능력을 가장 단순하게 정의하면 '중요한 감정'이다.

_존 웹스터(전 브리스틀 대학교 교수)4

불확실성을 완전히 제거할 수는 없기에, 미래에 관한 크고 작은 결정은 항상 확실함이 없는 상태에서 내려질 수밖에 없다. 불확실한 요소가 제거될 때까지 결정을 유보하겠다는 말은 결국 현 상황에 동의한다는 의미이며 현 상황을 그대로 유지하려는 구실이 된다. (중략) 불확실성은 사실 진보의 걸림돌이라기보다는 창조의 중요한 원천으로, 강력한 자극을 주어 창조성을 발휘하게 한다.

_헨리 폴락(지구물리학자, 노벨 평화상 수상자)5

헨리 폴락의 인용문은 기후 변화에 대처하는 자세에 관한 글에서 발췌한 것이지만, 동물의 감정 및 지각 능력에 관한 연구에도 적용될 수 있는 내용이다. 여기서 폴락이 설명하는 바는 많은 과학자가 예방의 원칙이라 부르는 것으로, 사람들이 이 원칙에 따라 행동한다고 항상 자각하지는 않더라도 어느 지역에서든 일상적으로 할 수 있는 행동에 방향을 제시한다. 기본적으로 이 원칙은 불확실성을 핑계로 행동에 나서기를 지체해서는 안 된다는 입장이다. 가끔 우리는 스스로 내릴 수 있는 최선의 판단에 따라 행동해야 한다. 왜냐하면 우리가 사실을 '전부' 파악하는 일은 결코 없을 것이고, 절대적인 확신을 갖게 될 때까지 기다리면 결국 아무것도 못 할 수 있기 때문이다.

동물의 감정에 관해서도 우리는 동물의 마음과 정신에 어떤 일이 일어나고 있는지 끝내 알 수 없을지 모른다. 하지만 우리에게는 지금 당장 동물을 대하는 방식을 바꾸기에 충분한 수준의 지식이 있다. 우리는 이 사회의 구성원으로서 어떤 방식이 동물에게 더 해로우며 그것이 어떤 결과를 초래할 수 있는지 자문해야 한다. 가령 포유류, 조류, 어류, 파충류를 온갖 종류의 감정 및 지각 능력을 갖춘 동물이라 가정하고 이들 동물을 대하다가, 어느 날 그런 능력 중 일부만을 지닌다는 사실이 밝혀진다면 어떨까? 아니면 반대로 모든 동물을 가혹하게 다뤄왔는데, 어느 날 모든 동물종이 인간의 능력에 비견되는 지각 능력과 풍부한 감정을 지닌다는 사실이 밝혀진다면 어떨까? 분명히 기니피그, 코끼리, 개를 비롯한 수많은 동물은 예방의 원칙에 따른 우리의 행동을 기꺼워할 것이다.

하지만 현재 우리 사회가 동물을 대하는 방식을 보면 동물이 감정을 지닌다는 사실을 안다는 것 자체가 끔찍한 일이라 여기는 사람들도 있을 것이다. 많은 동물을 상대로 자행되는 무자비한 일들에 대해 알지 못했거나 몰랐다고 주장하면 죄책감을 느끼거나 양심의 가책을 느끼지 않아도 되기 때문이다. 5장에서 언급한 과학자들뿐만 아니라 일반인이나 동물원 관리자, 식품업체 종사자도 마찬가지다. 그러나 의심의 근거가 사라지면 부정만 남는다. 즉 동물들의 풍부한 감정적 삶을 인정하지 않으면 굳이 예방의 원칙을 들먹이며 동물을 대하는 방식을 바꿀 필요도 없다.

이상적으로 볼 때 사람들은 대개 확신할 때만 행동에 나서며, 이는 과학자들도 마찬가지다. 우리는 상황을 통제하고 싶어 한다. 하지만 이 복잡한 세상에서 확실한 것을 찾기란 쉽지 않다. 우리는 감기의 온갖 원인을 완벽하게 파악하지도 못했고, 전압선 가까이에 살면 건강에 해로운지도 확실히 알지 못한다. 그렇지만 우리는 불필요한 위험을 감수하지 않으려 한다. 우리 사회는 날마다 수백만 동물의 삶과 그들의 안위를 불필요한 위험에 빠뜨리고 있다. 동물은 식탁 위의 음식부터 의약품에 이르기까지 우리 일상의 너무나 많은 기본적 측면에서 없어서는 안 되는 존재이기 때문이다. 그리고 우리는 이런 실태를 대체할 방안 따위는 고려하지 않는다. 동물의 감정을 설명하는 해석들은 너무 복잡해서 마음속에 그려보기가 쉽지 않아 보인다. 게다가 이 일은 우리에게 너무 많은 희생을 요구하는 것 같다. 그래도 문제를 부정하지 말고 뭔가를 해야 한다. 우리를 격려하는 헨리 폴락의 말처럼, 우리가 느끼는 의구심과 염려를 창조의 원동력으로 활용해야 한다. 우리가 동물들을 돌보는 동시에 사회의 요구를 충족시킬 수 있는 방법이 분명히 있을 것이다. 항상 완벽하게 균형을 유지할 수는 없더라도 생각해낼 수 있는 모든 선택지를 반드시 고려해봐야 한다. 동물은 최소한 그 정도의 배려를 받을 자격이 있으며, 우리의 윤리를 감안한다면 반드시 해야 할 일이다.

프란스 드 발의 저서 중《우리는 동물이 얼마나 똑똑한지 알 만큼 충분히 똑똑한가》라는 제목의 책이 있다(한국어판 제목은 《동물의 생각에 관한 생각》이다—옮긴이). 이 질문을 나의 궁금증에 맞게 바꿔보면, '우리는 동물이 얼마나 감정적인지 고려할 만큼 충분히 공감적이고 온정적인가'가 되겠다.

동물 복지에서 동물 웰빙으로

모든 개체의 삶은 저마다의 가치가 있다

내가 이루고 싶은 패러다임의 전환은 동물 복지welfare의 과학을 동물 웰빙well-being의 과학으로 대체하는 것이다. 기존의 동물 복지는 수없이 많은 동물의 삶을 개선하지 못한다. 왜냐하면 동물의 고통과 아픔을 줄이려고 최대한 노력한다는 전제 아래 끔찍한 학대를 허용하기 때문이다. 반면에 동물 웰빙에 중점을 두는 방식은 모든 **개체**의 삶이 중요하기에 동물 학대를 방관하는 일부 복지 제도는 용인될 수 없으며 더 이상 지속되어서는 안 된다는 점을 강조한다.

내 관점으로는 동물의 인지 능력이나 지능이 아니라 동물이 느낄 수 있는 지각 능력이야말로 동물을 보호해야 하는 핵심적인 이유다. 물론 동물이 살아 있다는 사실만으로도 동물을 해치거나 죽여서는 안 되는 충분한 이유가 된다. 동물원의 원숭이, 실험실의 쥐, 농장의 소가 고통을 느끼고 괴로움을 겪는 상황에서, 그들이 주위에서 벌어지는 일이나 인간이 자신에게 가하는 행동을 이해하는지 여부가 과연 중요한 문제일까? 그런 상황에 처한 동물들은 우리에게 전적으로 의존하며 우리는 그들의 행동을 보면 건강하고 행복한 상태인지, 고통과 슬픔에 찬 상태인지 알 수 있다. 동물들은 위급 상황에서 스스로 도움을 청할 수 없기에 오로지 우리의 선의와 자비에 의지할 뿐이다. 고통받는 동물들은 누구나 알 수 있게 분명한 방식으로 저항하므로 우리가 그 고통을 알아보기는 쉽지만 너무나 많은 경우 무시당하고 만다. 이것이 동물 웰빙의 기준에서 중점을 두는 부분으로, 개별 동물이 느끼는 것에 따라 동물을 보호하는 방식을 수정해 나가는 것이다.

이렇듯 동물 복지는 **개별** 동물들이 겪는 시련 따위는 크게 고려하지 않으며, 복지주의 접근 방식은 매우 많은 경우에 동물을 열등한 존재로 취급한다. 인간의 이해관계가 언제나 동물의 이해관계에 우선한다고 보기 때문이다. 동물들이 무자비하게 착취당하고 학대받고 많은 경우 죽임을 당하는 와중에, 복지 체계는 동물에게 엄청난 고통을 가하는 인간의 관행을 그대로 방치한다. 복지 사업은 늘 그래왔듯 기본적으로 동물들에게 약간 더 나은 삶을 제공하려는 시도에 그친다. 동물 복지는 실질적인 동물 보호를 위한 대책은 없이 단지 우리가 느끼는 양심의 가책을 달래주는 역할을 할 뿐이다.

동물복지학은 발전을 거듭하며 국제적으로 널리 알려진 연구 분야다. 그런데 이 학문 분야는 정확히 어떤 목표를 향해 가고 있을까? 한편으로는 동물의 입장에서 몇 가지 긍정적인 변화가 있었다. 2016년 3월에 중국 정부는 처음으로 실험용 동물들을 더욱 인도적으로 다루기 위한 가이드라인을 배포했으며, 이란은 서커스의 야생 동물 사용을 금지했다.[6] 이렇듯 긍정적인 움직임들도 존재하지만 그 정도로는 충분치 않다. 이보다 훨씬 더 많은 경우 동물복지학은 폭력적인 관행에 객관성이라는 옷을 입히기 일쑤이기 때문이다. 예컨대 도널드 브룸과 데이비드 프레이저는 이렇게 표현했다.[7] "복지 수준은 도덕적 측면을 고려하지 않는 객관적인 방식으로 평가될 수 있다." 바로 이 점이 문제다. 그러니까 윤리적 기준을 배제한 채 **객관성**을 정의하고, 개별 동물들의 행복이 아닌 동물종 전반의 복지에만 중점을 두는 것은 문제가 있다. 이런 방식은 인간을 위해 사용되고 학대받는 동물들의 **주관적인** 삶을 인정하지 않은 채 신속하게 사안을 처리할 뿐이다.

제시카와 내가 《동물에 관한 안건》에서 동물종 전체보다 각 개체의 기쁨과 고통에 중점을 둔 동물 웰빙의 과학을 제시한 이유가 정확히 여기에 있다. 우리가 개별 동물들의 행복을 우선시한다면, 기존의 동물 복지 제도에서 용인되는 방식으로 동물을 대하고 학대하는 일은 일어나지 않을 것이다. 동물복지주의는 인간의 필요를 가장 우선시하므로, 그 필요조건을 희생하지 않거나 매우 드물게 희생하는 선에서 동물의 삶을 수용한다는 방침을 유지한다. 이에 반해 우리가 제시하는 방식은 동물들 자신이 무엇을 원하고 필요로 하는지를 고려함으로써 문제를 폭넓게 다룬다. 이는 현재의 복지 제도의 틀을 넘어, 동물의 시각에서 그들이 선호하는 것이 무엇인지 이해하려고 노력하는 방식이다.

예를 들어 동물복지주의는 모피 동물 사육장의 밍크가 더 큰 우리를 선호하는지, 작은 우리를 선호하는지를 따진다. 반면에 우리가 제시하는 동물 웰빙은 밍크가 모피 동물 사육장의 쇠창살에 갇혀야 한다는 발상 자체에 의문을 제기한다. 동물은 그런 환경에서는 아무리 많은 종류의 복지 개선이 이루어진들 진정한 행복이나 '좋은 삶'을 누릴 수 없다. 간단히 말해, 동물 웰빙은 동물복지주의에 비해 상당히 높은 기준을 요한다. 동물 웰빙에 따라 동물이 원하고 필요한 것을 포용하려면 인간이 변화해야 하기 때문이다.

동물 복지의 5대 자유를 넘어서

모든 동물은 자연의 섭리에 따라 살아갈 권리가 있다. 즉 인간의 지배와 통제 없이 자신을 있는 그대로 표현하고 자연스럽게 행동할 권리 말이다. 1965년 영국 가축 복지 위원회British Farm Animal Welfare Council가 '동물 복지의 5대 자유'를 제시한 이래로 이 기준은 동물을 대하는 기본 원칙으로 여러 선진국에서 채택됐다.[8] 이 5대 자유는 굶주림과 갈증으로부터의 자유, 불안함으로부터의 자유, 정상적인 행동을 표현할 자유, 두려움과 정신적 고통으로부터의 자유, 육체적 고통과 상해, 질병으로부터의 자유를 일컫는다. 제시카 피어스와 나는 이 5대 자유를 '가짜 자유'라고 지적한다. 왜냐하면 비록 이 원칙들로 일부 동물의 삶이 개선됐을 수는 있으나, 식량 및 다른 목적으로 이용되는 많은 동물(대다수는 아니더라도)의 경우에는 좋은 삶을 영위하지 못하고 마치 한 번 쓰고 버려지는 물건과 다름없는 취급을 받고 있기 때문이다. 5대 자유는 근본적으로 동물에게 해를 끼치는 사람들의 기분을 나아지게 할 뿐이다.

동물 복지 제도는 대개 동물의 고통을 방지하거나 완화하고 동물을 적절히 사육하는 데 중점을 두며, 우리에 갇힌 채 살아가는 동물들과 그런 삶의 가장 본질적인 요소인 동물 학대와 같이 그 이면에 존재하는 실태에는 문제를 제기하지 않는다. 우리는 '방목형 닭'이나 '자연 친화적 동물원 우리'에 관해 논하면서 동물의 '자유'에 대해서는 그저 빈말만 늘어놓는다. 이런 방식으로는 동물들의 감옥 환경을 조금씩 개선하기만 할 뿐이다. 동물들이 진정한 자유를 누리려면 우리 자신의 태도를 깊이 재고해야 하지만, 우리는 이를 회피해버린다. 동물의 진정한 자유가 의미하는 바는 우리가 동물을 대하는 방식과 동물과의 관계를 새롭게 설정해서 동물이 인간의 영향력으로부터 진정으로 자유로워지는 것일지 모른다.

《동물에 관한 안건》에서 제시카 피어스와 나는 5대 자유에다 '멸종하지 않을 자유'를 여섯 번째 자유로 추가했다. 우리는 야생 동물에게 미치는 우리의 영향력도 고려해야 한다. 그 영향이 간접적이거나 특정 야생 동물을 대상으로 하지 않을 때도 말이다. 이 여섯 번째 자유는 사실상 동물이 생존 가능한 자연의 서식 환경에서 살아갈 자유를 뜻한다. 그저 열악한 환경에서 겨우 살아남는 식이 아니라, 설령 그들이 원하는 만큼이나 앞선 세대만큼 자유를 누리지는 못하더라도 스스로 번성할 수 있는 환경에서 사는 것을 말한다.

많은 사회에서 인간과 동물의 관계는 문화유산의 한 부분을 차지하기도 하는데, 우리는 수 세기에 걸친 그 관행을 바꿔 나가고 있다. 데일 피터슨의 《그 모든 동물은 어디로 사라졌을까?Where Have All the Animals Gone?》에서 사진작가 칼 아먼은 케냐 북부 삼부루 보호구역의 캠프에서 만난 현지 가이드의 이야기를 들려준다. 그는 어린 시절 소떼를 몰고 다니다 보면 기린이 매일 마주칠 정도로 흔한 동물이었지만, 현재 자신의 아이들은 야생에서 기린을 본 적이 없다고 말했다.

제시카와 나는 《개의 목줄을 풀어라Unleashing Your Dog》에서 5대 자유를 10대 자유로 확장해 개를 비롯한 반려동물에게 그 원칙들이 어떻게 적용되는지 밝혔다.[9] 확장된 원칙은 굶주림과 갈증으로부터의 자유, 고통으로부터의 자유, 불안함으로부터의 자유, 두려움과 정신적 고통으로부터의 자유, 피할 수 있거나 치유 가능한 질병과 장애로부터의 자유, 타고난 모습대로 살아갈 자유, 정상적인 행동을 표현할 자유, 선택하고 통제할 자유, 즐겁게 뛰놀 자유, 사생활 및 '안전지

대'를 가질 자유다. 마사 C. 누스바움은 《동물을 위한 정의》에서 '역량 접근법'을 설명하며 이 10대 자유에 동조한다.[10] 누스바움은 동물들이 각자의 특성에 걸맞게 타고난 대로 행동하는 삶을 자유롭게 누려야 하며, 이는 정의 구현의 문제라 주장한다.

5대 자유를 제안했던 이들은 동물 복지에 대한 그런 접근법이 지닌 근본적인 역설을 인식하지 못했던 것일까? 도살장이나 우리의 쇠창살 속에 갇힌 동물이 어떻게 자유를 누릴 수 있겠는가. 감금된 채 자신을 포획한 자들의 손에 사육되는 삶은 자유로운 삶이 아니라 그저 목숨만을 부지하는 삶일 뿐이다. 실제로 5대 자유와 동물 복지의 개념은 동물의 자유나 복지 자체와 그다지 관련이 없다. 오히려 인간을 위해 동물의 권리를 심각하게 박탈한 상황을 유지하는 수단이다.

자연에서의 상호 작용을 위한 4대 원칙

《자연에 대한 존중》이라는 역사적인 책에서 철학자 폴 테일러는 자연 속 야생 동물과의 상호 작용을 안내하는 4대 기본 윤리 원칙으로 무해성 원칙, 불간섭 원칙, 신뢰 원칙, 보상적 정의 원칙을 제시한다.[11] 다시 말하지만, 이 같은 방법들이야말로 우리와 공존하려는 동물종과 그 개체들의 행복을 존중하는 방법이다.

무해성 원칙은 "자연환경에서 자신만의 장점을 가진 어떤 존재에게도 해를 입히지 않을" 의무를 말한다. 여기에는 부정적 의무, 즉 "가해 행위를 **예방**하거나 고통을 **경감**시키는 행동"을 취하지 않을 의무가 포함된다. 근본적으로 우리의 행동으로 야생 동물이 처한 상황이 파괴되어서는 안 된다.

불간섭 원칙은 인간에게는 "야생 생물들이 자유롭게 사는 것을 허용할" 의무가 있다고 명시한다. 본질적으로 "인간의 자연 영역 침범은 (중략) 야생 상태의 유기체 존재를 말살시킨다." 우리가 동물의 삶에 개입하면 우리는 그들 존재의 일부가 된다. 아무것도 하지 않는 것이 아무리 가슴 찢어지게 아플지라도 우리는 자연의 섭리에 개입해서는 안 된다. 현장 연구자로서 일하면서 나는 우리가 막을 수 있는 끔찍한 일이 벌어지고 있을 때도 그저 자연의 섭리에 맡긴 채 앉아서 지켜보기만 하는 것이 얼마나 어려운 일인지 이루 말로 표현할 수가 없다.

신뢰 원칙은 야생 동물이 우리에게 보인 신뢰를 깨뜨려서는 안 된다는 의미다. 동물의 신뢰는 그들의 행동에서 드러나며, 이 원칙은 그들의 신뢰를 그릇되게 사용함으로써 그들을 기만하지 않아야 한다는 뜻이다. 현장 연구자 중에는 실제로 자신이 관찰하는 개체가 자신을 신뢰하게 됐다고 확고하게 믿는 이들이 있다. 가령 제인 구달은 자신이 집중적으로 연구한 침팬지와의 관계에 대해 "가장 적절한 묘사를 하자면 일종의 상호 신뢰"라고 주장한다.[12]

테일러의 신뢰 원칙은 가축을 비롯한 다른 동물 개체들과의 관계에도 적용될 수 있다. 실제로 반려동물의 신뢰를 깨지 않아야 할 신빙성 있는 근거가 적어도 동일하게 존재한다. 반려동물들은 우리에게 의존하고 우리와 밀접한 관계를 형성하기 때문이다. 이 점에 대해 생명윤리 분야의 저명한 인물 로렌스 존슨은 다음과 같이 언급한다.[13] "신뢰와 애정의 관계를 맺을 수 있는 어떤 생명체와 그런 관계를 형성한 후에, 그 생명체의 생명을 계획적이고 인위적으로 앗아가는 행위에 일조하는 것은 확실히 비열한 배반 행위로 보인다." 어떤 사람이 해로운 수단을 이용해 상대의 신뢰를 저버리는 경우 우리는 그것을 확실히 부도덕한 행위로 간주한다.

마지막으로, 보상적 정의 원칙은 "도덕적 행위자의 잘못으로 도덕 주체가 피해를 입었을 때 이들 사이에 정의의 균형을 회복시킬" 의무를 부여한다. 간단히 말해, 만일 우리가 어떤 동물에게 해를 끼치면, 우리는 이 문제를 해결하거나 가해 행위를 중단하도록 노력해서 상황을 개선해야 한다는 것이다. 우리가 이 원칙을 따른다면, 다음 이야기에서 이 원칙이 인간과 동물의 관계에 어떤 영향을 주며 그 관계를 어떻게 변화시킬 수 있을지 생각해보자.

실험실에서

숫자로 파악해보기

나 역시 과학자인지라 실험실에서 동물 학대가 일어나는 것에 특히나 분개하는 편이다. 어쩌면 비현실적이고 이기적인 태도일지도 모르지만, 나는 과학자라면 일반인보다 자신의 행동에 더욱 높은 기준을 설정해야 한다고 생각한다. 내가 이렇게 생각하는 이유는 과학자 한 명의 분별없는 행동 탓에 학계 전체가 비난받아서가 아니라, 우리 과학자들의 행동이 학계 밖의 사회에도 영향을 미치기 때문이다. 만일 일반인보다 더 많은 지식을 갖춘 과학자들이 동물을 마치 일회용품처럼 마음대로 취급한다면, 실험실 밖에서도 동일한 행동이 허용된다고 인정해버리는 결과를 초래한다. 하지만 과학자들이 인도적인 실험이 옳은 방식이라 판단해서 그런 연구만을 고집한다면, 일반인의 시각에서도 동물 학대를 정당화하기가 훨씬 어려워질 것이다.

실험실에서 연구용으로 사용되는 동물은 전 세계적으로 매년 약 1억 마리에 달한다.[14] 미국에서는 매년 약 80만 마리의 정온동물을 실험에 사용하는 것으로 추산되며, 그중 고양이는 112,595마리, 원숭이는 71,921마리, 개는 44,847마리다. 그러나 미 농무부USDA가 공개한 추정치에는 실험실에서 가장 빈번히 사용되는 쥐, 생쥐, 조류가 포함되지 않았다. 수의학자 래리 카본이 2017~2018년에 사용된 실험용 동물의 규모를 구체적으로 조사한 결과, 매년 1억 1,150만 마리의 쥐와 생쥐가 사용됐고, 동물이 고통을 받을 가능성이 있는 실험에만 약 4,450만 마리가 사용된 것으로 추정됐다. 크루얼티 프리 인터내셔널Cruelty Free International(동물 실험을 반대하는 영국의 단체로 동물 실험을 거치지 않은 제품의 인증을 제공한다—옮긴이)에 따르면, 2021년 미국에서 사용된 실험용 동물의 수는 6퍼센트 증가했으며, 게다가 2021년에는 고통을 완화하는 장치도 없이 E등급 실험에 투입된 개체가 70,161마리에 달했다(동물 실험에서 동물이 겪는 고통의 강도를 B~E등급으로 분류하는데, E등급이 가장 극심한 고통을 가하는 실험이다—옮긴이). 이런 고통스러운 실험에는 대개 햄스터와 기니피그가 희생양이 되는데, 2021년에는 토끼 2,583마리, 원숭이 1,621마리, 개 360마리도 이 끔찍한 E등급 실험에 사용됐다.

이 수치들은 대략적인 추정치로, 상업용 식품 산업에 희생되는 수십억 마리의 동물에 비하면 매우 적은 규모지만 여전히 무척 많은 숫자다. 여기에 포함된 동물 중 거의 대부분이 일생 중 대다수 시간을 지극히 협소한 우리 안에서 따분하고 외롭게 보내며 살아간다. 그리고 실험에서 제 몫을 다한 후에는 대개 실험실에서 그대로 죽어간다. 거의 모든 동물 개체가 연구자들의 손에 목숨을 잃는데, 해부 또한 연구의 일환이기도 하고, 새로운 대상 개체에게 자리를 내주어야 한다는 연구자의 의도 때문에, 혹은 그런 의도 없이도 끔찍한 행위를 견디다 못해 죽어가는 경우가 있다.

학계에서는 일련의 전문적인 표준 지침을 마련해 과학자들이 가능한 한 동물 복지를 준수하도록 권장했다. 이론상으로는 미국에서 실험에 사용되는 동물은 동물복지법의 보호를 받는다. 그러나 이 법은 그동안 부적절한 것으로 판명됐다. 왜냐하면 미국에서 사용되는 실험용 동물 중 고작 1퍼센트만이 이 법률에 따라 보호되기 때문이다. 게다가 이 법은 때로는 연구자들의 '필요'에 부응하기 위해 비상식적인 방향으로 개정된다. 가령 2004년 미연방 정부의 기록을 살펴보자.[15] "우리는 다음의 법률에서 **동물**에 대한 정의를 수정함에 따라, 그 조항을 반영하기 위해 동물복지법 규정을 개정한다. 2002년의 농업 안정 및 농촌 투자에 관한 법률Farm Security and Rural Investment Act은 **동물**로 정의된 종 가운데 연구용으로 사육된 조류, 시궁쥐속에 속하는 쥐, 생쥐속에 속하는 생쥐를 특별히 제외했다."

물론 이런 개정은 과학적으로든 상식적으로든 터무니없는 소리다. 조류, 쥐, 생쥐는 다른 모든 정의에 따르면 동물로 분류된다. 그러나 기존의 동물복지법은 연구자가 동물을 학대하는 행위를 '허용'하지 않다 보니 아예 **동물**에 대한 정의를 법적으로 수정해버린 것이다. 그 결과, 이처럼 법적으로 배제된 동물 역시 지각 능력과 공감 능력을 갖추었음에도 연구자들이 그리 빈번하게 사용하지 않는 실험용 동물들만 법의 보호를 받게 됐다.

실험실의 끔찍한 이야기

극심한 동물 학대와 관련된 일화는 점차 드물게 나타나는 추세이며, 나는 많은 과학자가 진심으로 최선을 다해 동물을 대하려고 한다고 믿어 마지않는다. 그러나 실험실에서 일어나는 '일상적인' 이야기를 접할 때조차 구역질이 나기도 하고 무척 서글픈 마음이 들곤 한다. 가령 동물복지법에 따라, 제대로 거동하지 못할 정도로 크기가 지나치게 협소한 우리에 침팬지를 가두는 것이 허용된다.[16] 따라서 연구자가 실험실 공간을 절약할 수 있으므로 이 법은 확실히 동물 실험에 우호적이다. 하지만 침팬지의 복지는 어떻게 되는 것일까? 생쥐가 공감 능력을 지니는 설치류임이 밝혀지자, 이에 대한 해결책으로 제시된 방안은 불투명한 차단벽으로 생쥐들을 분리해서 각 개체가 서로에게 일어나는 일을 알 수 없게 하는 것이었다.[17] 실험 중에 생쥐들이 서로를 볼 수 있게 되면 그들의 행동 양상이 달라져 데이터를 '오염'시킬 수 있다는 이유에서였다. 내가 다른 우리에서 어떤 일이 일어나고 있는지 아는 생쥐라면 차라리 보지 않는 편을 택할 것이라 장담한다.

심지어 실험실의 상황을 파악하고 있는 학자들조차 때로는 그들만의 전문 용어가 남발된 '객관성'의 겉치레를 벗어던지고 상황을 있는 그대로 묘사하기를 꺼린다. 이 대단히 난해한 설명을 읽노라면 마치 부조리극을 보는 기분이 든다. 나는 돼지가 겪는 고통에 관해 다음과 같이 결론짓는 보고서를 읽은 적이 있다.[18]

> 수술 기간에 관찰된 음향 매개변수의 변화는 돼지가 경험하는 통증과 괴로움을 나타내는 음성적 지표로 해석될 수 있다. 우리는 동물의 음성 반응을 주의 깊게 분석하면 그 동물이 받는 통증, 스트레스, 불

> 편함에 대해 더욱 깊은 지식을 얻을 수 있으리라 결론지었다. 해당 실험 결과는 새끼 돼지를 마취하지 않고 거세하는 기존 관행을 비판적으로 재평가하기 위한 추가적인 사실을 제공한다.

대체 이 글은 무엇을 말하고 있는 것일까? 일반적인 돼지 사육 과정에서 어린 돼지를 마취 없이 거세하는 작업은 고통스러운 일이다. 그 끔찍한 상황에서 벗어나려고 꽥꽥거리며 울어대고 발버둥 치는 모습만으로도 증명되듯이, 새끼 돼지가 그 작업을 좋아할 리 없다. 연구자들은 동물의 비명에 실제로 어떤 의미가 담긴 것으로 '해석될' 수 있다고 하는데, 이 자명한 사실에 비해 상당히 동떨어진 결론이다.

일부 과학자들은 실험에서 동물이 겪는 통증과 괴로움이 얼마나 심하든 상관하지 않고 법적으로 허용되는 범위의 경계까지 기어코 밀어붙이기도 한다. 그중 한 사례로, 위스콘신 대학교의 어떤 교수는 미국 사법부로부터 세금으로 조성된 50만 달러의 기금을 지원받아 테이저건의 충격에 따른 효과를 측정하는 실험을 수행했는데, 이 실험에서 돼지의 살갗에 전극을 부착하고 심장에 가까운 혈관에 카테터를 삽입했다.[19] 테이저건의 안전성을 입증한다는 명분 아래 돼지들은 감전사하고 말았다. 또한 심리학자 해리 할로우가 원숭이를 대상으로 수행한 그 유명한 모성애 결핍 연구가 있다.[20] 해당 실험에서 이 훌륭한 의사는 어미와 새끼 사이에 형성되는 유대감의 본질을 연구할 목적으로 갓 태어난 새끼 원숭이를 어미에게서 분리한 후 어떤 일이 발생하는지 관찰하기로 결정했다. 무슨 일이 일어났을지 모르는 사람이 과연 있을까? 그리고 더 중요한 점이 있다. 이 실험을 통해 그토록 절실하게 답을 구하던 연구 과제가 동물의 고통과 죽음까지도 정당화할 만큼 꼭 필요한 것이었을까?

나는 때로는 동물의 정신적 외상을 줄이기 위해 새로운 지식 습득을 단념하는 것도 가치 있는 일이라고 믿는다. 그런데 이 문제에서 특히 거슬리는 부분은, 이렇게 동물 실험을 거쳐 습득된 지식이 인간이나 동물의 삶을 개선하는 데 사용되지도 않는 경우가 허다하다는 사실이다. 새로운 발견을 실제로 적용하고 이행하는 위치에 있는 사람들은 그런 지식이 발견됐다는 사실조차 인지하지 못하기 때문이다. 심리학자 케네스 샤피로는《인간 심리학의 동물 모델Animal Models of Human Psychology》이라는 책에서 인간의 섭식 장애와 관련된 동물 실험의 사례를 통해 이 점이 사실임을 보여준다.

또한 종마다 다르게 나타나는 차이로 인해 동물 모델이 인간에게 도움이 될 만한 유용성을 갖추지 못할 때가 많다. 레이 그릭이라는 의사와 그의 아내인 수의사 진을 비롯한 여러 학자가 이 점을 적절히 짚어냈다. 2006년 2월에 명망 있는 당뇨병 연구소에서 발표한 보고서에는 다음과 같은 내용이 나온다.[21] "마이애미 대학교 밀러 의과대학 산하 당뇨병 연구소의 과학자들은 설치류 모델의 췌장 섬 세포의 구성 요소가 인간의 경우와 매우 다르므로 설치류를 대상으로 한 해당 실험이 더 이상 인간에게 적용할 만한 연관성이 없음을 밝혀냈다." 게다가 「미국 의학 협회 저널」에서 발표한 논문에 따르면, 동물 실험을 거쳐 미국 식품의약국FDA의 승인을 받은 약물의 부작용으로 매년 106,000여 명이 병원에서 사망하는 것으로 추산된다.[22] 약물 부작용은 미국에서 심장 질환, 암, 뇌출혈, 폐 질환에 이어 다섯 번째로 높은 사망 원인이다.

2023년에는 실험실의 비정상적이고 척박한 환경에서 사는 생쥐들을 대상으로 한 실험이 인간의 질병과 아무런 연관이 없는 데이터를 제공해서 오히려 과학의 발전을 저해할 수 있다는 보고서가 나왔다.[23] 물론 이 문제는 애초에 생쥐를 실험에 사용해야 하는가 하는 의문을 제기한다. 많은 동물 실험에서는 표준 관행으로 암컷 생쥐를 실험에서 배제하는데, 그 이유는 암컷이 호르몬의 기복으로 수컷에 비해 결과 예측도가 낮다고 보기 때문이다. 그러나 이마저도 잘못된 관행이었음이 입증됐다. 실험에 주로 사용되는 수컷 생쥐가 실제로는 암컷보다 더 불규칙하게 행동한다는 사실이 밝혀졌기 때문이다.[24]

에밀리 앤시스는 2023년에 발표한 〈앞으로 출시될 신약은 실험용 쥐를 사용하지 않고도 대성공을 거둘 수 있을 것인가〉라는 논문에서 이렇게 언급했다.[25] "동물 실험을 거치지 않는 방식이 점차 주목받고 있다. 전문가들은 그런 방식이 결과적으로 신약 개발 기간을 단축시키고 투약 효과를 개선하며 실험용 동물을 사용하는 부담을 줄이는 데 도움이 될 수 있다고 말했다." 이렇게만 된다면 미국 동물복지법의 보호를 받지 못하는 생쥐와 같은 실험용 동물들이 수혜를 받을 것이며, 질병 치료를 목적으로 온갖 종류의 약물에 의존하는 수백만의 사람들에게도 도움이 될 것이다.

마지막으로, 연구 수행 과정에서 교묘히 상황을 모면할 수 있겠다 싶으면 어떤 법적, 윤리적 한계도 무시해버리는 과학자들을 언급해야겠다. 비록 오랫동안 입증되지는 못했지만, 오리건 지역 영장류 연구 센터ORPRC가 연방 동물복지법을 위반하고 있다는 의심이 있었다.[26] 그러다가 1998년에 매트 로셀이 이 문제를 밝혀낼 생각으로 그 연구소에 위장 취업했다. 그는 잠입 조사를 벌이면서 실험용 동물의 기본적인 사육 환경을 비롯해 충격적인 잔혹 행위를 드러내는 다수의 사례를 문서화했다. 당시 실험실에 있던 대략 1,000마리의 원숭이 중 대다수는 한 면의 폭이 60센티미터도 되지 않는 협소한 우리에 갇혀 지냈고, 위생 상태가 불결한 경우가 많았다. 하지만 로셀이 목격한 것 중 가장 끔찍한 행태는 단연코 '전기자극 사정'으로, 마취되지 않은 성체 수컷 원숭이를 의자에 결박하고 금속 고리 두 개를 원숭이의 성기 아랫부분에 끼워 전기 자극을 가해 강제로 정액을 사출시키는 것이었다. 이 작업으로 정액 샘플을 채취하는 것이다. 그중 14609번 원숭이는 '죠스'라는 별칭으로 불렸는데, 어느 관리 직원이 그에게 우리의 쇠창살을 물어뜯는 법을 가르쳤기 때문이었다. 로셀의 조사에 따르면, 전기 자극 사정 작업이 금지되기 전인 1991년부터 2000년까지 죠스는 241회에 걸쳐 이 작업에 투입됐고, 이는 한 세션 동안 성기에 전기 자극을 가한 횟수는 합산하지도 않은 수치다. 죠스가 그 시련에서 벗어나려고 그토록 간절히 쇠창살을 물어뜯을 만도 했다. 마침내 한 수의사가 사직했고 그곳에서 근무하던 과학자들 중 일부는 실험실의 환경을 비난하는 성명을 발표했다. 그러나 그 연구소는 오리건 국립 영장류 연구 센터Oregon National Primate Research Center로 간판만 바꿔 단 채 여전히 계속 운영되고 있다.

학문적 지침: 3R 원칙

학계에서는 대체로 동물 실험을 대체할 만한 수단이 없다는 사실을 인정한다. 이를 인정하는 과학자들은 동물 실험을 통해 우리가 여러 생물학적, 인지적 과정을 더 쉽게 이해하게 되므로 백신과 의약품 개발에 필수적일 뿐만 아니라, 연구 물질이 인간에게 무해한지 확인할 수 있으므로 염료부터 테이저건에 이르는 많은 상품 개발에도 필수적이라고 말한다. 실제로 실험용 동물을 상대로 자신이 원하는 연구는 무엇이든 할 수 있어야 한다고 생각하는 학자들도 일부 존재하지만, 대다수 학자는 연구 과정에서 동물에게 가하는 고통을 최소화하려고 노력한다. 물론 오늘날 '필수적'이라 여겨지는 많은 실험 과정은 연구자의 창의성 부족을 드러낼 뿐이다. 앞으로 살펴보겠지만, 진정으로 동물 복지를 중요하게 여기는 연구자들은 비침습적 방식(초음파 검사와 같이 신체에 상처를 내지 않는 방식—옮긴이)으로 연구에 필요한 정보를 얻는 방안을 모색하고 있기 때문이다.

어떤 경우든 대다수 과학자는 오랜 전통에 따라 '3R 원칙'이라 불리는 학문적 지침을 따른다. 즉 동물 실험에서 동물에게 유해한 절차를 개선하고refinement, 실험에 사용되는 개체수를 줄이고reduction, 가능하다면 동물을 다른 수단으로 대체하는replacement 것이다. '3R 원칙'이라는 용어는 1959년 윌리엄 러셀과 렉스 버치가 《인도적인 실험 기술의 원칙The Principles of Humane Experimental Technique》에서 제안한 것이다. 3R 원칙은 동물 복지의 중요성에 주의를 촉구한다. 실험을 수행하는 과학자라면 이 원칙을 말뿐이 아닌 실제 행동으로 지켜야 한다. 과학자들은 최대한 주의를 기울여 실험이 동물에게 미치는 영향을 최소화하고, 가능하다면 동물 실험 자체를 생략하도록 되어 있다.

그러나 3R 원칙은 법적 효력이 있거나 공인된 행동 수칙이 아닌 가이드라인에 불과하다. 그 누구도 다른 과학자가 설계한 연구를 미리 검토하거나 그것에 대한 대안을 제시하지 않는다. 3R 원칙을 어떻게 따를지에 대한 결정권은 학자 개인에게 주어지며, 실제 실험 과정에서 3R 원칙은 편의성이라는 명분으로 무시될 때가 많다. 이 원칙은 연구자가 불행한 연구 대상 동물을 해하거나 죽여가면서 고도의 침습적인 실험을 수행하는 것을 막지 못한다. 이런저런 질병에 적합한 치료법이나 치료제를 경쟁적으로 신속하게 발견하려면, 학자들의 입장에서는 보다 인도적인 대안을 찾아 나서기보다는 이미 익숙한(그리고 동물을 죽이는 경우가 다반사인) 침습적 방식이 사용된 동물 실험을 정당화하는 편이 더욱 수월하다. 그리고 동물 실험이 효과를 보장하지 않는다는 사실이 밝혀졌음에도 많은 사람들은 동물을 상대로 '성공적인' 테스트를 거쳤다는 약물이나 치료법을 사용하고 이로써 동물들은 계속 고통받거나 죽어간다. 실질적으로 동물 실험에 대한 헛된 기대는 막대한 자금 및 생명의 손실이라는 대가를 치르게 된다.

실제로 인도적으로 다루어져 스트레스를 받지 않는 동물 개체가 '더 나은 데이터'를 제공한다는 사실을 보여주는 자료가 차고 넘친다. 그렇다고 해서 동물 실험이 정당화되는 것은 아니지만, 실험용 동물을 적절히 돌보지 못하면 동물 실험으로 수집된 데이터 중 다수는 제대로 활용될 수 없을 뿐만 아니라 결국 폐기될 수밖에 없다는 사실에 주목해야 한다. 만일 과학자들이 편리할 때만이 아니라 늘 일관되게 3R 원칙을 따른다면, 더 바람직한 과학 및 더 적절한 데이터 수집이 가능해지고, 어쩌면 약간 더 자비로운 세상이 되는 데 기여할 수 있을 것이다. 다만 나는 신경과학자 아이샤 아크타르 박사가 다음과 같이 강조한 내용에 동의한다. "우리가 그동안 동물들에게 끼친 피해를 보상하려면 법적으로 동물 실험을 대체할 방안을 마련해야 한다."[27] 우리는 동물 실험의 대안을 모색하거나 퇴역한 실험용 동물을 보호하는 기관을 후원할 수도 있을 것이다.

동물이 감정을 느끼는지를 고민하기에는 우리의 인생이 너무나 짧다고들 말하는데, 나도 같은 생각이다. 다만 나는 동물에게 감정이 존재하는지를 고민하기에는 인생이 너무 길다고도 느낀다. 몇몇 과학자들이 여전히 동물이 무언가를 느끼기나 하는지 파악하려 애쓰는 동안에도, 수없이 많은 동물은 고통을 견뎌내고 있으며 그 고통은 용인될 수도 없고 잔인한 것이다.

잘못된 현장 연구: 동물 서식지 내 가해 행위

> 올바른 과학 연구라면 동물 실험체가 신체적, 생리적, 행동적 피해를 입지 않아야 한다. 따라서 동물 복지 원칙에 위배되는 연구법을 발표하는 행위는 비인도적인 접근법을 고착시키고 그릇된 과학 연구를 조장할 위험이 있다.
>
> _케이트 필드(저널리스트)28

동물을 자연의 터전에서 직접 관찰하는 것만큼 신나는 일은 없다. 현장 연구로 수집한 데이터는 한 동료 학자의 말마따나 '더욱 현실적'이다. 그렇게 수집한 데이터를 통해 우리는 동물이 무엇을 하는지, 자연의 터전에서 어떻게 살아가는지, 그리고 언제, 어디서, 누구와 함께 자유롭게 이동하길 선호하는지를 있는 그대로 파악할 수 있다. 그러나 현장 연구 역시 포획된 동물을 대상으로 하는 연구와 마찬가지로 동물에게 늘 친화적인 것만은 아니며, 이는 나와 많은 학자가 오랫동안 우려해온 점이다.[29] 야생 동물들이 깊고 풍부한 감정적 삶을 살아간다는 사실을 여전히 주지시킬 필요는 없을 듯하지만, 연구 수행 과정에서 이 사실을 무시하거나 알고 있으면서도 고려하기를 꺼리는 경우가 종종 발생한다.[30] 야생 동물이 느끼는 감정은 반려동물과 같은 여타 동물의 감정만큼이나 중요하다.

연구자들이 연구 대상 동물에게 부정적인 영향을 미치면 해당 동물의 행동에도 영향을 준다는 점 역시 지적할 필요가 있다.[31] 그렇게 수집된 데이터는 질적으로 손상되어 이에 따라 데이터를 잘못 해석할 가능성이 있기 때문이다. 수많은 연구자는 쥐를 잡을 때 꼬리를 쥐고 들어 올리는데 이런 행위는 쥐에게 매우 큰 정신적 충격을 유발할 수 있고, 또한 동물을 고립시키는 경우에는 공포감을 줄 수 있다.[32] 2022년 호주의 조류 전문가 기젤라 카플란 박사는 동물을 상대로 한 현장 연구의 결과가 주는 의미와 연구자의 행위가 동물에게 미치는 영향에 관해 독보적인 내용을 담은 논평을 발표했다.[33]

여전히 악화되는 상황: 인간이 유발한 공포는 자연계의 최상위 포식자들의 포식 행위를 증가시킬 수 있다. 침습적이고 공격적인 인간의 개입은 촘촘하게 이어진 자연계 전체 구조와 다양한 종의 공존 관계를 파괴하는 결과를 초래할 수도 있다. 요점은, 비록 둥지에 접근해 알 몇 개를 빼냈을 뿐일지라도 현장 연구에서 유해할 수 있는 행위를 주도한 이들은 그 자리를 떠나버려 그 행위가 초래한 결과를 보지 못한다는 것이다. 그러나 그 후 수집되는 데이터에는 인간의 개입 이후의 행동 단계가 반영되므로, 그런 개입이 없었을 때 해당 개체나 한 쌍, 한 무리가 보였을 행동과는 전혀 다를 가능성이 있다. 간단히 요약하면, 이제는 인간이 하나의 종이자 연구자로서, 조류를 비롯한 야생 동물 전반에 유해한 영향을 미쳤음을 입증하는 수많은 과학적 증거가 존재한다.

카플란은 이런 언급도 했다. "사적인 자리에서 만난 일부 생태학자들은 극히 공격적인 태도로 분개하며 동물의 인지 능력과 감정을 '쓰레기'로 치부했고, 보전이라는 주제에 대해서도 분명한 목소리로 인지동물행동학이나 온정적 보전을 연구하는 사람들이 '스스로 무슨 말을 하고 있는지도 모른다'고 주장했다. 이에 반해 사적으로 만난 또 다른 생태학자들은 동물에게 고통을 가한 것은 마음 아픈 일이지만 그 행위가 '공공의 이익'에 도움이 된다면 수용한다고 말했다."

연구자들이 보이는 오만함과 연구 대상 동물의 감정적 삶을 일축하는 태도는 비난받아 마땅하다. 연구자들이 연구라는 명목 아래 동물의 행동 및 감정에 미치는 영향—명백하게 드러나는 영향 및 드러나지 않는 영향—은 비침습적 연구 방식이 더욱 정확하고 유용한 데이터를 생산한다는 주장의 근거로 제시되기도 한다. 이런 연구에서 수집된 정보를 분석한 결과는 해당 종의 생태를 있는 그대로 보여주지 않는다. 이처럼 질이 좋지 않고 신뢰도가 떨어지는 데이터는 실험실에서의 침습적 연구로 수집된 데이터와 유사하다. 나는 종종 학자들이 이런 방식의 연구 결과를 발표할 때는 연구 제목을 '**스트레스를 받은** 조류의 사회적 행동'과 같은 식으로 붙여야 한다고 주장한다. 왜냐하면 그런 학자들은 자신의 연구 결과를 접하는 사람들에게, 자신이 동물의 감정적 삶을 희롱했으며 해당 연구 결과는 조류의 전형적인 특성을 보여주지 못할뿐더러 오히려 강요된 환경에서 잘못 다루어진 조류의 특성을 보여준다는 것을 스스로 **인지하고** 있음을 알릴 책임이 있기 때문이다.

학자들이 이 점을 시인한다면 내가 '지각 능력의 생물 다양성'이라 부르는 것의 진가를 사람들이 알아보는 데 도움이 될 수도 있다.

다시 말해, 연구자들이 동물에게 고통을 가했다는 사실을 인정한다면 동물들이 지각 능력이 있고 느낄 수 있는 존재라는 점을 사람들이 인식하는 계기가 될 수 있을 것이다. 다만 이보다는 현장 연구에서 발생하는 행위가 연구 대상 동물의 감정에 영향을 미치지 않도록 모든 예방 조치를 취하는 것이 더욱 중요하다. 데이터가 오염될 경우, 동물 본연의 모습과 행동에 그릇된 이미지를 생성하므로 결국 동물의 희생은 무의미해지고 습득한 정보는 아무에게도 도움이 되지 않을 수 있기 때문이다.

잘못된 데이터와 포획 효과: 우리 생활과 고립이 주는 효과

동물 연구의 많은 부분은 포획 상태에서 진행되며, 이 경우 동물들은 스트레스를 받기 쉽다. 스트레스를 받은 동물들은 정상 개체와는 다르게 행동한다. 그리고 특히 동물의 감정 및 행동에 관한 연구의 경우, 불안하거나 따분함을 느끼는 개체로부터 수집된 데이터에는 동일한 종의 다른 개체가 보이는 정상 행동에 대한 정보가 거의 담기지 않는다. **포획 효과**라는 용어는 포획 상태가 신체적, 생리적 변화를 비롯한 신경생물학적 변화까지 유발하는 현상을 뜻하며, 동물들에게서 매우 흔히 나타난다.

인간과 마찬가지로 모든 동물에게도 먹이, 물, 공기, 수면 시간이 필요하고 동물들은 살아가며 이를 추구한다. 몸을 피할 수 있는 안전한 장소도 필요하다. 또한 인간처럼 동물에게도 '고등한 수준'이라 표현할 만한 요소가 필요하다. 예컨대 자신의 삶과 환경을 통제할 필요성, 스스로 선택하고 창조성을 발휘할 필요성, 유의미한 관계를 맺을 필요성, 그리고 놀이와 같은 자연스러운 행동에 참여할 필요성 말이다. 자유로운 행동을 가늠하는 척도는 이렇듯 번성하고 행복하기 위한 고차원적 욕구를 충족하는 것을 기본으로 한다. 동물들도 인간처럼 자유에 가치를 부여하므로 그들은 포획 상태에서 인간과 매우 흡사한 고통을 경험한다.[34]

포획 상태인 동물 개체의 뇌는 측정 가능한 형태의 여러 생리적 변화를 일으키는데, 그중에는 신경 가소성 손실, 시상하부—뇌하수체—부신HPA 축의 장기적 활성화, 뇌 형태의 영구적인 변화가 포함된다. 포획에 따른 스트레스는 중추 신경계를 손상시킬 수 있으며 면역 기능, 생식 행동, 생체 주기에 변화를 일으킨다. 심리적 외상을 입은 경우와 유사하게, 자유를 상실하게 되면 '정형화된 행동' 혹은 '상동증'이라 불리는 증상이 발현되어 분명한 목적 없이 일관적이고 반복적인 비정상적 행동이 관찰되는 경우가 많다. 나는 이런 증상은 단순히 '포획에 따른 광기'라고 본다. 포획은 동물을 미치게 한다. 더군다나 이때 나타나는 정형화된 행동은 야생에서는 볼 수 없는 형태이므로, 오로지 포획 상태에 따른 결과라 하겠다.

과학자 프랑수아즈 베멜스펠더는 학자들이 평생 협소하고 삭막한 우리에 가두어진 채 살아가는 동물의 비정상적인 행동을 종종 **권태**라는 중립적 표현으로 묘사하는 점에 주목한다.[35] 베멜스펠더는 권태를 "주위 환경에 적극적으로 주의를 집중하고 반응하는 능력이 손실된 상태"라고 정의한다. 진정으로 권태를 느끼는 경우라면 자극을 받는 개체들에 비해 앉아 있거나 누워서 잠을 자며 보내는 시간이 많아진다. 이에 반해 포획에 따른 스트레스는 새로운 상황이나 예상하지 못한 사건에 대해 공포감 및 공격성이 상승한 과잉 행동으로 표출되며, 다양한 형태의 반복적인 상동증의 일환으로 이리저리 서성이는 행동, 쇠창살 물어뜯기, 주위 사물 핥아대기, 혀 감기, 과다한 수분 섭취 등 매우 많은 행동 양상을 보인다. 베멜스펠더의 글을 인용해보겠다.

> 그런 행동은 때때로 다른 동물들을 상대로 한 가해 행위로 이어지기도 한다. 가령 쥐나 생쥐의 경우, 새끼의 꼬리나 귀를 핥고 깨무는 행위는 동종 포식 현상으로 발전할 수 있다. 감금 상태가 지속되면서 이런 행동 양상은 점차 자신의 몸이나 자신이 배출한 물질을 향하는 경향을 보인다. 영장류는 장시간 자위행위를 하거나 몸을 앞뒤로 마구 흔들기도 하고, 자신의 배설물을 먹고 토해내는 행동을 보일 수 있다. 쥐는 자신의 꼬리를 쫓으며 빙빙 돌기도 하고, 결박당한 암퇘지는 발작적으로 장시간 동안 허공에 대고 무언가를 씹는 행위를 하는데 매우 많은 양의 침만 흘릴 뿐 다른 뚜렷한 효과는 없는 행동이다. 이런 경향성은 결국 다양한 형태의 강박적 자해로 발전할 수 있다. 실험실의 원숭이들은 자신의 팔다리나 성기를 물어뜯기도 하며, 앵무새들은 완전히 벌거숭이가 될 때까지 깃털을 뽑아댄다. 요약하면, 포획 상태의 동물들은 대체로 상호 작용 능력이 감퇴해서 행동의 다양성은 줄어들고 자신을 향한 행동은 증가한다.

이런 여러 행동 패턴은 '비정상적인' 것으로 보일 수 있으나, 사실 그들은 사회적 동반 개체나 사물이 거의 혹은 아예 존재하지 않는 삭막한 철창 속에 갇힌 상황에서 정상 반응을 보이는 것이다. 베멜스펠더는 이렇게 썼다. "동물의 행동은 인간의 여러 행동 병리 현상과 흡사한 형태를 띤다. 다만 인간이 보이는 비정상적인 행동은 대개 우울증의 징후, 혹은 다른 형태의 정신적 고통에 따른 영향으로 인정된다.” 따라서 동물 실험에 따른 많은 결과들 중 한 가지 의도치 않은 결과는, 결국 동물이 감정을 지녔으며 고통을 표현할 수 있다는 사실을 밝힌 점이다. 조지아 메이슨의 연구팀은 비정상적 반복 행동ARB, abnormal repetitive behavior에 관한 훌륭한 연구 논문을 잇달아 발표하며, 전 세계의 동물원이 보유 중인 1만 마리 이상의 포획된 야생 동물들이 이런 상동증을 보인다는 사실을 밝혔다.[36] 이 획기적인 연구 끝에, 메이슨은 이와 같은 ARB에 대한 '무관용 원칙'을 촉구한다. ARB는 동물 개체에 대한 열악한 복지 실태를 드러내어 심각한 윤리적 문제를 일으키는 것이 명백하기 때문이다.

한편 베멜스펠더는 동물의 권태에 관한 매우 구체적인 연구를 수행했는데, 그 결과 동물의 우리에 장난감, 짚, 적절한 잠자리를 제공하고 다른 개체와 함께 지내도록 환경을 개선하면 그 개체가 느끼는 권태감이 완화된다는 사실을 발견했다. 동물이 먹이를 찾아다니게 하는 것도 권태감을 줄이는 데 효과가 있다. 토끼와 같은 동물은 보다 자극적인 환경을 제공하면 활동량과 번식률이 증가하고 공격성이 저하되는 결과를 보인다.

베멜스펠더는 “만일 그런 측정치들을 결합해서 종 특유의 행동에 담긴 능동적이고 유연한 특성을 향상시킬 수 있다면, 포획 동물의 복지가 개선되고 과학 연구 또한 질적으로 향상될 것”이라 주장한다. 간단히 말해, 행복한 동물이 더욱 적절한 데이터를 제공한다는 것이다. 그런 동물은 보다 '정상적인' 과학 연구의 모델이 되어, 실험실의 상황에 대한 반응 행동은 오히려 더욱 안정적이고 일관성을 유지하게 될 것이다. 네덜란드의 한 실험실에서는 실험 환경을 개선하자 실험에 필요한 동물의 수가 눈에 띄게 감소했다.[37] 그 이유는 물론 더 행복한 동물들이 실험 결과의 신뢰도를 향상시켰기 때문이다. 이런 결과는 우리가 동물의 행복에 관심을 기울여 그들에게 필요한 조건과 욕구를 충족시켜주는 것이 과학 연구의 질적 향상과 밀접히 연관된다는 사실을 분명하게 보여준다. 한편 포획 동물의 삶을 개선하면 관리자들도 더욱 만족감을 느끼게 된다고 알려져 있다. 결국 실험용 동물을 관리하는 책임자들의 복지 또한 증진되는 것이다.

영장류의 경우, 윤택한 환경이 그들의 뇌 구조와 학습 능력에 영향을 미친다는 사실도 밝혀졌다. 찰스 그로스 교수는 마모셋(중남미에 서식하는 작은 원숭이—옮긴이)을 대상으로 권태감을 느끼는 원숭이들의 지능이 저하될 수 있음을 시사하는 연구를 수행했다.[38] 해당 연구에서는 여러 쌍의 성체 마모셋을 한 달간 각각 세 가지 형태의 우리에서 생활하게 했다. 첫 번째 우리는 먹이 그릇만 놓인 형태로, 이는 실제로 미국 국립보건원NIH의 최소 기준을 충족하는 조건이다. 두 번째 우리는 약간 더 큰 규모로, 원숭이가 먹이를 찾아 돌아다닐 수 있도록 장난감과 구조물, 살아 있는 지렁이를 숨겨둔 나뭇가지들이 배치됐다. 세 번째 우리는 2배 큰 규모로, 훨씬 더 많은 장난감이 배치됐다.

안타깝게도 이 연구에 투입된 마모셋들은 뇌 분석을 위해 목숨을 잃었지만, 그로스는 이 실험으로 두 번째와 세 번째 우리에서 지낸 마모셋들의 경우 신경 세포가 더욱 조밀하게 발달했으며 뇌에서 신경세포 사이에 정보를 전달할 때 쓰이는 특정 시냅스 단백질의 양이 거의 2배에 달한다는 사실을 알아냈다. 그는 인지과학 연구에 사용되는 동물들을 국립보건원에서 규정하는 수준보다 더욱 자극을 유발하는 환경에서 지내도록 할 필요가 있다고 제안한다. 과연 그렇다. 더 나아가 우리는 이 특정 연구가 이미 수행된 상황에서, 실험이 이루어져야만 했든 아니었든 간에, 원숭이들을 더 잘 돌보는 방법을 알려고 그런 실험을 반복하여 원숭이들을 죽일 이유는 없다.

비침습적 연구: 기술을 활용한 더욱 바람직한 과학

관행적으로 동물의 인지, 행동, 감정과 관련된 실험은 동물의 죽음으로 종결된다. 실험의 마지막 단계에서 동물의 뇌를 열어보거나, 다른 물질과 조합하거나, 아니면 또 다른 방식으로 분석할 수 있어야 하기 때문이다. 그러나 나는 동물의 정신을 연구하기 위해 그들의 정신을 죽이는 것이 정상이라고 보는 과학자들의 행태가 기이하게 느껴진다. 다행히 점점 많은 과학자들이 그 점이 기이하다는 데 동의하고 있다. 그래서 연구 대상 동물들의 삶을 개선하고 보호하는 비침습적 연구 방법이 여러모로 개발되고 있으며, 앞서 보았듯이 이로써 수집된 정보의 질과 신뢰도 또한 향상된다.

동물 실험의 비침습적 연구 방법 중 한 가지는 단순한 방식이다. 동물을 면밀히 관찰하되 필요한 경우 영상으로 기록을 남기는 것이다. 이때 앞서 언급했듯이, '그냥 가만히 지켜보기만 하는 방식'으로써 해당 개체의 행동이 달라지지 않도록 하는 것이 당연히 필수다. 예전에는 물리학, 화학, 또는 실험실에서의 비교심리학과 같은 소위 '경성 과학hard science' 분야의 일부 과학자들이 단순히 동물을 관찰하는 학문인 동물행동학을 '연성 과학soft science'이라 경시하며 자연의 흐름에 따른 잔재일 뿐 때로는 우표 수집과 다를 바 없다는 식으로 대했다. 그러나 어떤 과학에서든 관련 연구에 대한 설명을 제공해야만 하는데, 우리가 어떤 동물이 특정 행동을 하는 이유를 설명할 수 있으려면 그 동물이 어떤 행동을 하는지 알아야 한다.[39] 나는 침습적 연구를 수행하던 학자들이 연구 대상 동물이 보이는 행동의 진정한 의미에 대해 내게 얼마나 많이 물었는지 이루 말할 수가 없다! 나는 그들이 동물의 몸이나 뇌를 열어보기 **전에** 제대로 알았더라면 좋았을 것이라 말하곤 했는데, 놀랍게도 그들 중 일부는 내 말에 동의했다. 어떤 학자들은 한 가지 행동은 오직 하나의 의미만을 지닌다고 생각했다가, 그 행동이 다른 의미를 지닐 수도 있으며, 때로는 공격 행동처럼 상황에 따라 복합적인 기능을 해서 그 해석도 다양하게 제시될 수 있다는 사실을 그제야 알기도 했다.

동물에게 스트레스를 주는 해로운 연구는 잘못된 데이터를 생성하는 경우가 많기에, 연구의 관심 주제에 대한 정확한 답을 구하기가 어려워진다. 이에 반해 연구 대상 동물의 스트레스를 최소화하는 기법들을 활용해서 활성화된 뇌를 관찰한다면 매우 많은 정보를 얻을 수 있다. 특히 흥미로우면서도 중요한 방식은 비침습적인 신경 영상 촬영 기법이다. PET 스캔이라고도 알려진 양전자 단층촬영, 기능적 자기공명영상fMRI이 여기에 속한다. 이런 영상 촬영 기법을 통해 연구자는 동물이 특정한 사회적 상황에 놓였을 때, 뇌의 활성화된 위치를 알아낼 수 있다. 동물의 인지 능력 및 감정에 관한 연구에 fMRI와 PET 스캔을 활용하면서 우리가 그간 의심해온 많은 사안에 대해 확실한 신경생물학적 증거가 나타나고 있다. 예컨대 이 기법들로 코끼리의 대뇌 측두엽에 거대한 해마가 존재하는 것을 확인하기도 했다. 일반적으로 사회신경과학이라 불리는 이 분야는 급속한 성장세를 보이고 있으며, 앞으로 공감, 용서, 협동, 어미와 자식의 소통, 정서와 같은 전반적인 영역에 대해 많은 흥미로운 정보를 생산해낼 것이다.

한 가지 흥미로운 사례를 소개하겠다. 제임스 릴링의 연구팀은

PET 스캔을 이용해 수컷 붉은털원숭이 중 서열이 높은 개체를 대상으로 단계적인 사회적 상호 작용에 대한 신경 반응을 연구했다.[40] 연구진은 서열이 높은 수컷 아홉 마리가 '도전적인 상황'에 마주하게 되는 통제된 환경을 조성했다. 수컷들은 경쟁 관계의 수컷과 그 암컷 배우자의 잠재적인 교미 행위를 목격하는 상황, 그리고 경쟁 관계의 수컷 없이 그 수컷의 암컷 배우자만 존재하는 상황에 놓였다. PET 스캔의 사전 작업으로 원숭이의 뇌 활성화 정도(염료 흡수율)를 측정하기 위해 체내에 형광 염료를 주입하고 혈액을 채취할 수 있도록 진정제를 투여하기는 했지만 이 원숭이들은 다른 실험에서처럼 목숨을 잃지 않아도 되었다.

연구자들은 특히 수컷들이 자신의 배우자에 대한 독점적 접근에 도전을 받는 상황에서 그 수컷이 드러내는 성적 질투심에 주목했다(그들은 대담하게도 '질투'라는 단어를 사용했다). 이 실험을 통해 원숭이의 행동에서 인간이 표출하는 성적 질투심과의 유사성을 발견했고, 또한 도전을 받은 수컷이 드러낸 긴장감이나 경계심의 표현 및 불안감과 관련된 신경망 구조에도 인간과의 유사점이 존재할 가능성을 발견했다.

도리언 하우저의 연구팀은 살아 있는 돌고래를 대상으로 뇌에서 청각 신호 및 반향 위치 측정이 어떻게 처리되는지 탐색했다.[41] 연구진은 뇌 스캔을 이용해 돌고래의 뇌에서 그들이 소통에 사용하는 딸깍 소리에 대한 정보를 처리하는 멜론이라는 기관 내의 혈류를 관찰했다. 하우저는 실험 중에 돌고래가 불안감을 느낄까 고심한 나머지, 뇌를 스캔하는 동안 돌고래들에게 신경 안정제인 바륨을 투여하기까지 했다.

지금까지 비침습적인 fMRI 신경 촬영 기법은 주로 인간을 상대로 사용됐으나, 이제는 동물의 감정에 관한 연구에도 많은 가능성을 제시하는 수단이 됐다.[42] 그래서 개, 생쥐, 비인간 영장류와 같이 지각 능력이 있는 다양한 동물을 대상으로 이 기법을 활용하는 사례가 늘어나는 추세다.

fMRI를 사용한 질투심 연구는 개를 대상으로도 수행됐는데, 개들이 모욕당하는 것을 좋아하지 않는다는, 어쩌면 당연해 보이는 사실을 확인하는 실험이었다.[43] 피터 쿡 박사 연구팀은 스캐너 속에 자발적으로 들어가 얌전히 앉아 있는 데 성공한 열세 마리의 개를 대상으로 실험을 진행했다. 이 실험에서는 세 가지 상황—개에게 먹이를 줄 때, 가짜 개에게 먹이를 줄 때, 먹이를 직접 주지 않고 양동이 속에 넣을 때—에 놓인 개들의 뇌를 촬영했다. 연구자들은 개의 공격성을 질투심의 척도로 설정하고 개의 뇌에서 편도체의 활동을 관찰했는데, 그 결과는 굉장히 흥미로웠다. 구체적으로는 깨어 있는 상태의 개를 fMRI로 촬영한 결과, 편도체의 활동과 다른 개를 향한 공격성 사이에 유의미한 관계가 있다는 사실이 밝혀졌다. 연구진은 "보호자가 먹이를 양동이 속에 떨어뜨리는 모습을 보았을 때에 비해 실제 개처럼 생긴 가짜 개에게 먹이를 주는 모습을 보았을 때 개가 드러내는 공격적 기질은 분명히 양측 편도체의 활성화와 긍정적인 상관관계가 있다"라고 결론지었다. 편도체 활성화 정도의 차이는 질투심을 의미할 가능성이 있다.

이 중요한 실험에는 실제로 유용하게 쓰일 만한 측면도 존재했다. 연구진은 공격성을 드러낸 개가 동일한 상황에 반복적으로 노출되는 경우, 편도체 반응이 습관성을 띤다는 점을 발견했다. 즉 개를 어느 특정 상황에 반복적으로 노출시킴으로써 다른 개를 향한 공격성을 완화하거나 없앨 가능성이 있다는 것이다. 연구진은 편도체의 활성화 정도가 표정, 몸짓, 걸음걸이, 발성과 같은 행동과도 상관관계를 보일 수 있으며, 그렇다면 개가 공격적인 행동을 보일 가능성이 있는 상황에서 이를 예측하는 데 활용할 수도 있다고 언급했다. 개들이 질투심을 느낄까? 당연히 느낀다. 다만 이 연구를 통해 개의 공격성을 예측할 요소를 파악하게 된다면, 공격성을 드러낼 만한 상황을 미리 피하거나 없애는 데 큰 도움이 될지도 모른다.

나는 인도적인 방식의 연구 사례가 더욱 많아져서 어디에서나 동물이 더 나은 대우를 받게 되기를 바랄 뿐이다. 우리는 언제나 풀어내기 어려운 질문을 제기해야 하며, 학계와 학자들이 동물을 대하는 방식에 스스로 책임을 지도록 해야 한다.

그 많은 연구는 누구를 위해서인가

우리는 지난 20여 년간 동물의 감정적 삶과 지각 능력에 관해 많은 것들을 알게 됐고 여전히 알아야 할 것이 너무나 많다. 이런 상황에서 나는 수시로 자문해본다. 더 발전된 과학으로 누가 과연 혜택을 받을까? 우리일까, 아니면 동물일까? 우리의 지식을 확장함에 따라 지극히 흥미로운 발견들이 계속될 것이라는 점은 의심의 여지가 없다. 하지만 사람들은 내게 이렇게 묻곤 한다. "정말 새로운 것은 얼마나 될까요?" 솔직히 말해서 우리가 새롭게 발견하는 내용은 점점 줄어들고 있다. 과학 연구는 우리가 이미 의심하고 있거나 알고 있었지만 단지 확신할 만한 데이터가 없었던 사안을 입증해줄 때가 많다. 여기서 우리는 다시 예방의 원칙으로 돌아간다. 우리가 동물들에게 더 나은 삶을 살아갈 권리를 부여하기에는 동물의 마음과 감정에 대해 지금까지 습득한 지식만으로도 충분하지 않은가? 최근 한 저명한 학자가 내게 이렇게 질문했다. "동물을 대상으로 한 인지동물행동학, 비교심리학, 심리철학 분야의 연구에는 수확 체감의 법칙(생산 요소를 추가하더라도 어느 시점부터는 투입량 대비 생산량이 점점 줄어드는 현상—옮긴이)이 적용되나요? 우리가 동물의 권리를 대변하려면 더 많은 데이터나 글을 생산하기보다는 더 많은 행동에 나서야 하는 것 아닌가요?"

간단히 답하자면, 맞는 말이다. 수확 체감의 법칙에서 본다면, 과학자들은 동물의 감정을 주제로 더 이상의 침습적인 실험을 삼가야 할 것이다. 특히 동물들을 우리에 가둔 채 의도적으로 해를 가하거나 죽이는 방식의 실험은 중단해야 한다. 소위 비침습적인 방식의 실험이라도 동물의 행복을 고려한다면, 우리가 이미 알고 있는 사실에 관해 더 많은 증거를 찾아내려는 연구에 따른 이익과 그 연구에 드는 비용을 신중히 고려해야 한다. 여러 해 전, 우리는 지식 전환의 간극을 해소하고 동물들에 대한 처우를 더욱 개선하기 위해서 우리가 알고 있던 지식을 사용할 수 있었고, 사용했어야 했다. 더 많은 연민, 존엄, 존중, 친절, 공감으로 말이다. 더 개선할 수 있었고 그랬어야만 했다. 지난 20여 년간 수행된 그 많은 연구 결과를 고려해보면, 동물들을 지금보다 나쁜 수준으로 대해야 한다는 주장을 정당화할 만한 사실은 어떤 것도 발견되지 않았다. 동물 실험을 자제하자고 제안하는 것은 반과학적인 주장이 **아니다**. 다만 동물 보호에 더욱 많은 관심을 이끌어내는 데 기존의 과학 연구를 활용하자는 간청이다. 동물의 감정을 알아내기 위해 동물에게 고통을 주는 실험이 정당화되던 시대가 있기라도 했다면 그런 시대는 이미 오래전에 끝났다.

농장에서

무언가를 먹는 게 아니라 누군가를 먹는다

도축장의 벽이 유리로 되어 있다면 모든 사람이 채식주의자가 됐을 것이다.

_폴 매카트니(비틀스 멤버)44

또 다른 여러 공간에서 우리가 동물을 대하는 방식은 몰지각한 형태부터 낯부끄러운 형태까지 다양하게 나타나곤 한다. 그러나 식용으로 쓰이는 동물을 대하는 끔찍한 방식에는 비할 바가 아니다. 따라서 나는 이 주제를 시작하며 동물은 사물이 아니라 감정을 느끼는 존재라는 사실을 다시 한번 독자들에게 상기시키고 싶다. 그러니까 우리는 저녁 식사로 육류를 택하려면 **무엇**을 먹을지가 아니라 **누구**를 먹을지를 골라야 한다.

공장식 축산 및 육류 가공 산업 분야에서 자행된 많은 일들이 그동안 확실한 증거와 함께 폭로되어왔기 때문에, 중대한 사안이기는 해도 여기서 그런 온갖 죄악을 일일이 열거하는 데 많은 지면을 쓰지는 않을 생각이다.[45] 다만 동물의 지각 능력과 관련해서 우리 사회가 예방의 원칙을 당장 실천에 옮겨야 하는 영역이 있다면, 바로 이 분야일 것이다. 흔히 말하듯 우리가 먹는 것이 우리 자신을 정의한다면, 우리가 먹는 누군가는 잔인함을 재정의한다. 사실상 하루에 얼마나 많은 수의 죽음이 발생하는지 파악하기란 불가능하다.

수치로 파악하기

수많은 동물이 연구, 교육, 의류, 오락, 구경거리에 사용되고 있지만, 식용으로 쓰이는 수에 비하면 무색할 정도다.

1961년을 기준으로 미국에서만 약 70억 마리의 육상 동물이 식용으로 도축된 것으로 추산된다. 오늘날에는 여러 추정치가 있지만, 줄잡아 매년 550억~700억 마리 정도의 동물이 도축되므로, 대략 하루에만 2,330만 마리의 육상 동물이 도축되는 셈이다.[46] 게다가 매년 도살되는 양식 어류는 800억 마리에 달한다. 이 숫자는 전 세계에 걸쳐 매년 천문학적으로 증가하고 있으며, 지각 능력이 있는 야생 어류를 포함하면 그 수는 조 단위로 치솟을 것이다.

'도살 시계animal kill clock'에서는 미국 내에서 식용으로 도살되는 동물의 수가 실시간으로 집계되고 있다. 가장 충격적인 것은 내가 마지막으로 이 웹 사이트에 접속한 이래로 늘어난 숫자다. 어느 날에는 10초마다 2만 2,000마리 이상의 동물이 미국에서 식용으로 도살됐다고 추정됐다.

이 대학살의 규모를 알게 해주는 또 다른 구체적인 수치가 있다. 2022년 돼지 도축장은 이윤과 생산량을 늘리기 위해 생산 라인의 속도를 높였다. 미 농무부는 각 식품 가공 공장마다 도살 개체수를 시간당 1,106마리 이상으로 늘리는 것을 승인했다.

현시점에서 모든 가축의 생물량(일정 지역의 생물에 포함된 유기물의 총량—옮긴이)에 비하면 야생 포유류의 생물량은 극히 미미한 수준으로 보인다는 사실은 흥미로우면서도 무척 충격적이다. 2023년에 공개된 가슴 아픈 보고서가 있다.[47] "론 마일로 교수가 이끄는 연구팀은 전체 가축의 생물량이 6억 3,000만 톤에 달하는 것으로 보았다. 이는 야생 육상 동물의 생물량(약 2,000만 톤)의 30배이며, 야생 해양 동물의 생물량(약 4,000만 톤)의 15배에 해당한다." 이는 야생의 육상 포유류를 합산한 전체 질량이 인류의 총합 질량의 10퍼센트 미만이며, 지구상의 모든 육상 포유류 중 야생 동물은 단 6퍼센트에 불과하다는 의미다.

지구 환경에 미치는 영향

극심한 동물 학대의 윤리적 문제는 잠시 제쳐두고, 축산 경제에서 벗어날 것을 고려할 만한 다른 이유들이 있다. 중요한 이유 한 가지는 환경 문제다. 환경 문제는 이 책의 초판이 나왔을 때보다 훨씬 심각한 수준에 이르렀다. 공장식 축산 방식의 축사와 도축장은 엄청난 환경 오염을 일으키고 생물 다양성을 훼손한다.

루카스 레이인더스와 샘 소렛의 연구에 따르면, 콩 생산 과정과 비교했을 때 육류 생산 과정에는 더 많은 양의 토지(6~17배), 물(4~26배), 화석 연료(6~20배), 유해 화학 물질(전체 생산 과정에서 6배 많은 살충제 및 화학 물질이 사용된다)이 필요하다.[48] 우스꽝스럽게 들릴지도 모르지만, 소 역시 메탄가스의 주범이다. 제임스 바솔로뮤의 글을 보자.[49] "젖소 한 마리는 방귀와 트림을 통해 연간 114킬로그램의 메탄가스를 배출한다. 젖소는 메탄가스 제조 기계와 다름없다. 온실가스 중에서 메탄가스는 이산화탄소보다 훨씬 더 치명적인 물질로 이산화탄소보다 23배나 강력하다. 다만 대기 중에 오래 머무르지는 않는다. 소 한 마리가 배출하는 메탄가스의 양은 이산화탄소 2,622킬로그램과 맞먹는다." 2023년을 기준으로 전 세계적으로 사육되는 소는 총 10억 마리 정도로 추산됐다. 그 말인즉슨 일 년 동안 100조 킬로그램의 메탄가스가 배출된 것이다.[50] 한편 저널리스트 필립 프래드킨의 조사에 따르면, 미국 서부 지역에서 가축 사육은 식수난을 일으키는 원인 중 단일 용도로는 여전히 가장 큰 규모를 차지한다.

또한 "식량 생산은 전 세계 온실가스 방출량의 25퍼센트 이상을 차지한다"라는 연구 결과도 있다.[51] 즉 소를 비롯한 '식용 동물'의 생산이 지구에 중대한 위협을 초래하고 있다는 것이다. 농업 및 식량 생산의 영향력을 종합적으로 고려하면, 인간이 우리의 위대한 지구에 미치는 영향은 경악스러울 정도다. 1970년 이래로 인간의 활동은 야생 생물 개체의 60퍼센트를 말살시켰으며, 지난 150년간 지구상의 표토 중 절반이 소실됐고 지금도 해마다 약 265억 톤의 표토가 소실되고 있다.[52]

해양 생물들도 인간의 활동에 따른 해양 산성화 및 인간의 어업 활동으로 사라져가고 있다. 우리는 식용으로 매년 1조에서 3조 마리에 이르는 야생 해양 동물을 살상한다. 추산컨대, 만일 우리가 어업 활동을 현재 속도로 유지한다면 2048년경에는 모든 바다의 물고기가 사라질 것이다.

도축장의 잔혹함

일부 축산업자들은 오늘날의 현대식 도축 시설에 **공장식 축산**이라는 표현을 사용하면 분개한다. 그 표현은 지각이 있는 동물을 고깃덩어리로 가공하는 시설의 운영 방식을 적나라하게 드러내기 때문이다. 내 생각에는 동물들에게는 지옥 구덩이나 다름없는, 그런 비난을 받아 마땅한 공간을 설명하는 데 **공장식 축산**이라는 표현만으로는 충분치 않다. 인간 세계의 어떤 최악의 환경이라도, 지각이 있는 소, 닭,

칠면조, 돼지와 같은 많은 동물이 처하는 그런 삶에 견줄 수는 없을 것이다.[53] 그들은 좁디좁은 우리와 철조망으로 둘러싸인 한 줌의 땅에 배설물로 범벅이 된 진창에서 먹고 자고 몸을 가누다가 마침내 도축 기계 속에서 생을 마감한다. 실제로 셀 수 없이 많은 닭과 소와 돼지가 충분히 자라기도 전에 스트레스나 부상, 질병으로 죽는다. 자신에게 무슨 일이 일어나고 있는지, 앞으로 맞이하게 될 죽음이 얼마나 끔찍하고 고통스러울지 깨닫고는 마음의 상처로 죽을 수도 있다.

도축장에서 일어나는 일들은 너무나 비인도적이고 역겨운 행태다. 그곳에서는 동물들을 도살할 때 전기 충격을 가하거나 이산화탄소 가스실에서 질식사시키거나 목을 따는 방식을 사용하는데, 이런 방식들은 '다소 인도적인' 도살 방식이라 소개된다. '식용 동물'의 복지를 연구한다는 자들이 이렇듯 지각이 있는 동물들이 겪는 이루 말할 수 없는 고통을 묘사하면서 **인도적**이라는 단어를 쓰는 것은 나로서는 도저히 상상할 수도 없는 일이다.

여기서는 이런 끔찍한 내용을 더 구체적으로 언급하고 싶지 않다. 다만 관련 내용을 조금이나마 알고 싶다면, 2023년 「뉴욕 타임스」에 실린 "양돈업계가 숨기려는 실상을 몰래카메라로 포착하다"라는 칼럼을 읽어보길 바란다.[54] 퓰리처상을 2회 수상한 니콜라스 크리스토프는 이 칼럼에서 소름 끼치도록 구체적인 광경을 전하며, 상당히 생생한 장면에 분노를 일으킬 만한 영상 링크를 제공하고 이렇게 덧붙인다. "양돈업계는 도축 과정이 인도적인 방식이라 주장하고 있다. 이 비디오 클립을 직접 보고 각자 판단하길 바란다."

다행히도 이 무자비한 잔학 행위는 점차 대중의 주목을 받으며 행동을 이끌어내고 있다. 그러나 지금까지는 동물의 행복이나 지각 능력을 존중해서 각 개체의 고통을 살피는 데 주력하기보다는 주로 동물 복지 기준에 초점을 맞추거나 동물들이 식용으로 도살되기 전의 삶을 미약하게나마 개선하는 식이다. 동물 복지를 위한 노력들 중 상당수는 '인도적 행위'로 가장된 눈속임일 뿐이다. 그런 노력들은 동물의 삶을 실질적으로 개선할 목적이 아니라, 인간의 식탁 위에 오르는 잔혹함에 대해 우리의 마음이 더 편안해지는 데 중점을 둔다.

가령 농장에서 닭이나 여타 가축을 '자연 방목'으로 사육하려는 시도는 최악의 동물 학대를 완화하려는 노력의 일환이다. 그 시도 자체가 잘못된 것은 아니지만, 그렇다고 해서 그 동물들이 '자유'를 누리는 것은 결코 아니며 여전히 가혹한 방식으로 죽임을 당한다. 어느 동료 학자가 이런 말을 한 적이 있다. 양계업자들을 자극하는 주된 질문은 "바셀린과 구둣주걱을 쓰면 닭장 안에 얼마나 많은 닭을 집어넣을 수 있을까?"라는 것이다.

최근 들어 2023년에는 양돈 농가의 실태를 개선할 목적으로 동물 복지 평점제가 새롭게 개발됐다.[55] 이 제도를 통해 각각의 양돈 농가에서 돼지들을 어떻게 사육하고 도축하는지를 비교할 수 있을 것이다. 어느 기사에서는 "전 세계적으로 육류에 대한 수요가 증가함에 따라, 농장 시스템을 보다 지속 가능하게 하는 것이 농장주들과 정부의 주요 과제"라고 지적한다. 그런 다음 돼지고기 포장에 '우드랜드 Woodland'(삼림)라는 표기가 붙으면 나무 그늘이 일부 존재하는 농장에서 길러진 돼지를 의미하고, '유기농'이라는 표기가 붙으면 야외 공간이 있는 축사에서 길러진 돼지를 의미하는 것이라고 설명한다. 이론적으로 보면 미약하지만 옳은 방향으로 가는 단계라고 할 수 있다. 긍정적인 효과를 낼 만한 또 다른 사례로는 양계장에서 수탉의 사회성을 높이기 위해 온도가 더 높은 부화기를 사용하는 것이다.[56] 하지만 이런 변화가 동물에게 얼마나 큰 의미가 있을까? 이것은 동물들의 삶을 진정으로 향상시키려는 움직임일까, 아니면 연구자, 생산자, 소비자가 양심의 가책을 덜 느끼게 하려는 인간 위주의 이기적인 사고방식에 지나지 않은 것일까?

축산업계의 기존 관행이 인도적인 방식이라고 옹호하는 이들도 많다. 어떤 수의사들은 돼지를 '신이 내린 식재료'라고 부르기도 한다.[57] 돼지들은 무엇이든 잘 먹고, 할 일이라고는 돼지고기를 생산하는 것뿐이기 때문이다. 호주 양돈 유한회사Australian Pork Limited의 최고경영자인 마고 안드레이는 이렇게 주장한다.[58] "우리가 하는 일은 모두 돼지가 쾌적하게 지낼 수 있도록 스트레스를 최소화하는 것이 목적이다. 그리고 이산화탄소로 질식시키는 도축 방식은 고통을 최소화하는 방법 중 하나다. 상품의 측면에서 볼 때 (중략) 우리가 시민들에게 제공하는 제품의 질을 더 높이기 위해서라도 돼지의 스트레스를 최소화하는 노력은 사실상 가치가 있다."

정부 차원에서도 법과 규정을 개정하고 있다. 2023년 5월, 미국 대법원은 돼지 사육 공간이 기존에는 마리당 16~18평방피트(약 0.4~0.5평)로 규정됐던 것을 24평방피트(약 0.7평)로 확장한 캘리포니아주 주민발의안 12Proposition 12를 인정해주었다.[59] 물론 그 정도의 미미한 확장 규정마저도 양돈업자들은 강력하게 반대한다. 사실상 도축할 돼지를 사육하는 데 더 넓은 공간을 확보하려면 그만큼 비용이 들기 때문이다. 다시 말하지만, 돼지를 사육하는 공간을 넓히는 정책은 바람직한 방향으로 나아가는 것이기는 해도, 이런 변화는 최소한의 움직임일 뿐이며 각 돼지들의 행복에는 별로 도움이 되지 않는다. 이런 위장 인도주의는 그 관행을 완전히 종식시킬 수 있는 진정한 해결책에 근접하지도 못한다.

내 관점으로는 업계에 완전히 혁명적인 방식이 등장하거나 이상적으로는 육식 자체가 사라지지 않는 이상, 현재의 식용 동물의 삶을 더욱 인도적으로 개선할 여지는 없다고 본다. 나는 상징적인 동물복지주의자이자 산업형 농업을 지지하는 템플 그랜딘과 같은, 축산업계에서 동물 복지를 옹호하는 몇몇 사람들과 논쟁을 벌이기도 한다. 그랜딘은 이런 유명한 말을 남겼다.[60] "나는 동물을 식용으로 사용하는 것은 윤리적인 행위라고 생각한다. 다만 옳은 방식으로 행해야 한다. 우리는 그 동물들에게 온당한 삶과 고통 없는 죽음을 제공해야 한다. 우리는 그들을 존중해야 한다." 바람직한 주장으로 들린다. 그러나 그랜딘의 비전은 결코 실현될 수 없다. 게다가 식용 동물의 복지를 향상시키려는 시도가 점차 증가하면서 오히려 문제의 깊이를 가늠하기가 어려워진다. 그래서 사람들이 그런 고문실을 완전히 없애버리기보다 동물의 삶을 개선하는 데만 힘쓰는 동안, 수백만의 동물들은 끔찍한 삶을 살다가 끔찍한 죽음을 맞이한다.

내 생각에 동물을 존중하는 것은 그들을 괴롭히다가 '친절하게' 죽이는 것을 의미하지 않는다. 정말이지 일부 기업과 정부가 개입해서 간혹 식용 동물의 삶을 '더 나아지게' 하고는 있지만, '더 나은' 삶과 미약하게나마 '좋은' 삶은 차원이 다른 문제다. 이런 시도는 비록 최소한 옳은 방향으로 나아가고 있다고는 해도, 이 사안의 믿기 힘든 규모를 생각하면 사소한 임시방편식 노력마저도 수적으로든 시기적으로든 너무나 드물게 일어난다.

채식주의를 통한 해결

> 어느 날 우리는 모든 이를 위한 자유와 정의를 논하며 자리에 앉아 스테이크를 썰었다. 한입 베어 문 나는 '비참함을 먹고 있구나'라고 생각했다. 그리고 뱉어버렸다.
>
> _앨리스 워커61

내가 채식주의를 거쳐 완전한 채식주의자인 비건이 되기로 결심한 것은 오로지 윤리적인 이유에서였다.[62] 채식은 내게 쉬운 일이었기에, 나는 하루아침에 육식을 끊고 채식주의자가 됐다. 소에서 돼지, 닭, 물고기, 랍스터에 이르기까지, 지각이 있는 생명체를 도살하고 공장식 축산을 합법화하는 비인도적인 행태의 일원으로 남고 싶지 않았다. 사람들은 낙농업계의 참상에 대해서도 알게 되면 놀란다.[63] 낙농업 역시 결코 무해한 산업이라 할 수 없으며, 낙농업 없이는 송아지 고기를 생산할 수 없을 것이다.

많은 이들이 자신이 섭취하는 음식에 대해 깊은 갈등을 겪는다. 누구의 고기를 먹는지, 내가 먹는 고기는 어떻게 사육된 동물에게서 나오는지, 어떻게 가공되는지, 어디에서 오는지, 그 과정에서 누가 이득을 보는지, 누가 학대받는지 등 고려해야 할 문제는 복합적이면서도 다양한 범위로 존재한다. 따라서 각 개인은 스스로 자신의 몸과 영혼에 가장 건강한 방식이 무엇인지 결정해야 한다. 엄격하지 않은 형태로 채식하는 사람들도 있다. 그런 경우 생선은 섭취하기도 하고 이따금 명절 같은 특별한 날에 육류를 섭취하기도 하며, '얼굴 없는 동물'만 섭취하기로 선을 긋기도 한다. 어떤 채식주의자들은 가리비나

홍합은 기꺼이 섭취하는데, 그런 동물들은 지각 능력이 없고 고통을 느끼지 못한다고 여기기 때문이다. 그 판단은 사실일 수도 있고 아닐 수도 있으나, 어쨌든 그들 스스로 한계를 그렇게 정한 것이다. 이들은 채식주의자라기보다는 피터 싱어와 짐 메이슨이 《죽음의 밥상》에서 언급한 "양심적인 잡식동물"이다.

나는 나의 바람이 이루어질 가능성이 있다 하더라도, 우리의 세상은 좀처럼 채식주의 세상이 되지 않을 것이라는 사실을 깨달았다. 채식을 주장하는 것을 왜 '급진적인' 시각이라 여기는지 아직도 이해할 수 없다. 동물에게 감정이 있다는 사실을 인식하고 그 감정을 존중하고 그것에 경의를 표하는 것이 급진적인 시각인가? 나는 채식주의 사회는 더욱 배려심이 있는 세상이 될 것이라고 믿는다. 얼마나 더 많은 사람이 채식에 동참하고 있는지는 정확히 파악하기가 매우 어렵지만, 점차 채식주의 식단이 인기를 끌고 있다.[64] 많은 다양한 상황에서 '비건 윤리'가 사람들이 지속적으로 정당하고 올바른 선택을 하는 데 영향을 주는 실용적인 윤리라는 점 또한 강조할 필요가 있다. 에밀리아 리스와 에바 차랄람비데스가 《비건처럼 생각하기Think Like a Vegan》에서 지적하듯, 비건 윤리는 음식에 국한되지 않는다. 그보다는 우리가 수많은 다양한 상황에서 내리는 선택에 영향을 주는 전인적 접근법이라 할 수 있다. 여기에는 공정함과 동물에 관한 정치, 법률, 식단, 교우 관계, 사랑도 포함된다.

많은 사람이 육류를 섭취하는 것을 감정적으로나 윤리적으로 버거워한다. 동물을 먹는 것과 관련해서 인지 부조화를 느끼는 경우가 많으며, 이와 관련된 논쟁은 차츰 학문의 상아탑을 벗어나 전 세계 사람들의 식탁 위에 오르게 됐다. 육식의 정치학이라는 분야의 전문가인 롭 퍼시벌이 쓴 걸출한 책 《육식의 역설The Meat Paradox》에는 이런 중요한 역설적 질문이 제기된다.[65] 우리는 동물에게 해를 입히는 행위에 반감을 느끼면서도 왜 그토록 많은 육류를 소비하고, 왜 그토록 유해한 공장식 축산 시스템을 거친 식품을 받아들이는가? 퍼시벌은 우리의 식단을 구성하는 데 영향을 미치는 심리적, 감정적 압박과 이에 따른 갈등을 해소하기 위해 우리가 흔히 사용하는 대처 전략들을 분석한다. 그는 이런 질문을 던진다. "인간의 진화 단계 중 어느 시점부터 우리는 우리가 섭취하는 동물에게 동정심을 느끼기 시작했을까? 결국 이게 오히려 특이한 현상이 아닐까? 사자는 가젤을 불쌍히 여기지 않으며, 늑대는 적어도 우리가 알고 있는 한 순록이 입은 피해를 보상해주지 않는다. 그러나 인간이라면 그럴 수 있다. 과연 우리에게 무슨 일이 일어난 것일까?"

나는 종종 사람들에게 베이컨, 양상추, 토마토 샌드위치를 베이브babe, 양상추, 토마토 샌드위치로 생각해야 한다고 말하면서 퍼시벌이 말한 내용을 포착해보려고 노력한다.[66] 내가 사람들, 특히 어린 아이들에게 그런 말을 하면 아이들은 베이컨이 한때 영화 주인공으로 인기를 끌었던 '꼬마 돼지 베이브'처럼 지각 능력이 있는 존재였음을 기억한다. 우리는 동물의 지각 능력을 인식하고 그것을 중요하게 여기면서도, 그 사실을 우리가 먹는 음식과 따로 떼놓고 생각할 때가 많다.

결론부터 말하자면, 이 문제에 대해 똑떨어지는 답변은 많지 않다는 것이다. 퍼시벌은 그의 연구가 인간의 육식 생활이 지금까지 알려진 것보다 복합적이고 모순적이면서 중대한 문제임을 보여준다고 적절하게 지적한다. 나는 우리가 사람들이 육식에서 느끼는 갈등을 계속 강조함으로써, 더욱더 많은 사람이 식단에서 육류를 점차 줄여가다가 마침내는 완전히 없애버리기를 바란다.

경마장과 로데오

모든 동물은 인간의 구경거리, 공연, 스포츠, 오락의 소재가 된다. 여기에는 서커스, 로데오, 비둘기 사격, 투우, 방울뱀 포획 축제, 낚시, 폴로, 야생 동물 사냥 대회, 아이디타로드Iditarod(알래스카의 개썰매 경주—옮긴이) 등 굉장히 많은 형태가 존재한다. 식품 산업과 마찬가지로 이 책에서 다루기에는 그 사례가 너무나 많으므로, 나는 그중 두 가지만 간략하게 살펴볼 것이다. 바로 경마와 로데오 경기다.

켄터키 더비(켄터키주 루이빌에서 매년 5월에 개최되는 미국에서 가장 유명한 경마 대회—옮긴이)를 생각해보자.[67] 이 대규모 행사에서 부상과 죽음의 위협에 시달리며 달리는 말들은 육체적, 감정적 학대를 당하며 굉장한 고통을 받는다. 말들에게는 권리가 없고 자신에게 강요된 행위에 어떤 말도 할 수 없다. 2023년에는 켄터키 더비가 시작되기도 전에 경주마 7마리가 목숨을 잃었다. 대회가 끝난 직후 죽은 말은 12마리로 늘었고, 결국 경주에서 우승한 말보다 죽은 말들이 사람들의 입에 더 오르내렸다. 2019년 산타 아니타 경마장(켄터키 더비의 예선 경주가 열리는 캘리포니아의 경마장—옮긴이)에서는 42마리의 경주마가 죽었다. 그 후 소위 안전성 보강 조치가 취해져 이듬해인 2020년에는 20마리가 죽었고, 2021년에는 21마리, 2022년에는 12마리가 죽었다. 경주마들의 부상과 죽음은 이야기의 일부에 지나지 않는다. 경주마들은 평생 끔찍한 삶을 살아가며, 목숨을 건 노력에 대해 아무런 보상을 받지 못한다. 그들은 경주에서의 승패에는 분명 관심이 없었을 텐데 말이다.

로데오 역시 관중을 즐겁게 해줄 것을 강요받는 동물의 입장에서는 폭력적인 행위다. 어린 소는 로데오 경기 중에 로프의 올가미에 걸리면 무자비한 방식으로 반복적인 학대를 당한다.[68] 어떤 이들은 로데오에서 송아지가 고통을 겪으므로 더 나은 동물 복지가 필요하다고 하지만, 나는 로프 던지기와 로데오 경기 자체를 전면 금지해야 한다고 본다. 로데오 경기가 동물들에게 주는 어떤 이점도 없기에, 금지한다고 해서 손해 볼 것도 없을 것이다. 몇 해 전에 로데오 팬들과 매우 유익한 대화를 나누었다. 나는 이런 질문을 던졌다. "동물들에게 로데오 경기가 득이 될 것이 있나요?" 그들은 내 눈을 피하며 말했다. "전혀 없죠. 한 마리가 더 이상 쓸모가 없어지면 카우보이들은 그냥 다른 소를 물색해서 다시 쓸모가 없어질 때까지 훈련시키고 통제하는 거예요. 원래부터 늘 그렇게 반복됐어요." 한편 닭을 타깃으로 한 로데오 형식의 게임도 있다.[69] 주로 술집에서 오락거리로 열리는데, 그 불쌍한 닭들은 감정이 없는 물건처럼 괴롭힘을 당한다. 이 악랄한 '스포츠'를 묘사한 내용을 소개하겠다. "그 게임은 송아지를 상대로 올가미를 던지는 방식과 완전히 같다. (중략) 사람들은 닭을 좁은 울타리 안으로 몰아넣고 올가미를 던진다. (중략) 한 사람이 올가미를 닭의 목에 걸면 다른 사람은 닭의 다리 중 한쪽을 붙잡으려 시도한다." 그런 다음 두 사람은 닭을 서로 반대 방향으로 잡아당긴다.

동물원에서

동물원의 실태와 보전

사로잡힌 호랑이를 바라보며 느꼈던 전율도 호랑이가 처한 곤경을 생각하니 대번에 사라져버린다. 경외심은 곧 당혹감으로 바뀌고, 우리가 다른 존재에게 이런 짓을 하는 유일한 짐승이라는 생각에 거의 형언할 수조차 없는 고독감에 휩싸인다. 이에 따라 어떤 동물원도 인간의 기량을 과시하는 공간이라기보다는 완전히 무기력하고 무관심한 존재들 앞에서 한심할 정도로 혼란스러운 사과를 장황하게 늘어놓는 공간이 되고 만다.

_찰스 시버트(작가, 저널리스트)70

사람들은 동물원에서 평범한 동물이나 진귀한 동물을 구경하며 즐거운 시간을 보낸다. 하지만 그런 이유로 동물이 인간에게 포획당해 가족과 헤어지고 원래의 자연 속 서식지를 떠나 마치 번식 기계에 지나지 않는 존재처럼 우리에 갇혀 그 안을 배회하며 살아도 될까? 또 일 년 열두 달 휴일도 사생활도 거의 없이 사람들 앞에 전시되는 고초를 겪어도 되는 것일까? 그렇지 않다. 그래서 동물원은 두 가지 명확한 목적으로 운영된다. 첫째는 대중을 상대로 동물의 행동 및 보호에 관한 교육을 하는 것이고, 둘째는 종 보호 및 보전에 주력하는 것이다.

교육과 보호라는 목표는 훌륭하지만, 이 목표들은 두 가지 역량이 전제되어야 달성될 수 있다. 즉 동물원은 이 목표를 실현할 수 있는 역량과 보유 동물들을 적절하게 돌볼 수 있는 역량을 갖추어야 한다는 것인데, 이 점은 불확실해 보인다. 목표를 달성하기에는 동물원이 실제로 관람객들을 어느 정도까지 교육하는지, 동물원이 종 보호에 중대한 역할을 할 수 있는지 파악할 만한 자료가 충분하지 않기 때문이다. 미국 동물원 수족관 협회는 미 전역의 동물원이 특정 기준을 충족하는지 감독하고 인가하는 단체다. 이런 단체도 심지어 자체 보고서에서 "동물원 및 수족관이 관람객의 동물 보전에 관한 지식이나 인식 수준, 정서, 행동에 어떤 영향을 미치는지에 대한 체계적인 연구가 거의 전무하다"라고 인정했다.[71] 이 책의 초판이 나왔을 당시의 실상도 그러했고, 오늘날 다르게 보는 견해는 있지만 여전히 마찬가지다. 미국 동물원 수족관 협회의 현재 대표인 댄 애쉬는 이렇게 말했다.[72] "야생 생물 및 야생 지역을 보호하는 일에 사람들의 마음과 관심이 필요하다는 점이 어느 때보다도 분명해졌다. 사람들이 동물원과 수족관을 찾아오기 때문에, 이 공간들이 점차 우리가 야생 동물을 보호하는 장소가 되고 있다."

한편 종 생존 계획SSP, Species Survival Plan이라 불리는 미국 동물원 수족관 협회의 동물 보전 및 관리 계획은 특정 야생종의 생존 보장을 목표로 한다. 이 계획에는 세심히 관리되는 번식 계획에 따라 기초 연구 및 응용 연구를 수행하고, 야생 동물 및 동물원 전문가를 양성하며, 인공 번식으로 태어난 야생 동물을 적절한 자연 서식지에 복귀시키는 과정이 포함된다. 이런 사업은 확실히 바람직하게 들린다. 그러나 계획이 실제로 진행될지에 관해서는 회의적인 반응이 널리 퍼져 있다. 애틀랜타 동물원의 전 대표 테리 메이플의 다음과 같은 발언이 인용되곤 한다.[73] "아무 일도 하지 않으면서 자기 동물원의 강점은 '종 생존 계획'이라고 말하는 동물원 관계자가 있다면, 그는 거짓말을 하는 것이다."

일부 동물원들은 실제로 동물 보전에 큰 관심을 보이지만, 사람들이 동물원에서 배우는 내용이 야생 동물을 돕는 데 크게 활용된다는 주장을 뒷받침할 만한 데이터는 없다. 그리고 동물원의 역할 가운데 동물 보호에 기여하는 부분에 초점을 맞추는 것이 사실상 야생 동물에게 진정으로 필요한 문제로부터 주의를 돌린다는 우려의 목소리가 많다.[74] 이 점에서 우리는 동물원을 방문한 사람들이 향후 다양한 동물 관련 사업에 물질적 지원을 하는지, 아니면 동물 보호와 관련된 직업에 종사하는지를 중요하게 살펴봐야 한다. 그런 사례도 분명히 있다. 사람들은 어려서 동물원에 다녔던 경험을 계기로 커서도 관련 단체에 기부하거나 심지어 생물학자가 될 수도 있다. 그러나 대다수 관람객은 그렇지 않다. 「보전생물학Conservation Biology」이라는 학술 저널에 게재된 한 연구는 아이들이 동물원을 방문할 때 제대로 된 교육을 받지 않는다는 사실을 보여준다.[75] 지난 10년간 동물 보전 및 생물다양성 문제에 더욱 많은 사람이 관심을 보였으나, 이는 동물원과 관계가 없거니와 사람들이 자연을 보호하기 위한 행동에 나서는 경우도 거의 증가하지 않았다.[76] 즉 사람들의 관심은 행동으로 이어지지 않고 있다. 한편 많은 동물원이 '동물 보전'에 관여하는 것 같지만 실상은 그렇지 않다.[77]

그래서 관련 데이터는 동물을 포획하고 사육하는 것을 정당화할까? 그렇지 않다. 관련 데이터는 내가 **동물원식 안락사**zoothanasia라고 이름 붙인 동물원의 흔한 관행—동물원의 번식 계획에 적합하지 않은 소위 '잉여 동물'을 안락사시키는 일—을 정당화할까? 그렇지 않다. 그러면 동물원이 실제로 보유 동물들 중 일부를 야생으로 '돌려보낼' 가능성이 조금이나마 있다고 해서 동물원 전체가 계속해서 동물들을 무기한 가두어놓는 것이 정당화될까? 그렇지 않다. 사실 포획된 상태에서 번식된 개체들은 자연 상태로 살아가는 개체와 다르다는 점이 입증됐기 때문에 야생으로 돌려보내는 일이 극히 드물다. 포획된 개체는 신체적, 행동적 변화를 일으킨다. 조류의 경우 날개폭이 더 짧다든지 두개골 형태가 달라지기도 하고, 사자를 비롯한 육식 동물은 무는 힘이 약해지기도 한다.[78] 이런 변화들 때문에 야생에서 그들이 생존 능력을 제대로 발휘하지 못할 수 있다.

그래서 동물원이 실제로 제대로 된 교육을 제공하지도 못하고 종 생존에 중요한 역할도 하지 못한다고 치자. 그러면 적어도 보유 동물들은 제대로 돌보고 있다고 신뢰할 수 있을까? 안타깝지만 이에 대한 대답도 '그렇지 않다'일 때가 많다. 연구에 따르면 대형 포유류는 동물원에서 사육될 때 뇌가 손상된다.[79] 그리고 우리는 동물원의 환경 상태와 인간의 보살핌에 의존하는 동물들의 복지 상태에 관해 의도적으로 오도되는 경우가 너무나 많다. 우리는 더 많은 것을 요구해야 한다. 너무나 많은 동물이 동물원에서 고통스러운 나날을 보내고 있기 때문이다. 본프리의 의뢰로 영국에서 실시된 여론조사 결과, 응답자 중 75퍼센트 이상이 동물원, 야생 공원과 같은 포획 동물 사육 시설에서 코끼리, 사자, 호랑이, 기린, 코뿔소와 같은 대형 동물을 보유하지 않는 편을 지지했다.[80] 한편 2023년 2월에는 푸에르토리코 정부가 자국 내의 유일한 동물원을 폐쇄할 것이라 공표했는데, 그 이유는 보유 동물들에 대한 부당한 대우에 항의가 폭주했기 때문이다.[81]

갇힌 코끼리: 적나라하게 드러나는 괴로움

포획된 코끼리들의 죽음이 반복되고 있다. 그리고 코끼리의 죽음은 어떤 동물원에서든 큰 사건이라 늘 대중의 주목을 받는다. 2006년 6월, 기타라는 코끼리가 로스앤젤레스 동물원에서 사망했고, 「타임」지는 즉각 "동물원은 코끼리들을 죽이고 있는가"라는 칼럼을 실었다.[82] 정당한 질문이다. 코끼리는 감정적이고 매우 사회적인 동물이며 유유히 배회하기를 즐긴다. 그리고 당연하게도 동물원은 이런 그들의 필요에 반하는 공간이다.

예컨대 2001년 봄, 덴버 동물원은 아시아코끼리들을 마치 이 방 저 방 옮길 수 있는 소파라도 되는 듯이 수시로 여기저기로 이동시켰다. 이 일에 로키마운틴 동물 방어행동Rocky Mountain Animal Defense이라는 단체와 내가 나서게 된 이유는 미국 동물원 수족관 협회와 덴버 동물원이 이 문제를 심각하게 여기지 않아서였다. 더 정확히 말하면 이런 일이 있었다. 어느 날 서른두 살 난 암컷 돌리가 함께 지내던 마흔두 살 미미, 마흔아홉 살 캔디로부터 분리되어 번식을 위해 미주리주 동물원으로 '허니문'(동물원의 표현에 따르면)을 떠났다. 얼마 후, 성체 암컷 호프와 두 살 반 된 수컷 아미고(어미로부터 분리된)가 덴버 동물원에 도착했고 미미와 캔디가 지내는 우리 바로 옆의 우리에 배정됐다. 그 후로 몇 개월 동안 미미가 점점 광폭해졌다. 그러다 2001년 6월, 미미가 캔디를 밀어 넘어뜨려 캔디가 안락사당하는 일까지 생기고 말았다. 캔디가 죽고 이틀 후 동물원 측이 캔디의 사체를 부검했는데, 부검된 장소가 다른 코끼리들이 그 냄새를 맡을 수 있을 만한 거리에 있었다. 사체를 부검한 다음 날, 호프는 우리에서 탈출해 온 동물원을 마구 들쑤시며 돌아다녔다. 다행히 아무도 심각하게 다치지는 않았지만, 호프는 그 후 다른 동물원으로 옮겨졌고 뒤이어 새로운 코끼리 로지가 들어왔다.

코끼리들은 모계를 중심으로 공동체를 이루며 살아간다. 그들은 오랜 기간 서로 깊은 사회적 관계를 유지한다. 코끼리는 기억력이 좋기로 유명하다. 그들은 일생 동안 이어지는 관계를 맺으며, 분리나 죽음으로 그 유대 관계가 깨지면 슬픔을 느낀다. 코끼리 무리에 새로운 개체가 유입되거나 기존 개체가 방출되는 경우, 사회적 서열 관계에 극심한 혼란이 발생할 수 있으며 각 개체는 극심한 심리적 동요를 일으킬 수 있다. 이것이 덴버 동물원에서 일어난 일이다. 미미는 돌리가 떠난 것에 반응했고, 호프는 캔디의 죽음과 부검에 반응했다. 그들은 행복한 코끼리였을까? 결코 아니다. 그러나 그들이 취급된 방식은 그저 동물원의 표준 운영 절차에 따른 것이었고, 그 결과는 고통과 죽음이었다.

헤어진 가족, 잃어버린 친구

코끼리에 대한 진실은 대다수 다른 동물들에 대해서도 똑같이 진실이다. 동물원이 단순히 동물들의 신체적 욕구를 충족시키기만 하면 그만이라 할 수 없다. 동물들에게는 인간과 마찬가지로 사회적, 정서적 욕구도 있기 때문이며, 그 점을 간과하거나 방해하는 행위는 부정적인 결과를 초래한다. 동물들에게도 나름의 가족이나 친구가 있기에 상실감이 무엇인지 잘 알고 있다.

나는 이 사실을 지난 8년에 걸친 현장 연구에서 직접 목격했다. 당시 학생들과 함께 와이오밍주의 그랜드티턴 국립공원에 서식하는 코요테를 연구하고 있었다.[83] 그중 한 암컷 코요테가 짝과 새끼들과 함께 지내고 있었기에 우리는 녀석을 '엄마'라고 불렀다. 엄마는 사냥을 하러 이따금 짧게 자리를 비우기 시작했는데, 대개 무리를 떠나 몇 시간가량 사라졌다가 다시 아무 일도 없었던 것처럼 돌아오곤 했다. 우리는 엄마가 떠났을 때, 남은 가족들이 엄마를 그리워하는지 궁금해서 계속 관찰해봤다. 엄마의 사냥 시간은 점점 더 길어져서 하루 이틀 자리를 비울 때도 있었다. 엄마가 떠나려고 하면 무리의 다른 코요테들은 궁금한 눈초리로 엄마를 바라보곤 했다. 마치 '**이번에는 어디로 가는 거예요?**'라고 묻는 듯, 고개를 옆으로 갸웃거리며 눈을 가늘게 뜨고 눈썹을 찌푸리기도 했다. 새끼 중 몇몇은 잠깐이나마 엄마를 따라나설 때도 있었다. 그러다 마침내 엄마가 돌아오면 다들 엄마를 야단스럽게 맞이했다. 큰 소리로 낑낑대고, 엄마의 주둥이를 핥고, 프로펠러처럼 꼬리를 격하게 흔들어대고는 엄마 앞에서 신나서 데굴데굴 구르기도 했다. 엄마의 짝과 새끼들은 엄마를 그리워한 것이 분명했다.

어느 날 엄마는 무리를 떠나 다시는 돌아오지 않았다. 남겨진 녀석들은 초조하게 몇 날 며칠 엄마를 기다렸다. 어떤 코요테들은 불안한 듯 보였다가 다시 기대감에 찬 모습으로 이리저리 서성였고, 어떤 녀석들은 무리를 이탈했다가 금세 아무 소득 없이 돌아오곤 했다. 그들은 엄마가 떠난 방향으로 길을 나섰고, 엄마가 갔을 만한 장소에서 킁킁대며 마치 '엄마' 하고 부르듯 하울링을 했다. 일주일 이상 그런 행동을 보이다가 이윽고 몇몇 녀석은 희망을 잃은 듯했다. 가족들은 엄마를 그리워했다. 그 광경을 본 우리는 그 코요테들이 할 수만 있었다면 눈물을 흘렸을 것이라 생각했다. 코요테의 행동은 우리에게 그들의 깊고 복합적인 감정의 이야기를 들려주었다.

얼마 후, 그들의 삶은 거의 평소처럼 돌아왔다. 낯선 암컷 한 마리가 무리에 들어와 우두머리 수컷과 짝을 이루었고, 그 후 2년 동안

열 마리의 새끼를 낳았다. 이제 새로운 엄마와 배우자가 생긴 것이다. 하지만 이따금 몇몇 코요테들은 여전히 엄마를 그리워하는 것처럼 보였다. 그들은 일어나 앉아 주위를 살피고는 코를 치켜들어 바람 냄새를 맡다가, 엄마가 사라졌던 방향으로 길을 나섰다가, 금세 지친 기색으로 홀로 돌아오곤 했다.

이런 행동은 3~4개월 정도 이어졌다. 어쩌면 그들의 감정이 어떻든 더 이상은 불가능하다고 판단했는지도 모른다. 무리에서의 삶은 계속되어야 했다. 야생의 코요테들은 이렇듯 상실감을 극복하고 스스로 치유하는 것이 가능하다. 그러나 동물원의 인공적이고 폐쇄적인 공간에서 살아가는 코요테들에게는 대단히 어려운 일이다. 동물원은 경제적인 이유로, 또는 단순히 대중의 관심을 계속 끌 수 있도록 전시 공간을 새롭게 단장한다는 이유로 동물들을 다른 동물원으로 이리저리 옮겨버린다. 하지만 대다수 동물은 가족이나 다른 개체들과 밀접한 유대 관계를 형성하므로 이런 식으로 동물을 이전하는 행위는 각 개체의 삶에 매우 극적인 영향을 미칠 수 있다.

감정을 풍요롭게: 마음으로 돌보기

동물원 사육사들은 대개 동물들을 정성껏 돌본다. 동물원의 동물들이 고통을 받는 이유는 대체로 그들을 일상적으로 돌보는 인간 사육사들이 잔인해서가 아니라 그들에게 필요한 것들이 동물원 운영에는 필요하지 않기 때문이다. 사실 언제나 동물원의 동물들, 때로는 위기에 처한 동물들의 정서적 욕구를 파악해서 해결 방안을 찾으려 애쓰는 사람들이 존재한다. 감정을 풍요롭게 하는 데는 있는 그대로의 소통으로도 충분하며 반드시 직접적이거나 물질적인 형태가 필요한 것은 아니다. 동물들을 안심시키고 변화를 이끌어내려면 그저 우리가 그들의 감정을 파악하고 관심을 기울여 보살피려는 몸짓만으로도 충분하다. 그것만으로도 다양한 개성을 지닌 동물들의 다채로운 정서적 욕구를 충족시킬 수 있다.

네덜란드의 한 동물원에서 있었던 일이다.[84] 인도네시아의 야생 오랑우탄들은 벌목꾼들이 서식지를 파괴해버린 후 구조되어 작은 우리에서 지내다가 네덜란드의 동물원으로 오게 됐는데, 이 동물원 측은 이들 오랑우탄의 정서적 욕구에 주의를 기울였다. 인도네시아 현지와 네덜란드 동물원 양측에 웹캠과 모니터를 설치해 헤어진 오랑우탄들이 상봉하게 해준 것이다. 오랑우탄들이 화면 속 친구들을 향해 보인 몸짓과 표정으로 보아 효과가 있었던 것 같다.

다음은 코끼리에 관한 긍정적인 에피소드다.[85] 2006년 크로아티아의 자그레브 동물원에서 마흔다섯 살 난 코끼리 수마는 배우자였던 파트나가 암으로 세상을 떠나자 극도로 분노했다. 얼마 후 수마를 돌보던 사육사는 수마가 모차르트의 음악을 들으면 진정된다는 사실을 발견했다. 녀석은 긴장을 풀고 울타리에 기대어 눈을 감은 채 꼼짝하지 않고 전곡이 끝날 때까지 귀를 기울였다고 한다. 수마가 슬픔을 이겨내는 데 음악이 도움이 되는 것을 본 동물원 관계자들은 수마의 음악 치료를 위해 스테레오 스피커를 설치했다. 음악은 많은 동물을 달래고 진정시키는 효과가 있다. 내 여동생 마지는 버몬트주 미들버리의 동물보호소에서 고양이들과 개들을 위해 하프를 연주하는데, 그 연주가 그들의 스트레스를 풀어주는 데 효과가 있다고 말한다.

나의 궁극적인 소망은 언젠가 모든 동물원에서 코끼리들이 사라지는 것이다. 그래서 루비가 로스앤젤레스 동물원을 떠나 남은 생을 안락하게 살게 된 것처럼(5장 참조) 모든 코끼리가 좀 더 쾌적한 보호구역에서 여생을 보내는 것이다. 1991년 이래로 필라델피아 동물원, 샌프란시스코 동물원, 디트로이트 동물원을 비롯한 미국 전역의 30곳 넘는 동물원이 코끼리 관람을 중단했다.[86] 다른 동물원들도 같은 계획을 세우고 있지만 변화란 더딜 수 있다.

2006년 「뉴욕 타임스」의 보도에 따르면, 뉴욕의 브롱크스 동물원 측은 "동물원이 현재 보유한 코끼리인 패티, 맥신, 해피가 살아 있는 동안에는 관람을 유지하고, 그들을 끝으로 코끼리 전시를 단계적으로 중단하겠다"라고 발표했으며, "이 조치는 코끼리의 사회적 행동을 근거로 한 결정으로, 코끼리가 지닌 매우 특수한 감수성과 그것에 따른 욕구를 새롭게 인지한 결과"였다.[87] 하지만 코끼리들은 수명이 워낙 길다 보니 2023년 봄에도 패티와 해피는 여전히 동물원에서 지내는 중이었다. 그래서 같은 해에 브루클린 의회의 샤하나 하니프 의원은 비인간 권리 프로젝트NhRP, Nonhuman Rights Project와 함께 관련 법안을 제출했다. 해당 법안이 통과된다면 미국에서 코끼리 포획 및 사육을 금지하는 최초의 법으로 기록될 것이다. 한편 비인간 권리 프로젝트는 2022년 뉴욕 대법원을 상대로 해피에게 '권리의 주체'로서의 법인격을 부여하도록 요청하는 기념비적인 소송을 제기하기도 했다. 비록 소송에서 패했지만 현재 해당 판결에 대해 항소 중이며, 만일 성공한다면 고릴라나 돌고래처럼 사회성을 지닌 다른 포유류들도 동일한 법적 지위를 부여받을 길이 열릴 것이다.

동물원을 위한 처방

동물원은 앞으로도 당분간 계속 유지될 것이라 예상된다. 하지만 나는 동물원을 단계적으로 해체하되 보유 중인 동물들을 더욱 우호적인 환경으로 이전하는 방안을 지지한다. 미국 동물원 수족관 협회에서도 동물원의 승인 및 재승인 기준을 더욱 강화해야 한다. 포획된 동물을 사육하는 데 들어가는 비용은 야생 서식지에서의 동물 개체 보호, 멸종 위기의 서식지 보호, 그리고 이와 관련한 교육에 투입될 수 있다. 다만 동물원들이 운영을 유지하는 동안만큼은 보유 중인 모든 동물의 신체적, 정서적 욕구를 충족시켜야 하며, 이를 실현하려면 동물원이 야생 본연의 모습을 갖추고 동물들을 최대한 자연에 가까운 환경에서 되도록 최적의 삶을 누리게 해야 할 것이다. 동물원은 동물의 욕구와 감정적 삶을 최우선에 두어야 한다. 그들이 바로 동물원이 존재하는 이유이기 때문이다.

제시카 피어스와 나는 2018년에 발표한 〈탈동물원의 미래: 동물원의 동물 복지가 실패하는 이유〉라는 논문에서, 동물원의 윤리적 지형을 변화시키고 동물원을 보다 윤리적인 미래로 나아가게 할 여섯 가지 개혁안을 제시했다.[88] 이런 처방은 수족관의 동물들에게도 적용할 수 있으며, 수족관 역시 궁극적으로는 해양 보호구역으로 대체되어야 할 것이다.[89] 여섯 가지 개혁안은 다음과 같다.

1. 부적절한 동물원을 폐쇄할 것
2. 포획 상태에서 번식이 불가능한 동물을 보유하지 않을 것
3. 건강한 동물을 죽이는 행위를 중단할 것
4. 야생 동물의 포획 및 사육을 중단할 것
5. 보유 동물을 다른 동물원으로 옮기지 말 것
6. 동물의 인지 및 감정과 관련한 과학을 활용해 동물을 대변할 것

여기서는 자유가 핵심 변수로, 문제의 근원은 포획 행위 자체에 있다. 데일 제이미슨이 적절히 표현했다.[90] "동물원은 동물의 주체성을 거부한다." 즉 동물에게 중요한 선택을 할 자유를 부여하지 않겠다는 뜻이다. 물론 동물들 중 일부는 어느 정도 선택권이 있지만, 감금된 상황에서 그들에게 주어진 선택권은 극히 제한적이다. 이 권리는 동의의 개념과 관련된다. 즉 인간은 보호하는 동물을 대하는 방식을 택할 때, 모든 동물에게 자신만의 방식으로 동의 혹은 거부할 권한을 주어야 한다. 동의는 사람들 사이에 친근하고 행복한 관계를 발전시키고 유지하는 데 필요한 기본 조건이므로 동물과 인간의 관계에서도 같은 조건이 성립되어야 한다. 이 점은 동물원 외에도 반려동물의 경우처럼 인간과 동물이 교류하는 모든 장소 및 활동에서도 마찬가지다. 반려동물에게도 주체성이 허락되어야 한다. 우리는 반려동물과 함께 놀고 싶거나 수의사에게 데려갈 때나 안아보려는 상황에서 그들의 동의를 구해야 한다. 모든 존재에 대한 주체성과 동의는 우리의 감정적 삶에 긍정적인 효과를 주고, 안전과 안도감, 신뢰를 위한 우리의 필요를 충족시키며 사회적 유대를 강화한다.[91]

이제 우리가 제안한 동물원의 여섯 가지 개혁안을 간략하게 살펴보자.

개혁안 1. 부적절한 동물원을 폐쇄할 것

대다수 동물원은 끔찍한 장소다. 싱가포르 동물원에서 책임자로 일했던 버나드 해리슨은 2017년의 한 인터뷰에서 대다수 동물원은 동물이 살아가기에 적합한 장소가 아니라는 주장에 동의하냐는 질문을 받고는 "그럼요. 전적으로 동의합니다"라고 답하며 이렇게 덧붙였다.[92] "할 수만 있다면 전 세계에서 운영 중인 1만 곳의 동물원 중 90퍼센트는 폐업시킬 겁니다. 이 세상에는 동물원이라는 간판을 내건 끔찍하고 수상쩍은 곳들이 너무 많습니다." 호주의 빅토리아주 동물원의 최고 경영자이자 《동물원 윤리학Zoo Ethics》의 저자인 제니 그레이는 다음과 같이 썼다.[93] "안타깝게도 오늘날의 대다수 동물원은 여전히 윤리적 경영을 위한 요구 조건을 충족시키지 못하고 있다. 전체 동물원 중 기껏해야 3퍼센트만이 윤리 기준을 충족하는 데 힘쓰고 있으며, 그 경우에도 모든 요구 사항 중 극히 일부만을 수용했을 것이다." 만일 이들이 추정한 내용이 정확하다면, 전 세계의 모든 동물원 중 최소한 90퍼센트는 현재의 동물 복지 기준을 충족하지 않으므로 당장 폐쇄되어야 한다.

개혁안 2. 포획 상태에서 번식이 불가능한 동물을 보유하지 않을 것

일부 종의 경우 포획에 따른 부작용이 너무나 심각하다. 따라서 이 문제에 대해 동물원들이 도의적으로 유의미한 진전을 이룰 방안은 그런 동물들을 보유하지 않는 것이다. 동물원의 환경에서 제대로 번식하지 못하고 번식할 수도 없는 동물 중에는 동물원에서 인기를 끌고 널리 알려진 동물들도 포함된다. 극히 일부만을 언급하자면, 코끼리, 곰, 늑대, 고래, 돌고래, 침팬지, 오랑우탄, 사자, 호랑이가 여기에 해당한다.

개혁안 3. 건강한 동물을 죽이는 행위를 중단할 것

사람들은 대체로 동물원에서 사육하던 건강한 동물들을 관행적으로 죽이고 있는 사실을 모르고 있다.[94] 그래서 그 관행을 알게 되면 분노하고 역겨움을 느끼는데, 그건 당연한 반응이다. 동물원에서는 보통 번식 계획에 쓸모가 없고(즉 해당 동물의 유전 형질이 필요하지 않고) 계속 사육하기에는 비용이 너무 많이 드는 동물을 '과잉 동물'로 분류해 죽여버린다. 동물원은 이를 안락사라 부르지만, 이런 죽음은 위독하거나 견딜 수 없는 고통을 받는 동물을 구하는 자비로운 죽음이 아니다. 내가 **동물원식 안락사**라 부르는 이런 행태는 애초에 우리에 가둬지기를 바라지도 않았던 건강한 동물을 도살하는 행위다.

이건 사소한 문제가 아니다. 그러나 동물원 측이 이런 관행을 공개하기를 꺼리므로 정확한 수치를 알기가 쉽지 않다. 2014년 BBC는 이렇게 보도했다.[95] "유럽 동물원 수족관 협회는 이와 관련한 기록이나 그동안 건강한 동물이 폐사한 수치를 공개하지 않는다. 다만 협회의 이사인 레슬리 디키 박사는 어느 해든 유럽 각지의 동물원에서 대략 3,000~5,000마리에 이르는 동물들이 '경영 방침에 따른 안락사'를 당한다고 추산한다."

그렇지만 동물원식 안락사의 여러 사례가 주목받고 있다.[96] 가령 2014년에는 덴마크 코펜하겐 동물원에서 마리우스라는 이름의 18개월 난 건강한 기린이 안락사당했고, 그로부터 4주 후에는 사자 네 마리도 같은 운명에 처했다는 사실이 알려졌다. 스웨덴의 한 동물원에서는 2012년부터 건강한 새끼 사자 아홉 마리가 안락사당했다는 사실이 2018년에야 밝혀졌다. 2022년 12월에는 침팬지 세 마리가 스웨덴의 푸루비크 동물원의 우리를 탈출하자 곧바로 총살당했고, 그 직후 한 마리가 더 죽임을 당했다. 이 사건으로 해당 동물원 측은 휴업에 들어가면서, 당시 동물원에 보유 중이던 마취제가 충분하지 않아서 시민들의 안전을 우려해 침팬지들을 죽일 수밖에 없었다고 말했다. 2023년 4월에는 스코틀랜드의 던디 동물원에서 늑대 무리의 우두머리였던 개체를 수술 합병증 이후 안락사시킨 데 이어, 나머지 건강한 늑대 무리 전체까지 안락사시켰다. 동물원 측은 우두머리 늑대가 죽은 후 남은 늑대들이 '몹시 불안하고 비정상적인 행동'을 보였기 때문에 그들 모두를 죽이는 결정을 내렸다고 했지만, 이는 늑대들의 정상적인 반응이다. 비록 동물원에서는 명백히 불가능한 일이겠지만, 대개 늑대 무리는 우두머리가 죽고 나면 와해된다. 이렇듯 동물원은 동물들을 죽일 만한 상황을 조성하고, 부당한 방식으로 문제를 '해결'한다.

개혁안 4. 야생 동물의 포획 및 사육을 중단할 것

건강한 동물들을 안락사시키는 관행을 끝내는 한 가지 방안은 동물원이 포획 및 사육 프로그램을 중단하는 것이다. 동물원은 건강한 동물들을 처리하는 방식의 윤리적 문제로 곤란을 겪는 대신, 적절한 관리를 감당하지 못할 만큼 너무 많은 개체를 보유하기 전에 사육을 중단하면 된다. 아무도 동물원에 건강한 동물들을 안락사시키는 '어려운 결정'을 강요하지 않는다. 동물원이 자체적으로 그런 방침을 세웠기에, 만일 그들이 그런 관행을 바꾼다면 윤리적 난제는 발생하지 않을 것이다.

개혁안 5. 보유 동물을 다른 동물원으로 옮기지 말 것

동물원 측은 왜 동물을 마치 도서관의 책처럼 대여해야 하는지 수많은 이유를 늘어놓는다. 동물에게 미치는 정서적 영향에 대한 배려 따위는 거의 없이 임대 형식으로 이곳저곳 실어 나르는 동물 중에

는 코끼리와 자이언트판다가 있다. 여러 동물원을 전전하던 코끼리 돌리, 미미, 캔디도 그 같은 고초를 겪었다.

동물들을 이전하는 한 가지 이유는 번식을 위해서다. 동물원 입장에서는 그런 방식이 동물원 운영 면에서도 유익하고 종 보전에도 반드시 필요하다는 것이다. 일부 동물원에서는 수컷 판다의 정액을 추출해서 암컷에게 인공 수정하는 야만적이고 강압적인 방법을 사용하는데, 포획된 판다로서는 이해하기도 힘든 쓸데없는 짓이나 마찬가지다.[97] 어린 동물들은 특히 동물원이 수익을 올리기에 유용하다. 영국의 동물학자 루시 쿡은 새끼 판다들을 '귀여운 마약'이라 부른다. 그러나 어린 개체들 역시 어미가 죽은 경우에는 불필요한 안락사를 당할 수 있다. 그런 일이 2023년 초 스위스 바젤 동물원에서 있었다.[98] 이 동물원에서는 새끼를 낳은 오랑우탄이 죽게 되자 태어난 지 4일밖에 안 된 새끼 오랑우탄마저 죽였다.

동물원들은 다른 동물원에 동물(또는 동물의 정액)을 판매하면서 수익을 올리기도 한다. 하지만 동물원 측이 이 관행에 정당한 근거를 제시해봤자 소용없다. 그들은 전시할 동물이나 특정 동물의 DNA가 필요하다거나, 혹은 특정 동물이 어느 동물원에는 과잉이고 어느 동물원에는 부족한 상황이라 각각 균형을 맞추어야 한다는 구실을 내세우지만, 그 모든 이유는 도의적으로 설명될 수 없다. 동물 개체들을 거래하고 이전하는 이유들은 바람직한 동물 복지에 근거하지 않는다. 동물원이 도의적인 기관이 되려면 동물을 중심으로 한 근거에 따라 운영되어야 할 것이다. 동물원 업계에서 쓰이는 용어대로 동물들이 동물원에 진정으로 '거주'하고 있다면, 동물원은 그들의 집이 될 수 있어야 한다.

개혁안 6. 동물의 인지 및 감정과 관련한 과학을 활용해 동물을 대변할 것

마지막 개혁안은 '지식 전환의 간극'을 메우는 문제에 관한 것이다. 동물원뿐만 아니라 일반적인 우리 사회가 동물의 감정적, 인지적 삶에 대한 과학적 연구로 습득한 지식을 실천에 옮겨야 할 때가 한참 지났다. 거듭된 연구는 우리가 이미 알고 있던 사실을 확증해주고 있지만, 그 실천은 부족한 상태다. 이런 간극은 무엇보다 동물원이라는 공간에서 여실히 드러난다.

대다수 동물원, 심지어 소위 '바람직하게' 운영된다고 여겨지는 동물원에서도 동물들이 더 나은 삶을 누릴 수 있도록 앞으로 해야 할 일이 굉장히 많다. 그리고 그렇게 되더라도 동물원에서의 '더 나은 삶'이 반드시 '좋은 삶'은 아닐 것이다.

야생에서

문명과 그 문명에 대한 불만

> 우리는 수치심의 시대를 살고 있어요. 이 시대의 우리가 동물을 대하는 모습을 미래 세대가 되돌아본다면 경악해 마지않을 거예요.
>
> _질 로빈슨(애니멀즈 아시아 창립자)[99]

인류 문명의 가장자리에 존재하는 황무지와 정착 생활을 하는 인류 사이의 역사는 길고도 험난하다. 인간은 척박한 야생의 땅을 길들이고 야생의 침범을 막으려 애쓰지만, 야생을 그냥 내버려둔 적이 거의 없다. 황무지가 '야생'으로 간주되는 이유가 있다. 황무지는 어디서나

영역을 확장하며 독자적인 규칙이 있는 공간이기 때문이다. 그리고 황무지에서는 울타리나 공원 경계선처럼 인간이 설정한 인공적인 경계가 존중될 가능성이 희박하다.

야생 동물들은 인간의 책임 범위 밖에 존재하는 것으로 보일 수 있으나 우리는 사실 야생 동물들 역시 돌봐야 할 의무가 있다. 왜냐하면 우리는 이미 야생을 '관리하려고' 노력하고 있기 때문이다. 이는 대개 우리 자신의 이득을 위한 것이지만, 어떤 이들은 동물의 삶을 우선시하는 척한다. 인간이 도시와 교외 지역을 확장하고 더욱더 많은 땅을 목초지와 농지로 차지하면서, 야생의 공간은 줄어들고 서식지를 잃은 야생 동물들은 치명적인 영향을 받을 수 있다. 수백 킬로미터에 이르는 지역을 떠도는 데 익숙한 야생 동물들은 이런 제약에 어려움을 겪으며 결국에는 우리 인간 문명을 침범할 수밖에 없게 된다. 그리고 인간은 그런 침범을 반기지 않는다. 사슴은 텃밭을 망쳐놓고, 포식 동물들은 우리가 '가축'이라는 경멸적인 이름을 붙여 기르는 소나 양 같은 동물을 잡아먹는다. 그래서 인간은 자신이 개척한 소유물을 보호하려고 야생 동물을 죽인다. 미국 서부의 대다수 지역에서는 회색곰이나 늑대와 같은 토종 포식 동물이 거의 씨가 마른 상황이다. 그야말로 악순환이다.

이 문제를 해소하는 한 가지 대책이 있다. 앞으로 우리가 어느 지역에서 어떻게 문명사회를 이루고 살아갈지 결정할 때 좀 더 주의를 기울이는 것이다. 갈등을 해결하려면 야생 동물의 자연 서식지와 그들의 생활 습관을 최대한 파악할 필요가 있다. 왜냐하면 우리로서는 불편하고 비용이 많이 드는 문제지만 그들의 삶에는 치명적이기 때문이다. 현재 실행 가능한 전략은 가령 옐로스톤—유콘Y2Y, Yellowstone to

Yukon 보전 계획에서 제안한 대로 야생 연결 통로를 지정하는 방법이다.[100] 이 Y2Y 프로젝트는 회색곰과 같은 야생 동물들이 옐로스톤에서 유콘에 이르는 산악 지역 생태계를 자유롭게 오갈 수 있도록 연결 통로 시스템을 구축하고 있다.

연방 정부 기관 차원에서도 수많은 야생 동물을 학살한다.[101] 2022년 미국 야생 동물 보호국Wildlife Services은 토종 동물 404,538마리를 포함해서 175만 마리 이상의 동물을 무자비하게 죽였다. 이는 대략 시간당 200마리에 해당하는 수준이다. 당국은 2021년에도 실수로 3,000마리에 가까운 동물들을 학살한 적이 있다. 워싱턴주 야생 동물 보호국에서는 포수를 고용해 매년 10만 마리 이상의 동물을 사살해왔다. 전문가들은 이 모든 학살의 필요성에 대해 논쟁을 벌이는데, 야생 동물 보호국은 대체로 공개적인 논평을 거부하며 간혹 특정 사건에 관한 당국의 처리 방식이 "생물학적으로 정상적이고 환경적으로 안전하며 사회적으로 용인되는" 수준이라고 반박한다. 이 무슨 새빨간 거짓말인가.

학살 행위는 주로 덫이나 올가미를 놓거나, 독약을 사용하거나, 상공에서 사살하거나, 은신처에 숨은 동물을 끌어내는 방식으로 자행된다. 지난 몇 년간 학살된 총 개체수는 감소세를 보이지만 이런 학살은 완전히 중단되어야 한다. 학살 행위는 보통 당국이 식별한 문제가 무엇이었든 간에 별다른 해결책이 없다는 증거만 늘릴 뿐이다. 야생 동물을 상대로 한 이 같은 전쟁은 순전히 야비한 방법이며, 더욱 괘씸한 사실은 이런 살상 행위가 '공존'의 이름으로 인간과 동물의 갈등을 해결하는 한 가지 방법으로서 이루어진다는 점이다.

아냐 하이스터는 확고한 연구를 기반으로 《북미 야생 보전 모델을 넘어서Beyond the North American Model of Wildlife Conservation》라는 선견지명이 담긴 책을 썼다. 이 책을 통해 하이스터는 왜 북미의 야생 동물 관리 모델이 동물과 인간에게 도움이 되지 않는지를 설명하고, 이 모델이 최소한의 윤리 강령조차 위반하고 있다는 점을 분명하게 보여준다. 하이스터는 정부가 주도하는 야생의 착취 및 파괴의 어두운 측면에 대해 확실한 정보를 제시하며 열띤 비평을 펼친다. 그리고 우리가 권력과 폭력을 비살상 및 공존의 방식으로 대체해야 하며, 인간 중심주의에서 벗어나 동물 각 개체의 삶을 배려하고 공감하고 존중하기 위한 심리학적 기틀을 새롭게 마련해야 한다고 설파한다.

내가 사는 콜로라도주에서는 사슴과 엘크 무리에 만성 소모성 질환chronic wasting disease이 퍼지곤 한다. 2001년 주 정부는 이 질병이 지속적으로 확산되어 수렵 산업에 피해를 줄 것을 우려했다. 그래서 콜로라도 야생 동물국(현재는 콜로라도 공원 및 야생 동물 관리국Colorado Parks & Wildlife이다)에서는 사슴과 엘크를 사살하는 계획을 추진했는데, 이 계획의 목적은—여기서 그들의 논리를 따라가보자—더 많은 동물의 목숨을 구해서 사냥꾼들이 그들을 죽일 수 있게 하는 것이었다. 하지만 2006년 지역 신문들의 보도에 따르면, 만성 소모성 질환의 확산을 방지하는 데 사슴과 엘크를 사살하는 방식은 효과가 없다는 사실을 관리 당국도 인지하고 있었다.[102] 불행히도 그런 결론에 도달한 시점은 이미 사살 계획에 따라 2,300마리의 동물들이 학살된 후였다.

동일한 논리로, 어떤 이들은 늑대가 너무 많은 엘크를 죽이는 포식 동물이므로 사냥꾼이 사냥할 동물을 충분히 확보하도록 늑대를 사살해야 한다고 주장한다. 이런 근거 없는 믿음은 오래전부터 이어졌다. 그래서 2023년에 이르러서도 콜로라도주의 야생에 늑대를 되돌려

놓는 데 반대하는 이들의 논리로 여전히 활용되고 있다. 포식 동물의 표적이 되는 동물들은 오히려 진화 과정을 더불어 겪은 그들의 포식 동물이 차지하는 것이 맞다. 야생 동물들은 '우리가' 죽여야 하는 동물이 아니다. 더군다나 여러 연구에 따르면, 늑대는 엘크, 사슴 같은 유제류(발굽이 있는 포유류—옮긴이)의 개체수 감소에 그렇게 큰 역할을 하지 않았다는 사실이 밝혀졌다. 왜냐하면 인간 사냥꾼들은 트로피로 삼을 만한 개체를 노려 미래 세대를 위해 번식이 가능한 개체를 사냥하는 데 반해, 늑대들은 대개 약하고 병든 개체를 사냥하기 때문이다. 늑대들은 가축을 보호할 목적으로도 사살되어왔다. 그러나 그 지역의 늑대 개체를 완전히 말살하지 않는다면(19세기 말엽에 실제로 거의 일어난 일이다) 이 또한 무용지물이다. 코요테도 마찬가지다. 코요테의 포식 행위를 통제할 목적으로 사살해봤자 그다지 효과가 없다. 코요테들은 사실 많은 이들이 주장하는 것만큼 다른 동물을 죽이지 않는다.

야생의 포식 동물을 오락 삼아 죽이는 행위 역시 그들의 포식 활동을 줄이는 데 효과가 없다. 미국 대다수 주에서는 오락거리로 열리는 야생 동물 사냥 대회가 여전히 합법적인 행사다. 다만 이런 악랄한 학살 대회를 종식시키려는 긍정적인 움직임도 있다. 애리조나주, 캘리포니아주, 메릴랜드주, 매사추세츠주, 뉴멕시코주, 버몬트주, 워싱턴주에 이어 2020년에는 콜로라도주가 이를 불법화하는 데 동참했다.

야생 동물을 죽이는 행위는 단기적 성과는 있을지라도 장기적으로는 효과가 없다. 죽이는 것은 간단한 문제지만 지속적인 해결책이 아니다. 야생 동물들은 진화에 따라 자체적으로 발달한 행동 양식에 따라 행동한다. 그리고 인간 문명의 침해에도 적응하는 존재다. 그들이 '유해 동물', '쓸모없는 동물' 또는 '골칫거리'가 된 것은 오로지 우리가 그렇게 규정했기 때문이다. 2022년 《유해 동물Pests》이라는 책에서 과학 저널리스트 베서니 브룩셔가 보여주었듯이, 우리는 그들을 유해 동물이라 규정지음으로써 동물 악당을 인위적으로 창조한다.[103] 그러나 악당이라는 표현은 그들이 아니라 우리에게 붙일 말이다. **유해 동물**이라는 표현은 편리하다. 우리가 원하지 않는 동물들을 죄의식 없이 제거할 수 있게 해주기 때문이다. 야생 동물과의 충돌을 줄이려면 우리 자신을, 우리의 기대를, 그리고 우리의 '경계심'을 자제해야 한다. 상대를 제거하는 것은 평화로운 공존 방식이 아니다.

진솔한 대화와 재야생화의 언어

나는 우리가 동물을 언급할 때 사용하는 단어에 대해 늘 생각해본다. 우리의 언어는 우리가 동물을 바라보는 관점, 우리의 태도, 우리가 동물을 대하는 방식에 영향을 미치며 그대로 구현되기도 한다. 우리의 언어는 동물의 존재 가치를 깎아내리고 그저 물건으로 취급하는 종차별적 사고방식을 강화할 수도 있으며, 반면에 동물 자체와 그들의 정신, 감정, 고유한 주체성을 존중하는 태도를 반영할 수도 있다. 우리 모두가 직면하는 한 가지 윤리적 문제는 우리가 어떤 언어를 사용할지를 결정하는 것이지만, 우리는 종종 이를 쉽게 간과하곤 한다. 우리는 우리가 사용하는 언어에 주의를 기울이고 그 언어가 우리의 가치관을 반영하는지 판단해야 한다. 만일 그렇지 못한 언어가 있다면 다른 언어로 대체해야 하며, 다른 사람들이 동물을 사물화하고 동물에게 유해한 행위를 순화하는 표현을 사용한다면 그들도 일깨워줄 수 있어야 한다.

때때로 우리가 인지 부조화를 경험할 때, 즉 동물에 대한 자신의 행동이 자신의 신념이나 감정과 모순된다고 느낄 때 우리는 완곡한 표현과 간접적인 언어를 사용해 동물과 심리적 거리를 두게 된다. 야생 동물 및 보전 방안을 연구하는 과학자 고샤 브리야 박사는 동물을 학살하거나 그들에게 해를 가하는 행위를 정당화할 목적으로, 혹은 그저 상대방이 편하게 받아들이거나 정당하게 여기게 할 목적으로 사람들이 순화된 표현을 사용하는데, 그 언어는 마치 동물의 성대에 칼을 들이대는 것처럼 '자연을 침묵시키는' 방식이라고 정확히 지적한다.[104] 나는 2023년 발표한 브리야의 논문 〈언어와 칼: 자연을 침묵시키는 법〉을 모든 사람이 읽어봤으면 한다. 특히 동물과 관련된 일을 하거나 동물과 직접 교류하는 이들에게 권한다.

앞의 '들어가며' 마지막에 내가 동물을 언급할 때 택한 용어 중 일부를 소개했다. 나는 동물을 가리킬 때 **'그것'**, **'어떤 것'**보다는 **'그'**, **'그들'**과 같은 표현을 쓴다. 즉 사물을 가리키는 지시 대명사가 아니라 사람을 가리키는 주격 대명사를 사용한다. 또한 이 책의 다른 부분에서도 언어 문제를 거론했는데, 가령 나는 사람들이 육류에 대해 말할 때 식탁에 **무엇**을 올릴 것인지가 아닌 **누구**를 올릴 것인지를 생각해야 한다고 주장했다. 이런 언어 선택은 우리의 식탁에 오르는 동물들이 한때 살아 있었고 지각이 있는 생명체였다는 사실을 상기시켜준다. 동물은 사물이 아니므로 우리의 언어 역시 그들을 사물화해서는 안 된다. 나는 이 사소한 언어 습관의 변화로 많은 사람이 채식주의 또는 비건 식단으로 전향하게 됐다는 이야기를 들으면서 언어 습관이 중요하다는 점을 인지했다.[105]

우리가 이 세상을 더욱 친절한 공간으로 만드는 한 가지 방법은 우리의 언어를 '재야생화'하는 것이다. 그래서 우리의 언어로 동물의 지각 능력을 존중하고 경의를 표하는 것이다. 언어와 사고와 행동은 서로 밀접하게 연결되므로, 언어의 변화를 통해 우리는 동물과 소통하는 법을 변화시킬 수 있고 그래야만 한다. 동물에게 잘못된 이름을 부여하고 그 이름에 따라 그들을 대하는 태도를 바로잡으려면 우리가 쓰는 표현을 잘 살펴보면 된다. 그래서 자신의 언어 습관을 바로잡는 사람들이 점점 많아지면, 재야생화는 과학 문헌, 대중 매체, 일상 대화에도 자연스레 녹아들 것이다. 앞으로 사람들이 동물에 대해 부적절한 명칭을 사용할 때는 친절하게 바로잡아주고 그 이유를 알려주자. 그러면 대화는 인간과 동물의 관계에 대한 유익한 토론으로 이어질 수 있다. 잃을 것은 전혀 없으며, 진정한 공존을 키워 나가는 데 기여할 훨씬 많은 것을 얻게 될 것이다.

살해의 언어를 순화하다

어쩌면 가장 중요한 문제는 동물을 죽이는 행위를 정당화하고 순화하기 위해 사용하는 우리의 언어일지도 모른다. 과학자들이나 동물원의 사례처럼, 사람들은 동물들이 명백히 행복해 보일 때, 특히 그 행복이 우리를 향한 것일 때는 그 동물의 지각 능력과 주체성을 인정하기를 전혀 마다하지 않는다. 우리는 우리가 기르는 개나 고양이 같은 동물들의 애정을 느끼고 싶어 한다. 하지만 동물들이 불행한 상황에서 고통받을 때, 특히 그 고통의 원인이 우리 자신일 때는 동물의 그런 능력을 인정하기를 꺼리곤 한다.

법적으로, 인간만이 살해될 수 있다. 하지만 이것은 종차별이다.

동물원이 공간과 재정이 부족하다는 이유로 건강한 동물들을 '안락사'시키는 행위가 살해가 아니면 무엇이란 말인가.[106] 자식이 너무 많다는 이유로 부모가 자신의 아이를 '안락사'시킬 수는 없다.

살해라는 표현 대신 사람들은 다양한 형태의 순화된 단어를 사용한다. 몇 가지 나열해보자면, **희생**, **도태**, **제거**, **수확**(우리는 옥수수를 수확하지 동물을 수확하지 않는다), **획득**, **취득**, **분배**, **처리**, **수집**, **선별** 등의 표현이 있다. 워싱턴주에서 늑대를 사살하는 작업이 진행될 때 나는 **제거 허가**라는 표현을 본 적이 있다. 늑대를 제거하는 행위를 허가한 관계자 중에 적어도 **살해 허가**라는 표현을 쓰기를 꺼린 이들이 있었던 게 분명하다.

죽임을 당하는 동물들은 언어를 통해 종종 악당으로 취급되어 제거해야 할 대상으로 전락한다. 그런 동물들은 대개 **유해 동물**, **떠돌이**, **가축**, **사냥감**, **잉여 동물**, **먹잇감**, **골칫거리 종**, **외래종** 등으로 불린다.

이런 식의 표현은 계속해서 등장한다. 거기에는 해당 동물의 진정한 모습이나 인간이 그들에게 가하는 행위가 드러나지 않는다. 예를 들어 '환기구 차단'이라는 표현을 보자.[107] 이 용어는 동물의 '개체 수 감축'을 목적으로 한 대량 살처분 방식을 뜻한다. 이론상 이 방식은 닭, 돼지, 칠면조 등이 사육되는 축사 내에서 질병이 급격히 확산되는 것을 막을 때만 사용하도록 되어 있다. 이 '환기구 차단'이라는 역겹고 악랄한 과정이 이루어지는 동안, 축사에서는 출입이 통제되고 환기구가 차단된다. 그래서 동물들이 체온이 급격히 상승하거나 질식해서 죽을 때까지 축사 내부의 온도는 올라간다. 모든 개체가 죽기까지는 몇 시간이 소요되기 때문에 그중 끝까지 버티는 개체는 다른 개

이 그림에는 '왜곡된 언어', 즉 지각이 있는 동물의 가치를 폄하하고 동물의 진정한 모습을 부정하는 표현들이 담겨 있다고 고샤 브리아는 말한다(브리아의 허가를 받고 이미지를 사용했다). '사냥감game', '수확할 수 있는 잉여 동물harvestable surplus', '재생 가능한 자원renewable resource' 등의 표현들이 보인다.

체들 모두의 죽음을 목격할 수밖에 없다. 미국 가금류 협회의 회장이자 창립자인 캐런 데이비스 박사는 그런 방식으로 죽어가는 닭들은 다른 닭들이 죽는 모습을 목격할 수밖에 없어서 '정신적 외상에 따른 감정 이입' 증상을 겪는다고 주장한다.[108] **환기구 차단**은 **대량 학살**에 비해 확실히 중립적이고 개인적 판단을 피하는 표현이다. 물론 이런 행위에 관여하는 사람들이 그 표현이 실제로 무엇을 뜻하는지 모를 것이라 생각하지 않는다.

사냥에 관해서 일부 사람들이 사용하는 용어 중에 **공생**과 **윤리적**

사냥이라는 표현이 있다. 이 표현들은 사냥이 도덕적이고 자연 질서에 따른 행위임을 표방하는 데 사용되지만, 실은 그저 사람들이 동물을 죽이는 행위를 마음 편히 받아들이게 하려는 목적일 뿐이다. 서로를 사냥하고 잡아먹는 야생 동물들의 공생 관계는 생명의 순환에 따른 것이므로, 인간의 사냥도 '공생'의 일환이라 여기는 사람들이 있다. 그러나 이는 공생의 의미를 그릇되게 왜곡하는 방식이다. 적어도 야생 동물의 시각에서 현대의 사냥 방식 중 공생과 관련된 요소는 없기 때문이다.

'윤리적 사냥'이라는 표현은 트로피 헌팅, 즉 오락거리로 사냥을 하지 않고 표적 동물을 가능한 한 신속하고 고통 없이 죽이려는 사냥 방식을 설명하는 데 사용되곤 한다. 그러나 윤리적 사냥 역시 위장 인도주의를 잘 보여주는 사례일 뿐이다. 이 표현은 불필요하게 동물을 죽이는 행위를 마치 고귀한 행위라도 되는 듯 묘사한다. 사냥꾼이 '윤리적으로' 사냥한다는 의미는 표적 동물을 쏠 때 동물이 즉사하도록 하고, 죽은 동물을 내버려두고 떠나거나 장식품으로 만들기보다 식량으로 사용한다는 뜻이다. 만일 그 사냥꾼이 실제로 식량이 필요해서 사냥한 경우라면, 즉 '사냥감'이나 야생 동물의 고기 맛을 보려는 의도가 아니라 생존 수단으로 사냥했다면 다른 종류의 윤리가 적용될 문제다. 그러나 대다수 사냥꾼은 살아남기 위해 사냥을 하는 것이 아니므로, 윤리적 사냥이라는 표현은 단순히 다른 생명체의 삶을 박탈하는 행위에 죄의식을 느끼지 않도록 인간의 행동을 용인하는 수단일 뿐이다.

이와 유사한 개념으로 일부 사냥꾼들이 사용하는 '공정한 추격'이라는 표현이 있다. 분 앤드 크로켓 클럽Boone and Crockett Club이 고안해낸 이 공정한 추격이란 "윤리적이고 스포츠맨십을 준수하며 합법적으로 자유롭게 이동하는 야생 동물을 추격하고 사냥하는 방식으로, 사냥꾼을 사냥감보다 유리한 위치에 두기 위해 부적절하거나 불공정한 수단을 사용하지 않는 것"이다.[109] 이런 방식의 사냥에 적용되는 기본 윤리 원칙은 다음의 내용을 포함한다. "가능한 한 확실하고 빠르게 사냥하는 데 필요한 기술을 익히고 준수할 것. 사냥꾼과 사냥감, 자연환경 모두를 경시하지 않도록 처신할 것. 우리의 원칙은 사냥을 통해 인간과 자연환경에서 가장 근본적인 관계 중 하나인 포식자와 포식 대상의 관계에 대한 경험을 향상시키기 위해 고안됐다는 점을 인식할 것." 또한 이런 설명을 덧붙인다. "공정한 추격에 관한 규칙에 따라, 추격을 피하는 동물의 역량과 사냥꾼의 기술 및 장비 사이에 균형을 이루어 사냥꾼들이 야생의 사냥감에 비해 부당하게 유리한 위치를 차지하지 않게 한다."[110]

고성능 소총으로 사슴을 죽이는 인간과 그런 무기를 사용한 포식 행위에 대항하는 기술을 익히지 못한 사슴 사이에 대체 무엇이 공정하다는 말일까? 이런 건 전혀 공정한 관계가 아니다. 현실 세계에서 포식의 대상이 되는 동물은 포식 동물에게 잡아먹히지 않으려고 매우 다양한 종류의 행동을 발달시켜왔다. 하지만 인간 포식자를 상대로는 정당하게 자신을 방어할 수 없다.

이 사례들은 문제의 극히 일부에 불과하며, 이에 따라 제기되는 윤리적 역설을 받아들이기 어려울 때가 많다. 우리가 사랑하고 아끼며 무슨 수를 써서든 보호하려는 동물이 따로 있고, 온갖 이유를 들어가며 혐오하는 동물이 따로 있어서 그런 동물이 죽더라도 개의치 않는 사람들이 있다. 심지어 하나의 개체나 종에 대해 두 감정을 모두 느끼는 경우도 있다. 그렇다면 우리는 공존의 어려움을 어떻게 극복할 수 있을까? 공존에 따라 우리가 진정으로 어려운 선택을 해야 하는 상황에서 순화된 언어로 그 상황을 모면하는 것은 해결책이 될 수 없다.

온정적 보전을 통한 구조

공존의 이름으로 동물을 죽인다는 주장은 그야말로 자가당착이다. 그런 방식은 효과를 볼 수도 없기 때문에 우리는 살상 행위를 배제한 대안을 마련해 세계 어디서나 활용할 수 있도록 해야 한다. 내가 이 책의 초판을 쓴 이래로 온정적 보전이라는 개념은 줄곧 확장을 거듭하며 전 세계적으로 빠르게 활용됐다. 이 개념이야말로 우리 인간과 소위 '유해 동물'을 비롯한 다양한 동물이 진정으로 공존하는 데 도움이 될 수 있다.

온정적 보전은 생물 다양성을 보호하기 위한 행동들이 지각이 있는 모든 생명체에 대한 온정으로 이루어져야 한다는 윤리적 입장에 기초한다.[111] 국제적으로 여러 학문 분야를 넘나들며 빠르게 성장하고 있는 이 분야는 생물학, 심리학, 사회학, 사회복지학, 경제학, 정치학, 법학, 철학을 망라한 학자들 간의 긴밀한 협동 연구로 상당히 발전해 왔으며 수없이 많은 성공 사례도 있다. 다음은 온정적 보전의 네 가지 지침이다. **무엇보다 다른 생명체를 해치지 않을 것. 각 개체의 중요성을 인지할 것. 모든 야생 생물을 가치 있게 여길 것. 평화로운 공존을 이룰 것.**

종이나 개체군과 같이 흔히 '집합체'로 불리는 생물 집단만이 아니라 각 개체를 소중히 여긴다는 의미는 다른 개체나 종을 보호하거나 '구하기' 위해 특정 개체를 죽이는 행위를 허용하지 않는다는 뜻이다. 이 사안에 대해서는 추가적인 규약들을 개발하고 시행할 필요가 있다. 크리스티 페라로의 연구팀은 모든 개체는 도덕적 가치가 있을 뿐만 아니라, 보전에 필요한 전략을 실행하는 경우 종 내의 개체 다양성도 매우 중요하다는 점을 정확하게 주장한다.[112]

온정적 보전을 비판하는 이들은 보전 프로그램에서 동물에게 해를 가하는 것이 용인될 수 있는 핵심적인 이유로 다음 세 가지를 제시한다.[113] 첫째, 보전 활동의 주된 목적은 생물 다양성 보호다. 둘째, 보전 활동은 애초에 동물에 대한 온정에서 비롯된 행위다. 셋째, 보전 활동은 인간에 대한 온정을 우선시해야 한다. 나는 이런 비판이 잘못됐다고 생각하며, 이들의 주장은 온정적 보전이 무엇에 관한 것인지를 제대로 반영하지 않았다고 본다.

이 개념을 주제로 한 내 연구 덕분에, 나는 유엔 산하 '자연과의 조화를 위한 지식 네트워크Harmony with Nature Knowledge Network'의 회원으로 초대받았다. 이 네트워크는 자연의 본질적 가치를 인식하고 인간 중심주의에서 벗어난 세계관을 증진하는 프로그램이다.[114] 이 프로그램은 단순히 내가 소위 '야생화된 복지주의'라 부르는 방식을 추구하지 않고, 온정적 보전과 동일한 가치를 담고 있다. 그리고 인간과 야생 동물의 관계에서 우리 자신에 대해 생각해보게 하는 완전히 새로운 패러다임을 제시하는 한편, 인류세를 사는 우리에게 필요한 보전 윤리를 재구성하고 있다.

온정적 보전은 인간과 동물 간의 갈등 상황에서 인간 역시 이해

당사자라고 인정한다. 이 도전적인 세상에서, 이해 당사자들을 모두 고려하지 않고 갈등을 해소하려는 시도는 현실적이지 않다. 그렇다고 해서 인간의 이익을 언제나 동물의 이익보다 우선시해야 한다는 의미는 아니다. 그보다는 우리가 때로는 비인간적이고 폭력적인 방식으로 동물들의 삶을 침범해왔음을 인정하면서 해결책을 마련하자는 것이다. '무엇보다 다른 생명체를 해치지 않을 것'이라는 첫 번째 지침에 따른 사례를 몇 가지 살펴보면, 남아프리카 공화국의 케이프 반도에서 성가시게 구는 개코원숭이들을 물리칠 때 살상용 총이 아닌 페인트볼 총을 사용한 사례, 다양한 지역에서 가축을 보호할 때 목양견을 활용하는 사례(가축을 공격하는 포식 동물에게 해로운 물질을 이용하면 생태계의 역학 관계가 달라지고 결국 생물 다양성이 줄어들 수 있다), 호주에서 목양견을 활용해 어린 펭귄들을 붉은여우의 습격으로부터 보호한 사례가 있다.

인도의 와일드라이프 SOS라는 동물보호단체가 추진한 훌륭한 프로젝트 사업에서는 춤추는 야생 곰으로 관람 수익을 벌어들이던 지역 주민들의 끔찍한 관행을 중단시킨 사례가 있다. 이 단체는 지역 주민들과 곰들이 각자 다른 수단으로 혜택을 받을 방안을 주민들에게 제시했다. 이 사례에 대해 보전생물학자 카르틱 사티아나라얀과 기타 세샤마니의 설명을 들어보자.[115]

> 와일드라이프 SOS는 야만적인 관행인 '춤추는 곰' 문제를 해결함으로써 인도에서 보전의 성공 신화를 이룬 주인공이 됐다. 칼란다스Kalandars라는 가난한 유랑민 공동체는 야생에서 밀렵으로 포획한 새끼 느림보곰들을 비인간적이고 난폭한 방식으로 훈련시킨 후 짧은

> 로프로 묶은 채 이 마을 저 마을을 전전하며 춤을 추게 해서 관람료를 받았고, 새끼 곰들은 그 비극적인 생활을 오래 버티지 못했다. 와일드라이프 SOS가 추진했던 방안은 포획된 느림보곰을 야생으로 돌려보내는 대신, 칼란다스 사람들이 다른 생계 수단을 새로 마련하도록 돕는 것이었다. 이 프로젝트로 결국 야생 느림보곰의 개체수가 크게 늘면서 종 보전에도 긍정적인 영향을 미쳤다. (중략) 이런 문제 해결에 필요한 요소는 동물들에게 안전한 공간을 마련하는 것(재활 센터)과 인간과 동물 간에 대치 상황이 벌어지지 않도록 사람들의 행동을 바로잡는 것(의식 고취 및 교육)이며, 이때 무엇보다 중요한 부분은 인간의 주거지와 가까이 사는 야생 동물의 존재를 받아들이고 이에 적응할 수 있도록 야생 동물들에 대한 감정을 북돋아주는 것이다.

확실한 점은, 모든 이해 당사자들에게 혜택을 주는 방향으로 갈등을 해결할 수 있다는 사실이다.

또 다른 사례는 인간과 표범 간의 충돌을 해결한 프로젝트다. 사람들의 인식을 단순히 '문제 동물'에서 '문제 장소'로 전환함으로써 인간이 장악한 지역에서 표범을 죽이지 않고도 많은 갈등을 해결해 보였다. 인도 뭄바이의 산자이 간디 국립공원 관리자들과 야생동물학자들이 함께 수행한 이 연구는 야생 동물을 포획한 후 죽이거나 다른 지역으로 이전시키는 방식의 효용성에 의문을 제기했다. 이 연구 보고서는 다음과 같이 결론짓는다.[116]

> 문제의 중심을 '문제 동물'에서 '문제 장소'로 전환하면, 효과가 없었던 기존 접근법과는 다른 종류의 문제점이 드러나고 필요한 조치도

달라진다. 해당 접근법을 따르면, 인간과 위험한 대치 상황으로 이어질 수 있는 표범의 출현 빈도를 줄이기 위해 해당 장소에 적합한 조치를 취하게 된다. 그런 조치로는 민가에서 기르는 개의 개체수를 조절하고, 음식물 및 의약품 폐기물을 적절한 방식으로 처리하고, 안전한 축사 내에 가축을 가두는 방안이 제시된다. 이에 따라 해당 지역에 거주하는 부족민들과 소외 계층을 대상으로 조명 설비, 주거 공간, 위생 시설(숲속에서 특히 야밤에 용변을 보는 습관을 줄이기 위한 것이다)과 같은 편의 시설 설치를 비롯해 추가적인 공공 안전 조치의 필요성이 대두된다. 또한 문제의 초점을 표범에서 장소로 전환하면, 갈등이 발생한 후 동물을 포획하는 조치와 같은 사후 대응 조치가 앞서 공격이 있었던 장소 주변의 안전을 강화하는 조치와 같은 사전 예방 조치로 바뀌게 된다. 그렇게 되면 인간과 표범이 공간을 공유하면서도 위험한 충돌이 발생할 여지가 줄어들 수 있다.

이 보고서의 사례에서 중요한 점은 보전 활동에서 감정이 도덕적 이해의 원천이 될 수 있다는 점이다.[117] 효과적인 해결 방안을 모색하는 데 감정은 방해 요소가 되지 않는다. 감정은 '유약하고' 반과학적인 요소가 아니다. 우리는 감정과 온정을 보전의 핵심 가치로 포용할 수 있어야 한다. 인간과 동물이 느끼는 감정은 중요하며, 점점 더 커지는 인간의 세계에서 살아남아 번성하려고 치열하게 노력하는 모든 동물을 위해 우리는 그들의 감정과 우리의 감정을 한데 엮어내야 한다. 이와 동시에 우리가 깊이 고민해야 할 점이 있다. 우리는 어떻게 이렇듯 인간 중심적이고 이기적인 태도로 온갖 만물을 손아귀에 두어야 하는 상태까지 진화해온 것일까?

늑대의 귀환 : 지각, 감정, 그리고 보전

내가 사는 콜로라도주에서도 현재 늑대들을 원래의 서식지 중 일부 지역으로 귀환시키는 계획이 진행 중이다. 이 계획은 온정적 보전을 학습하고 실행할 수 있는 탁월한 사례 연구를 제공한다. 나는 2023년 1월 세계의 선도적인 늑대 전문가 집단이 발표한 〈인간에 의한 회색늑대의 죽음은 늑대 무리를 동요하게 한다〉라는 논문을 접했을 때 이 사안을 깊이 깨달은 바가 있었다.[118] 이 논문으로 말미암아 나는 온정적 보전의 기본 원칙 중 일부를 되돌아보고 이런 지극히 도전적인 프로젝트들에 그중 어떤 것이 포함되는지 더 깊이 생각해보게 됐다. 미국 내 회색늑대 분포 지역에 관한 과거와 현재의 기록을 담은 방대한 데이터베이스는 국립공원 5곳에서 수집되어 118년 이상 축적된 데이터를 포함한다. 연구자들은 수년에 걸쳐 해당 자료를 검토한 끝에, 회색늑대 864개 무리 중 193개 무리(각 무리에 속한 개체수는 2~37마리다)를 분석했다. 분석 내용 중에는 1986년부터 2021년까지 978마리의 늑대가 사망했다는 기록도 포함됐다. 이 프로젝트로 연구자들이 발견한 사실은, 늑대가 인간의 손에 죽임을 당하는 경우 해당 늑대 무리는 안정성이 약화되어 와해될 수 있고 결국 소멸한다는 것이다. 다음은 연구 내용을 간단히 요약한 것이다.

- 무선 송신 장치를 장착한 늑대가 사망한 경우 인간에 의한 죽음은 36퍼센트를 차지했고, 이때 늑대 무리의 유지 및 번식 모두에 해로운 영향을 미쳤다. 인간에 의해 무리에 속한 늑대가 사망하면 해당 생물학적 연도 말까지 무리가 유지될 확률은 27퍼센트 감소했고, 이듬해에 무리 내에서 번식이 성공할 확률은 22퍼센트 감소했다.

- 늑대의 사망이 인간에 의한 것이라고 명시되지 않은 경우 무리는 해당 생물학적 연도 말까지 91.6퍼센트의 확률로 유지됐고, 한 건 이상의 사망이 인간에 의한 것으로 명시된 경우 무리가 유지될 확률은 76.3퍼센트였다.
- 인간에 의한 사망이라고 명시되지 않은 경우 해당 무리는 이듬해에 79퍼센트의 확률로 번식에 성공했다. 반면에 한 건 이상의 사망이 인간에 의한 것으로 명시된 무리는 이듬해의 번식 성공률이 65.6퍼센트에 그쳤다.
- 개체수가 적은 무리에 비해 개체수가 많은 무리가 인간의 침입 행위로부터 회복될 가능성이 높았다.

물론 늑대 무리는 한 지역에만 머무르지 않으며, 늑대들은 매우 다양한 이유로 무리를 떠나기도 한다. 그러나 이 연구는 인간의 침입 및 사살 행위가 살아남은 늑대들에게 어떤 영향을 미치는지 보여준다. 즉 늑대 무리는 불안정해지고 번식력이 감퇴한다. 더 많은 연구가 필요하다는 점은 분명하다. 가령 우리는 늑대들을 한 무리에서 빼내 다른 지역으로 이전시키는 늑대 재배치 프로그램이 남은 늑대 무리에게 어떤 영향을 주는지 알지 못한다. 이런 형태의 인간의 침입 행위와 실험이 늑대에게 미치는 효과에 대해 훨씬 더 많은 정보를 파악하는 일이 매우 중요하다. 알아내야 할 정보 중에는 늑대를 재배치하는 과정에서 각 개체의 감정과 생각이 어떤지도 포함된다. 즉 늑대들이 인간에게 추격당하고 포획되는 시점부터 인간이 언제나 환영해주지만은 않을 새롭고 낯선 환경에 방사될 때까지 그들이 느끼는 감정을 고려해야 한다는 것이다. 온정적 보전의 원칙은 모든 결정 단계에서 모든 이해 당사자를 고려하는 것이다. 우리 인간의 감정과 해당 동물의 감정도 여기에 해당한다.

철학자 마사 누스바움은 동물을 위한 정의란 마음 가는 대로 행동하는 자유를 의미한다고 주장했다.[119] 나도 이 의견에 동의한다. 그리고 인간이 존재하는 환경에서도 동물들이 진화적으로 발달한 고유의 행동을 자유롭게 할 수 있다면, 이는 모두를 위해 이로운 일이다. 우리는 야생 동물이 인간이 주변에 없을 때만 하는 행동을 직접 눈으로 볼 수 있게 될 것이다.

연구자든 일반인이든 공존을 위해 애쓰는 미래 세대를 위해 모범을 보이는 것이 중요하다. 우리는 온정적 보전의 가치를 진지하게 받아들이는 새로운 세대의 연구자들에게 기대하게 될 것이다. 단지 편리하다는 이유로, 외견상 할 일을 다 했다는 이유로 우리와 다른 종을 피 흘리게 할 수 없고 그래서도 안 된다. 인도주의 교육자 조 웨일이 적절히 말한 대로, 세상은 우리가 가르치는 대로 이루어진다.[120] 따라서 우리는 우리 아이들에게 다른 이들에 대한 온정과 관대함, 비폭력, 존중의 가치를 가르치는 데 집중해야 한다.

모두를 위한 온정과 정의

생명이 생명을 지탱한다. 동물이 그 열쇠다.
다양성과 풍요가 힘이다. 동물은 우리를 구원할 수 있었다.
아이러니하게도, 이제 오직 우리만이 그들을 구원할 수 있다.

_케기 커리우(작가)[1]

긍정적인 이야기로 이 책을 끝맺고 싶다. 우리는 동물을 대신해 우리가 이미 이뤄낸 성공을 세심하게 돌아보는 것이 중요하다. 현재 우리 앞에 놓인 도전 과제와 여전히 자행되는 가해 행위에 집중하는 일은 너무나 쉽기 때문이다. 물론 동물들은 어느 때보다도 우리의 도움이 필요하지만, 좋은 일들이 많이 일어나고 있다. 우리가 지금껏 이뤄온 진전의 가치를 인정하지 않고 우리 자신을 돌보는 것을 소홀히 한다면, 우리의 연민과 공감도 언젠가는 힘을 잃어 동물들에게 피해를 줄 수 있다.

아마도 가장 중요한 점은 더욱더 많은 사람에게 동물을 돌보는 일이 주요 관심사가 되어가고 있다는 사실이다. 동물의 감정적 삶을 인정하고 존중하고 보호하기를 바라는 것은 더 이상 급진적인 사고방식이 아니다. 더 나아가 사람들이 이 세상의 모든 생명체에 대해 더 많은 공감과 친절, 존중과 연민의 자세로 행동에 나서면서, 결국 우리 자신에게 그 이익이 어떻게 돌아오는지 점차 깨닫고 있다. 동물들은 우리에게 직접 말로 표현할 수 없기에, 때로는 우리가 모르는 고통을 받는 것이 사실일 수 있다.[2] 그러나 더 많은 사람이 그들의 행동을 읽어내고 그들을 대신해서 목소리 내는 법을 배워 나가고 있다.

보편적인 정서는 결코 아니겠지만, 나는 사람들이 예전보다 더욱 동물과 자연에 겸허한 태도를 보인다는 사실을 알게 됐다. 아마도 인간이라는 존재가 초래한 명백한 피해에 따른 결과일 것이다. 데이비드 애튼버러(영국의 자연사학자로 BBC 다큐멘터리로 널리 알려져 있다—옮긴이)가 이 점을 정확히 지적한다.[3] "때로는 한 걸음 물러서서 인간이 여느 동물보다 더 대단한 권리가 있어서 지구상에 존재하는 것이 아니라는 점을 기억해야 한다고 생각한다. (중략) 때로는 다른 모든 동물 역시 인간과 마찬가지로 지구상에 존재할 권리, 그리고 방해받지 않을 권리를 갖는다는 사실을 기억할 수 있을 것이다."

지난 20여 년간의 모든 연구를 통해 우리는 동물들의 행복을 도모하는 것이 옳은 방향이라고 인식하게 됐다. 배려는 종의 경계를 넘나든다. 이에 대한 바람직한 사례로 '하나의 건강, 하나의 복지One Health and One Welfare' 계획이 있다. 이 계획은 동물들을 보살피고 그들을 대신해서 행동하는 것이 우리 자신에게도 유익하므로, 동물을 보살피는 것은 결국 우리 자신을 보살피는 것이라는 전제에 따른다. 이런 보살핌은 인간이 동물에게 가하는 다양한 형태의 온갖 유해 행위로 인해 사람들이 경험하는 인지 부조화를 극복하게 해준다. 동물의 감정은 동물에게 중대한 문제다. 하지만 동물이라는 존재 자체가—

동물이 자유롭게 표출하는 감정 및 공감 능력과 더불어—인간의 행복에 꼭 필요하다. 덴버 대학교의 세라 벡셀 박사가 이 점을 적절히 표현한다.[4] "'하나의 건강'이라는 접근법은 인간과 다른 종들과 자연 환경이 완벽하게 서로 맞물려 있음을 우리가 직접 보고 깨우치게 하는 일종의 세계관이다. 만일 우리가 이 세 요소 중 하나에라도 해를 가한다면 모두가 피해를 입게 된다." 이와 유사하게 늑대 전문가 존 부세티치는 공동 연구를 통한 논문에서 다음과 같이 지적한다.[5] "동물들을 생각해 그들을 보살핀다고 해서 인간을 보살피지 못하는 것이 아니다. 인간은 한 가지 이상의 많은 것을 보살필 능력이 충분히 있다. (중략) 본질적으로 인간 중심적인 사고를 거부하는 태도에는 인간 혐오주의가 들어 있지 않다."

인간의 이익이 언제나 동물의 이익에 우선한다는 입장을 고수한다면 결코 우리는 수없이 많고도 복합적인 당면 과제들을 해결할 수 없을 것이다. 우리는 야생 동물의 삶에 관해 최대한 많은 것을 배울 필요가 있다. 동물에 관해, 그리고 포획이 동물에게 미치는 효과가 무엇인지에 관해 연구하는 과정에서 우리는 윤리적 의무감에 따라 인간이 어떤 방식으로 동물의 삶에 영향을 미치는지도 깨닫게 된다. 그래서 인간이 동물에게 미치는 영향에 대해 더 많은 것을 배우다 보면, 비로소 우리는 사건이 발생한 후에야 대책을 모색하기보다 사전에 대책을 마련할 수 있을 것이다. 우리는 개별 동물들이 자신에게 본디 주어진 삶을 자유롭게 살아갈—인간의 호불호와 상관없이 종 특유의 행동을 자유롭게 구사할—권리를 존중해야 한다. 늑대나 코요테, 독수리, 울새, 송어, 뱀이 본연의 모습대로 행동할 때 특유의 전체성이 드러난다.

자연 세계의 질서는 취약한 면이 있기에 인간은 자연의 전체성, 이로움, 관대함을 파괴하지 않도록 조화를 이루어야 한다. '우리(인간)'와 '그들(동물)'을 분리하는 행위는 잘못된 이분법을 양산한다. 그 결과, 모든 동물의 삶에서 발전할 수 있는 수많은 관계를 풍성하게 하는 대신 서서히 손상시키는 거리 두기가 생겨난다. 동물에게 일어나는 일은 우리에게도 일어날 수 있다. 자연과 친밀한 관계를 형성하는 것은 우리 인간의 행복과 영적인 성장에도 꼭 필요한 부분이다. 우리 자신의 필요와는 별개로, 우리는 동물에 대한 변함없는 존중과 동물의 행복에 대한 배려의 태도를 보여줄 수 있어야 한다.

호주의 환경철학자 글렌 알브레히트가 고안한 **솔라스탤지어** solastalgia라는 신조어가 여기에 적절한 표현이라고 본다. 이 단어는 인생의 터전과 소속감의 변화를 겪으며 느끼는 고통을 뜻하며, 황량함이라는 감정으로 경험하게 된다. 다른 존재와의 관계가 무너질 때 우리는 솔라스탤지어를 경험한다.

인간 중심적 사고에 도취되어 인간 역시 동물 세계의 일원이라는 사실을 망각하기가 쉽다. 인간이라는 종은 다른 종들과 다르지만 같기도 하다. 신학자 스티븐 샤퍼는 인간과 동물의 상호 관계에 관한 연구에서 '인류학적으로 조화를 이루는' 접근법이라는 개념으로 이런 모순을 극복한다.[6] 이 관점은 인간의 중요성을 인식하고 인간을 기본으로 두되, 인간을 중심으로 하지는 않는 접근법이다. 이 세계에서 우리는 하나의 공동체를 이룬다. 인간과 동물은 완벽한 동반자로, 우리는 서로를 완성시킨다. 신학자 토머스 베리는 이 같은 아이디어를 약간 다르게 묘사해서, 모든 개체는 '주체들의 공동체'에 속한 일원이라고 표현한다. 그 공동체 속에서 우리가 공유하는 열정과 감각은 긴밀하게 연결된 공동체를 위한 밑거름이 된다. 누구도 객체나 타자가 아니다. 우리 모두는 그저 '우리'다.

우리가 동물의 삶에 어떤 영향을 미치는지 확신할 수 없다면, 우리는 지나치다 싶을 정도로 동물에게 우리의 의구심에 따른 혜택을 주어야 한다. 나중에 후회하는 것보다 안전한 것이 낫다. 많은 동물은 침묵 속에서 고통받고 있으며, 우리는 그들의 눈을 바라보기 전에는 그 고통을 알아차리지도 못한다. 눈을 바라봐야 비로소 보인다.

개인의 선택, 개인의 재야생화

우리는 우리가 아는 지식으로 무엇을 해야 할까? 우리는 어떤 종류의 선택을 해야 할까? 우리는 모든 동물을 대신해서 우리가 아는 지식을 활용**해야 한다.** 이따금씩 나도 짜증 나고 화가 치밀어 오를 때가 있다. 나는 동물의 행동, 동물의 인지 능력, 동물의 감정, 동물의 지각 능력에 관해 새로운 발견을 했다고 자랑스럽게 떠벌리고는 '더 많은 존중, 연민, 친절, 경외심으로 동물을 더 잘 대우해야 한다'는 식으로 결론짓는 연구 보고서들과 논문들을 읽는 데 신물이 난다. 우리는 당연히 그래야 한다. 내게는 이렇게 진부하고 상투적인 표현들이 전혀 와닿지 않는다. 미연방 동물복지법은 왜 아직도 실험용 쥐와 생쥐를 보호 대상 동물에서 제외하는 걸까? 그리고 2022년에도 도살장에서 시간당 도살하는 돼지의 수를 어떻게 예전보다 더 늘리도록 허가할 수 있을까? 우리가 동물을 대하는 방식에는 획기적인 패러다임 전환이 필요하며, 동물을 대신해 우리는 진정성 있는 행동을 촉구해야 한다. 그래서 법률 및 당국의 규제를 비롯해 동물과 인간의 관계에 변화를 줄 수 있어야 한다. 그 여정에 이 책이 도움이 되기를 바란다.

이번 책을 쓰는 동안 미처 발견하지 못한 예전 자료들뿐만 아니라 많은 새로운 자료들을 접하게 됐다. 그 모든 자료는 내가 2007년에 쓴 내용과 그때 이후로 줄곧 주장해온 내용들을 뒷받침한다. 그동안 유일하게 달라진 점이라면, 지금까지 우리가 생각했던 것보다 더 많은 동물이 감정과 지각과 인지 능력을 지닌다는 사실이 입증됐다는 것이다. 그 결과, 지각 능력의 생물 다양성이 점점 더 폭넓게 나타나고 있다. 이제는 기존의 복지 규제 정책 및 법률을 재정비하는 데 그 지식을 활용할 차례다. 이 재정비와 더불어 제도가 더 엄격해지는 방향으로 개선된다면, 위반 행위의 실질적인 결과를 이끌어낼 수 있다. 그렇게 된다면 사람들이 동물에게 해를 입히거나 동물을 죽이기 전에 한 번 더 생각해보게 될 것이다. 나는 이 책으로 독자들이 동물의 삶을 개선하기 위한 행동에 나서도록 자극을 주고 싶다. 사소한 행동이라도 상관없다. 우리 모두는 변화를 이끌어낼 수 있다. 다만 그 행동은 동물을 **위한** 것이어야지 인간에게 **대항하는** 것이어서는 안 된다. 우리는 서로를 존중하는 공존을 통해 우리의 장엄하고 매력적인 지구에서 다 함께 살아갈 방법을 찾을 수 있다.

이 책을 쓰면서 "많은 말이 오가지만 결국 이루어진 것은 별로 없다"라는 옛말을 줄곧 떠올렸다. 이 책의 내용으로 말미암아 독자들이 자신의 말과 행동의 간극을 좁혀 나가길 바란다. 우리가 알게 된 모든 내용은 이런 패러다임 전환의 타당성을 입증해주며, 어떤 내용도 현재 자행되는 동물 학대를 지속하거나 더 많은 학대를 용인하는 근거가 되지 않는다. 우리가 알게 된 지식을 활용하지 않는다면 우리는 동물들의 기대를 저버리게 되고 결국 우리 자신의 기대를 저버리게 된다. 동물에게 해로운 것은 인간에게도 해로우며, 동물에게 이로운 것은 우리 모두에게 더 나은 삶을 가져온다.

이 말의 의미는 우리가 각자의 판단에 따라 결정과 선택을 하되, 자신의 자발적인 행동에 책임을 져야 한다는 것이다. 개인의 책임감은 대단히 중요하다. 동물들이 직면한 문제들과 우리가 동물을 보호하는 과정에서 직면하는 문제는 우리가 대응할 수 없는 수준일 수도 있다. 그런 경우 낙담하거나 상실감을 느끼고 무기력해지기 쉽다. 그리고 제도나 기업의 탓으로, '사회'의 탓으로 돌리기도 쉽다. 하지만 우리 자신의 행동을 반성하기는 쉽지 않다.

우리가 무엇을 할 것인지 어떻게 결정할까? 간단히 말하면, 나는 친절한 선택, 즉 공정하고 올바른 선택을 하려고 노력한다. 나는 온정을 더하고 잔혹함을 줄이는 편을 택한다. 내가 '재야생화의 13가지 P'라고 부르는 행동 원칙이 있다. 열거하자면, 예방책을 마련할 것being proactive, 긍정적일 것positive, 지속적일 것persistent, 인내할 것patient, 평화로운 방식일 것peaceful, 실용적일 것practical, 강력할 것powerful, 열정적일 것passionate, 유쾌할 것playful, 현재에 충실할 것present, 원칙에 입각할 것principled, 자부심을 가질 것proud, 예의를 갖출 것polite이다.

그리고 나는 내가 선택한 행동을 단순하고 즐겁게 하려고 노력한다. 동물이나 상처 입은 지구를 돕기 위해 우리가 할 수 있는 일에 대해서 사람들과 이야기를 나눌 때, 나는 늘 무엇이든 긍정적인 행동을 하는 것이 얼마나 쉬운지를 강조한다. 행동에 나서는 데 굳이 동물보호단체를 물색하거나 많은 시간을 투자할 필요는 없다. 일상에서 사소한 행동을 하나씩 하면 된다. 나도 완벽함과는 분명히 거리가 먼 인간이지만 이런 목표들은 날마다 내게 동기를 부여하며, 내가 무엇이 옳은 방향인지 확신하지 못할 때 나침반이 되어준다. 내가 사람들에게(주로 동료 과학자들에게) "당신의 개도 그렇게 대하겠습니까?"라는 도발적인 질문을 던지는 것도 그저 그들이 온정적인 방식으로 행동하도록 상기시키려는 것뿐이다. 그들에게 충격 요법을 가해 "남에게 대접받고자 하는 대로 남을 대하라"라는 황금률을 되새기게 하려는 것이다. 모든 존재가 다 최상의 삶을 살 자격이 있는 것은 아니라는 주장을 누가 감히 할 수 있을까?

나의 관점으로는 이런 행동에는 우리 각자의 내면에서부터 재야생화하는 과정이 포함된다. 인간과 동물, 그리고 우리가 살아가는 환경을 이루는 자연의 위대함은 다시 서로 이어져야 한다. 진정으로 자연과 우리 모두가 이어지려면 우리 사이에 놓인 잘못된 경계선을 걷어내야 한다. 이를 실현할 한 가지 방안은 인간 중심적 사고방식을 내려놓는 것이다. 자동차 범퍼 스티커 중에 내가 참 좋아하는 문구가 있다. "자연이 결국 승리한다Nature bats last." 우리는 자연을 따라잡거나 한 수 앞설 수는 있지만, 결국 이기는 쪽은 언제나 자연이다. 우리는 실패한 종들 가운데 하나가 될 것인가? 아니면 더 나아가 계속해서 다른 모든 생명체를 위협하고, 우리가 원하는 장소에서 원하는 방식으로 살아가기 위해 수없이 많은 종과 개체를 스러지게 하는 유일한 종으로 남을 것인가? 그러지 않기를 바란다.

실제로 재야생화는 모든 생명체를 동등하게 대우하는 것을 의미한다. 동일한 방식으로 대하는 것이 아니라, 동등한 생존권을 가진 존재로 대하는 것이다. 앞서 말한 황금률은 인류를 비롯한 동물, 나무, 식물, 심지어 지구 자체에도 적용된다. 나의 동료 제시카 피어스는 우리에게 더 많은 '자비', 즉 다른 이들의 고통에 대한 따스한 온정의 감정이 필요하다고 말한다. 자비는 잔혹 행위와 무자비함의 반대말이다. 나도 이 의견에 동의한다. 동물을 비롯한 이 세상의 모든 생명체와의 소통에서 친절과 온정적인 태도는 늘 그 무엇보다 우선해야 한다. 베푸는 것이 되돌려 받는 멋진 방법임을 잊지 않아야 한다.

이 단순한 서약에 따라 살아가기란 쉽지 않다. 정말이다. 그렇게 살아가려면 두려움을 극복해야 한다. 평범하지 않은 선택을 한다는 두려움, 공개적으로 신념을 밝히는 것에 대한 두려움, 조롱에 대한 두려움, 연구 보조금을 놓치거나 동료들을 자극할지도 모른다는 두려움, 그리고 지각 있는 동물들을 상대로 지금껏 해온 혹은 현재 하고 있는 행위를 인정하는 것에 대한 두려움 말이다. 때로는 수치심에 사로잡혀 무기력해질 때면 두려움을 떨쳐내기 힘들다고 느낄 수 있다. 그러나 우리에겐 날마다 새로운 기회가 다시 찾아온다는 것을 기억해야 한다. 아무리 작은 몸짓이라도 온정을 담아 행동에 나서고 옳다고 느끼는 대로 행동한다면, 이에 따라 부정적인 결과가 있을지라도(실제든, 자신의 상상에 불과하든) 변화를 이끌어낼 수 있다. 그 변화 자체가 중요하다.

2006년 3월, 나는 동물 실험 윤리 위원회IACUC가 주관하는 보스턴 연례회의에서 강연을 하게 됐다. 비록 일부 청중은 우리가 특정 동물들이 고통을 느끼며 폭넓은 감정 스펙트럼을 지닌다는 점을 인식한다는 나의 고집스러운 주장에 다소 회의적인 반응을 보이긴 했지만, 그곳에서 따뜻한 환대를 받았고 강연에 이어진 토론도 우호적인 분위기였다. 강연이 끝난 후 한 남성이 다가왔는데, 그 사람은 한 주요 대학에서 동물복지법에 따라 연구를 관리하는 책임자였다. 그는 자신이 관리하고 있는 연구들은 동물복지법에 따라 승인을 받았지만 그것이 옳은 결정인지 확신할 수 없는 연구들이 일부 있다고 인정하면서, 내 강연을 듣고 나니 그 연구들에 더욱 확신이 없어졌다고 했다. 그는 현재의 법적 기준에 부합하도록 연구 관리를 더욱 면밀히 할 것이며, 보다 엄격한 규제를 위해 힘쓰겠다고 말했다. 나는 그의 눈빛에서 진심을 보았다. 그는 자신이 관리하는 연구자들이 그의 결정을 결코 반기지 않을 거라는 사실도 알고 있었다. 다만 그는 실험용 동물들이 고통을 받고 있지만 현재의 동물복지법은 그 동물들을 보호해주지 못하고 있다는 자신의 직감을 확신시켜줄 누군가가 필요했던 것이다. 나는 그의 말에 감명을 받아 감사를 표했다. 그는 고개를 숙이고 작은 목소리로 고맙다고 말하고는 자리를 떠났다.

내가 최근에 많이 쓴 주제는 '재야생화 교육'이다. 인도주의 교육자 조 웨일이 말한 바에 정확히 부합하는 개념이다("세상은 우리가 가르치는 대로 이루어진다"). 이 교육의 한 방안은 어린 학생들이 교실을 벗어나 자연 속으로 들어가게 하는 것이다. 또한 학교와 학부모들을 설득해 인도주의 교육을 교육 과정에 포함하도록 할 수도 있다. 그래서 아이들이 자라나면서 동물에게도 감정이 있다는 사실과 그 지식을 일상 속 선택에 녹여낼 수 있어야 한다는 점을 가르치는 것이다. 우리의 아이들뿐만 아니라 인류세를 살아가는 모두가 도전과 좌절을 겪으며 이 길을 함께 헤쳐 나갈 때, 미래 세대도 그 혜택을 누리게 될 것이다.

나는 우리 인간의 부단한 노력과 근면함과 용기 있는 행동으로써 우리 손으로 동물들을 고통에 이르게 했던 수많은 잘못을 바로잡을 수 있다고 진심으로 믿는 낙관주의자다. 동물들에게 좀 더 나은 삶을 선사하기 위해 수없이 많은 방식으로 이루어지는 크고 작은 노력들이 많다. 그중에는 굉장히 대중적인 움직임도 있고 개인적인 노력도 있다. 그러나 그 모든 노력이 어우러진다면 지구상의 모든 생명체가 연민과 사랑이라는 하나의 커다란 담요로 감싸져 평화로운 세상이 실현될 수 있을 것이다. 더 많은 존중과 연민, 사랑이 가득한 세상이 우리 아이들을 키우며 살아가기에 더 나은 세상이라는 점을 반박할 사람은 분명 아무도 없을 것이다. 이것은 미래를 꿈꾸며 전하는 나의 희망에 찬 메시지다. 우리는 우리의 꿈을 좇아야 한다.

내가 부탁하고 싶은 것은, 어떻게 세상을 더 나은 곳으로 만들 수 있을지, 어떻게 동물의 삶을 더 나아지게 하는 데 기여할 수 있을지 여러분이 곰곰이 생각해보는 것이다. 아무도 없을 때 혼자서 생각하기를 권한다. 그러면 주위 시선이나 어떤 압박도 없이 편한 마음으로 자신의 평소 습관과 행동을 깊이 들여다보며 평가할 수 있을 것이다. 우리 자신을 있는 그대로 바라보는 시간은 언제나 큰 깨달음을 준다. 그 시간에 한번 자문해보길 바란다. 나의 현재 행동이 동물들에게 어떤 영향을 미칠까? 그리고 동물들을 더 잘 보살피려면 어떤 행동을 할 수 있을까? 자기 역량으로는 도저히 상황을 바꿀 수 없는 경우라도 무자비한 취급을 받고 있는 동물들에게 우리는 반드시 용서를 구해야 한다고 생각한다. 나는 고통받는 이들의 삶에 그저 연민을 보이는 것만으로도 긍정적인 변화를 일으킬 수 있다고 믿는다. 침묵은 사회 변화의 적이다.

동물의 세계와 우리의 세계 속에서 동물의 진정한 모습을 더 잘 이해하고 인정할 수 있도록 모든 노력을 기울여야 한다. 이것이 모든 동물 개체를 위한 길이다. 우리는 친절하고 인도적인 선택을 내려야 한다.[7] 존중하는 태도로 동물을 대하는 것은 '급진적'일 수 없으며, 단지 예의와 존엄의 문제다. 동물들은 가능한 한 최상의 삶을 누릴 자격이 충분히 있기 때문이다. 두려워할 것도 없다. 동물들과 그처럼 서로에게 이익이 되는 깊은 관계를 맺는 데 열린 마음으로 임한다면 거기서 얻을 것이 더 많을 것이다. 실로 동물들은 책임감, 연민, 배려, 용서, 그리고 깊은 우정과 사랑의 가치에 대해 무척 많은 것을 내게 가르쳐주었다. 동물들은 우리에게 아낌없이 마음을 나누어준다. 그래서 나는 그 마음에 보답하고 싶다. 동물들이 우리에게 응하는 이유는 우리가 느낄 줄 알고 열정을 지닌 존재이기 때문이다. 우리도 그들을 동일한 이유로 받아들인다.

감정은 조상이 물려준 선물이다. 우리는 감정을 지녔고 동물도 마찬가지다. 감정은 우리를 다시 온 세상으로 이어줄 수 있고 우리가 동물과 진정한 공존을 이루게 해준다. 우리 모두가 한배를 타고 헤쳐나가는 이 여정에서는 하나하나의 개체가 모두 중요하다. 동물을 돕는 것은 결국 우리 자신을 돕는 것이다. 감정을 통해 우리 자신을 모든 생명체와 이어지게 함으로써 우리는 모두에게 이롭고 더 나은 삶을 만들어갈 수 있다. 이 점을 절대 잊어서는 안 된다.

감사의 말

우선, 다양한 상황에서 운 좋게 만나게 된 멋진 동물들에게 고마움을 전한다. 자신의 삶과 열정을 나와 나누려는 그들의 의지 덕분에 나는 그들의 감정과 세계관을 이해해보기로 결심하게 됐다. 나의 수많은 개 친구들은 인내심을 갖고 나의 이야기를 들어주었고, 내게 자신의 감정을 전했으며, 내가 그들처럼 생각할 수 있게 도와주었다. 볼더 외곽의 산속에 살았을 때 함께했던 동물들도 마찬가지다.

초판에서 언급했던 많은 이들은 지금도 여전히 내가 동물을 보는 방식에 영향을 미친다. 그들 모두에게 감사를 전한다. 또한 살면서 만난 동물들과의 경험담을 보내준 모든 이에게도 감사하다. 그들의 도움이 없었더라면 이 책을 쓸 수 없었을 것이다. 이 책 곳곳에서 제시카 피어스의 생각을 접할 수 있는데, 그런 점에서 제시카에게 얼마나 많은 도움을 받았는지 이루 다 표현할 수도 없다. 콜린 앨런, 데일 제이미슨, 세라 벡셀에게서도 많은 것을 배웠다. 그리고 개정판을 위해 초판의 서문을 보완해주는 한편, 동물의 감정적 삶과 동물 보호, 희망을 유지하는 일의 중요성에 대해 여러 차례 나와 토론해준 제인 구달에게 깊은 감사의 인사를 전한다. 나와 함께 제인 구달 연구소의 윤리 위원회를 공동 주재하는 코엔 마르고트 역시 동물 윤리의 소중한 교훈을 가르쳐주었다. 콜로라도 주지사의 부군인 말론 레이스는 '동물에 관한 모든 것'과 동물 보호에 대해 언제든지 이야기할 준비가 되어 있는데, 모든 비인간 및 인간 동물에게 더 나은 세상을 만들기 위해 몇 시간 동안 나와 기꺼이 대화해준 그의 의지를 나는 매우 값지게 생각한다. 또한 자전거를 달리다가 발견한 동물들에 대해 내가 온갖 찬사를 늘어놓는 것을 들어야 했던 내 자전거 친구들에게도 감사를 전한다. 동물에 대한 나의 집념을 참아주고 우리가 발견한 동물들의 행동에 대해 훌륭한 질문을 해주어 고맙다. 그리고 동물과 관련한 최신 소식을 지치지 않고 계속 보내주는 베티 모스에게도 감사를 전한다. 메리 루이스와 폴 파켓을 비롯한 다른 이들도 내가 찾아낼 수 없었을 기사들을 이메일로 보내주었는데 그들에게도 크게 고마움을 느낀다.

동물에 관한 글을 쓰고 동물을 관찰할 때면, 나는 늘 세렝게티 국립공원에서 시속 25킬로미터로 운전하면서도 풀잎 위의 작은 카멜레온을 발견하던 탄자니아의 가이드 보니파스 자카리아를 떠올린다. 나는 그 작은 점을 코앞에 둘 때까지 알아채지 못했는데 말이다. 그 일로 나는 온전히 집중해서 동물의 행동을 아무리 유심히 관찰하더라도 놓치는 것이 얼마나 많은지 확실히 깨달을 수 있었다. 이 겸허한 교훈을 줘서 고마워, 보니파스.

뉴 월드 라이브러리 출판사의 제이슨 가드너는 그동안 내가 집필한 다섯 권의 책을 함께 작업했는데, 지금도 계속해서 나의 작업을 지원해주고 있다. 그의 우정과 예리한 눈에 대해 언제까지나 고맙게 여길 것이다. 여전히 훌륭한 홍보 담당자인 모니크 뮬렌캠프를 비롯해

에이미 파커슨, 대니얼 갤랫, 조엘 프린스, 크리스틴 캐시먼, 트레이시 커닝엄, 토나 피어스 마이어스, 먼로 매그루더와 외부 교정을 맡아준 타냐 폭스는 내가 도움을 필요로 할 때 언제나 곁에 있어준다. 제프 캠벨은 이번에도 원고를 훌륭하게 마무리해주었다. 제프를 비롯해 뉴 월드 라이브러리 출판사의 모든 직원과 오랜 기간 함께 일한 것은 축복이었다.

제인 구달의 서문

1 Carolyn Wilke, "Is This Octopus Having a Nightmare?," *New York Times*, May 25, 2023.

들어가며

1 Frans de Waal, "Your Dog Feels as Guilty as She Looks," *New York Times*, March 8, 2019.

2 Marc Bekoff, *Animal Emotions* (blog), *Psychology Today*, https://www.psychologytoday.com/us/blog/animal-emotions. 해당 사이트는 1,000만 회 이상의 조회수를 기록했는데, 이를 통해 얼마나 많은 사람이 동물의 인지적, 감정적, 도덕적 삶에 대해 진심으로 배우고 싶어 하는지 알 수 있다. 굉장히 바람직한 일이다.

3 Marc Bekoff, "Stripping Animals of Emotions Is 'Anti-Scientific & Dumb'," *Psychology Today*, March 9, 2019.

4 Frans de Waal, "Your Dog Feels as Guilty as She Looks," *New York Times*, March 8, 2019.

5 Marc Bekoff, "Animal Emotions: What Must We Do with What We Know?," *Psychology Today*, March 13, 2019.

6 이 문제에 회의적인 시각을 고수하는 몇 안 되는 학자 중 한 명은 옥스퍼드 대학교의 매리언 도킨스Marian Dawkins로, 그녀는 동물 복지에 관해 폭넓은 저술 활동을 해왔다. 도킨스는 인간과 동물의 의식에 관한 문제가 여전히 베일에 가려져 있다고 주장한다. 가령 그의 책《동물은 왜 중요한가Why Animals Matter》 177쪽에는 이런 내용이 나온다. "**동물의 입장에서는** 우리가 〔의식에 관해〕 회의적이고 불가지론적인 시각을 견지하는 편이 훨씬 낫다. (중략) 필요하다면 적극적으로 불가지론적 입장을 취해서 많은

수의 동물종이 어떤 형태로든 의식적인 경험을 할 수 있다는 가능성을 열어두는 것이 좋다. (중략) 지능이 뛰어난 종이나 감정을 잘 표현하는 종만이 아니라 의외로 많은 종의 동물들이 의식적인 경험을 할 수 있다." 나는 솔직히 이 글이 혼란스러우며 어떻게 받아들여야 할지 모르겠다. 나는 이 관점을 '도킨스의 위험한 사상'이라고 부른다.

7 Xosé Hermida and Esther Sánchez, "Spain Approves New Law Recognizing Animals as 'Sentient Beings'," *El País*, December 3, 2021.

8 Tessa Koumoundouros, "The First Country in the World Has Given Legal Rights to Individual Wild Animals," *Science Alert*, April 2, 2022.

9 Franziska Hörner et al., "Long-Term Olfactory Memory in African Elephants," *Animals* 13, no. 4 (2023).

10 Colleen Dougherty, "Emotional Intelligence: Animals May Have the Corner on This Skill," *Valencia County News-Bulletin*, June 16, 2022.

11 Alice Gibbs, "Loyal Dog Refuses to Leave Canine's Side after Being Hit by Car: 'Grieving'," *Newsweek*, January 3, 2023.

12 이런 '별난 커플'에 관한 더 많은 이야기를 알고 싶다면, 제니퍼 홀랜드의 《신기한 우정Unlikely Friendships》과 《신기한 사랑Unlikely Loves》을 읽어볼 것. 여기에 소개된 이야기들의 출처는 다음과 같다. Lauren Lewis, "Bottlenose Dolphins & Harbour Porpoise Form an Unlikely Friendship While Swimming & Playing in the Waters off Cornwall, England," *World Animal News*, March 13, 2023; Margaret Renkl, "There Are Stories of Animals Being Quirky, and Murphy the Eagle Is One," *New York Times*, May 1, 2023.

13 Marc Bekoff, "Animal Heroes: *Daisy to the Rescue* Celebrates Compassion," *Psychology Today*, November 6, 2014; Marc Bekoff, "'When Animals Rescue': Reflections on Kindness and Morality," *Psychology Today*, April 30, 2021.

14 Franz de Waal, *Mama's Last Hug* (New York: W. W. Norton, 2019), 269.

15 Sophie Bushwick, "How Scientists Are Using AI to Talk to Animals," *Scientific American*, February 7, 2023.

16 Marc Bekoff, "Is Human Intelligence a Gift or a Burden?," *Psychology Today*, August 9, 2022.

17 Charles R. Davis, "A Spanish Firm Wants to Kill One Million Octopuses a Year Using 'Ice Slurry' Baths at First-Ever Factory Farm," *Business Insider*, March 16, 2023.

18 Lauren Lewis, "Sickening Trophy Hunting Event in Spain Auctioned Off Hunts of Lions, Rhinos, and Polar Bears, Among Other Endangered Species," *World Animal News*, April 3, 2023.

19 다음의 사례가 있다. Melanie Challenger, ed., *Animal Dignity* (London: Bloomsbury Academic, 2023); Lauren Krauze, "Restoring Dignity to Our Animal Kin," *Tricycle*, February 28, 2023.

20 Graham Lawton, "The Push to Grant Legal Rights to Nature Is Gaining Momentum," *New Scientist*, February 8, 2023.

21 Christa Lesté-Lasserre, "Restoring Just Nine Groups of Animals Could Help Combat Global Warming," *New Scientist*, March 27, 2023.

22 Marc Bekoff, "'Everyone Wants a Lost Dog Found,' Bridging the Empathy Gap," *Psychology Today*, May 9, 2018. 연구 결과에 따르면, 반려견과 많은 시간을 함께한 아동은 위급 상황에서 인간보다 개를 먼저 구할 거라고 말하는 경우가 많다. 다음 글을 참조하길 바란다. Alice Klein, "Young Children Value the Lives of Animals More Than Adults Do," *New Scientist*, May 14, 2023.

1장

1 Marc Bekoff and Koen Margodt, eds., *Jane Goodall at 90: Celebrating an Astonishing Lifetime of Science, Advocacy, Humanitarianism, Hope, and Peace* (Berlin, MD: Salt Water Media, 2024).

2 패트리샤 맥코넬 또한 저서에서 이 점을 지적한다. *For the Love of a Dog: Understanding Emotion in You and Your Friend* (New York: Ballantine Books, 2006).

3 John Marzluff and Tony Angell, *Gifts of the Crow* (New York: Atria, 2013),

138.

4 Hasan Jasim, "Yesterday I Witnessed Something That Took My Breath Away," *Hasan Jasim* (blog), accessed September 26, 2023.

5 2023년 인도 서남단에 위치한 케랄라주의 인도 사원에서는 살아 있는 코끼리들의 안위를 우려해, 전통 의식에 살아 있는 코끼리 대신 실제 크기의 로봇 코끼리를 사용하기 시작했고, 이 소식에 나는 열광했다. Sana Noor Haq, "Indian Temple Goes 'Cruelty-Free' with Life-Sized Robotic Elephant," *CNN Travel*, February 28, 2023.

6 Reuters, "Indians Flee as Elephants Search for Dead Friend," *NBC News*, October 10, 2006.

7 Rachel Allyn, "The Important Difference between Emotions and Feelings," *Psychology Today*, February 23, 2022.

8 다윈의 감정 연구와 관련해 그가 남긴 전체 연구 내용 및 세부 내용을 여기서 찾아볼 수 있다. http://darwin-online.org.uk.

9 Joyce Poole, "An Exploration of a Commonality between Ourselves and Elephants," *Etica & Animali* (September 1998): 85-110.

10 이런 행동에 관한 더 많은 정보는 다음을 참조할 것. Marc Bekoff, "Dogs Do Zoomies Because It's Fun," *Psychology Today*, February 24, 2023; Marc Bekoff, "Do Animals Play for the Hell of It? Watch This Fox," *Psychology Today*, December 5, 2014.

11 Konrad Lorenz, *Man Meets Dog* (New York: Routledge, 1954/2002).

12 Alexandra C. Horowitz and Marc Bekoff, "Naturalizing Anthropomorphism: Behavioral Prompts to Our Humanizing of Animals," *Anthrozoös* (2007).

13 J. P. Webster et al., "Parasites as Causative Agents of Human Affective Disorders? The Impact of Anti-psychotic, Moodstabilizer and Anti-parasite Medication on Toxoplasma gondii's Ability to Alter Host Behaviour," *Proceedings of the Royal Society of London*, Series B: *Biological Sciences* 273 (2006): 1023-30; "Antipsychotic Drug Lessens Sick Rats' Suicidal Tendencies," *New Scientist*, January 25, 2006.

14 Doug O'Harra, "Russian River Orphans Stick Together," *Anchorage Daily News*, September 23, 2005.
15 Marc Bekoff, "The Depths of Feeling," *BBC Wildlife*, July 2002.
16 S. Wechlin, J. H. Masserman, and W. Terris Jr., "Shock to a Conspecific as an Aversive Stimulus," *Psychonomic Science* 1 (1964): 17–18.
17 D. J. Langford et al., "Social Modulation of Pain as Evidence for Empathy in Mice," *Science* 312 (2006): 1967–70; Ishani Ganguli, "Mice Show Evidence of Empathy," *The Scientist*, June 30, 2006.
18 Marc Bekoff, "Empathic Rats Save Drowning Pals Rather Than Eat Chocolate," *Psychology Today*, May 13, 2015.
19 Amelia Neath, "Crocodiles Push Stray Dog to Safety After It Falls into Danger-Filled River," *Independent*, September 29, 2023.
20 Dale Jamieson, "Science, Knowledge, and Animal Minds," *Proceedings of the Aristotelian Society* 98 (1998): 79–102.
21 Andrew Bridges, "Mirror Test Implies Elephants Self-Aware," *Associated Press*, October 31, 2006; Joshua Plotnik, Frans de Waal, and Diana Reiss, "Self-Recognition in an Asian Elephant," *Proceedings of the National Academy of Sciences* 45 (November 7, 2006); Betsy Mason, "Fish Can Recognize Themselves in Photos, Further Evidence They May Be Self-Aware," *Science News*, February 6, 2023.
22 Marc Bekoff, "Brainy Birds Are More Socially Playful Than the Less Endowed," *Psychology Today*, December 1, 2020.
23 Daniel Gilbert, *Stumbling on Happiness* (New York: Alfred A. Knopf, 2006), 4.
24 Gerald Hüther, *The Compassionate Brain: How Empathy Creates Intelligence* (Boston: Trumpeter, 2006), 114.
25 벌에 관한 더 많은 정보는 다음을 참조할 것. Annette McGivney, "'Bees Are Sentient': Inside the Stunning Brains of Nature's Hardest Workers," *The Guardian*, April 2, 2023; Jason Castro, "Bees Appear

to Experience Moods," *Scientific American*, January 1, 2012; Virginia Morell, "Bees May Feel Pain," *Science*, July 26, 2022.

26 Matilda Gibbons et al., "Can Insects Feel Pain? A Review of the Neural and Behavioural Evidence," *Advances in Insect Physiology* 63 (2022): 155–229.

27 Meghan Barrett, Bob Fischer, and Stephen Buchmann, "Informing Policy and Practice on Insect Pollinator Declines: Tensions between Conservation and Animal Welfare," *Frontiers in Ecology and Evolution* 10 (January 6, 2023).

28 Jonathan Birch et al., "Review of the Evidence of Sentience in Cephalopod Molluscs and Decapod Crustaceans," LSE Consulting, LSE Enterprise Ltd., London School of Economics and Political Science, November 2021. 해당 저자들은 이렇게 썼다. "개별적 기준으로부터 전반적인 판단으로 넘어가기 위해 우리는 대략적인 등급 체계를 사용한다. 이 체계에 의하면, 대상 동물이 '높은/매우 높은' 신뢰도로 기준 항목 중 7개 이상을 충족한다면 지각 능력의 존재에 대한 매우 강력한 증거가 된다. 대상 동물이 '높은/매우 높은' 신뢰도로 기준 항목 중 5개 이상을 충족한다면 지각 능력의 존재에 대한 강력한 증거가 된다. 그리고 대상 동물이 '높은/매우 높은' 신뢰도로 기준 항목 중 3개 이상을 충족한다면 지각 능력의 존재에 대한 상당한 증거가 된다."

29 어류의 인지적, 감정적 삶에 대한 더 많은 정보는 다음을 참조할 것. Jonathan Balcombe, *What a Fish Knows: The Inner Lives of Our Underwater Cousins* (New York: *Scientific American* / Farrar, Straus and Giroux, 2016); Marc Bekoff, "Why Fishes Matter: Their Rich Cognitive and Emotional Lives," *Psychology Today*, August 31, 2020; Marc Bekoff, "A Tribute to Dr. Victoria Braithwaite and Sentient Fishes," *Psychology Today*, November 4, 2019.

30 Victoria Braithwaite, *Do Fish Feel Pain?* (New York: Oxford University Press, 2010), 153.

31 Emma Marris, "Stressed Plants 'Cry' — and Some Animals Can

Probably Hear Them," *Nature*, March 30, 2023.

32 Marc Bekoff, "Why Trees and People Form Mutually Beneficial Relationships," *Psychology Today*, February 2, 2023.

33 식물에 관한 더 많은 내용은 내가 「사이콜로지 투데이Psychology Today」에 쓴 글을 참조할 것. "What's It Like to Be a Plant? An Interview with 'Planta Sapiens' Author," September 23, 2022; "The Inner Lives of Plants: Cognition, Sentience, and Ethics," September 10, 2022; "Are Plants Intelligent?," December 16, 2021; "Smarty Plants: Research Shows They Think, Feel, and Learn," December 9, 2014.

34 심지어 인간과 동물의 상호 작용을 연구하는 인류동물학 분야도 있다. 더 많은 정보는 국제인류동물학회ISAZ의 웹 사이트에서 찾을 수 있다. https://isaz.net.

35 "Pet Ownership Statistics in 2022 — 70 Fun Fur Facts," Lemonade.com, accessed September 26, 2023.

36 Ed Sussman, "AHA: Cardio, the Canine Heart Dog, Is a Friend Indeed," *MedPage Today*, November 17, 2005.

37 이 문단에 관한 내용은 다음을 참조할 것. Marc Bekoff, "Do Pets Really Unconditionally Love and Unwind Us?," *Psychology Today*, June 15, 2020; Hal Herzog, "Can Pets Relieve Loneliness in the Age of Coronavirus?," *Psychology Today*, April 13, 2020; Hal Herzog, "The Sad Truth About Pet Ownership and Depression," *Psychology Today*, December 3, 2019.

38 Anthony Mitchell, "Three Lions Save Girl, 12, from Kidnap Gang," *The Scotsman*, June 22, 2005.

39 Reuters, "Dolphins Protect Swimmers from Sharks," *MSNBC*, November 23, 2004.

40 암사자에 관한 일화는 여기서 볼 수 있다. Saba Douglas-Hamilton, "Heart of a Lioness," January 2002. 아오짱에 관한 일화는 여기서 볼 수 있다. Associated Press, "Hamster, Snake Best Friends at Tokyo Zoo," *MSNBC*, January 24, 2006.

41 Tom Burgess and Will Maule, "Sheep and Duck Become Unlikely Best Friends after They're Rejected by Their Parents," *Mirror*, January 1, 2023.

42 '뿌리와 새싹'에 관한 더 많은 정보는 다음 웹 사이트에서 찾을 수 있다. https://rootsandshoots.org.

43 Bill Strickland, "6 Surprising Benefits of Pets for Kids," *Parents*, September 12, 2023.

44 "Pets and Children," American Academy of Child & Adolescent Psychiatry, January 2019; Kristen Jacobson and Laura Chang, "Associations between Pet Ownership and Attitudes toward Pets with Youth Socioemotional Outcomes," *Frontiers in Psychology* 9 (2018).

45 Lauren Book, "Therapy Animals Help Abuse Victims with Confidence, Trust, and Recovery," *Lauren's Kids* (blog), January 17, 2015; Stephanie Johnston, "The Use of Animal-Assisted Interventions to Treat Child Victims of Sexual Abuse," master's thesis, Dominican University of California, May 2021.

46 María Luisa Paúl, "10 Years after Sandy Hook, Mom Builds Daughter's Dream Animal Sanctuary," *Washington Post*, December 14, 2022.

47 더 많은 정보는 다음을 참조할 것. Boulder Art Behind Bars, https://www.boulderjailart.com; Caitlin Rockett, "Roots and Shoots," *Boulder Weekly*, April 13, 2017; Marc Bekoff, "Inmates, Animals, and Art: Creative Expressions of Hope," *Psychology Today*, December 17, 2016; Marc Bekoff, "Art Behind Bars: Animals, Compassion, Freedom, and Hope," *Psychology Today*, June 24, 2019.

48 Kyle Warner (guest essay), "The Healing Power of Animals: Moon Bear Has a Place," *Psychology Today*, May 19, 2019.

49 R. J. Dolan, "Emotion, Cognition, and Behavior," *Science* 298 (2002): 1191-94.

50 Marc Bekoff, "'Are Chimps and Dogs More Sentient than Rats and Hamsters?'," *Psychology Today*, September 1, 2022.

51 Marc Bekoff and Dale Jamieson, "Ethics and the Study of Carnivores: Doing Science While Respecting Animals," in *Carnivore Behavior, Ecology, and Evolution*, ed. J. Gittleman (Ithaca, NY: Cornell University Press, 1996), 16-45.

52 Marc Bekoff, "The Animal Welfare Act Claims Rats and Mice Are Not Animals," *Psychology Today*, September 25, 2016.

53 이 문제에 동조하는 과학자들에 관한 더 많은 정보는 다음을 참조할 것. Speaking of Research, "The Double Life of Dr. Lawrence A. Hansen," accessed September 27, 2023; John P. Gluck, *Voracious Science and Vulnerable Animals: A Primate Scientist's Ethical Journey* (Chicago: University of Chicago Press, 2016); Garet Lahvis, "Freefall into Darkness," *Aeon*, June 2, 2022.

54 https://www.goodreads.com/quotes/39162-every-man-and-every-living-creature-has-a-sacred-right.

55 파블로 이야기의 출처는 다음과 같다. J. D'Agnese, "An Embarrassment of Chimpanzees," *Discover* (May 2002): 42-49.

56 질 로빈슨이 이메일로 내게 개인적으로 들려준 재스퍼 이야기에서 발췌했다.

57 Animals Asia, "Bear Bile Farming," accessed September 27, 2023; Animals Asia, "Animals Asia Rescues Seven Bears from Bile Farming Hotspot in Vietnam," July 7, 2022.

2장

1 Michael Tobias and Jane Morrison, *Donkey: The Mystique of Equus asinus* (Tulsa, OK: Council Oak Books, 2006).

2 Dale Jamieson and Marc Bekoff, "On Aims and Methods of Cognitive Ethology," *PSA: Proceedings of the Biennial Meeting of the Philosophy of Science Association* 1992 (1992): 110-24.

3 Nicholas Wade, "Rats in a Maze Take a Moment to Remember, but in Reverse," *New York Times*, February 14, 2006.

4 Ashley Ward, *The Social Lives of Animals* (New York: Basic Books, 2022).

5 Marina A. G. von Keyserlingk et al., "Dairy Cows Value Access to Pasture as Highly as Fresh Feed," *Scientific Reports* 7 (March 23, 2017).

6 Charles Darwin, *The Expression of the Emotions in Man and Animals*, third edition (New York: Oxford University Press, 1872/1998), 58.

7 Charles Darwin, *The Descent of Man and Selection in Relation to Sex* (New York: Random House, 1871/1936), 66.

8 Peter Cook et al., "Jealousy in Dogs? Evidence from Brain Imaging," *Animal Sentience* 22, no. 1 (2018).

9 Markus MacGill, "What Is the Link between Love and Oxytocin?," *Medical News Today*, September 4, 2017.

10 이들을 비롯한 동물행동학자들의 정보를 더 찾아보려면 다음 책을 참조할 것. Richard W. Burkhardt Jr., *Patterns of Behavior: Konrad Lorenz, Niko Tinbergen, and the Founding of Ethology* (Chicago: University of Chicago Press, 2005); Hans Kruuk, *Niko's Nature: The Life of Niko Tinbergen and His Science of Animal Behavior* (New York: Oxford University Press, 2004); I. Eibl-Eibesfeldt, *Ethology* (New York: Holt, Rinehart, & Winston, 1975).

11 Gordon M. Burghardt, "Amending Tinbergen: A Fifth Aim for Ethology," in *Anthropomorphism, Anecdotes, and Animals*, ed. R. W. Mitchell, N. S. Thompson, and H. L. Miles (Albany: State University of New York Press, 1997), 254–76.

12 Marc Bekoff, "Grief in Animals: It's Arrogant to Think We're the Only Animals Who Mourn," *Psychology Today*, October 29, 2009.

13 James Liddell, "Gretel the Goose Dies of Heartbreak After 'Soulmate' Hansel Gets Trapped in Frozen Lake," *Mirror*, December 20, 2022.

14 Michel Cabanac, "Emotion and Phylogeny," *Journal of Consciousness Studies* 6 (1999): 176–90.

15 파충류에 대한 더 많은 내용은 다음을 참조할 것. Marc Bekoff, "The Emotional Lives of Reptiles: Stress and Welfare," *Psychology Today*, March 26, 2013; Marc Bekoff, "Sentient Reptiles Experience

Mammalian Emotion," *Psychology Today*, November 1, 2019; Helen Lambert et al., "Given the Cold Shoulder: A Review of the Scientific Literature for Evidence of Reptile Sentience," *Animals* 9, no. 10 (2019): 821; Frances Mao, "Australia: Scientists Find Clitorises on Female Snakes," *BBC News*, December 13, 2022.

16 Marc Bekoff, "The Secret Social and Emotional Lives of Reptiles," *Psychology Today*, June 21, 2021.

17 Associated Press, "In Panama, Legal Rights Given to Sea Turtles, Boosting the 'Rights of Nature' Movement," *US News*, May 24, 2023.

18 Marc Bekoff, "Concerns Over the Well-Being of Sentient, Emotional Reptiles," *Psychology Today*, January 31, 2023.

19 Julie Hecht, "Do Dogs Know Themselves?," *Scientific American*, August 23, 2017.

3장

1 Jane Goodall and Ray Greek, "The Sad Lot of Lab Chimps," *Boston Globe*, February 17, 2006.

2 고슬링의 연구에 대해 다음을 참조할 것. Sam Gosling, "From Mice to Men: What Can We Learn about Personality from Animal Research?," *Psychological Bulletin* 127 (2001): 45–86; Sam Gosling and O. P. John, "Personality Dimensions in Non-human Animals: A Cross-species Review," *Current Directions in Psychological Science* 8 (1999): 69–75; Sam Gosling, P. J. Rentfrow, and W. B. Swann Jr., "A Very Brief Measure of the Big Five Personality Domains," *Journal of Research in Personality* 37 (2003): 504–28; Sam Gosling and S. Vazire, "Are We Barking Up the Right Tree? Evaluating a Comparative Approach to Personality," *Journal of Research in Personality* 36 (2002): 607–14.

3 Connor J. Meyer et al., "Parasitic Infection Increases Risk-Taking in a Social, Intermediate Host Carnivore," *Communications Biology* 5, no. 1180 (2022); Jake Buehler, "A Parasite Makes Wolves More Likely

to Become Pack Leaders," *Science News*, December 6, 2022; Lina Zeldovich, "What Makes Us Bold," *Nautilus*, March 3, 2023.

4 Marc Bekoff, "Wolves with a Parasite Become More Daring, Study Shows," *Psychology Today*, January 15, 2023.

5 Toni Rodriguez, "Common Parasite Linked to Personality Changes," *Scientific American*, September 1, 2012.

6 Lesley Evans Ogden, "What Elephants Can Teach Us about the Importance of Female Leadership," *Washington Post*, January 27, 2014; Roohi Narula, "A Trunk of Knowledge: What Female Elephants Can Teach Us about Forming the Ultimate Girl Gang!," Wildlife SOS, September 6, 2021; Marc Bekoff, "Age Before Beauty: Older Elephant Matriarchs Know What's Best," *Psychology Today*, April 11, 2011.

7 Marc Bekoff, "The Power and Legacy of Yellowstone's Alpha Female Wolf 06," *Psychology Today*, November 8, 2022; Rick McIntyre, *The Alpha Female Wolf: The Fierce Legacy of Yellowstone's 06* (Vancouver, Canada: Greystone Books, 2022).

8 Marc Bekoff, "'Bitch' Repositions Female Animals to Where They Belong," *Psychology Today*, June 14, 2022.

9 프랑수아즈 베멜스펠더Françoise Wemelsfelder를 비롯한 여러 학자가 이 주제에 대해 광범위한 연구를 수행했다. 세부 내용은 다음을 참조할 수 있다. Françoise Wemelsfelder et al., "The Spontaneous Qualitative Assessment of Behavioural Expressions in Pigs: First Explorations of a Novel Methodology for Integrative Animal Welfare Measurement," *Applied Animal Behaviour Science* 67 (2000): 193–215; Françoise Wemelsfelder and A. B. Lawrence, "Qualitative Assessment of Animal Behaviour as an On-Farm Welfare-Monitoring Tool," *Acta Agriculturae Scandinavica* 30 (2001): 21–25 (supplement); Françoise Wemelsfelder and M. Farish, "Qualitative Categories for the Interpretation of Sheep Welfare: A Review," *Animal Welfare* 13 (2004): 261–68; Françoise Wemelsfelder et al., "Assessing the 'Whole Animal': A Free-Choice-

Profiling Approach," *Animal Behaviour* 62 (2001): 209–20; R. E. Anderson, J. Ryon, and J. C. Fentress, "Human Perception of Friendly and Agonistic Wolf Interactions," *Aggressive Behavior* 17 (1991): 58.
10 "The Word: Musth," *New Scientist*, February 8, 2006.
11 "Mona Lisa 'Happy,' Computer Finds," *BBC News*, December 15, 2005; Associated Press, "Was Mona Lisa Pregnant When She Posed?," *MSNBC*, September 27, 2006.
12 M. J. Owens and Delia Owens, *Secrets of the Savanna* (Boston: Houghton Mifflin, 2006), 2.
13 Alice Walker, "Am I Blue?" in *Living by the Word* (New York: Harcourt Brace Jovanovich, 1988), 8.
14 Doug Smith, "Meet Five, Nine, and Fourteen, Yellowstone's Heroine Wolves," *Wildlife Conservation* (February 2005), 33.
15 Charles Siebert, "The Animal Self," *New York Times Magazine*, January 22.
16 Jane Goodall, *Reason for Hope: A Spiritual Journey* (New York: Warner Books, 2000); Jane Goodall, "Essays on Science and Society," *Science* 5397 (December 18, 1998): 2184–85.
17 이 이야기는 볼더의 지역 신문 「볼더 카메라Boulder Camera」 2005년 2월 1일자에 실린 내용이다.
18 P. Vuilleumier, "Staring Fear in the Face," *Nature* 433 (2005): 22–23.
19 Peter Fimrite, "Daring Rescue of Whale off Farallones," *San Francisco Chronicle*, December 14, 2005.
20 Anita Bartholomew, "Whale of a Rescue," *Reader's Digest*, May 2006.
21 Stephen Messenger, "Whale Approaches Boat Captain to Ask Him to Do Her a Helpful Favor," *The Dodo*, April 7, 2023.
22 Daniel Goleman, *Destructive Emotions: A Scientific Dialogue with the Dalai Lama* (New York: Bantam, 2004), 200.
23 Douglas Starr, "Animal Passions," *Psychology Today*, March/April 2006, 98.

24 Rosamund Young, *The Secret Life of Cows* (Preston, UK: Farming Books and Videos Ltd., 2005).
25 Hiruni Samadi Galpayage Dona et al., "Do Bumble Bees Play?," *Animal Behaviour* 194 (2022): 239–53; Marc Bekoff, "Bumble Bees Play with Balls and May Even Enjoy It," *Psychology Today*, November 7, 2022.
26 Karen Davis, "The Social Life of Chickens," United Poultry Concerns, accessed September 27, 2023. 다음 책은 멋진 닭에 대한 또 다른 예찬론이다. Tove Danovich, *Under the Henfluence* (Chicago: Surrey Books / Agate Publishing, 2023).
27 이 인용문과 뒤에 나오는 고기잡이 까마귀 내용은 다음 문헌에 수록됐다. Jonathan Balcombe, "Animal Pleasure," in *Encyclopedia of Animal Behavior*, ed. Marc Bekoff (Westport, CT: Greenwood Publishing Group, 2004), 563–65.
28 Jonathan Leake, "The Secret Life of Moody Cows," *Sunday Times*, February 27, 2005.
29 놀이가 즐거움을 준다는 발상을 뒷받침하는 연구들이 있다. 신경과학자 스티브 시비Steve Siviy는 도파민이 놀이의 조절에 중요한 역할을 한다는 사실을 밝혀냈다(세로토닌 및 노르에피네프린도 가능성 있는 물질이다). Steve Siviy, "Neurobiological Substrates of Play Behavior: Glimpses into the Structure and Function of Mammalian Playfulness," in *Animal Play: Evolutionary, Comparative, and Ecological Perspectives*, ed. Marc Bekoff and J. A. Byers (New York: Cambridge University Press, 1998), 221–42.
30 P. Gorner, "Animals Enjoy Good Laugh Too, Scientists Say," *Chicago Tribune*, April 1, 2005; "Sounds of Dog's 'Laugh' Calms Other Pooches," *ABC News*, December 4, 2005.
31 Takahisa Matsusaka, "When Does Play Panting Occur During Social Play in Wild Chimpanzees?" *Primates* 45 (2004): 221–29.
32 Jaak Panksepp, "Beyond a Joke: From Animal Laughter to Human Joy," *Science* 308 (2005): 62–63.

33 Robert Provine, *Laughter: A Scientific Investigation* (New York: Penguin Books, 2001).

34 Carol Gigliotti, *The Creative Lives of Animals* (New York: New York University Press, 2022).

35 Nicola Davis, "Cool Leaf! Study Records Chimp Showing Off Object in Human-Like Way," *The Guardian*, November 14, 2022; Marc Bekoff, "Do Animals Show Off?," *Psychology Today*, November 16, 2022; Claudia Wilke et al., "Declarative Referential Gesturing in a Wild Chimpanzee (*Pan troglodytes*)," *Proceedings of the National Academy of Sciences* 119, no. 47 (November 14, 2022).

36 Henry Wismayer, "Finding Awe Amid Everyday Splendor," *Noema*, January 5.

37 Jane Goodall, "Primate Spirituality," in *The Encyclopedia of Religion and Nature*, ed. B. Taylor (New York: Thoemmes Continuum, 2005), 1303-6.

38 Adriano Lameira and Marcus Perlman, "Great Apes Reach Momentary Altered Mental States by Spinning," *Primates*, March 14, 2023; Marc Bekoff, "Great Apes Alter Their Mental States By Spinning Rapidly," *Psychology Today*, March 16, 2023.

39 Doug Smith, "Meet Five, Nine, and Fourteen, Yellowstone's Heroine Wolves," *Wildlife Conservation* (February 2005): 32.

40 "Orcas Now Taking Turns Floating Dead Calf in Apparent Mourning Ritual," CBC Radio, July 31, 2018.

41 Janet Baker-Carr, *An Extravagance of Donkeys* (iUniverse, Inc., 2006).

42 C. Siebert, "An Elephant Crackup?," *New York Times Magazine*, October 8, 2006, 42; G. A. Bradshaw et al., "Elephant Breakdown," *Nature* 433 (2005): 807.

43 Nicholas Vincent, "Experts Say Abandoned Dogs Experience Real PTSD," One Green Planet, April 1, 2023.

44 Marc Bekoff, "Do Dogs Know They're Dying?," *Psychology Today*, February 14, 2019.

45 A. E. Engh et al., "Behavioural and Hormonal Responses to Predation in Female Chacma Baboons (*Papio hamadryas ursinus*)," *Proceedings of the Royal Society of London: Biological Sciences Series B: Biological Sciences* 273 (2006): 707–12; Greg Lester, "Baboons in Mourning Seek Comfort among Friends," University of Pennsylvania, January 30, 2006.

46 신시아 모스의 글 중 여기서 인용하고 이후 소개하는 내용의 출처는 다음과 같다. Cynthia Moss, *Elephant Memories: Thirteen Years in the Life of an Elephant Family* (Chicago: University of Chicago Press, 2000).

47 Iain Douglas-Hamilton et al., "Behavioural Reactions of Elephants Towards a Dying and Deceased Matriarch," *Applied Animal Behaviour Science* 100 (2006): 87–102.

48 Karen McComb, L. Baker, and C. Moss, "African Elephants Show High Levels of Interest in the Skulls and Ivory of Their Own Species," *Biology Letters* (The Royal Society) 2 (2006): 26–28; John Pickrell, "Elephants Show Special Interest in Their Dead," *National Geographic News*, October 31, 2005.

49 구체적인 내용과 인용문은 다음을 참조할 것. Marc Bekoff, "Make No Mistake, Orca Mom J-35 and Pod Mates Are Grieving," *Psychology Today*, August 1, 2018; Daniel Kreizberg, *Tahlequah the Whale: A Dance of Grief* (Vilnius, Lithuania: Meinhart Animation Studio, 2023); Colin Dwyer, "After Calf's Death, Orca Mother Carries It for Days in 'Tragic Tour of Grief'," *NPR*, July 21, 2018.

50 Katie Surma, "Port Townsend Recognizes Rights of Endangered Southern Resident Orcas," *Seattle Times*, December 7, 2022.

51 Mi Dog Guide, "What Hormone Is Responsible for the Dog's Loving Behavior?," accessed September 27, 2023.

52 Marc Bekoff, "Do Pets Really Unconditionally Love and Unwind Us?," *Psychology Today*, June 15, 2020.

53 Charlyn Partridge, "Sneak Copulation as an Alternative Mating Strategy," in *Encyclopedia of Evolutionary Psychological Science*, ed. T.

Shackelford and V. Weekes-Shackelford (Switzerland: Springer, Cham, 2017).

54 Edna Francisco, "Monkey Love: Male Marmosets Think Highly of Sex," *Science News*, February 19, 2004; C. F. Ferris, et al., "Activation of Neural Pathways Associated with Sexual Arousal in Nonhuman Primates," *Journal of Magnetic Resonance Imaging* 19 (2004): 168-75.

55 Bernd Würsig, "Leviathan Lust and Love," in *The Smile of a Dolphin: Remarkable Accounts of Animal Emotions*, ed. Marc Bekoff (New York: Random House/Discovery Books, 2000), 62-65.

56 Lee Dugatkin, "Risking It All for Love," in *The Smile of a Dolphin: Remarkable Accounts of Animal Emotions*, ed. Marc Bekoff (New York: Random House/Discovery Books, 2000), 66-67.

57 Helen Fisher, *Why We Love: The Nature and Chemistry of Romantic Love* (New York: Henry Holt, 2004), 47.

58 "Slimy Leeches Are Devoted Parents," *Daily Times* (Pakistan), March 7, 2004.

59 Naomi Rose, "Giving a Little Latitude," in *The Smile of a Dolphin: Remarkable Accounts of Animal Emotions*, ed. Marc Bekoff (New York: Random House/Discovery Books, 2000), 32.

60 Cynthia Moss, "A Passionate Devotion," in *The Smile of a Dolphin: Remarkable Accounts of Animal Emotions*, ed. Marc Bekoff (New York: Random House/Discovery Books, 2000), 134-37.

61 C. Hatkoff, *Owen & Mzee: The Story of a Remarkable Friendship* (New York: Scholastic Press, 2006); "Odd Couple Make Friends in Kenya," *BBC News*, January 6, 2005.

62 Anne Bekoff, "In Sickness and in Health," in *The Smile of a Dolphin: Remarkable Accounts of Animal Emotions*, ed. Marc Bekoff (New York: Random House/Discovery Books, 2000), 61-62.

63 Jane Goodall, "Pride Goeth Before a Fall," in *The Smile of a Dolphin: Remarkable Accounts of Animal Emotions*, ed. Marc Bekoff (New York:

Random House / Discovery Books, 2000), 166 - 67.

64 Marc Hauser, "If Monkeys Could Blush," in *The Smile of a Dolphin: Remarkable Accounts of Animal Emotions*, ed. Marc Bekoff (New York: Random House / Discovery Books, 2000), 200 - 1.

65 Gisela Kaplan, *Bird Minds: Cognition and Behaviour of Australian Native Birds* (Clayton, Australia: CSIRO Publishing, 2015), 188 - 89.

66 조류의 동기간 갈등은 다음 책을 참조할 것. Douglas Mock, *More Than Kin and Less Than Kind: The Evolution of Family Conflict* (Cambridge, MA: Harvard University Press, 2004).

67 구체적인 내용은 다음 문헌을 참조할 것. Hilary Hanson, "Orcas Sink Another Boat in Europe, and the Behavior Is Spreading," *Huffpost*, May 20, 2023; Ruth Estaban et al., "Killer Whales of the Strait of Gibraltar, an Endangered Subpopulation Showing a Disruptive Behavior," *Marine Mammal Science*, June 8, 2022; Kieran Mulvaney, "Vengeance — or Playtime? Why Orcas Are Coordinating Attacks Against Sailboats," *National Geographic*, May 26, 2023; Marc Bekoff, "Why Are Killer Whales in Spain Bothering Boats?," *Psychology Today*, July 21, 2023.

68 Robert Sapolsky, *A Primate's Memoir* (New York: Touchstone Books, 2002), 234.

69 "Revenge Attack by Stone-Throwing Baboons," *Ananova*, December 9, 2000.

70 Ron Schusterman, "Pitching a Fit," in *The Smile of a Dolphin: Remarkable Accounts of Animal Emotions*, ed. Marc Bekoff (New York: Random House / Discovery Books, 2000), 106 - 7.

71 Simon Baron-Cohen, *Mindblindness: An Essay on Autism and Theory of Mind* (Cambridge, MA: MIT Press, 1995); E. A. Tinbergen and N. Tinbergen, "Early Childhood Autism — An Ethological Approach," *Advances in Ethology* 10 (1972).

4장

1 이 장의 일부 사례는 내가 쓴 《동물 돌보기Minding Animals》, 《동물의 열정Animal Passions》, 《동물의 미덕Beastly Virtues》, 나와 제시카 피어스가 공저한 《야생의 공정함Wild Justice》을 바탕으로 한다.

2 Charles Darwin, *The Descent of Man and Selection in Relation to Sex* (New York: Random House, 1871/1936), 163.

3 George Schaller and G. R. Lowther, "The Relevance of Carnivore Behavior to the Study of Early Hominids," *Southwestern Journal of Anthropology* 25 (1969): 307–41.

4 Delana Lefevers, "Fu Manchu, the Famed Orangutan Escape Artist, Learned to Pick Locks Right Here in Nebraska," Only In Your State, March 8, 2023.

5 Ker Than, "Gorilla Youngsters Seen Dismantling Poachers' Traps — A First," *National Geographic*, July 18, 2012.

6 "Biology of Fun," *Current Biology* 25, no. 1 (January 5, 2015).

7 David Matheson, "If It Looks Like Animal Fun, Then It Probably Is Fun" (letter to the editor), *New Scientist*, no. 3424 (February 4, 2023).

8 Turid Rugaas, *On Talking Terms with Dogs: Calming Signals* (Wenatchee, WA: Dogwise Publishing, 2005).

9 더 많은 내용은 다음을 참조할 것. Jaak Panksepp, *Affective Neuroscience* (New York: Oxford University Press, 1998); Jaak Panksepp, "Beyond a Joke: From Animal Laughter to Human Joy," *Science* 308 (2005): 62-63.

10 James Rilling et al., "A Neural Basis for Cooperation," *Neuron* 36 (2002): 395-405.

11 B. D. King-Casas et al., "Getting to Know You: Reputation and Trust in a Two-Person Economic Exchange," *Science* 308 (2005): 78; Matthew Herper, "Measuring Trust with a Brain Scan," *Forbes*, March 31, 2005.

12 Marc Bekoff, "Play Signals as Punctuation: The Structure of Social

Play in Canids," *Behaviour* 132 (1995): 419–29.

13 Sarah-Elizabeth Byosiere, Julia Espinosa, and Barbara Smuts, "Investigating the Function of Play Bows in Adult Pet Dogs (*Canis lupus familiaris*)," *Behavioural Processes* 125 (April 2016): 106–13.

14 Jessica Flack, L. A. Jeannotte, and Frans de Waal, "Play Signaling and the Perception of Social Rules by Juvenile Chimpanzees (Pan troglodytes)," *Journal of Comparative Psychology* 118 (2004): 149–59.

15 Duncan Watson and D. B. Croft, "Age-Related Differences in Playfighting Strategies of Captive Male Red-Necked Wallabies (*Macropus rufogriseus banksianus*)," *Ethology* 102 (1996): 336–46.

16 Sergio Pellis, "Keeping in Touch: Play Fighting and Social Knowledge," in *The Cognitive Animal: Empirical and Theoretical Perspectives on Animal Cognition*, ed. Marc Bekoff, Colin Allen, and Gordon M. Burghardt (Cambridge, MA: MIT Press, 2002), 421–27.

17 Marek Spinka, Ruth C. Newberry, and Marc Bekoff, "Mammalian Play: Training for the Unexpected," *Quarterly Review of Biology* 76, no. 2 (June 2001): 141–68.

18 관련 연구의 더 많은 정보는 다음을 참조할 것. R. Sussman and P. A. Garber, "Rethinking Sociality: Cooperation and Aggression Among Primates," in *The Origins and Nature of Sociality*, ed. R. Sussman and A. Chapman (Chicago: Aldine, 2004), 161–91; R. Sussman, P. A. Garber, and J. Cheverud, "The Importance of Cooperation and Affiliation in the Evolution of Primate Sociality," *American Journal of Physical Anthropology* 128 (2005): 84–97.

19 Alexandra Horowitz, "The Behaviors of Theories of Mind, and a Case Study of Dogs at Play" (PhD diss., University of California, San Diego, 2002).

20 Marc Bekoff, "When Dogs Play, They Follow the Golden Rules of Fairness," *Psychology Today*, November 15, 2019.

21 집단의 해체와 관련해서 '사회적 결속력' 이론이라 불린다. Marc Bekoff, "Mammalian Dispersal and the Ontogeny of Individual Behavioral

Phenotypes," *American Naturalist* 111 (1997): 715–32.

22 His Holiness the Dalai Lama, "Understanding Our Fundamental Nature," in *Visions of Compassion: Western Scientists and Tibetan Buddhists Examine Human Nature*, ed. R. J. Davidson and A. Harrington (New York: Oxford University Press, 2002), 68.

23 Michael Tobias and Jane Morrison, *Donkey: The Mystique of Equus asinus* (Tulsa, OK: Council Oak Books, 2006), 42.

24 Ernst Fehr and S. Gächter, "Altruistic Punishment in Humans," *Nature* 415 (2002): 137–40; Ernst Fehr and B. Rockenbach, "Detrimental Effect of Sanctions on Human Altruism," *Nature* 422 (2003): 137–40; K. Sigmund, E. Fehr, and M. A. Nowak, "The Economics of Fair Play," *Scientific American* 286 (2002): 83–87.

25 Felix Warneken and Michael Tomasello, "Altruistic Helping in Human Infants and Young Chimpanzees," *Science* 311 (2006): 1301.

26 Robert Sussman and Paul Garber, "Rethinking Sociality: Cooperation and Aggression Among Primates," in *The Origins and Nature of Sociality*, ed. R. Sussman and A. Chapman (Chicago: Aldine, 2004), 161–91; Robert Sussman, Paul Garber, and J. Cheverud, "The Importance of Cooperation and Affiliation in the Evolution of Primate Sociality," *American Journal of Physical Anthropology* 128 (2005): 84–97.

27 Marc Bekoff, "Friendliness and Cooperation Are Secrets of Humans' Success," *Psychology Today*, July 13, 2020; Marc Bekoff, "Trust and Cooperation Are Widespread Among Diverse Animals," *Psychology Today*, September 21, 2022; Kristin Ohlson, *Sweet in Tooth and Claw: Stories of Generosity and Cooperation in the Natural World* (Manchester, VT: Patagonia, 2022); Nichola Raihani, *The Social Instinct: How Cooperation Shaped the Word* (New York: St. Martin's Press, 2021).

28 B. Shouse, "Ecology: Conflict Over Cooperation," *Science* 299 (2003): 644–46.

29 Robert Solomon, *A Passion for Justice: Emotions and the Origins of the*

Social Contract (Lanham, MD: Rowman & Littlefield Publishers, 1995), 102.

30 David Sloan Wilson, *Darwin's Cathedral: Evolution, Religion, and the Nature of Society* (Chicago: University of Chicago Press, 2002), 195, 212.

5장

1 Claudia Dreifus, "A Conversation with Frans de Waal," New York Times, June 26, 2001.

2 William J. Long, *Brier-Patch Philosophy by "Peter Rabbit"* (Boston and London: Ginn & Company, 1906), 26.

3 Hal Whitehead, *Sperm Whales: Social Evolution in the Oceans* (Chicago: University of Chicago Press, 2004), 370-71.

4 Konrad Lorenz, "Ganzheit und Teil in der tierischen und menschlichen Gemeinschaft," 1950. Reprinted in *Studies in Animal and Human Behaviour*, vol. 2, ed. R. Martin (Cambridge, MA: Harvard University Press, 1971), 135.

5 Douglas Cruickshank, "Robert Sapolsky," *Salon*, May 14, 2001; Robert Sapolsky, *A Primate's Memoir* (New York: Touchstone Books, 2002).

6 Stephen J. Gould, "A Lover's Quarrel," in *The Smile of a Dolphin: Remarkable Accounts of Animal Emotions*, ed. Marc Bekoff (New York: Random House/Discovery Books, 2000), 13-17.

7 매리언 도킨스는 《동물은 왜 중요한가》에서 "특히 마크 베코프 같은 학자들은 진심을 다해 열정적으로 의인화를 사용한다"(p.21)라며 그릇된 주장을 펼친다. 뒤이어 도킨스는 나를 비롯한 학자들의 의인화 방식이 '옳을 수도 있다'고 언급하지만, 내가 '실질적으로 우리가 동물의 행동을 해석하는 방식에는 아무런 제약이 없다고 주장하는 것과 다를 바 없는' 견해를 피력한다고 잘못 설명한다(p.22). 또한 내가 이분법적으로 '의인화와 과학의 대립 구도'를 설정했다고 언급하는데, 사실과 전혀 다르다. 나는 의인화 표현이 우리가 동물의 행동과 감정에 더욱 다가가기 쉽게 해준다는 입장을 줄곧 견지해왔으며, 우리가 의인화를 생명 중심적 관점에서 철저히 과학적인 방식으로 사용할 수 있다는 점을 늘 강조했다. 도킨스의

주장에 내가 답변한 내용 전문은 다음을 참조하길 바란다. Marc Bekoff, "Animal Consciousness and Science Matter," *Psychology Today*, May 7, 2012.

8 Marc Bekoff and Koen Margodt, eds., *Jane Goodall at 90: Celebrating an Astonishing Lifetime of Science, Advocacy, Humanitarianism, Hope, and Peace* (Berlin, MD: Salt Water Media, 2024).

9 Marc Bekoff, "Anthropomorphic Double-Talk: Can Animals Be Happy but Not Unhappy? No!," *Psychology Today*, June 24, 2009.

10 Patricia Ward Biederman, "Soft Heart Under Her Thick Skin?" *Los Angeles Times*, November 16, 2004.

11 2005년 9월 4일 '동물의 지각Animal Sentience' 웹 사이트에 인용된 메리 미즐리의 글이다.

12 Lisa Brenner, "Ruby the Elephant, 50, Dies at Animal Sanctuary," *LAist*, March 31, 2011.

13 Gordon Burghardt, "Animal Awareness: Current Perceptions and Historical Perspective," *American Psychologist* 40 (1985): 905-19.

14 Gordon Burghardt, "Mediating Claims through Critical Anthropomorphism," *Animal Sentience* 3, no. 17 (2016); Marc Bekoff, "Animal Emotions: Exploring Passionate Natures," *BioScience* 50, no. 10 (October 2000).

15 Donald Hebb, "Emotion in Man and Animal: An Analysis of the Intuitive Process of Recognition," *Psychological Review* 53 (1946): 88-106.

16 Marc Bekoff, "Anthropomorphism Favors Coexistence, Not Deadly Domination," *Psychology Today*, December 28, 2019.

17 Brandon Keim, "America's Views on Wildlife Are Changing," *Anthropocene*, December 18, 2019.

18 Alvin A. Y.-H. Chan, "Anthropomorphism as a Conservation Tool," *Nature Reviews* 21, no. 7 (June 2012).

19 폴 셰퍼드의 인용문 출처는 다음과 같다. Cody Moser, "On the Origins

of Empathy for Other Species," *Works in Progress* 10, February 24, 2023.

20 Marlon H. Reis, "The Importance of Recognizing Sentience in Non-Human Animals," *Marc Bekoff*, Ph.D. (blog), March 8, 2023.

6장

1 Albert Schweitzer, *Memoirs of Childhood and Youth* (London: Allen and Unwin, 1924).

2 '자연 날조꾼'에 관한 더 많은 정보는 다음을 참조할 것. R. H. Lutts, *The Nature Fakers* (Golden, CO: Fulcrum Publishers, 1990); R. K. Gould, *At Home in Nature: Modern Homesteading and Spiritual Practice in America* (Berkeley: University of California Press, 2005).

3 Paul Ehrlich, *A World of Wounds: Ecologists and the Human Dilemma* (Oldendorf/Luhe, Germany: Ecology Institute, 1997).

4 John Webster, "Animal Sentience and Animal Welfare: What Is It to Them and What Is It to Us?," *Applied Animal Behaviour Science* 100 (2006): 1-3; John Webster, *Animal Welfare: Limping Towards Eden* (Oxford, England: Blackwell Publishing, 2005).

5 Henry Pollack, *Uncertain Science...Uncertain World* (New York: Cambridge University Press, 2003), 3.

6 Kathleen McLaughlin, "China Finally Setting Guidelines for Treating Lab Animals," *Science*, March 21, 2016; Amanda Lindner, "Oh Yeah! Iran Bans Use of Wild Animals in Circuses!," One Green Planet, accessed September 28, 2023.

7 Donald Broom, *Broom and Fraser's Domestic Animal Behaviour and Welfare*, sixth edition (Oxfordshire, UK: CABI, 2007/2022), 6.

8 Melissa Elischer and Tina Conklin, "The Five Freedoms: A History Lesson in Animal Care and Welfare," Michigan State University Extension, September 6, 2019.

9 Marc Bekoff, "Dogs, Captivity, and Freedom: Unleash Them

Whenever You Can," *Psychology Today*, March 15, 2019.

10 Marc Bekoff, "Justice for Animals Means Freedom to Do What Comes Naturally," *Psychology Today*, December 12, 2022.

11 이후에 인용된 폴 테일러의 모든 인용문은 다음 책에서 발췌했다. Paul Taylor, *Respect for Nature: A Theory of Environmental Ethics* (Princeton, NJ: Princeton University Press, 1986/2011), 173, 174, 175, 186.

12 Jane Goodall, "Digging Up the Roots," *Orion* 13 (Winter 1994): 20-21.

13 Lawrence Johnson, *A Morally Deep World* (New York: Cambridge University Press, 1991), 122.

14 실험용 동물 개체의 정확한 수를 파악하기는 매우 어렵다. 여기서 사용한 통계 수치는 다음 출처들의 세부 내용을 취합한 것이다. World Day for Laboratory Animals 2023; "Animals in Laboratories," Animal Welfare Institute; Cruelty Free International, "The US Is Still Failing Animals and the Public," February 24, 2023; Larry Carbone, "Estimating Mouse and Rat Use in American Laboratories by Extrapolation from Animal Welfare Act-Regulated Species," *Scientific Reports* 11, no. 493 (2021).

15 Department of Agriculture, "Animal Welfare, Definition of Animal," RIN0579-AB69, *Federal Register*, vol. 69, no. 108, June 4, 2004.

16 동물복지법 전문은 미 농무부 홈페이지에서 찾아볼 수 있다. http://www.nal.usda.gov/awic/legislat/usdaleg1.htm.

17 Ishani Ganguli, "Mice Show Evidence of Empathy," *The Scientist*, June 30, 2006; D. J. Langford et al., "Social Modulation of Pain as Evidence for Empathy in Mice," *Science* 312 (2006): 1967-70.

18 B. Puppe et al., "Castration-Induced Vocalisation in Domestic Piglets (*Sus scrofa*): Complex and Specific Alterations of the Vocal Quality," *Applied Animal Behaviour Science* 95 (2005): 67-78.

19 Associated Press, "Tasers to Be Tested on Cocaine-Drugged Pigs," *NBC News*, May 3, 2005.

20 해리 할로우의 연구 요약은 다음을 참조할 것. D. Blum, *Love at Goon*

Park: Harry Harlow and the Science of Affection (New York: Perseus Publishing, 2002).

21 Diabetes Research Institute, "Researchers Find Striking Difference between Human and Animal Insulin-Producing Islet Cells," February 2006.

22 J. Lazarou, B. H. Pomeranz, and P. N. Corey, "Incidence of Adverse Drug Reactions in Hospitalized Patients," *Journal of the American Medical Association* 279 (1998): 1205.

23 Sonia Shah, "The Case for Free-Range Lab Mice," *New Yorker*, February 18, 2023.

24 Azeen Ghorayshi, "Guess Which Sex Behaves More Erratically (at Least in Mice)," *New York Times*, March 7, 2023.

25 Emily Anthes, "Could the Next Blockbuster Drug Be Lab-Rat Free?," *New York Times*, March 7, 2023.

26 이 사안의 세부 내용은 저자가 매트 로셀Matt Rossell과 나눈 개인적인 대화를 바탕으로 한다.

27 Brandon Kiem, "What Do We Owe Lab Animals?," *New York Times*, January 23, 2023.

28 Kate Field et al., "Publication Reform to Safeguard Wildlife from Researcher Harm," *PLOS Biology* (April 11, 2019).

29 Benjamin G. Farrar, Ljerka Ostojić, and Nicola S. Clayton, "The Hidden Side of Animal Cognition Research: Scientists' Attitudes Toward Bias, Replicability, and Scientific Practice," *PLOS ONE* (August 31, 2021).

30 Andrea Harvey et al., "Mental Experiences in Wild Animals: Scientifically Validating Measurable Welfare Indicators in Free-Roaming Horses," *Animals* 13, no. 9 (April 2023); University of Technology Sydney, "Assessing Emotions in Wild Animals," *Science Daily*, May 17, 2023.

31 David Foster, "Wildlife Researchers' Good Intentions Often Can Be

Deadly for Animals," *Los Angeles Times*, July 7, 2002. 이 글은 오랜 세월이 지났음에도 여전히 건재하며, 연구법이 대상 동물의 행동에 어떤 영향을 미치는지를 보여주는 좋은 사례들을 풍부하게 제시한다. 예를 들어 홍오리는 날개에 태그를 부착하면 구애에 더 적은 시간을 보내고 더 많은 시간 동안 잠을 자게 된다. 흰발생쥐의 경우 귀에 태그를 부착하면 진드기를 털어내는 그루밍 행동을 할 수 없다. 청둥오리는 몸에 무게가 30그램인 무선 송신기가 부착된 후 비활동 시간이 증가하고 깃털 정리에 더 많은 시간을 들였으며, 둥지를 짓기 시작하는 시기가 늦어져 더 작은 크기의 알을 더 적게 낳았다. 그리고 멸종 위기종인 하와이꿀먹이새를 연구하던 과학자들이 길게 뻗은 안테나가 장착된 무선 수신기를 사용한 결과, 안테나가 나뭇가지에 걸려 새들이 속절없이 나무에 매달린 것이 발견된 적도 있다.

32 Alla Katsnelson, "Science Is Just Starting to Understand What Animals Feel," *Science News Explores*, October 6, 2022.

33 Gisela Kaplan, "Fieldwork Results, Anonymity, Rare Observations and Cognition-Questions of Method, Biases and Interpretations," In&Sight, June 29.

34 이 문단 내용 중 일부는 다음 책에서 차용했다. Jessica Pierce and Marc Bekoff, "Incarcerating Animals and Egregious Losses of Freedoms," in *Carceral Logics: Human Incarceration and Animal Captivity*, ed. Lori Gruen and Justin Marceau (New York: Cambridge University Press, 2022).

35 인용된 내용은 다음 책에서 발췌했다. Françoise Wemelsfelder, "Animal Boredom: Understanding the Tedium of Confined Lives," in *Mental Health and Well-Being in Animals*, ed. F. McMillan (Oxford, England: Blackwell Publishing, 2005), 79-93.

36 Georgia Mason et al., "Why and How Should We Use Environmental Enrichment to Tackle Stereotyped Behaviour?," *Applied Animal Behaviour Science* 102 (2007).

37 Françoise Wemelsfelder, "Animal Boredom: Understanding the Tedium of Confined Lives," in *Mental Health and Well-Being in Animals*, ed. F.

McMillan (Oxford, England: Blackwell Publishing, 2005), 79-93.

38 Y. Kozorovitskiy et al., "Experience Induces Structural and Biochemical Changes in the Adult Primate Brain," *Proceedings of the National Academy of Sciences* 102 (2005): 17478-82; "Bored Monkeys Make for Stupid Monkeys," *New Scientist*, November 16, 2005.

39 Dale Jamieson and Marc Bekoff, "On Aims and Methods of Cognitive Ethology," *Proceedings of the Biennial Meeting of the Philosophy of Science Association* 1992, *Volume Two: Symposia and Invited Papers* (1992), 110-24.

40 James Rilling, J. T. Winslow, and C. D. Kilts, "The Neural Correlates of Mate Competition in Dominant Male Rhesus Macaques," *Biological Psychiatry* 56 (2004): 363-75.

41 Dorian Houser et al., "Structural and Functional Imaging of Bottlenose Dolphin (*Tursiops truncatus*) Cranial Anatomy," *Journal of Experimental Biology* 207 (October 2004): 3657-65.

42 Madalena E. Fonseca et al., "Functional MRI of Large Scale Activity in Behaving Mice," Prelights, April 18, 2020; Patricia Pais-Roldán et al., "Contribution of Animal Models toward Understanding Resting State Functional Connectivity," *NeuroImage* 245 (December 15, 2021); Marc Bekoff, "How Dogs View the World: Brain Scans Tell Us What They See," *Psychology Today*, April 14, 2028.

43 Marc Bekoff, "Dogs Know When They've Been Dissed, and Don't Like It a Bit," *Psychology Today*, July 23, 2014; Peter Cook et al., "Jealousy in Dogs? Evidence from Brain Imaging," *Animal Sentience* 22, no. 1 (2018); Marc Bekoff, "Jealousy in Dogs: Brain Imaging Shows They're Similar to Us," *Psychology Today*, May 13, 2018.

44 PETA, "'Glass Walls' with Paul McCartney" (video), accessed September 29, 2023.

45 공장식 축산에 대한 논의는 특히 다음 저자들, 즉 게일 아이즈너Gail Eisner, 마이클 W. 폭스Michael W. Fox, 피터 싱어Peter Singer, 짐 메이슨Jim Mason, 마

이클 폴란Michael Pollan, 캐런 데이비스Karen Davis, 에릭 마커스Eric Marcus, 매튜 스컬리Matthew Scully, 제인 구달Jane Goodall의 저서에서 찾아볼 수 있다. 지각 능력에 관한 논의에서는 소, 돼지, 닭 외의 동물들도 고려할 필요가 있다. 가령 랍스터와 어류도 공포와 고통을 느낀다는 증거가 존재한다. 다음 문헌을 참조할 수 있다. T. Corson, *The Secret Life of Lobsters* (New York: Harper Perennial, 2004); S. Yue, R. D. Moccia, and I. J. H. Duncan, "Investigating Fear in Domestic Rainbow Trout (*Oncorhynchus mykiss*), Using an Avoidance Learning Task," *Applied Animal Behaviour Science* 87 (2004): 343–54; L. U. Sneddon, "The Evidence for Pain in Fish: The Use of Morphine as an Analgesic," *Applied Animal Behaviour Science* 83 (2003): 153–62.

46 여기서 제시한 수치들은 다음 출처로부터 나왔다. Grace Hussain, "How Many Animals Are Killed for Food Every Day?," *Sentient Media*, August 31, 2022; Marc Bekoff, "The Effects of Food on Ecosystems and Biodiversity," *Psychology Today*, December 13, 2020; animalclock.org(미국에서 도축되는 동물 수를 실시간으로 집계하는 사이트).

47 "The Weight of Responsibility: Biomass of Livestock Dwarfs That of Wild Mammals," American Committee for the Weizmann Institute of Science, February 27, 2023.

48 Lucas Reijinders and Sam Soret, "Quantification of the Environmental Impact of Different Dietary Protein Choices," *Journal of Clinical Nutrition* 78 (2003): 664S–68S.

49 James Bartholomew, "Let's Ban All the Methane Machines," *Telegraph*, April 7, 2004.

50 Oliver Jones, "How Much Methane Do Cows Produce? Scientific Facts," PetKeen, September 19, 2023.

51 University of Cambridge, "New Animal Welfare Scoring System Could Enable Better-Informed Food and Farming Choices," *Science News*, March 22, 2023.

52 여기서 언급한 통계 수치의 출처는 다음과 같다. Laila Kassam and Amir

Kassam, "Introduction," in *Rethinking Food and Agriculture*, ed. Amir Kassam and Laila Kassam (Cambridge, MA: Woodhead Publishing/Elsevier, 2020). 게다가 미국 콜로라도강 유역의 수자원은 대부분 가축 사육에 쓰인다. Elena Shao, "The Colorado River Is Shrinking. See What's Using All the Water," *New York Times*, May 22, 2023.

53 양계 산업에 관한 더 많은 정보는 다음 웹 사이트를 참조할 것. United Poultry Concerns, http://upc-online.org.

54 Nicholas Kristof, "Spy Cams Show What the Pork Industry Tries to Hide," *New York Times*, February 4, 2023.

55 University of Cambridge, "New Animal Welfare Scoring System Could Enable Better-Informed Food and Farming Choices," *Science News*, March 22, 2023.

56 Christa Lesté-Lasserre, "Male Chicks Are More Sociable If They Were Grown in Warmer Eggs," *New Scientist*, January 17, 2023.

57 Mark Essig, *Lesser Beasts* (New York: Basic Books, 2015).

58 Jane McNaughton, "Pig Slaughter Methods Defended by Pork Industry after Animal Activists Release Footage," *ABC Rural News*, March 27, 2023.

59 Jennifer Shike, "BREAKING: Supreme Court Backs California Prop 12," *Farm Journal's Pork*, May 11, 2023.

60 이 인용문은 대개 출처 없이 인용될 때가 많다. 한 출처는 다음과 같다. https://www.goodreads.com/quotes/419241-i-think-using-animals-for-food-is-an-ethical-thing.

61 Alice Walker, "Am I Blue?," in *Living by the Word* (New York: Harcourt Brace Jovanovich Publishers, 1988), 8.

62 Marc Bekoff, "Going 'Cold Tofu' to End Factory Farming," *Psychology Today*, October 31, 2011.

63 Marc Bekoff, "The Scary Facts of Dairy Violate the Five Freedoms," *Psychology Today*, December 9, 2018; Ashley Capps, "10 Dairy Facts the Industry Doesn't Want You to Know," Free from Harm, accessed

September 29, 2023. 유제품을 대체할 방법은 다음 웹 사이트에서 얻을 수 있다. https://switch4good.org.

64 Hemi Kim, "Is Veganism Becoming More Popular? Using Data to Track the Growing Trend," *Sentient Media*, May 13, 2022.

65 Marc Bekoff, "Why Is Eating Meat So Emotionally and Ethically Challenging?," *Psychology Today*, February 19, 2022.

66 Marc Bekoff, "Babe, Lettuce, and Tomato: Dead Pig Walking," *Psychology Today*, October 9, 2011.

67 켄터키 더비와 뒤에 나오는 산타 아니타 경마장에 관한 구체적인 내용은 다음을 참고할 것. Bob D'Angelo, "Two More Horses Euthanized at Churchill Downs; Death Total at 7 before Kentucky Derby," *WHIOTV7*, May 6, 2023; Elizabeth Banicki, "What Do Horses Feel at the Kentucky Derby? Mostly Fear and Pain," *The Guardian*, May 3, 2023; Kathy Guillermo, "Four Dead Horses in Six Days at Churchill Downs Shows Horse Racing's Reality Problem," *Lexington Herald-Leader*, May 3, 2023; Associated Press, "2 Horses Die from Injuries at Churchill Downs, Bringing Total to 12 at Home of Kentucky Derby," May 27, 2023; Merritt Clifton, "Necropsies Dominate the 2023 Kentucky Derby Post-Mortems," Animals 24-7, May 8, 2023; Jessica Ogilvie and Nate Perez, "Santa Anita Park Reports 6 Horse Deaths So Far in 2023, Renewing Racing Scrutiny," *LAist*, February 13, 2023.

68 Sylvia Dixon et al., "Behaviours Expressed by Rodeo Calves during Different Phases of Roping," *Animals* 13, no. 3 (January 2023).

69 "United Poultry Concerns Condemns Chicken Roping Contest, Urges Compassionate Conduct," United Poultry Concerns, February 8, 2023. 인용문의 출처는 다음과 같다. Wendy Corr, "Yes, Chicken Roping in Wyoming Is a Real Thing, Moorcroft Holding 9th Annual Event in February," *Cowboy State Daily*, January 21, 2023.

70 Charles Siebert, "The Dark Side of Zootopia," *New York Times Magazine*, November 18, 2014.

71 AZA, "Visitor Learning in Zoos and Aquariums: A Literature Review," accessed September 29, 2023.

72 "Staff" page, Association of Zoos & Aquariums, accessed September 29, 2023.

73 V. Croke, *The Modern Ark: The Story of Zoos: Past, Present, and Future* (New York: Scribner, 1997), 171.

74 Liz Tyson-Griffin, "Animal Captivity Is a Dangerous Distraction from Real Conservation Efforts," Earth.org, August 17, 2023.

75 Eric Jensen, "Evaluating Children's Conservation Biology Learning at the Zoo," *Conservation Biology* 28, no. 4 (August 2014); "Zoos Neither Educate Nor Empower Children," *Freedom for Animals*, April 10, 2019; Marc Bekoff, "What Do Zoos Teach about Biodiversity and Does It Matter?," *Psychology Today*, March 8, 2014; "Animals in Captivity: Do Zoos Actually Educate Visitors?," Penn State University, November 28, 2015. 추가로 다음을 참조할 것. Andrew Moss, Eric Allen Jensen, and Markus Gusset, "A Global Evaluation of Biodiversity Literacy in Zoo and Aquarium Visitors," World Association of Zoos and Aquariums, January 2014. 보고서는 이렇게 결론짓는다. "이 사례에서 몇 가지 긍정적인 증거는 생물 다양성이 여러 생물학적 현상과 관련이 있다는 점을 보여주지만, 여기에는 폭넓게 나타나는 식물종 및 동물종의 다양성, 종 간의 상호 의존성, 생물 다양성의 유전학적 가치, 생물 다양성이 인간에게 중요한 이유, 생물 다양성 보전의 필요성과 관련된 증거는 **포함되지 않았다**."(볼드체는 내가 강조한 부분이다.)

76 Gabriel Henrique de Oliveira Caetano et al., "Evaluating Global Interest in Biodiversity and Conservation," *Conservation Biology* 37, no. 5 (October 2023).

77 Jessica Scott-Reid, "Beware the Rise of 'Conservation Washing' — The Latest Gambit to Keep Animals in Captivity," *Globe and Mail*, December 8, 2023.

78 Donna Lu, "Animals Bred in Captivity Develop Physical Changes

That May Hinder Survival in the Wild, Research Finds," *The Guardian*, November 20, 2022; Donna Lu, "Breeding Birds in Captivity May Alter Their Wing Shapes and Reduce Post-Release Survival Chances," *The Guardian*, March 18, 2023.

79 Marc Bekoff, "Research Shows Big Mammals Suffer Brain Damage in Captivity," *Psychology Today*, November 15, 2020.

80 "The People's Vote: No More Large Animals in Zoos," *Skem News*, February 16, 2023.

81 Associated Press, "Puerto Rico Will Close Its Only Zoo after Long-Standing Complaints," *NBC News*, February 28, 2023.

82 Jeanne McDowell, "Are Zoos Killing Elephants?," *Time*, June 12, 2006.

83 코요테에 관한 내 연구 결과의 요약은 다음 글을 참조할 것. Marc Bekoff and M. C. Wells, "Social Behavior and Ecology of Coyotes," *Advances in the Study of Behavior* 16 (1986): 251–338.

84 "Dutch Plan Orangutan Web Dating," *BBC News*, August 15, 2006.

85 "Mozart Soothes Bereaved Elephant," *ABC News*, June 29, 2006.

86 "Closed or Closing Elephant Zoo Exhibits," In Defense of Animals, accessed October 5, 2023.

87 브롱크스 동물원의 패티와 해피에 관한 구체적 내용은 다음을 참조할 것. Charles Siebert, "An Elephant Crackup?," *New York Times Magazine*, October 8, 2006; G. A. Bradshaw et al., "Elephant Breakdown," *Nature* 433 (2005): 807; Robbie Sequeira, "City Council Bill to Ban Elephant Captivity in NYC Puts Focus on Bronx Zoo's Happy and Patty," *Bronx Times*, March 16, 2023; Jonathan Custodio, "Set Bronx Zoo Elephants Happy and Patty Free, Council Bill Orders," *The City*, March 16, 2023; "Legal Fight to Free Happy the Elephant Continues in New York," Nonhuman Rights Project, accessed October 5, 2023.

88 Jessica Pierce and Marc Bekoff, "A Postzoo Future: Why Welfare Fails Animals in Zoos," *Journal of Applied Animal Welfare Science* 21, no. 1

(October 2018).

89 2022년 11월 제인 구달 연구소는 '고래류 포획에 관한 성명서'를 내놓았다. 그 내용은 다음처럼 요약된다. "제인 구달 연구소는 전 세계적으로 즉각 고래류의 포획, 사육, 번식을 영구적으로 금지할 것을 요구한다." 이 사안의 더 많은 정보는 고래 보호구역 프로젝트Whale Sanctuary Project 웹 사이트(https://whalesanctuaryproject.org)에서 찾아볼 수 있으며, 2013년에 제작된 훌륭한 다큐멘터리 〈블랙피쉬Blackfish〉를 보길 바란다. 이 작품에서는 세 사람의 목숨을 앗아간 범고래 틸리쿰의 이야기를 다뤘다. 추가로 다음 글을 참조할 수 있다. Marc Bekoff, "Do Orcas Go Crazy Because of Petting Pools and False Hopes?," *Psychology Today*, March 30, 2015.

90 Dale Jamieson, "Sentience Is More Complicated Than You Think," Law, Ethics, & Animals Program at Yale Law School, February 17, 2022.

91 Marc Bekoff, "Why Consenting Cats Are Happier Cats," *Psychology Today*, March 12, 2023.

92 Amanda Chai, "Catching Up with Bernard Harrison, Singapore's Very Own Zoo Tycoon," *SG Magazine*, August 23, 2017.

93 Jenny Gray, *Zoo Ethics: The Challenges of Compassionate Conservation* (Ithaca, NY: Comstock Publishing Associates, 2017), 208. 한편 미국의 동물 옹호 단체 '인 디펜스 오브 애니멀즈IDA'는 '2022년 코끼리에게 최악의 동물원 10곳'을 선정했는데, 여기에는 오리건 동물원, 캔자스시티 동물원, 휴스턴 동물원, 애틀랜타 동물원, 신시내티 동물원 같은 주요 동물원들이 포함됐다.

94 Ben Tobias and Paul Kirby, "Sweden Furuvik Zoo: Anger over Shooting of Chimpanzees in Zoo Escape," *BBC News*, December 16, 2022.

95 Hannah Barnes, "How Many Healthy Animals Do Zoos Put Down?," *BBC News*, February 27, 2014.

96 이 사안의 구체적인 정보는 다음을 참조할 것. Laura Smith-Spark and Bharati Naik, "Copenhagen Zoo Kills 4 Lions, Weeks after

Shooting Giraffe," *CNN*, March 26, 2014; Marc Bekoff, "Swedish Zoo 'Zoothanizes' Nine Healthy, 'Useless' Lion Cubs," *Psychology Today*, January 16, 2018; Jon Henley, "Three Chimpanzees Shot Dead after Escape from Swedish Zoo," *The Guardian*, December 14, 2022; Mehek Mazhar, "'Surreal' Killing of 4 Chimpanzees Has Zoologist Reconsidering Ties with Swedish Zoo," *CBC*, December 21, 2022; Erika Helms, "Jane Goodall Institute Statement on the Killing of Chimpanzees in Swedish EAZA Zoo Furuviksparken," Jane Goodall Institute, December 19, 2022; "Dundee Zoo 'Heartbroken' after Wolf Pack Euthanised," *BBC News*, March 28, 2023; Marc Bekoff, "Dundee Zoo Needlessly Kills a Wolf Pack After Their Leader Dies," *Marc Bekoff, Ph.D.* (blog), April 6, 2023.

97 Marc Bekoff, "Pandering Pandas: Sweetie and Sunshine on Loan in Edinburgh," *Psychology Today*, December 12, 2011; Marc Bekoff, "The Captive Panda Breeding Boondoggle: The Invisible Side," *Psychology Today*, September 5, 2019; Marc Bekoff, "Cuddly Pandas Are 'Cuteness Crack' Says British Zoologist," *Psychology Today*, April 9, 2018.

98 J. A. Allen, "Zoo Basel Puts Baby Orangutan to Sleep — Now a Shitstorm Is Raging," *Then24*, February 1, 2023; Erika Helms, "JGI Statement on the Death of a Baby Orangutan in Switzerland," Jane Goodall Institute, February 6, 2023.

99 이 내용은 질 로빈슨이 이메일을 통해 내게 개인적으로 전한 것이다.

100 Y2Y 프로젝트에 관한 더 많은 정보는 다음 웹 사이트에서 찾을 수 있다. https://y2y.net.

101 관련 글에 제시된 통계 수치의 출처는 다음과 같다. Oliver Milman, "'A Barbaric Federal Program': US Killed 1.75m Animals Last Year — or 200 Per Hour," *The Guardian*, March 25, 2022; Dina Fine Maron, "US Government Agency Accidentally Killed Almost 3,000 Animals in 2021," *National Geographic*, April 12, 2022; Colin Tiernan, "'The Hired Gun of the Livestock Industry': Wildlife Services, a Federal Agency,

Kills More Than 100,000 Animals in Washington Every Year," *Spokesman-Review*, March 12, 2023. 야생 동물에 관한 더 많은 정보는 미국 휴메인 소사이어티의 웹 사이트(https://www.humanesociety.org)에서 구할 수 있다.

102 "Colorado Quits Killing Elk, Deer to Contain Disease," *Casper Star Tribune*, March 31, 2006.

103 Marc Bekoff, "Calling Animals 'Pests' Is More About Us Than Them," *Psychology Today*, December 6, 2022.

104 Gosia Bryja, "Language and the Knife: Silencing Nature," *Medium*, March 31, 2023.

105 Marc Bekoff, "As Food Animals Became 'Things,' Their Feelings Were Ignored," *Psychology Today*, February 22, 2022.

106 Marc Bekoff, "Murdering Animals: A Book about Social and Species Justice," *Psychology Today*, April 10, 2018.

107 "Ventilation Shutdown Used to 'Depopulate' Farm Animals During Pandemic Causes Severe Suffering," Animal Welfare Institute, July 1, 2020. 추가로 다음 자료를 참조할 것. Veterinarians Against Ventilation Shutdown, https://www.vavsd.org/about.

108 Karen Davis, "Do Chickens Mind Seeing Other Chickens Killed in Their Presence?," United Poultry Concerns, March 10, 2023.

109 "Fair Chase Statement," Boone and Crockett Club, accessed September 30, 2023.

110 "Fair Chase," Hunter-ed.com, accessed September 30, 2023.

111 온정적 보전에 관한 더 많은 정보는 다음 자료를 참조할 것. "What Is Compassionate Conservation?," University of Technology, Sydney (UTS), accessed September 30, 2023; Daniel Ramp and Marc Bekoff, "Compassion as a Practical and Evolved Ethic for Conservation," *BioScience* 65, no. 3, (March 2015); Arian Wallach et al., "Summoning Compassion to Address the Challenges of Conservation," *Conservation Biology* 32, no. 6 (April 2018).

112 Kristy Ferraro et al., "Revisiting Two Dogmas of Conservation Science," *Conservation Biology* 37, no. 4 (April 2023).

113 Marc Bekoff, "Compassionate Conservation Isn't Seriously or Fatally Flawed," *Psychology Today*, May 20, 2019.

114 더 많은 내용은 여기서 볼 수 있다. http://www.harmonywithnatureun.org/welcome.

115 Marc Bekoff, "Compassionate Conservation Meets Cecil the Slain Lion," *Psychology Today*, August 9, 2015.

116 "Leopard Landscapes: Coexisting with Carnivores in Countryside and City," *Economic & Political Weekly* 50, no. 1 (January 3, 2015).

117 Marc Bekoff, "Do Emotions 'Get in the Way' of Progress in Conservation?," *Psychology Today*, April 16, 2021; Chelsea Batavia et al., "Emotion as a Source of Moral Understanding in Conservation," *Conservation Biology* 35, no. 5 (October 2021): 1380-87.

118 Kira Cassidy et al., "Human-Caused Mortality Triggers Pack Instability in Gray Wolves," *Frontiers in Ecology and the Environment* (January 2023); Marc Bekoff, "Wolf Packs Suffer When Humans Kill Their Leaders," *Psychology Today*, 2023.

119 Marc Bekoff, "Justice for Animals Means Freedom to Do What Comes Naturally," *Psychology Today*, December 12, 2022.

120 Zoe Weil, "The World Becomes What You Teach," TEDx Talk, January 14, 2011.

나오며

1 Keggie Carew, "Animals Can Save Us — If We Let Them," *Time*, April 22, 2023.

2 David Grimm, "Suffering in Silence," *Science*, March 10, 2023.

3 Kaleigh Dray, "Sir David Attenborough's Most Profound Quotes on Wanderlust, Women's Rights, and Mother Nature," *Stylist*; Edwin Page, *The Vegan Way of Life* (independently published, 2021).

4 Marc Bekoff, "Why People Should Care About Animal and Human Suffering," *Psychology Today*, December 1, 2018.

5 John A. Vucetich et al., "Evaluating Whether Nature's Intrinsic Value Is an Axiom of or Anathema to Conservation," *Conservation Biology* 29, no. 2 (April 2015).

6 Stephen Scharper, *Redeeming the Time* (New York: Theommes Continuum, 1997), 188.

7 이 점은 많은 사람이 강조했던 부분이며, 올바른 선택을 하는 단순한 방법은 수도 없이 많다. 다음을 참조할 수 있다. Ingrid Newkirk, *Making Kind Choices: Everyday Ways to Enhance Your Life through Earth-and Animal-Friendly Living* (New York: St. Martin's Griffin, 2005). 동물의 권익에 관한 소식, 채식 레시피, 동물을 도울 실질적 방안에 관한 정보를 제공하는 *PETA Global* magazine(https://petaglobal.cld.bz)도 보길 바란다.

Alcock, John. *Animal Behavior: An Evolutionary Approach*. 8th ed. Sunderland, MA: Sinauer Associates, Inc., 2005.

Allen, Colin, and Marc Bekoff. *Species of Mind: The Philosophy and Biology of Cognitive Ethology*. Cambridge, MA: MIT Press, 1997.

Allen, Moira. *Laugh-Out-Loud Victorian Poetry: Animal Antics*. VictorianVoices.Net, 2019.

Appleby, M. C., J. A. Mench, and B. O. Hughes. *Poultry Behaviour and Welfare*. Cambridge, MA: CABI Publishing, 2004.

Archer, John. *The Nature of Grief: The Evolution and Psychology of Reactions to Loss*. New York: Routledge, 1999.

Balcombe, Jonathan. *Pleasurable Kingdom: Animals and the Nature of Feeling Good*. London: Macmillan, 2006.

_______. *The Use of Animals in Education: Problems, Alternatives, and Recommendations*. Washington, DC: Humane Society of the United States, 2000.

Bateson, P. P. G. "Assessment of Pain in Animals." *Animal Behaviour* 42 (1991): 827-39.

Becker, Marty. *The Healing Power of Pets*. New York: Hyperion, 2002.

Bekoff, Marc. "Animal Emotions and Animal Sentience and Why They Matter: Blending 'Science Sense' with Common Sense, Compassion and Heart." In *Animals, Ethics, and Trade*. Edited by J. Turner and J. D'Silva, 27-40. London: Earthscan Publishing, 2006.

_______. "Animal Emotions: Exploring Passionate Natures." *BioScience* 50 (2000): 861-70.

_______. *The Animal Manifesto: Six Reasons for Expanding Our Compassion*

Footprint. Novato, CA: New World Library, 2010.

______. "Animal Passions and Beastly Virtues: Cognitive Ethology as the Unifying Science for Understanding the Subjective, Emotional, Empathic, and Moral Lives of Animals." *Zygon: Journal of Religion and Science* 41 (2006): 71–104.

______. *Animal Passions and Beastly Virtues: Reflections on Redecorating Nature*. Philadelphia: Temple University Press, 2006.

______. *Canine Confidential: Why Dogs Do What They Do*. Chicago: University of Chicago Press, 2018.

______. "The Communication of Play Intention: Are Play Signals Functional?" *Semiotica* 15 (1975): 231–39.

______. *Dogs Demystified: An A-Z Guide to All Things Canine*. Novato, CA: New World Library, 2023.

______. ed. *Encyclopedia of Animal Behavior*. Westport, CT: Greenwood Publishing Group, 2004.

______. ed. *Encyclopedia of Animal Rights and Animal Welfare*. Westport, CT: Greenwood Publishing Group, 1998.

______. ed. *Encyclopedia of Human-Animal Relationships: A Global Exploration of Our Connections with Animals*. Westport, CT: Greenwood Publishing Group, 2007.

______. ed. *Ignoring Nature No More: The Case for Compassionate Conservation*. Chicago: University of Chicago Press, 2013.

______. *Minding Animals: Awareness, Emotions, and Heart*. New York: Oxford University Press, 2002.

______. "Play Signals as Punctuation: The Structure of Social Play in Canids." *Behaviour* 132 (1995): 419–29.

______. "The Public Lives of Animals: A Troubled Scientist, Pissy Baboons, Angry Elephants, and Happy Hounds." *Journal of Consciousness Studies* 13 (2006): 115–31.

______. *Rewilding Our Hearts: Building Pathways of Compassion and Coexistence*.

Novato, CA: New World Library, 2010.

_______. ed. *The Smile of a Dolphin: Remarkable Accounts of Animal Emotions*. New York: Random House /Discovery Books, 2000.

_______. "Social Communication in Canids: Evidence for the Evolution of a Stereotyped Mammalian Display." *Science* 197 (1977): 1097 – 99.

_______. *Strolling with Our Kin: Speaking for and Respecting Voiceless Animals*. New York: Lantern Books, 2000.

_______. "Wild Justice and Fair Play: Cooperation, Forgiveness, and Morality in Animals." *Biology & Philosophy* 19 (2004): 489 – 520.

Bekoff, Marc, and Colin Allen. "Cognitive Ethology: Slayers, Skeptics, and Proponents." In *Anthropomorphism, Anecdote, and Animals*. Edited by R. W. Mitchell, N. Thompson, and L. Miles, 313 – 34. Albany, NY: SUNY Press, 1997.

Bekoff, Marc, Colin Allen, and Gordon M. Burghardt, eds. *The Cognitive Animal: Empirical and Theoretical Perspectives on Animal Cognition*. Cambridge, MA: MIT Press, 2002.

Bekoff, Marc, and John A. Byers, eds. *Animal Play: Evolutionary, Comparative, and Ecological Perspectives*. New York: Cambridge University Press, 1998.

Bekoff, Marc, and Dale Jamieson. "Ethics and the Study of Carnivores: Doing Science While Respecting Animals." In Carnivore *Behavior, Ecology, and Evolution*. Edited by J. Gittleman, 16 – 45. Ithaca, NY: Cornell University Press, 1996.

_______. eds. *Readings in Animal Cognition*. Cambridge, MA: MIT Press, 1996.

_______. "Reflective Ethology, Applied Philosophy, and the Moral Status of Animals." *Perspectives in Ethology* 9 (1991): 1 – 47.

Bekoff, Marc, and Jessica Pierce. *The Animals' Agenda: Freedom, Compassion, and Coexistence in the Human Age*. Boston: Beacon Press, 2017.

_______. *Unleashing Your Dog: A Field Guide to Giving Your Canine Companion the Best Life Possible*. Novato, CA: New World Library, 2019.

______. *Wild Justice: The Moral Lives of Animals*. Chicago: University of Chicago Press, 2009.

Berns, Gregory. *What It's Like to Be a Dog: And Other Adventures in Animal Neuroscience*. New York: Basic Books, 2017.

Berry, Thomas. *The Great Work: Our Way into the Future*. New York: Bell Tower, 1999.

Brookshire, Bethany. *Pests: How Humans Create Animal Villains*. New York: Harper-Collins, 2022.

Buchmann, Stephen. *What a Bee Knows: Exploring the Thoughts, Memories, and Personalities of Bees*. Washington, DC: Island Press, 2023.

Burghardt, Gordon M. "Amending Tinbergen: A Fifth Aim for Ethology." In *Anthropomorphism, Anecdote, and Animals*. Edited by R. W. Mitchell, N. Thompson, and L. Miles, 254-76. Albany, NY: SUNY Press, 1997.

______. *The Genesis of Play*. Cambridge, MA: MIT Press, 2005.

Campbell, Jeff. *Daisy to the Rescue: True Stories of Daring Dogs, Paramedic Parrots, and Other Animal Heroes*. San Francisco: Zest Books, 2014.

Calvo, Paco, and Natalie Lawrence. *Planta Sapiens: Unmasking Plant Intelligence*. New York: W. W. Norton & Company, 2023.

Carbone, Larry. *What Animals Want: Expertise and Advocacy in Laboratory Animal Welfare Policy*. New York: Oxford University Press, 2004.

Challenger, Melanie, ed. *Animal Dignity: Philosophical Reflections on Non-Human Existence*. New York: Bloomsbury Academic, 2023.

Cheney, Dorothy L., and Robert M. Seyfarth. *How Monkeys See the World: Inside the Mind of Another Species*. Chicago: University of Chicago Press, 1990.

Cooke, Lucy. *Bitch: On the Female of the Species*. New York: Basic Books, 2022.

Coulter, Kendra. *Defending Animals: Finding Hope on the Front Lines of Animal Protection*. Cambridge, MA: MIT Press, 2023.

Damasio, Antonio. *Descartes' Error: Emotion, Reason, and the Human Brain*.

New York: Penguin, 2005.

_______. *The Feeling of What Happens: Body and Emotion in the Making of Consciousness*. New York: Harcourt Brace, 1999.

Danovich, Tove. *Under the Henfluence: Inside the World of Backyard Chickens and the People Who Love Them*. Evanston, IL: Agate Publishing, 2023.

Darwin, Charles. *The Descent of Man and Selection in Relation to Sex*. New York: Random House, 1871/1936.

_______. *The Expression of the Emotions in Man and Animals*, 3rd ed. New York: Oxford University Press, 1872/1998.

Davis, Karen. *The Holocaust and the Henmaid's Tale: A Case for Comparing Atrocities*. New York: Lantern Books, 2005.

Dawkins, Marian S. *Through Our Eyes Only?* New York: Oxford University Press, 1992.

de Waal, Frans. *Are We Smart Enough to Know How Smart Animals Are?* New York: W. W. Norton & Company, 2016.

_______. *Good-Natured: The Origins of Right and Wrong in Humans and Other Animals*. Cambridge, MA: Harvard University Press, 1996.

_______. *Mama's Last Hug: Animal Emotions and What They Tell Us about Ourselves*. New York: W. W. Norton & Company, 2019.

_______. *Our Inner Ape*. New York: Riverhead, 2005.

_______. *Primates and Philosophers: How Morality Evolved*. Princeton, NJ: Princeton University Press, 2006.

DeYoung, Sarah E., and Ashley K. Farmer. *All Creatures Safe and Sound: The Social Landscape of Pets in Disasters*. Philadelphia: Temple University Press, 2021.

Dodman, Nicholas. *The Cat Who Cried for Help: Attitudes, Emotions, and the Psychology of Cats*. New York: Bantam, 1999.

_______. *If Only They Could Speak: Stories about Pets and Their People*. New York: W. W. Norton & Company, 2002.

Doody, J. Sean, Vladimir Dinets, and Gordon M. Burghardt. *The Secret*

Social Lives of Reptiles. Baltimore: Johns Hopkins University Press, 2021.

Drickamer, Lee C., Stephen H. Vessey, and Douglas Meikle. *Animal Behavior: Mechanisms, Ecology, and Evolution*. Dubuque, IA: William C. Brown Publishers, 2001.

D'Silva, Joyce. *Animal Welfare in World Religion*. New York: Routledge Taylor & Francis Group, 2023.

Dugatkin, Lee A. *Principles of Animal Behavior*. New York: W. W. Norton & Company, 2003.

Dugatkin, Lee A., and Marc Bekoff. "Play and the Evolution of Fairness: A Game Theory Model." *Behavioural Processes* 60 (2003): 209–14.

Duncan, I. J. H. "Poultry Welfare: Science or Subjectivity?" *British Poultry Science* 43 (2002): 643–52.

Dutcher, Jim, and Jamie Dutcher. *Wolves at Our Door*. New York: Pocket Books, 2002.

Eibl-Eibesfeldt, Irenäus. *Ethology*. New York: Holt, Rinehart & Winston, 1975.

Eisnitz, Gale A. *Slaughterhouse*. New York: Prometheus, 1997.

Essig, Mark. *Lesser Beasts: A Snout-to-Tail History of the Humble Pig*. New York: Basic Books, 2015.

Fagen, Robert. *Animal Play Behavior*. New York: Oxford University Press, 1981.

Fitzner, Zach. *Tears for Crocodilia: Evolution, Ecology, and the Disappearance of One of the World's Most Ancient Animals*. Yardley, PA: Westholme Publishing, 2022.

Flack, J. C., and Frans de Waal. "Any Animal Whatever: Darwinian Building Blocks of Morality in Monkeys and Apes." *Journal of Consciousness Studies* 7 (2000): 1–29.

Fox, Michael W. *Behaviour of Wolves, Dogs, and Related Canids*. London: Jonathan Cape, 1971.

_______. *Bringing Life to Ethics: Global Bioethics for a Humane Society*. Albany, NY: SUNY Press, 2001.

_______. *Eating with Conscience*. Troutdale, OR: New Sage Press, 1997.

Fradkin, Philip. *A River No More*. Berkeley: University of California Press, 1996.

Francione, Gary L. *Introduction to Animal Rights: Your Child or the Dog?* Philadelphia: Temple University Press, 2000.

Gigliotti, Carol. *The Creative Lives of Animals*. New York: New York University Press, 2022.

Goodall, Jane. *Through a Window*. Boston: Houghton-Mifflin, 1990.

Goodall, Jane, and Marc Bekoff. *The Ten Trusts: What We Must Do to Care for the Animals We Love*. San Francisco: HarperCollins, 2002.

Goodall, Jane, with Gary McAvoy and Gail Hudson. *Harvest for Hope: A Guide to Mindful Eating*. New York: Warner Books, 2005.

Greek, C. Ray, and Jean S. Greek. *Sacred Cows and Golden Geese: The Human Cost of Experiments on Animals*. New York: Theommes Continuum, 2000.

Gregg, Justin. *If Nietzsche Were a Narwhal: What Animal Intelligence Reveals about Human Stupidity*. Boston: Little Brown and Company, 2022.

Griffin, Donald R. *Animal Minds*. Chicago: University of Chicago Press, 1992.

_______. *The Question of Animal Awareness: Evolutionary Continuity of Mental Experience*. New York: Rockefeller University Press, 1976/1981.

Gruen, Lori. *Ethics and Animals: An Introduction*. 2nd ed. New York: Cambridge University Press, 2021.

Gruen, Lori, and Justin Marceau, eds. *Carceral Logics: Human Incarceration and Animal Captivity*. New York: Cambridge University Press, 2022.

Hare, Brian, and Vanessa Woods. *Survival of the Friendliest: Understanding Our Origins and Rediscovering Our Common Humanity*. New York: Penguin Random House, 2021.

Hauser, Marc. *Wild Minds*. New York: Henry Holt, 1999.

Heinrich, Bernd. *Mind of the Raven: Investigations and Adventures with Wolf-Birds*. New York: Cliff Street Books, 1999.

Heister, Anja. *Beyond the North American Model of Wildlife Conservation: From Lethal to Compassionate Conservation*. London: Palgrave Macmillan, 2022.

Higgins, Jackie. *Sentient: How Animals Illuminate the Wonder of Our Human Senses*. New York: Simon & Schuster, 2022.

Hinde, Robert A. *Why Good Is Good: The Sources of Morality*. New York: Routledge, 2002.

Holland, Jennifer. *Unlikely Friendships: 47 Remarkable Stories from the Animal Kingdom*. New York: Workman Publishing Company, 2011.

______. *Unlikely Loves: 43 Heartwarming True Stories from the Animal Kingdom*. New York: Workman Publishing Company, 2013.

Hoyle, Richard, and Anita Krajnc, eds. *The Secret Life of Pigs: Stories of Compassion and the Animal Save Movement*. New York: Lantern, 2022.

Huffman, M. A. "Current Evidence for Self-Medication in Primates: A Multidisciplinary Perspective." *Yearbook of Physical Anthropology* 40 (1997): 171-200.

______. "Self-Medicative Behavior in the African Great Apes: An Evolutionary Perspective into the Origins of Human Traditional Medicine." *BioScience* 51 (2001): 651-61.

Hutton, Vicki. *Recognising and Responding to Animal Emotion in a Shared World*. Boca Raton, FL: CRC Press, 2023.

Irvine, Leslie. *If You Tame Me: Understanding Our Connections with Animals*. Philadelphia: Temple University Press, 2004.

Jamieson, Dale, and Marc Bekoff. "On Aims and Methods of Cognitive Ethology." *PSA: Proceedings of the Biennial Meeting of the Philosophy of Science Association* 1992 (1992), 110-24.

Jane Goodall Institute. *Local Voices, Local Choices: The Tacare Approach to Community-Led Conservation*. Redlands, CA: Esri Press, 2022.

Johnson, Lawrence. *A Morally Deep World: An Essay on Moral Significance and Environmental Ethics*. New York: Cambridge University Press, 1991.

Jordan, William. *A Cat Named Darwin: Embracing the Bond Between Man and Pet*. Boston: Mariner Books, 2003.

Kaplan, Gisela. *Bird Minds: Cognition and Behaviour of Australian Native Birds*. Clayton, Australia: CSIRO Publishing, 2015.

Kassam, Ammir, and Laila Kassam, eds. *Rethinking Food and Agriculture: New Ways Forward*. Sawaton, UK: Woodhead Publishing, 2020.

King, Barbara J. *How Animals Grieve*. Chicago: University of Chicago Press, 2013.

Kropotkin, Peter. *Mutual Aid: A Factor of Evolution*. Boston: Expanding Horizons Press, 1914.

Leese, Emilia A., and Eva J. Charalambides, eds. *Think Like a Vegan: What Everyone Can Learn from Vegan Ethics*. London: Unbound, 2022.

Lehner, Philip N. *Handbook of Ethological Methods*. New York: Cambridge University Press, 1996.

Levinson, Boris. *Pet-Oriented Child Psychotherapy*. Springfield, IL: Charles C. Thomas, 1969.

______. *Pets and Human Development*. Springfield, IL: Charles C. Thomas, 1972.

Leyhausen, Paul. *Cat Behavior: The Predatory and Social Behavior of Domestic and Wild Cats*. New York: Garland, 1978.

Livingston, John A. *The Fallacy of Wildlife Conservation*. Toronto: McClelland and Stewart, 1981.

Long, William J. *Brier-Patch Philosophy by "Peter Rabbit."* Boston and London: Ginn & Company, 1906.

Lorenz, Konrad Z. *Here I Am — Where Are You?* New York: Harcourt Brace Jovanovich, 1991.

MacLean, Paul. *The Triune Brain in Evolution: Role in Paleocerebral Functions*. New York: Plenum, 1970.

Marcus, Erik. *Meat Market: Animals, Ethics, and Money*. Newfield, NY: Brio Press, 2005.

Margodt, Koen. *The Welfare Ark: Suggestions for a Renewed Policy for Zoos*. Amsterdam: Vu University Press, 2001.

Marzluff, John, and Tony Angell. *Gifts of the Crow: How Perception, Emotion, and Thought Allow Smart Birds to Behave Like Humans*. New York: Atria, 2013.

Masson, Jeffrey Moussaieff. *The Nine Emotional Lives of Cats: A Journey into the Feline Heart*. New York: Ballantine Books, 2004.

Masson, Jeffrey Moussaieff, and Susan McCarthy. *When Elephants Weep: The Emotional Lives of Animals*. New York: Delacorte Press, 1995.

Matsuzawa, Tetsuro, ed. *Primate Origins of Human Cognition and Behavior*. New York: Springer, 2001.

Mbatha, Sicelo, and Bridget Pitt. *Black Lion: Alive in the Wilderness*. Johannesburg: Jonathan Bull Publishers, 2021.

McArthur, Jo-Anne, and Keith Wilson. *Hidden: Animals in the Anthropocene*. New York: Lantern Publishing and Media, 2020.

McCarthy, Susan. *Becoming a Tiger: How Baby Animals Learn to Live in the Wild*. New York: Harper Perennial, 2005.

McMillan, Franklin D., with Kathryn Lance. *Unlocking the Animal Mind: How Your Pet's Feelings Hold the Key to His Health and Happiness*. Emmaus, PA: Rodale, 2004.

Merskin, Debra L. *Seeing Species: Re-presentations of Animals in Media & Popular Culture*. Bern, Switzerland: Peter Lang, 2018.

Midkiff, Ken. *The Meat You Eat*. New York: St. Martin's Griffin, 2004.

Mock, Douglas W., and Geoffrey A. Parker. *The Evolution of Sibling Rivalry*. New York: Oxford University Press, 1997.

Moss, Cynthia. *Elephant Memories: Thirteen Years in the Life of an Elephant Family*. Chicago: University of Chicago Press, 2000.

Nader, Ralph. *Animal Envy: A Fable*. New York: Seven Stories Press, 2016.

Newkirk, Ingrid. *Making Kind Choices: Everyday Ways to Enhance Your Life Through Earth-and Animal-Friendly Living*. New York: St. Martin's Griffin, 2005.

Ohlson, Kristin. *Sweet in Tooth and Claw: Stories of Generosity and Cooperation in the Natural World*. Manchester, VT: Patagonia, 2022.

Panksepp, Jaak. "Affective Consciousness: Core Emotional Feelings in Animals and Humans." *Consciousness and Cognition* 14 (2005): 30-80.

_______. *Affective Neuroscience*. New York: Oxford University Press, 1998.

Percival, Rob. *The Meat Paradox: Eating, Empathy, and the Future of Meat*. New York: Simon & Schuster, 2022.

Peterson, Dale. *Eating Apes*. Berkeley: University of California Press, 2003.

Pierce, Jessica, and Marc Bekoff. *A Dog's World: Imagining the Lives of Dogs in a World without Humans*. Princeton: Princeton University Press, 2021.

Pollan, Michael. *The Omnivore's Dilemma*. New York: Penguin Press, 2006.

Poole, Joyce. *Coming of Age with Elephants: A Memoir*. New York: Hyperion, 1996.

Power, Thomas G. *Play and Exploration in Children and Animals*. Mahwah, NJ: Lawrence Erlbaum Associates, Publishers, 2000.

Preston, Stephanie D., and Frans de Waal. "Empathy: Its Ultimate and Proximate Bases." *Behavioral and Brain Sciences* 25 (2002): 1-72.

Pribac, Teya Brooks. *Enter the Animal: Cross-Species Perspective on Grief and Spirituality*. Sydney: Sydney University Press, 2021.

Quinn, Rick. *Just Like Us: A Veterinarian's Visual Memoir of Our Vanishing Great Ape Relatives*. Seattle: Girl Friday Books, 2021.

Rachels, James. *Created from Animals: The Moral Implications of Darwinism*. New York: Oxford University Press, 1999.

Raihani, Nichola. *The Social Instinct: How Cooperation Shaped the Word*. New York: St. Martin's Press, 2021.

Recio, Belinda. *When Animals Rescue: Amazing True Stories about Heroic and Helpful Creatures*. New York: Skyhorse, 2021.

Regan, Tom. *The Case for Animal Rights*. Berkeley: University of California Press, 1983.

______. *Empty Cages: Facing the Challenge of Animal Rights*. New York: Rowman & Littlefield, 2005.

Riley, Sophie. *The Commodification of Farm Animals*. New York: Springer, 2022.

Rivera, Michelle. *Hospice Hounds*. New York: Lantern Books, 2001.

Rollin, Bernard E. *The Unheeded Cry: Animal Consciousness, Animal Pain, and Science*. New York: Oxford University Press, 1989.

Rosenberg, Gabriel N. *The 4-H Harvest: Sexuality and the State in Rural America*. Philadelphia: University of Pennsylvania Press, 2015.

Rothenberg, David. *Why Birds Sing: A Journey Through the Mystery of Birdsong*. New York: Basic Books, 2005.

Russell, W. M. S., and R. L. Burch. *The Principles of Humane Experimental Technique*. New York: Hyperion Books, 1959/1999.

Ryan, John, Patricia Vieira, and Monica Gagliano, eds. *The Mind of Plants: Narratives of Vegetal Intelligence*. Santa Fe, NM: Synergetic Press, 2021.

Safina, Carl. *Beyond Words: What Animals Think and Feel*. London: Picador, 2016.

Schoen, Allen. *Kindred Spirits: How the Remarkable Bond Between Humans & Animals Can Change the Way We Live*. New York: Broadway Books, 2001.

Scully, M. Dominion. *The Power of Man, the Suffering of Animals*. New York: St. Martin's Press, 2002.

Sebo, Jeff. *Saving Animals, Saving Ourselves: Why Animals Matter for Pandemics, Climate Change, and Other Catastrophes*. New York: Oxford University Press, 2022.

Shapiro, Kenneth J. *Animal Models of Human Psychology: Critique of Science, Ethics, and Policy*. Seattle: Hogrefe and Huber, 1998.

Sharpe, Lynne. *Creatures Like Us?* Exeter, UK: Imprint Academic, 2005.

Shepard, Paul. *Thinking Animals: Animals and the Development of Human Intelligence*. Athens: University of Georgia Press, 1998.

Singer, Peter. *Animal Liberation*. 2nd ed. New York: New York Review of Books, 1990.

_______. *Animal Liberation Now: The Definitive Classic Renewed*. New York: Harper-Collins, 2023.

Singer, Peter, and Jim Mason. *The Way We Eat: Why Our Food Choices Matter*. Emmaus, PA: Rodale, 2006.

Skutch, Alexander. *The Minds of Birds*. College Station: Texas A&M University Press, 1996.

Sneddon, Lynne U. "The Evidence for Pain in Fish: The Use of Morphine as an Analgesic." *Applied Animal Behaviour Science* 83 (2003): 153–62.

Sober, Elliott, and David S. Wilson. *Unto Others: The Evolution and Psychology of Unselfish Behavior*. Cambridge, MA: Harvard University Press, 1998.

Stallwood, Kim. *Preserving the History of the Animal Rights Movement*. Self-published, 2023. Https://kimstallwood.com/wp-content/uploads/2023/05/Report_Digital.pdf.

Stolkin, Gary. *Mykonos and Athena: A Furry Tale*. London: Austin Macauley, 2022.

Taylor, Maria. *Injustice: Hidden in Plain Sight the War on Australian Nature: Kangaroo, Koala, Emu...Hunted, Sold, Homeless...Where Lies Truce, Healing?* Australia: Maria Taylor, 2021.

Taylor, Paul W. *Respect for Nature: A Theory of Environmental Ethics*. Princeton, NJ: Princeton University Press, 1986/2011.

Tinbergen Niko. *Curious Naturalists*. Amherst: University of Massachusetts Press, 1984.

_______. *The Herring Gull's World*. New York: Anchor Books, 1967.

_______. *The Study of Instinct*. New York: Oxford University Press, 1951/1989.

Tobias, Michael, and Kate Solisti-Mattelon, eds. *Kinship with Animals*. Tulsa,

OK: Council Oaks Books, 2006.

Turner, Jacky, and Joyce D'Silva, eds. *Animals, Ethics, and Trade*. London: EarthScan Publishing, 2006.

van Voorst, Roanne. *Once Upon a Time We Ate Animals: The Future of Food*. New York: HarperCollins, 2022.

von Frisch, Karl. *The Dance Language and Orientation of Bees*. Cambridge, MA: Harvard University Press, 1993.

Waldau, Paul, and Kimberley Patton, eds. *A Communion of Subjects: Animals in Religion, Science, and Ethics*. New York: Columbia University Press, 2006.

Waldman, Corey Lee. *Animals in Irish Society: Interspecies Oppression and Vegan Liberation in Britain's First Colony*. Albany, NY: SUNY Press, 2021.

Walton, Stuart. *A Natural History of Human Emotions*. New York: Grove Press, 2006.

Ward, Ashley. *The Social Lives of Animals*. New York: Basic Books, 2022.

Warwick, Clifford, Phillip C. Arena, and Gordon M. Burghardt, eds. *Health and Welfare of Captive Reptiles*. New York: Springer, 2023.

Warwick, Hugh. *Cull of the Wild: Killing in the Name of Conservation*. New York: Bloomsbury, 2024.

Webster, John. *Animal Welfare: Limping Towards Eden*. Oxford, UK: Blackwell Publishing, 2005.

Weil, Zoe. *Above All, Be Kind: Raising a Humane Child in Challenging Times*. British Columbia, Canada: New Society Publishers, 2003.

Wilson, David Sloan. *Darwin's Cathedral: Evolution, Religion, and the Nature of Society*. Chicago: University of Chicago Press, 2002.

The Emotional Lives of Animals

옮긴이 김민경

한양대학교 전자전기공학부를 졸업했으며, 현재 번역에이전시 엔터스코리아에서 전문 번역가로 활동 중이다. 주요 역서로 《AI 메디컬 레볼루션》, 《다시 보는 블록체인》, 《세상을 움직이는 놀라운 물리학》, 《스페이스X의 비밀》 등이 있다.

동물의 감정은 왜 중요한가

초판 1쇄 펴낸날 2024년 8월 22일

지은이. 마크 베코프
옮긴이. 김민경

디자인. 조성미
제작. 제이오
펴낸이. 김민정
펴낸곳. 두시의나무
경기도 부천시
소향로13번길 14-22 8층 802호
출판등록. 제2017-000070호
전화. 032-674-7228
팩스. 070-7966-3288
전자우편. dusinamu@gmail.com

ISBN 979-11-962812-9-8 03470

잘못된 책은 구입하신 서점에서 교환해 드립니다.
책값은 뒤표지에 있습니다.

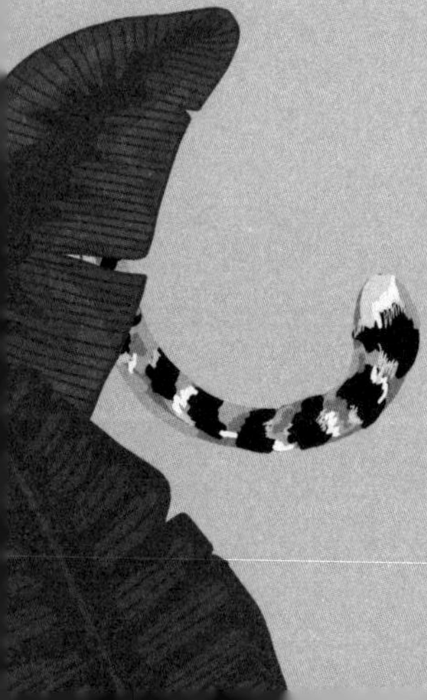